CHANYE ZHUANLI
FENXI BAOGAO

产业专利分析报告

（第83册）——高性能吸附分离树脂及应用

国家知识产权局学术委员会◎组织编写

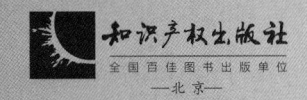

知识产权出版社
全国百佳图书出版单位
—北京—

图书在版编目（CIP）数据

产业专利分析报告. 第83册，高性能吸附分离树脂及应用/国家知识产权局学术委员会组织编写. —北京：知识产权出版社，2021.7
ISBN 978-7-5130-7581-7

Ⅰ.①产… Ⅱ.①国… Ⅲ.①专利—研究报告—世界②吸附剂—合成树脂—专利—研究报告—世界 Ⅳ.①G306.71②TQ424.3

中国版本图书馆CIP数据核字（2021）第122184号

内容提要

本书以产业应用为视角，以科学的专利分析方法就高性能吸附分离树脂从类型、工艺及应用领域作了全面详实的分析，并根据国家产业政策的发展趋势及具体的关键技术发展情况为相关创新主体提供了建设性的发展策略。本书是了解并深入理解该行业技术发展情况的必备工具书。

责任编辑：卢海鹰　王瑞璞　　　　　责任校对：谷　洋
封面设计：博华创意·张冀　　　　　责任印制：刘译文

产业专利分析报告（第83册）
——高性能吸附分离树脂及应用
国家知识产权局学术委员会　组织编写

出版发行：知识产权出版社有限责任公司	网　　址：http://www.ipph.cn
社　　址：北京市海淀区气象路50号院	邮　　编：100081
责编电话：010-82000860转8116	责编邮箱：wangruipu@cnipr.com
发行电话：010-82000860转8101/8102	发行传真：010-82000893/82005070/82000270
印　　刷：天津嘉恒印务有限公司	经　　销：各大网上书店、新华书店及相关专业书店
开　　本：787mm×1092mm　1/16	印　　张：19
版　　次：2021年7月第1版	印　　次：2021年7月第1次印刷
字　　数：420千字	定　　价：90.00元
ISBN 978-7-5130-7581-7	

出版权专有　侵权必究
如有印装质量问题，本社负责调换。

吸附分离树脂领域整体技术分布

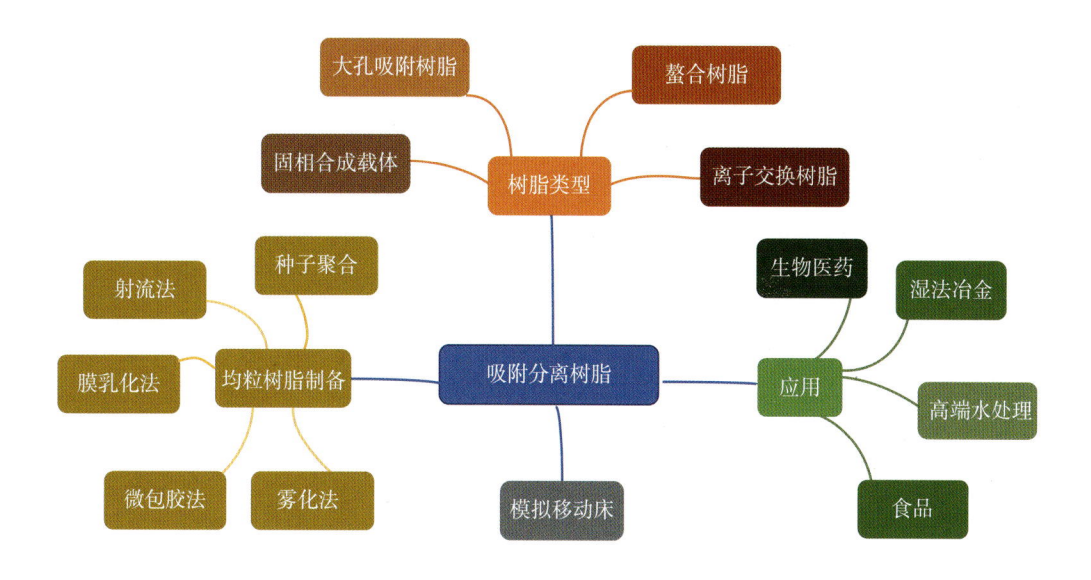

- 树脂类型
  - 大孔吸附树脂
  - 螯合树脂
  - 固相合成载体
  - 离子交换树脂
- 均粒树脂制备
  - 射流法
  - 种子聚合
  - 膜乳化法
  - 微包胶法
  - 雾化法
- 模拟移动床
- 应用
  - 生物医药
  - 湿法冶金
  - 高端水处理
  - 食品

图2-5-1　吸附分离树脂领域整体技术分布
（正文说明见第19页）

均粒树脂技术路线

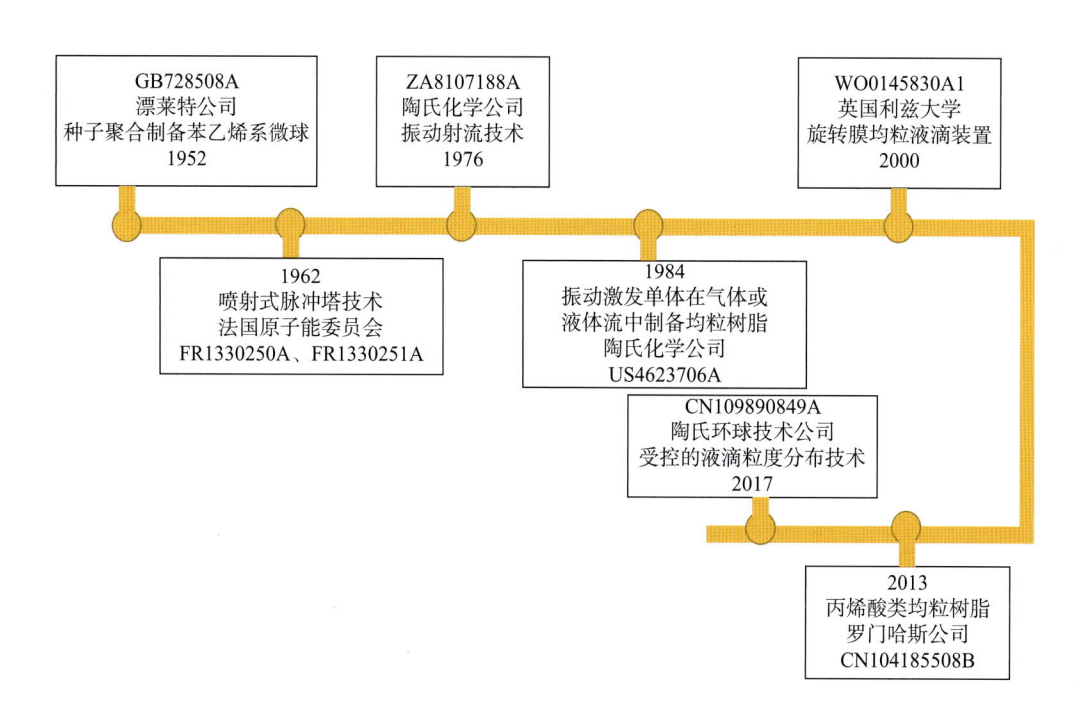

- GB728508A　漂莱特公司　种子聚合制备苯乙烯系微球　1952
- 1962　喷射式脉冲塔技术　法国原子能委员会　FR1330250A、FR1330251A
- ZA8107188A　陶氏化学公司　振动射流技术　1976
- 1984　振动激发单体在气体或液体流中制备均粒树脂　陶氏化学公司　US4623706A
- WO0145830A1　英国利兹大学　旋转膜均粒液滴装置　2000
- CN109890849A　陶氏环球技术公司　受控的液滴粒度分布技术　2017
- 2013　丙烯酸类均粒树脂　罗门哈斯公司　CN104185508B

图2-5-6　均粒树脂技术路线
（正文说明见第21页）

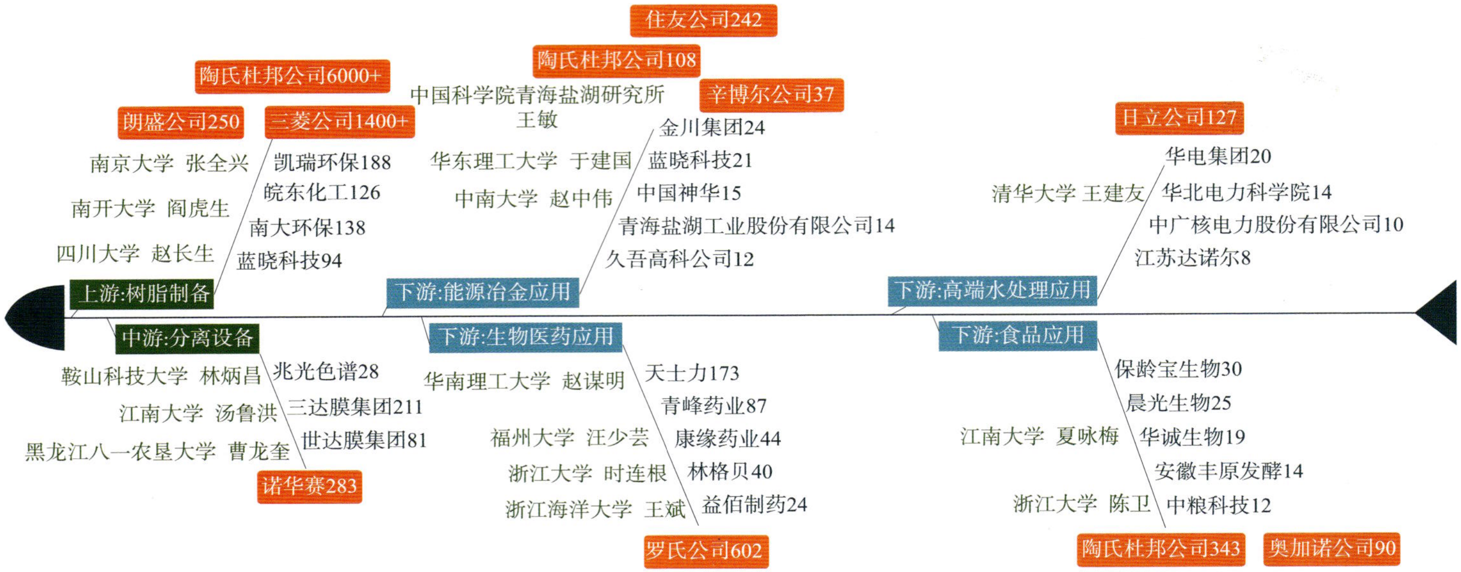

图2-7-3 吸附分离树脂领域全球产业链分布

（正文说明见第27页）

上游:树脂制备

- 朗盛公司250
- 陶氏杜邦公司6000+
- 三菱公司1400+
  - 南京大学 张全兴
  - 凯瑞环保188
  - 南开大学 阎虎生
  - 皖东化工126
  - 四川大学 赵长生
  - 南大环保138
  - 蓝晓科技94

中游:分离设备

- 诺华赛283
  - 鞍山科技大学 林炳昌
  - 兆光色谱28
  - 江南大学 汤鲁宏
  - 三达膜集团211
  - 黑龙江八一农垦大学 曹龙奎
  - 世达膜集团81

下游:能源冶金应用

- 住友公司242
- 陶氏杜邦公司108
- 辛博东公司37
  - 中国科学院青海盐湖研究所 王敏
  - 金川集团24
  - 华东理工大学 丁建国
  - 蓝晓科技21
  - 中南大学 赵中伟
  - 中国神华15
  - 青海盐湖工业股份有限公司14
  - 久吾高科公司12

下游:生物医药应用

- 罗氏公司602
  - 天士力173
  - 华南理工大学 赵谋明
  - 青峰药业87
  - 福州大学 汪少芸
  - 康缘药业44
  - 浙江大学 时连根
  - 林格贝40
  - 浙江海洋大学 王斌
  - 益佰制药24

下游:高端水处理应用

- 日立公司127
  - 华电集团20
  - 清华大学 王建友
  - 华北电力科学院14
  - 中广核电力股份有限公司10
  - 江苏达诺尔8

下游:食品应用

- 陶氏杜邦公司343
- 奥加诺公司90
  - 保龄宝生物30
  - 江南大学 夏咏梅
  - 晨光生物25
  - 华诚生物19
  - 浙江大学 陈卫
  - 安徽丰原发酵14
  - 中粮科技12

注：图中数字表示申请量，单位为项。

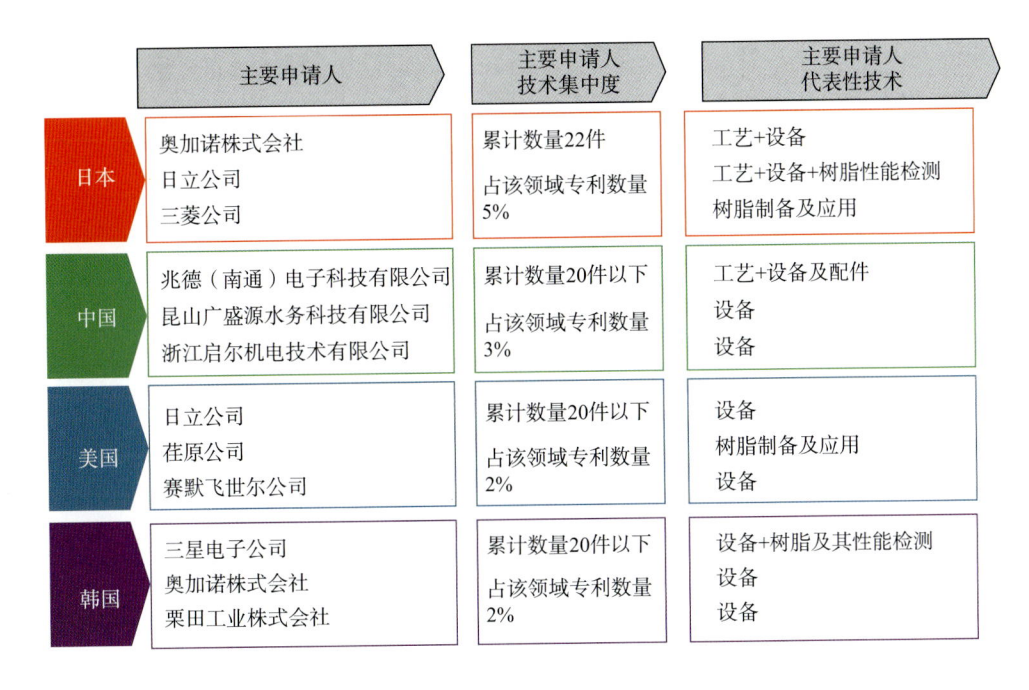

	主要申请人	主要申请人技术集中度	主要申请人代表性技术
日本	奥加诺株式会社 日立公司 三菱公司	累计数量22件 占该领域专利数量5%	工艺+设备 工艺+设备+树脂性能检测 树脂制备及应用
中国	兆德（南通）电子科技有限公司 昆山广盛源水务科技有限公司 浙江启尔机电技术有限公司	累计数量20件以下 占该领域专利数量3%	工艺+设备及配件 设备 设备
美国	日立公司 荏原公司 赛默飞世尔公司	累计数量20件以下 占该领域专利数量2%	设备 树脂制备及应用 设备
韩国	三星电子公司 奥加诺株式会社 栗田工业株式会社	累计数量20件以下 占该领域专利数量2%	设备+树脂及其性能检测 设备 设备

图5-2-11 电子级超纯水处理用吸附分离树脂技术主要国家/地区专利申请人

注：主要申请人只取专利申请量排名前三位的机构。

（正文说明见第118页）

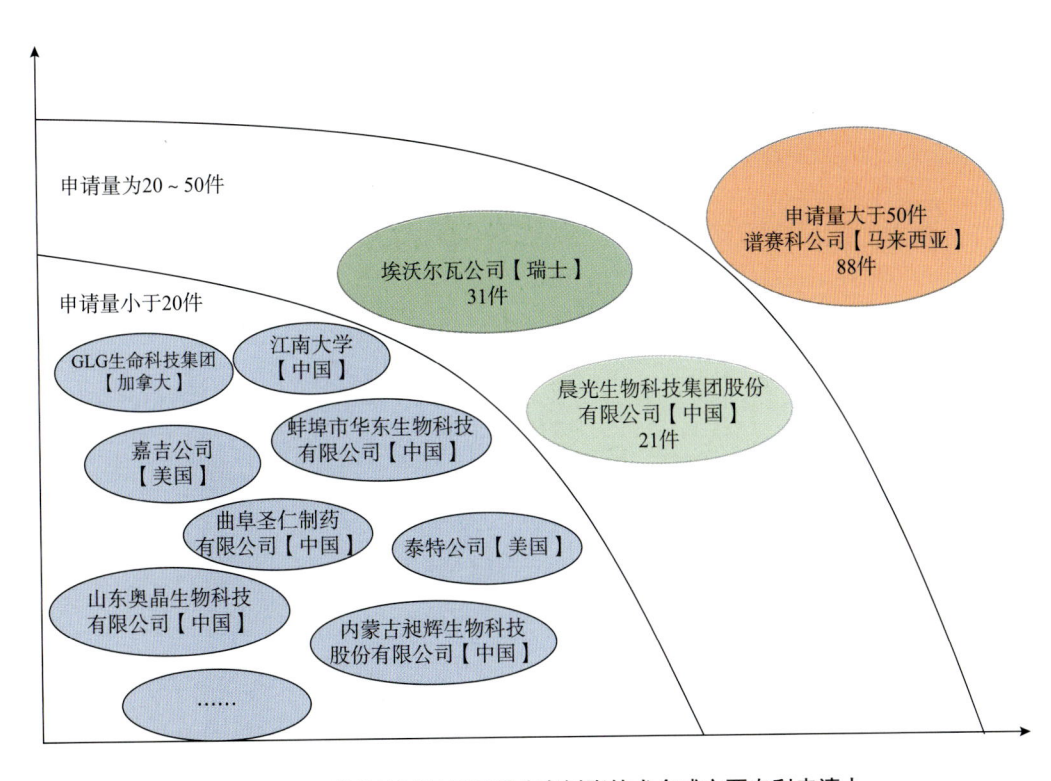

图6-2-6 甜菊糖制备用吸附分离树脂技术全球主要专利申请人

申请量大于50件：谱赛科公司【马来西亚】88件

申请量为20~50件：埃沃尔瓦公司【瑞士】31件；晨光生物科技集团股份有限公司【中国】21件

申请量小于20件：GLG生命科技集团【加拿大】；江南大学【中国】；蚌埠市华东生物科技有限公司【中国】；嘉吉公司【美国】；曲阜圣仁制药有限公司【中国】；泰特公司【美国】；山东奥晶生物科技有限公司【中国】；内蒙古昶辉生物科技股份有限公司【中国】；……

（正文说明见第141页）

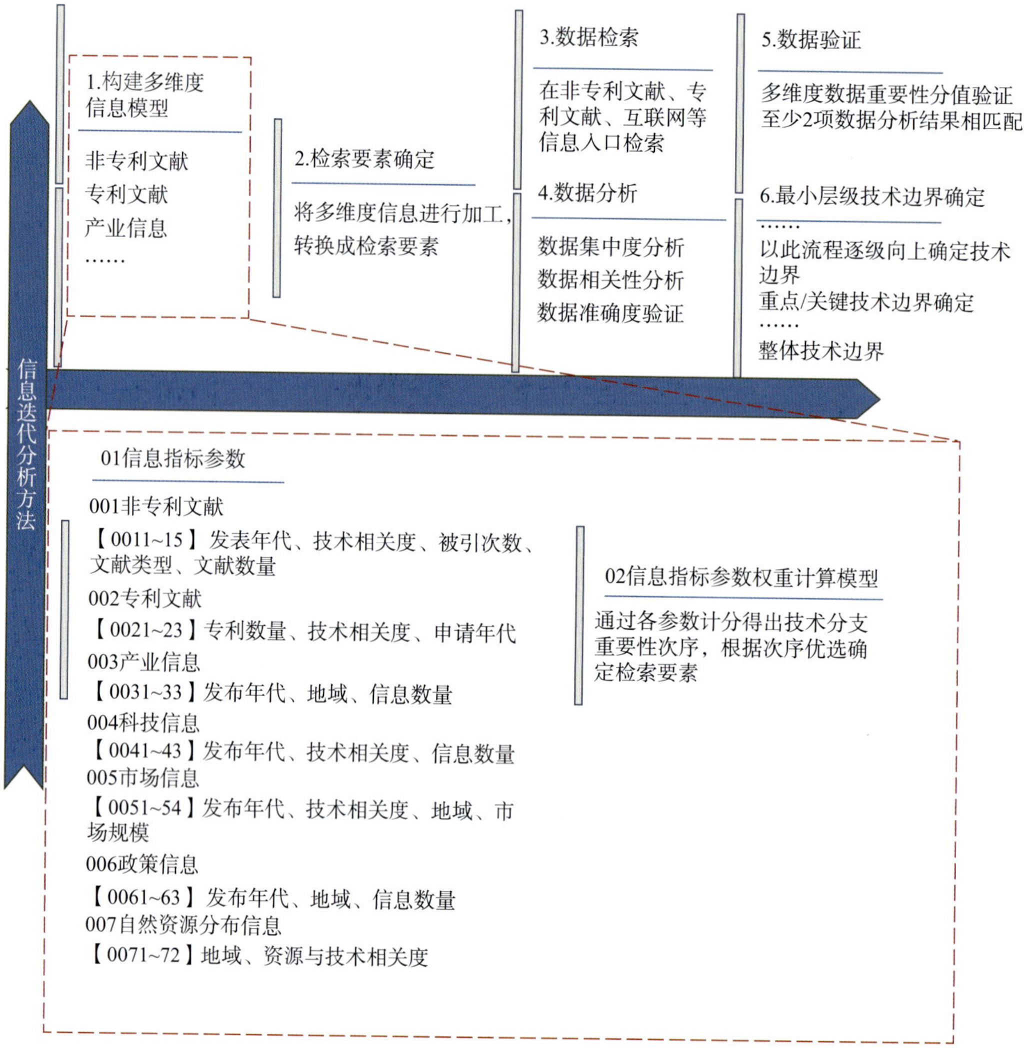

```
信息迭代分析方法

┌─────────────────────┐
│ 1.构建多维度          │
│   信息模型            │         3.数据检索              5.数据验证
│                      │   2.检索要素确定
│   非专利文献          │                         在非专利文献、专      多维度数据重要性分值验证
│   专利文献            │   将多维度信息进行加工,   利文献、互联网等      至少2项数据分析结果相匹配
│   产业信息            │   转换成检索要素         信息入口检索
│   ……                │                         4.数据分析            6.最小层级技术边界确定
└─────────────────────┘                         数据集中度分析        ……
                                                 数据相关性分析        以此流程逐级向上确定技术
                                                 数据准确度验证        边界
                                                                      重点/关键技术边界确定
                                                                      ……
                                                                      整体技术边界
```

01信息指标参数

001非专利文献
【0011~15】发表年代、技术相关度、被引次数、文献类型、文献数量
002专利文献
【0021~23】专利数量、技术相关度、申请年代
003产业信息
【0031~33】发布年代、地域、信息数量
004科技信息
【0041~43】发布年代、技术相关度、信息数量
005市场信息
【0051~54】发布年代、技术相关度、地域、市场规模
006政策信息
【0061~63】发布年代、地域、信息数量
007自然资源分布信息
【0071~72】地域、资源与技术相关度

02信息指标参数权重计算模型

通过各参数计分得出技术分支重要性次序，根据次序优选确定检索要素

图10-1-1 信息迭代分析方法流程图

（正文说明见第240页）

编委会

主　任：廖　涛

副主任：胡文辉　魏保志

编　委：雷春海　吴红秀　刘　彬　田　虹

　　　　李秀琴　张小凤　孙　琨

前言

为深入学习贯彻习近平新时代中国特色社会主义思想，深入领会习近平总书记在中央政治局第二十五次集体学习时的重要讲话精神，特别是"要加强关键领域自主知识产权创造和储备"的重要指示精神，国家知识产权局学术委员会紧紧围绕国家重点产业和关键领域创新发展的新形势、新需求，进一步强化专利分析运用与关键核心技术保护的协同效应，每年组织开展一批重大专利分析课题研究，取得了一批有广度、有高度、有深度、有应用、有效益的优秀课题成果，出版了一批《产业专利分析报告》，为促进创新起点提高、创新效益提升、创新决策科学有效提供了有力指引，充分发挥了专利情报对加强自主知识产权保护、提升产业竞争优势的智力支撑作用。

2020年，国家知识产权局学术委员会按照"源于产业、依靠产业、推动产业"的原则，在广泛调研产业需求基础上，重点围绕高端医疗器械、生物医药、新一代信息技术、关键基础材料、资源循环再利用等5个重大产业方向，确定12项专利课题研究，组织20余家企事业单位近180名研究人员，圆满完成了各项课题研究任务，形成一批凸显行业特色的研究成果。按照课题成果的示范性和价值度，选取其中5项成果集结成册，继续以《产业专利分析报告》（第79～83册）系列丛书的形式出版，所涉及的产业方向包括群体智能技术，生活垃圾、医疗垃圾处理与利用，应用于即时检测关键技术，基因治疗药物，高性能吸附分离树脂及应用等。课题成果的顺利出版离不开社会各界一如既往的支持帮助，各省市知识产权局、行业协会、科研院所等为课题的顺利开展贡献巨大力量，来自近百名行业和技术专家参与课题指导工作。

《产业专利分析报告》(第 79~83 册)凝聚着社会各界的智慧,希望各方能够充分吸收,积极利用专利分析成果助力关键核心技术自主知识产权创造和储备。由于报告中专利文献的数据采集范围和专利分析工具的限制,加之研究人员水平有限,因此报告的数据、结论和建议仅供社会各界借鉴研究。

《产业专利分析报告》丛书编委会
2021 年 7 月

高性能吸附分离树脂及应用产业专利分析课题研究团队

一、项目管理
国家知识产权局专利局：张小凤　孙　琨

二、课题组
承 担 单 位：西安蓝晓科技新材料股份有限公司
　　　　　　　北京三聚阳光知识产权代理有限公司
课题负责人：寇晓康
课题组组长：刘　琼
统 稿 人：高东辉　罗　啸
主要执笔人：王　莉　谢　楠　向长松　罗　啸　刘　琼　何浩云
课题组成员：寇晓康　张建纲　高东辉　刘　琼　王　莉　罗　啸
　　　　　　　谢　楠　向长松　何浩云　李红团　智彩辉　李岁党
　　　　　　　李延军　张　力　张　赪

三、研究分工
数据检索：王　莉　罗　啸　向长松　何浩云
数据清理：王　莉　谢　楠　何浩云
数据标引：王　莉　谢　楠　何浩云
图表制作：谢　楠　王　莉　何浩云
报告执笔：王　莉　谢　楠　何浩云　向长松　罗　啸　李红团
　　　　　　刘　琼　智彩辉　李岁党　张　力　张　赪　李延军
报告统稿：高东辉　罗　啸
报告编辑：王　莉　谢　楠　刘　琼　张　力　张　赪
报告审校：寇晓康　张建纲　高东辉　智彩辉　刘　琼　张　力
　　　　　　张　赪

四、报告撰稿

王　莉：主要执笔第1章、第3章、第7章、第11章

向长松：主要执笔第2章第2.1～2.4节、第2.6～2.7节，第9章第9.1～9.3节

刘　琼：主要执笔第2章第2.5节

李岁党：参与执笔第3章第3.2.4节

何浩云：主要执笔第4章、第8章

谢　楠：主要执笔第5章、第6章

李延军：参与执笔第4章第4.2.4节、第6章第6.2.4节

李红团：参与执笔第4章第4.3节、第8章第8.11节

张　力：参与执笔第5章第5.2.4节、第7章第7.6节

张　赪：参与执笔第8章第8.6节

罗　啸：主要执笔第9章第9.4～9.7节、第10章，参与执笔第11章第11.1节

智彩辉：参与执笔第6章第6.3节、第11章第11.2节

五、指导专家

行业专家

高月静　西安蓝晓科技新材料股份有限公司

技术专家

张秋禹　西北工业大学

专利分析专家

马天旗　华智众创（北京）投资管理有限责任公司

王峻岭　广州奥凯信息咨询有限公司

张　勇　华智数创（北京）科技发展有限责任公司

目 录

第1章　绪　论 / 1
　1.1　研究背景 / 1
　1.2　产业发展概况 / 1
　　1.2.1　技术发展 / 1
　　1.2.2　产业需求 / 3
　1.3　研究内容 / 4
　1.4　研究方法 / 5
　　1.4.1　技术分解 / 5
　　1.4.2　数据范围 / 6
　　1.4.3　数据检索 / 6
　　1.4.4　数据处理 / 6
　　1.4.5　相关事项和约定 / 7

第2章　吸附分离树脂专利总体分析 / 9
　2.1　专利申请趋势 / 9
　2.2　专利申请目标国/地区 / 15
　2.3　技术来源国 / 16
　2.4　技术构成 / 17
　2.5　主要技术路线 / 19
　2.6　主要申请人 / 24
　2.7　中国产业分布 / 25

第3章　湿法冶金用吸附分离树脂 / 28
　3.1　全球及重点国家/地区 / 28
　　3.1.1　专利申请趋势 / 28
　　3.1.2　专利申请目标国/地区 / 30
　　3.1.3　技术来源国 / 32
　　3.1.4　产业结构 / 34
　　3.1.5　主要申请人 / 40
　　3.1.6　中国产业分布 / 42

3.2 盐湖提锂应用技术 / 44
   3.2.1 专利申请趋势 / 44
   3.2.2 专利申请目标国/地区 / 46
   3.2.3 技术来源国 / 47
   3.2.4 主要技术路线 / 48
   3.2.5 主要申请人 / 53
   3.2.6 中国产业分布 / 56
   3.2.7 中国主要发明人 / 58
   3.2.8 国外在华布局 / 59
   3.2.9 中国申请人海外布局 / 60
3.3 小　　结 / 60

第4章　生物医药用吸附分离树脂 / 63

4.1 全球及重点国家/地区 / 63
   4.1.1 专利申请趋势 / 63
   4.1.2 专利申请目标国/地区 / 66
   4.1.3 技术来源国 / 67
   4.1.4 产业结构 / 68
   4.1.5 主要申请人 / 78
   4.1.6 中国产业分布 / 81
4.2 肽制备用吸附分离树脂技术 / 82
   4.2.1 专利申请趋势 / 82
   4.2.2 专利申请目标国/地区 / 85
   4.2.3 技术来源国 / 86
   4.2.4 主要技术路线 / 87
   4.2.5 重点专利解读 / 90
   4.2.6 主要申请人 / 93
   4.2.7 中国主要发明人 / 94
   4.2.8 国外在华布局 / 95
   4.2.9 中国申请人海外布局 / 96
4.3 小　　结 / 97

第5章　高端水处理用吸附分离树脂 / 100

5.1 全球及重点国家/地区 / 100
   5.1.1 专利申请趋势 / 100
   5.1.2 专利申请目标国/地区 / 101
   5.1.3 技术来源国 / 102
   5.1.4 产业结构 / 103

5.1.5　主要申请人 / 107
　　5.1.6　中国产业分布 / 109
　5.2　电子级超纯水处理应用技术 / 110
　　5.2.1　专利申请趋势 / 110
　　5.2.2　专利申请目标国/地区 / 111
　　5.2.3　技术来源国 / 111
　　5.2.4　主要技术路线 / 112
　　5.2.5　重点专利解读 / 115
　　5.2.6　主要申请人 / 117
　　5.2.7　国外在华布局 / 118
　5.3　小　结 / 118

第6章　食品用吸附分离树脂 / 119
　6.1　全球及重点国家/地区 / 119
　　6.1.1　专利申请趋势 / 119
　　6.1.2　专利申请目标国/地区 / 120
　　6.1.3　技术来源国 / 121
　　6.1.4　产业结构 / 123
　　6.1.5　主要申请人 / 127
　　6.1.6　中国产业分布 / 130
　6.2　甜菊糖制备用吸附分离树脂技术 / 131
　　6.2.1　专利申请趋势 / 131
　　6.2.2　专利申请目标国/地区 / 133
　　6.2.3　技术来源国 / 133
　　6.2.4　主要技术路线 / 135
　　6.2.5　重点专利解读 / 137
　　6.2.6　主要申请人 / 141
　　6.2.7　国外在华布局 / 142
　　6.2.8　中国申请人海外布局 / 143
　6.3　小　结 / 143

第7章　均粒树脂关键技术 / 145
　7.1　专利申请趋势 / 145
　7.2　专利申请目标国/地区 / 146
　7.3　技术来源国 / 147
　7.4　技术构成 / 148
　7.5　主要申请人 / 149
　7.6　主要技术路线 / 153

7.6.1 种子聚合 / 153
7.6.2 射流法 / 155
7.6.3 膜乳化法 / 165
7.6.4 微包胶法 / 169
7.6.5 雾化法 / 171
7.7 国外在华布局 / 172
7.8 中国申请人布局 / 173
7.9 小　　结 / 174

第8章　固相合成关键技术 / 176
8.1 专利申请趋势 / 176
8.2 专利申请目标国/地区 / 177
8.3 技术来源国 / 178
8.4 技术构成 / 180
8.5 主要申请人 / 180
8.6 主要技术路线 / 182
8.6.1 固相合成核酸和核苷酸 / 182
8.6.2 固相合成肽和氨基酸 / 184
8.7 国外在华布局 / 186
8.8 中国申请人布局 / 187
8.9 专利运用及保护情况 / 188
8.10 中国产业分布 / 190
8.11 小　　结 / 191

第9章　代表性创新主体分析 / 193
9.1 代表性创新主体综合评价 / 193
9.2 陶氏杜邦公司 / 193
9.2.1 全球专利布局 / 193
9.2.2 在华专利布局 / 197
9.2.3 重点专利解读 / 198
9.2.4 小　　结 / 201
9.3 三菱公司 / 202
9.3.1 全球专利布局 / 202
9.3.2 在华专利布局 / 206
9.3.3 重点专利解读 / 207
9.3.4 小　　结 / 209
9.4 诺华赛公司 / 210
9.4.1 全球专利布局 / 210

9.4.2 在华专利布局 / 214

9.4.3 重点专利解读 / 216

9.4.4 小　结 / 218

9.5 朗盛公司 / 218

9.5.1 全球专利布局 / 218

9.5.2 在华专利布局 / 222

9.5.3 重点专利解读 / 223

9.5.4 小　结 / 225

9.6 漂莱特公司 / 225

9.6.1 全球专利布局 / 225

9.6.2 在华专利布局 / 228

9.6.3 重点专利解读 / 229

9.6.4 小　结 / 230

9.7 艾美科健公司 / 231

9.7.1 全球专利布局 / 231

9.7.2 在华专利布局 / 234

9.7.3 重点专利解读 / 235

9.7.4 小　结 / 237

第10章　特色专利分析方法 / 238

10.1 产业特点 / 238

10.2 分析难点 / 239

10.3 现有分析方法局限性 / 239

10.4 信息迭代分析方法 / 239

10.5 信息迭代分析方法的意义 / 241

10.6 小　结 / 241

第11章　结论及建议 / 243

11.1 总体结论 / 243

11.2 重点领域结论 / 243

11.3 建　议 / 246

11.3.1 国家层面 / 246

11.3.2 产业层面 / 246

11.3.3 研发主体层面 / 247

附　录 / 249

附录1　申请人名称约定表 / 249

附录2　吸附分离树脂产业调研主要企业名单 / 256

附录3　信息迭代指标参考权重分值表 / 258

附录4　国内主要均粒树脂生产厂商信息 / 259
附录5　国外主要均粒树脂生产厂商信息 / 262
附录6　吸附分离树脂领域相关政策 / 264
附录7　吸附分离树脂领域和膜分离材料领域相关科技基金项目 / 274

图索引 / 275

表索引 / 280

第1章 绪　　论

1.1　研究背景

本书研究对象是高性能吸附分离材料，具体是指吸附分离树脂。作为一种功能材料，吸附分离树脂因其独特的吸附分离性能、稳定的物理化学性能、可再生等特性被广泛应用于湿法冶金、制药、医疗、化工、环保以及水处理等领域，成为我国战略新兴产业中先进功能材料领域不可或缺的组分部分。例如，在湿法冶金领域，吸附分离树脂在盐湖提锂、红土镍矿提镍、镓铼铀提取等方面显示出巨大的应用价值，对我国经济发展起到了积极的推动作用。

吸附分离树脂产业属于国家战略新兴产业，多年来，在国家政策的推动下，得到长足发展，逐渐摆脱了起步晚、基础差、底子薄的局面，形成了成熟的工业化生产体系，我国也因此逐渐发展为吸附分离树脂生产大国。

然而，生产大国并非生产强国。我国吸附分离树脂高端产能供给不足，低端产能过剩，产业结构亟待调整。国内大部分吸附分离树脂企业技术创新能力不足，中低端市场竞争激烈。高端市场被国外发达国家企业挤占，其中，美国陶氏杜邦、日本三菱、德国朗盛等知名企业产业地位坚实，国内少数企业短期内难以带动产业突围，国内吸附分离树脂制备及产业化应用诸多关键技术仍待突破。

在此背景下，如何应对国际竞争挑战，完成吸附分离树脂产业升级，实现由树脂大国到树脂强国的转变，成为当前亟待解决的问题。本书希望通过专利信息分析手段，聚焦吸附分离树脂领域基础性、关键性问题，了解本领域国内外研究现状、技术热点与空白点，摸清国内外重点企业技术发展状况与专利布局状况，为我国企业高性能吸附分离树脂关键技术突破提供指引和支撑。

1.2　产业发展概况

1.2.1　技术发展

吸附分离树脂在20世纪30年代起源于欧美，至今已有将近90多年的发展历史。其最早在西方发达国家实现工业化生产，现已广泛应用于核工业、化工、能源冶金、医药、水处理、食品、环保等领域。

吸附分离树脂中主要包括离子交换树脂和吸附树脂两个大类。离子交换树脂最早出现在20世纪30年代英国米德尔赛克斯郡特丁顿的化学研究实验室（Chemical

Research Laboratory，Teddington Middlesex），亚当斯（Adams）和霍姆斯（Holmes）合成了第一批离子交换树脂——聚酚醛系强酸性阳离子交换树脂和聚苯胺醛系弱碱性阴离子交换树脂。随后，德国法本化学工业公司［I. G. Farbenindustrie A. G.，第二次世界大战后，拆分为阿克发（Agfa）、拜耳（Bayer）、巴斯夫（BASF）等 10 家公司］工业生产 Wofatit 离子交换树脂；美国树脂制品与化学公司（Resinous Products & Chemical Co.，罗门哈斯公司的前身，罗门哈斯公司在 2009 年被陶氏收购）根据亚当斯和霍姆斯的专利开始工业生产 Amberlite 系列离子交换树脂。

第二次世界大战中，美国通用电气公司的迪阿莱里坞（D'alelio）获得化学与物理性能稳定、低成本的苯乙烯系及丙烯酸系加聚型离子交换树脂合成专利，开创了当今离子交换树脂制造方法的基础。第二次世界大战结束后，挪威斯科格塞德（Skogseid）研制出对钾具有选择性的树脂，可从海水中提取钾，是螯合树脂研究的开始；罗门哈斯公司（Rohm & Hass 公司）苯乙烯系季铵型强碱性阴离子交换树脂 Amberlite IRA400 和甲基丙烯酸系弱酸性阳离子交换树脂 Amberlite IPC－50 开始生产。

20 世纪 50 年代，离子交换树脂合成和工业应用进入快速时期。1950 年美国塔径 1 米的混合床式纯水制备装置开始实用化，采用羧酸型弱酸性阳离子交换树脂 Amberlite IRC－50 来提取精制链霉素并实现工业化。1952 年采用强碱性阴离子交换树脂的大型固定床提取精制铀的装置在南非开始运行。随后，日本奥加诺株式会社（Organo Corp.）的大型高性能混合床式葡萄糖脱盐脱色精制装置实用化。美国密歇根化学公司（Michigan Chemical Corp.）的强酸性阳离子交换树脂大型稀土元素分离精制装置开始运转。陶氏公司（Dow Chemical）开始生产苯乙烯系亚胺二羧酸型螯合树脂。

从 1960 年罗门哈斯公司开始生产苯乙烯系 Macroreticular 型（MR 型）离子交换树脂起，离子交换树脂的合成和工业应用进入了新时期。1962 年罗门哈斯公司非水溶液用及催化用离子交换树脂 Amberlyst 开始生产，离子交换树脂作为催化剂开始进入化工领域。其后，澳大利亚韦斯（Weiss）和博尔顿（Bolto）用弱酸性阳离子交换树脂和弱碱性阴离子交换树脂的混合床进行锅炉用水脱盐，用 80℃ 热水再生离子交换树脂，提出了新的离子交换树脂热再生脱盐方法（Sirotherm Process）。1966 年，离子交换树脂的发展取得重大突破，柯宁等人采用 E. F. 梅特兹南（E. F. Meitzner）和 J. A. 奥林（J. A. Oline）发明的聚合方法，合成了一系列物理结构和过去完全不同的大孔结构离子交换树脂，该类树脂很快在罗门哈斯公司和拜耳公司投入生产。这类离子交换树脂除了具有普通离子交换树脂的交换基团，还有像无机和碳质吸附剂催化剂的大孔型毛细孔结构，兼具了离子交换和吸附功能。

20 世纪 60 年代晚期，日本三菱公司以悬浮聚合为基础，开发了 Diaion HP 系列大孔吸附树脂。这一系列的产品主要是具有较高比表面积的非极性聚苯乙烯二乙烯苯大孔吸附树脂。在不断改进工艺后，其又推出了具有极高比表面积的 Sepabeads SP 系列树脂。

在随后的几十年中，美国罗门哈斯、德国朗盛和日本三菱、英国漂莱特等公司经过长足发展，成为跨国巨头，占据产业垄断地位。其中，2015 年陶氏化学又和杜邦公司合并成为陶氏杜邦公司（Dow Dupont），合并后在吸附分离树脂领域的实力进一步增强。

我国的吸附分离树脂起步于20世纪50年代，最初也以离子交换树脂为起点进行研究。我国离子交换树脂产业的创始者何炳林院士组建了南开大学高分子化学专业，仅用两年时间就成功合成出当时世界上已有的主要离子交换树脂的品种，用于从贫铀矿提取铀。随后离子交换树脂生产技术逐渐普及全国，为我国离子交换树脂工业发展奠定基础。

经过半个多世纪的发展，我国吸附分离树脂已经取得巨大进步，从解放初仅有的几家离子交换树脂生产企业，到今天吸附分离树脂产业全国上万家相关企业。目前，我国离子交换与吸附树脂的年产量已达30万吨以上，约占世界总产量的40%。我国生产的各类常规树脂质量已达到国际先进水平，产品不仅可满足国内市场需求，部分还可以出口，我国已经成为树脂生产和应用大国。

但是，从树脂大国到树脂强国之路任重道远。我国树脂技术水平与美国、日本、德国等发达国家还有较大差距，我国企业在技术积累和资本规模上都落后于国际知名企业，大部分产能集中在低端产品，综合实力较弱，呈现价格竞争激烈、利润低下的局面。少数企业具有较强的技术实力，具备高端吸附分离树脂产品和分离设备生产与服务能力，在打破国外垄断方面作出了积极贡献。

1.2.2 产业需求

伴随着全球能源消费和经济结构的变化，吸附分离树脂市场需求保持持续增长，尤其是在湿法冶金、生物医药、化工和环保等新兴应用领域。离子交换树脂作为吸附分离树脂产品中应用最为广泛的类型，市场需求最大。

参见表1-2-1，据统计❶❷，2019年全球离子交换树脂市场总值达220亿美元，预计到2026年能够增长到328亿美元。2018年我国离子交换树脂产量为30.4万吨，出口10.3万吨，进口1.4万吨。2019年出口11.9万吨，进口1.7万吨。预计未来2年内，我国离子交换树脂产量年平均增长率4%左右。当前，全球离子交换树脂主要参与企业都在不断扩大离子交换树脂适用范围，积极拓展蓝海市场。

表1-2-1　2011~2019年中国离子交换树脂产能产量以及进出口量　　单位：万吨

年份	产能	产量	进口量	出口量
2011	34.8	22.3	1.0	7.9
2012	35.2	23.0	1.2	7.6
2013	35.5	23.6	1.2	8.0

---

❶ 金博书. 中国高端离子交换树脂产业现状与发展趋势［J］. 精细与专用化学品，2017，25（8）：5-7.
❷ 全球及中国离子交换树脂市场现状及未来发展趋势［R］. 恒州博智，2020.

续表

年份	产能	产量	进口量	出口量
2014	37.3	24.5	1.1	9.0
2015	38.3	25.7	1.1	9.2
2016	40.3	27.3	1.1	8.9
2017	41.5	28.9	1.3	9.9
2018	42.7	30.4	1.4	10.3
2019	—	—	1.7	11.9

1.3 研究内容

本书研究内容包括现阶段产业中广泛使用的吸附分离树脂、应用领域以及产业关键制备工艺和设备等。从产品类型看，吸附分离树脂主要涉及离子交换树脂、大孔吸附树脂、螯合树脂、固相合成载体等；吸附分离树脂高端应用领域主要涉及湿法冶金领域、生物医药领域、高端水处理领域、食品领域；产业关键制备工艺和设备主要围绕均粒树脂和固相合成载体技术展开。

本书采用文献调研、产业调研和市场调研相结合的方式，数据分析采用定量和定性相结合的手段，对全球高性能吸附分离树脂领域数据信息进行深入、系统的分析，形成分析结论。

具体研究内容要点如下：

（1）吸附分离树脂宏观态势分析

对全球、中国以及主要国家的专利申请趋势、申请目标国/地区、技术来源、产业结构与技术构成、申请人排名等展开分析，全面了解全球技术整体态势和研究热点。

（2）吸附分离树脂细分技术分析

对应用领域及其重点技术进行分析，包括专利申请趋势、申请目标国/地区、技术来源、技术路线、主要申请人、国外在华专利布局等进行分析，深入了解应用领域技术发展趋势和热点方向，帮助我国技术研究人员把握技术主流方向，实现技术创新。

（3）吸附分离树脂产业关键技术分析

对产业关键技术进行分析，包括专利申请趋势、申请目标国/地区、技术来源、技术路线、主要申请人、国外在华专利布局和专利壁垒、中国申请人海内外布局等进行分析，深入了解关键技术发展现状，明晰当前技术前沿和技术引领者发展动态，明确国内外技术发展和专利布局差距，为我国本领域研究人员寻找技术突破口提供参考。

（4）吸附分离树脂代表性创新主体分析

对吸附分离树脂领域重要申请人进行分析，了解其技术研发和专利布局动态，帮助我国本领域研究人员了解产业竞争态势，及时调整自身研发路线。

1.4 研究方法

1.4.1 技术分解

本书研究团队遵照"从产业中来，到产业中去"的指导思想，经过广泛调研，了解企业需求和产业专家意见，充分讨论并结合专利数据从产业和技术层面对吸附分离树脂领域进行了系统梳理与分析研究，确定了研究的技术分支和边界范畴。需要说明的是，对于部分技术分支，采用信息迭代分析方法来确定技术分支（详见第10章）。

本书以吸附分离树脂类型、工艺、设备以及其主要的应用领域为分析对象，具体如表1-4-1所示。

表1-4-1 高性能吸附分离树脂技术分解

一级	二级	三级	四级
树脂类型、工艺、设备	离子交换树脂		
	大孔吸附树脂		
	螯合树脂		
	凝胶色谱		
	固相合成载体		
	制备及分离工艺		
	制备及分离设备		
应用领域	湿法冶金领域	锂的提取	
		镍的提取	
		镓的提取	
		其他	
	生物医药领域	生物药分离提纯	蛋白质
			肽
			多糖
			其他
		化学药分离提纯	原料药和中间体制备
			新药
			外围药（晶型和衍生物）
		植物提取分离	

续表

一级	二级	三级	四级
应用领域	高端水处理领域	电子级超纯水	
		核级水	
		凝结水精处理	
	食品领域	糖类制备	甜菊糖制备
			其他
		饮品处理	
		饮用水	

1.4.2 数据范围

本书研究内容以 incoPat 数据库为主，以科睿唯安 Derwent Innovation（DI）和国家知识产权局专利检索与服务系统（PSS-System）为补充，以《中国学术期刊（网络版）》为科技文献数据源。

incoPat 数据库收录全球 120 个国家/组织或地区的超过 1.4 亿件的专利文献，其数据采购自官方和商业数据提供商。

科睿唯安 DI 数据库涵盖来自 150 多个国家/地区的专利信息，提供覆盖全球范围（包括亚太地区）的英文专利信息。

中国国家知识产权局 PSS-System，收录了 103 个国家/组织或地区的专利数据，以及引文、同族、法律状态等数据信息，其中涵盖了中国、美国、日本、韩国、英国、法国、德国、瑞士、俄罗斯、欧洲专利局（EPO）和世界知识产权组织（WIPO）等。

《中国学术期刊（网络版）》是世界上最大的连续动态更新的中国学术期刊全文数据库，内容覆盖自然科学、工程技术、农业、哲学、医学、人文社会科学等各个领域。收录国内学术期刊 8000 余种，全文文献总量 5500 万余篇。

1.4.3 数据检索

本书检索主要采用总分的检索策略。由于涉及技术分支多且相互交叉，为了尽可能检索全面，采用如下检索步骤：（1）对吸附分离树脂进行总体检索，选取离子交换树脂、大孔吸附树脂、螯合树脂、固相合成载体等关键技术分支的关键词和分类号进行检索；（2）针对不同应用领域，以最小技术分支为单位分模块检索；（3）针对关键技术和主要申请人进行补充检索。合并以上步骤检索数据，建立本书基础数据库。

1.4.4 数据处理

1.4.4.1 数据去噪

本书涉及技术领域广、技术分支多，相关的关键词和分类号会带来噪声，采用机器批量去噪和人工阅读去噪相结合的方式进行数据处理。对于专利量多的技术分支，采用机器批量去噪；对于关键技术分支，采用机器批量去噪和人工阅读去噪相结合的方式。

1.4.4.2 数据检验

为了保证检索质量，对检索得到的专利基础数据进行查全和查准验证。

查全率＝被检出相关文献量/总文献中所有相关文献量×100%

查准率＝被检出相关文献量/被检出文献量×100%

查全率验证方法：从不同技术分支中选择主要申请人，构建与待检验数据不同的检索式进行检索，获得样本，进行验证；

查准率验证方法：在检索数据中抽取一定数量的专利文献，人工阅读确定相关性，得出查准率。

检验结果：本书中文专利检索结果的查全率和查准率不低于90%，外文专利检索结果的查全率和查准率不低于80%。

1.4.4.3 数据标引

本书数据采用机器批量标引和人工阅读标引相结合的方式进行数据加工。对于专利量多的技术分支，采用机器批量标引；对于关键技术分支，采用机器标引和人工阅读标引相结合的方式。

1.4.5 相关事项和约定

1.4.5.1 术语解释

本小节对本书中出现的专利术语进行说明。

项：同一项专利是指在多个国家或者地区提出的基于相同优先权的专利申请，在进行专利申请量统计时，数据库中以1个专利族数据出现的一系列专利文献计算为1项。一般情况下，专利申请的项数对应于专利技术的数目。

件：在对各个国家/组织或地区专利进行申请量统计时，为了分析申请人在不同国家/组织或地区所提出的专利申请分布情况，将同族专利申请分开统计，即为1件。以件为单位进行统计的专利文献数量对应于专利的申请件数。一般情况下，1项专利可能对应1件或多件专利申请。

全球申请/布局：申请人在全球范围内的各专利审批机构提出的专利申请。

在华申请/布局：申请人在中国国家知识产权局提出的专利申请。

申请目标国/地区：专利提交的国家/地区。

技术来源国：专利申请人住址所在地所属的国家。

重点专利：专利的重要性由专利的被引频次、同族数量、申请日、申请人、法律状态以及技术解读等因素决定。其中，被引频次高、同族数量多、申请日晚、申请人为知名企业、法律状态为有效，则专利相对重要；技术解读由领域内技术专家从专利权利要求书和说明书中披露信息获得。以上因素综合影响专利在本领域的重要性。

技术集中度：某技术领域排名靠前的申请人/专利权人所拥有的专利申请量占该领

域总专利申请量的百分比。该指标可以反映某领域专利技术的集中程度，百分比数值越大，该领域的专利技术集中程度越高。通常，集中程度越高，后进入者进入该技术领域的难度越大。❶

1.4.5.2 数据完整性约定

除单独说明以外，本书检索截止时间为 2020 年 8 月 31 日，能够检索到的文献报告包括各数据库中入库记载的截止到上述时间的专利文献。但由于专利文献申请、公开以及入库之间存在较大的时间滞后性，因此，对于距离检索截止日较近的时间，公开数据与实际申请量数据之间差距较大。

一般来说，发明专利申请自申请日（有优先权的自优先权日）起 18 个月（要求提前公布的除外）公开；实用新型专利申请在授权后公布；通过 PCT 途径进入相关国家的专利申请，通常自申请日（有优先权的自优先权日）起 18 个月（要求提前公布的除外）进行国际公开，30~32 个月（要求提前进入国家阶段的除外）后进入国家阶段，随后由相关国家以本国语言公开。基于以上情况，本书中最近 2 年的申请量/公开量呈下降趋势，并不完全反映相应技术领域专利申请真实的情况，需结合其他信息综合分析，在此予以说明。

---

❶ 胡京平, 刘卫, 张燕, 等. 利用专利文献分析新型纺纱技术的发展趋势 [J]. 西安工程大学学报, 2014, 28: 657-662, 667.

第 2 章 吸附分离树脂专利总体分析

本书所指的吸附分离树脂，主要是指通过离子交换或吸附作用对特定目标物进行分离纯化的功能高分子球形或者珠状颗粒。专利数据主要涉及离子交换树脂、大孔吸附树脂、螯合树脂、固相合成载体等树脂类型，以上类型树脂的制备和分离的工艺与设备，以及其在湿法冶金、生物医药、高端水处理、食品等领域的应用。

2.1 专利申请趋势

第一件吸附分离树脂相关专利由英国的亚当斯和霍姆斯于 1934 年申请。在技术发展初期，由于技术不成熟，每年的相关专利申请量较少，直至 1945 年，年专利申请量突破 50 项，此后专利申请量逐年上升，吸附分离树脂技术开始进入第一发展阶段。为了更清楚地示意近 50 年申请趋势，图 2-1-1 只展示出 1970 年以后的年专利申请量。根据全球吸附分离树脂领域的专利申请数据统计及申请趋势分析，可将其划分为四个发展阶段，即萌芽期、第一发展期、平稳过渡期及第二发展期。

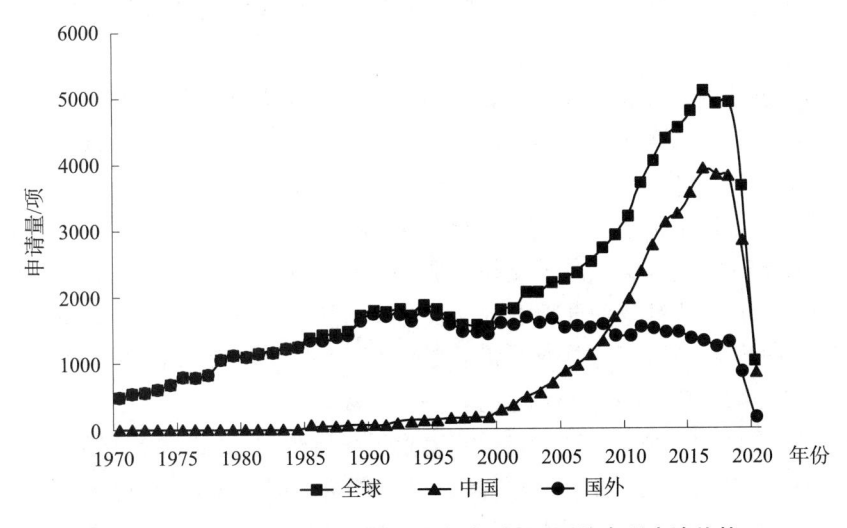

图 2-1-1 吸附分离树脂领域全球/中国/国外专利申请趋势

（1）萌芽期（1934~1944 年）

20 世纪 30 年代，英国科学家亚当斯和霍姆斯合成了第一批离子交换树脂——聚酚醛系强酸性阳离子交换树脂和聚苯胺醛系弱碱性阴离子交换树脂，于 1934 年申请了第一件相关专利（GB450308A），同时在美国、法国、德国和比利时进行了专利布局。

1936年，德国法本化学工业公司开始在吸附分离树脂领域进行专利申请，首次提出将离子交换树脂用于水的净化处理（DE746339C）；1937年，美国沸石公司（Permutit Co）通过间苯二胺与一糖或二糖在无糖醛（如甲醛）存在或不存在下缩合反应制备出适用于阴离子交换水处理的不溶性树脂（US2442989A）；1938年，根据亚当斯和霍姆斯的发明，德国法本化学工业公司发明并工业化生产了带有磺酸基的酚醛树脂（US2204539A），成功应用于水的脱盐处理；1942年，美国沸石公司通过聚亚烷基多胺、甲醛（或其聚合物）和酮、硝基烷烃或乙醛反应制备了一种低成本的阴离子交换树脂（US2442989A）。

在技术萌芽初期，几乎每年都有相关专利申请，但数量较少，全球平均每年专利申请量约20多项，发展至1944年，年专利申请量达到39项。这一时期，相关专利主要涉及离子交换树脂的合成工艺和树脂性能的改进，申请地域主要集中于美国和英国，其次是在法国和德国，瑞士、比利时和荷兰也有相关专利申请，但数量均在10项以下；印度由于受到英国殖民的影响，在此时期也有2项相关专利的申请，成为第一个发展吸附分离树脂技术的亚洲国家。

（2）第一发展期（1945~1984年）

第一发展期，吸附分离树脂技术领域全球专利申请量呈稳步上升趋势，专利申请地域从技术萌芽期的8个国家扩大到50多个国家或地区。从申请量看，1968年突破500项，1978年突破1000项。从申请地域看，1948年达到10个，1959年达到20个以上，1972年达到50个，1984年达到65个。该阶段，在日本申请的吸附分离树脂专利数量超过在美国和英国的数量，日本成为吸附分离树脂技术领域最大的专利申请目标国。

在第一发展期内，代表性技术主要来自国外大型企业，例如，1945年，陶氏杜邦公司（原Dow公司）的鲍曼（Bauman）等人发明了苯乙烯系磺酸型强酸性离子交换树脂（US2466675A）并实现了工业化；随后，罗门哈斯公司的库宁（Kunin）等人进一步研制了强碱性苯乙烯系阴离子交换树脂（US2591573A）和弱酸性丙烯酸系阳离子交换树脂（US2684321A）。这些离子交换树脂除应用于水的脱盐精制外，还用于药物纯化、稀土元素分类、蔗糖及葡萄糖溶液的脱盐脱色等，如公开号为US2541420A的专利文件记载了一种纯化链霉素的羧酸型离子交换树脂，公开号为US2578938A的专利文件记载了一种利用阴阳离子混合床去除糖溶液杂质离子的方法。

1952年，美国沸石公司发明一种大孔阴离子交换树脂（GB741232A），应用于焦炉废水处理中；1957年，陶氏杜邦公司制备出一种螯合树脂（US2980607A）；1958年，华莱士提尔南股份有限公司（Wallace Tiernan Inc）发明了一种利用阳离子交换树脂吸附的化合物药物制剂的方法（US2990332A）；同年，拜耳公司合成了一种具有海绵结构的阴离子交换树脂（FR1217732A）。20世纪50年代末，我国南开大学化学系也合成出大孔离子交换树脂，此时我国还未建立专利制度，所以尚无相关专利申请。

20世纪60年代，离子交换树脂的应用范围逐渐扩大。1960年，利用带正电荷多孔吸附离子交换树脂回收金属锗的专利技术出现（GB933563A）；1961年，罗门哈斯公司制备出一种具有大孔结构的磺酸阳离子交换树脂（SE306080B），用来催化有机非水性介质中的反应；同年，磺酸型阳离子交换树脂用于色谱分离装置的专利技术出现，以改进离心式层析效果（GB956016A）；1964年，罗门哈斯公司将大孔型磺酸阳离子交换树脂用于制备较高分子量的烷基葡萄糖苷的水溶液中（IL21882A）；1965年，默克公司合成了一种包含低交联苯乙烯-二乙烯基苯季铵型树脂的用于治疗高胆固醇血症和胆汁性肝硬化的组合物（US3499960A）；1966年，罗氏公司（Hoffmann La Roche）利用酸性离子交换树脂制备了一种药物组合物（IT1053660B）；1968年，意大利法莫制药公司（Farmaceutici Italia）利用阳离子羧酸离子交换树脂提取抗生素阿霉素（YU33730B）；1969年，罗门哈斯公司利用大孔吸附树脂对纸浆厂漂白废水进行脱色处理（US3652407A）。

20世纪70年代，吸附分离树脂被广泛应用于生物医药、水处理、催化合成等领域，代表性的企业有拜耳公司、罗门哈斯公司、巴斯夫公司和陶氏公司等，主要涉及抗生素的分离和提取（GB1395907A和US3914158A）、生物肽的合成制备（US3855196A和US3948821A）、免疫抑制剂（US3869436A和US3956258A）、葡萄糖异构化（US3788945A和US3759896A）等方面。同时，吸附分离树脂在水处理、食品脱酸和脱色等领域的应用也得到进一步发展，例如，1973年，罗门哈斯公司合成了一种杂化离子交换树脂用于糖溶液脱色（US3966489A）；1974年，陶氏杜邦公司合成了一种热可逆两性离子交换树脂（US3957698A）用于水中脱盐处理。1975~1979年，吸附分离树脂在制备过渡金属催化剂方面取得发展，代表性企业有埃克森美孚公司（US4145486A，不溶性弱碱性离子交换树脂-金属络合物）和壳牌公司（US4306085A，树脂-配体-金属催化剂氢甲酰化工艺）等；1977年，日本关西涂料公司（Kansai Paint Co Ltd）发明了一种生产固定化酶和微生物细胞的方法（US4195129A），固定化酶技术得到进一步发展。1981年，陶氏杜邦公司通过使均匀尺寸的单体液滴聚合而制得大小均匀的球形聚合物珠粒（US4330440A），可用于制备高产率、具有优异性能的均粒离子交换树脂；同年，通用电气公司利用全氟磺酸树脂合成了一种具有至少10个碳原子的烯烃低聚选择性催化剂（IT1142613B）。

值得关注的是，20世纪70年代至80年代中期也是吸附分离树脂技术在日本快速发展的时期。该时期内，日本的年专利申请量从1970年的70项增加到1984年的650项，超越了欧美国家，日本成为吸附分离树脂领域最大的专利申请目标国。

(3) 平稳过渡期（1985~1999年）

平稳过渡期，吸附分离树脂技术领域全球专利申请量呈现先升后降态势，专利申请地域从第一发展期的全球50多个国家或地区扩大到90个以上。从申请量看，1989年突破1600项，增长到1994年的近1900项后，又回落到1999年的1600项左右。从申请地域看，1986年达到70个以上，1994年达到80个以上，1997年达到90个。该阶段，日本和美国是最大的专利申请目标国，其次是德国、法国、英国、韩国、中国。

平稳过渡期内，本领域申请人对吸附分离树脂在食品、生物医药、水处理等方面的应用研究不断深入。1989年，美国3M公司发明一种均粒树脂改性多糖载体亲和基质（US5059654A）；1999年，美国伊诺华纯净水公司（Innova Pure Water Inc）将离子交换树脂应用于水处理设备中（US5211973A），以减少正常饮用水中污染物。

随着专利制度的建立，中国在1985年开始有了吸附分离树脂领域的相关专利申请。申请量为50余件，其中30多件来自中国申请人，主要为高校和科研院所，国外申请人有美国的陶氏杜邦公司、日本的日立公司和旭化成公司等。1985年以后相关专利申请不断增加，至1999年，相关专利年申请量已达到197件。同时，随着我国经济的发展与实力的增强，中国市场也开始受到国外申请人的关注，壳牌、罗门哈斯、通用电气等公司也相继在中国开始相关专利申请。

1985~1999年，我国吸附分离树脂技术还处于起步状态，中国申请人主要以高校和科研院所为主，如天津大学、南开大学、清华大学、中国科学院化学研究所等，中国申请人排名前20的企业只有中国石油化工集团及其子公司。该时期主要涉及的技术方向有浮动床离子交换器（CN2390685Y、CN2358988Y）、净水器（CN2205517Y、CN2310068Y）等；其次是吸附分离树脂在生物医药和食品领域的应用研究。例如，1997年，中国科学院水生生物研究所利用阴离子交换树脂分离纯化丝状蓝藻水溶性多糖及胞外多糖（CN1102151C）；1998年，南开大学的俞耀庭等人合成三元共聚超大孔树脂，随后碳化得到碳化树脂（CN1209548A），用于DNA免疫吸附剂；1998年，南开大学利用吸附树脂法从甜菊糖中富集并分离莱鲍迪甙A（CN1078217C）；1999年，中国科学院福建物质结构研究所利用琼脂糖凝胶色谱从南瓜中分离出一种核糖体失活蛋白——南瓜蛋白（CN1263107A）。

（4）第二发展期（2000年至今）

进入21世纪以来，吸附分离树脂技术进入高速发展期，即第二发展期。本时期内，专利申请量呈快速上升态势，专利申请地域从平稳过渡期的全球90多个国家或地区扩大到100以上。从申请量看，2002年突破2000项，2010年突破3000项，2012年突破4000项，2016年突破5000项。从申请地域看，2015年达到100个。该阶段，中国成为最大的专利申请目标国，其次是日本和美国，韩国、德国、俄罗斯、印度紧随其后，此外，通过世界知识产权组织和欧洲专利局进行申请也成为本领域专利申请的重要途径。本阶段，市场需求主要集中在传统工业水处理和新兴应用领域。在传统工业水处理领域，技术发展年代悠久，成熟度高，技术门槛相对较低，竞争激烈；湿法冶金、生物医药、食品和高端水处理（包括电子级超纯水、核级水处理、凝结水精处理等）等新兴应用领域，技术发展年代较短，技术门槛较高，市场需求增长旺盛，成为近年来吸附分离树脂应用的新方向，也是各国企业技术创新和专利申请布局的新赛场，被本书作为重点研究内容。

湿法冶金领域，利用吸附分离树脂在溶液中提取锂、镍、镓、放射性金属元素以及贵金属等成为近年来的重要技术手段。代表性技术有美国陶氏杜邦公司利用连续离子交换系统回收镍和钴（AU2013256760B2）、连续离子交换与膜分离回收铀的集成工艺（IN7866DELNP2015）、铝酸盐锂离子吸附剂树脂以及锂离子吸附方法（CN110573633A）；日本三菱公司将吸附分离树脂用于分离铂族元素（JP2011208249A）；中国科学院青海盐湖研究所发明二氧化锰离子筛（CN100343399C）和铝酸盐离子筛（CN1243112C 和 CN106076243B）用于盐湖提锂等。

生物医药领域，是吸附分离树脂的又一重要应用领域，涉及的相关专利申请量最多。吸附分离树脂在生物医药领域的应用主要包括生物药、化学药和植物提取药三个类别。本书关注以上三类药物制备过程中使用的吸附分离树脂的相关技术，其中，生物药包括多肽（肽及其衍生物）、天然或基因重组蛋白质、多糖药物、微生物减毒或灭活疫苗、单克隆抗体及基因工程抗体、核酸药物、生物诊断或检测试剂及装置、生物靶向药物及靶向载体、干细胞及生物纳米产品、基因治疗等；化学药主要包括原料药及中间体、新药（新化合物）以及外围药（晶型和衍生物）的制备；植物提取药是指对天然植物产物提取和分离纯化得到的药物。以上细分领域代表性技术各有特色。生物药代表技术有：基因泰克公司利用离子交换层析从含有宿主细胞蛋白的混合物中纯化靶蛋白（EP1501369B1），通用电气公司利用吸附分离树脂分离抗体（KR101149969B1），罗氏公司利用吸附分离树脂对 PEG 化的多肽纯化（CN101889023B）；化学药代表技术有藤泽公司利用离子交换树脂分离含内酯的高分子量化合物（CN1195760C），拜耳公司利用离子交换树脂纯化钆布醇（CN103547573B）和制备考布曲钙（CN102164901B）；植物提取代表技术有帝斯曼公司利用碱性树脂从青花菜种子中提取葡萄糖异硫氰酸盐（CN102137678B），花王株式会社利用吸附分离树脂提取人参有效成分（CN105473006B），浙江康恩贝制药股份有限公司利用大孔树脂提取银杏黄酮醇苷和银杏萜内酯。

食品领域，应用最为广泛的是离子交换树脂和吸附树脂。近年来，吸附分离树脂在食品领域的专利主要涉及分离设备的集成化和分离工艺的优化。其中，模拟移动床和逆流离子交换色谱系统是较为先进、高效的分离技术。例如，谱赛科公司申请的大孔吸附树脂脱色和离子交换树脂脱盐的甜菊糖制备工艺（EP2675909B1）、通过包括吸附树脂的柱系统提纯甜菊醇糖苷溶液的工艺（EP3009010B1）的专利技术。2012 年，中国科学院烟台海岸带研究所使用连续逆流提取和纳滤膜结合的方法从干菊芋中制备菊粉（CN103044579B）；2014 年，辽宁千千生物科技有限公司利用模拟移动床纯化莱鲍迪 A 苷；2019 年，欧罗彻姆技术公司（Orochem Technologies Inc）使用模拟移动床色谱法生产纯化的甜菊醇（US20200047083A1）。

高端水处理领域，以电子级超纯水为例，其制造工艺一般包括预处理、脱盐、后处理三道工序。后处理工序中"精制混床"（抛光混床）是最为关键部分，主要作用是精脱盐及脱除经紫外线分解有机物的产物，对产水水质达标具有决定性的意义。该技术代表性专利有栗田工业株式会社的"阴离子交换树脂的制造方法、阴离子交换树脂、阳离子交换树脂的制造方法、阳离子交换树脂、混床树脂和电子部件和/或材料清洗用超纯水的制造方法"（JP5585610B2），三菱公司的"水处理树脂和纯水生产方法"（JP2016141738A），韩国美太公司（Innomeditech）的"多孔基材和聚合物涂层制备离子交换材料的方法"（KR102054944B1）。当然，电子级超纯水的生产不仅依赖于"精制混床"设备，还需要依靠"精制混床"的填料——均粒树脂。

均粒树脂制备技术一直是吸附分离树脂领域技术竞争高地。树脂粒度均一且粒径可控,是高品质树脂产品的衡量标准之一,也是各企业关注的重要技术方向。均粒树脂制备主要有种子聚合、微包胶、射流法和膜乳化法等几种方法。其中,射流法是利用瑞利-泰勒(Rayleigh Tayler)不稳定现象,通过控制喷射流体制备粒径均匀可控的液滴,进一步聚合得到聚合物颗粒树脂,该技术是目前比较成熟的技术,陶氏杜邦公司、拜耳公司、朗盛公司、钟源化学公司等都具备射流法制备能力。膜乳化法是通过膜和分散相、连续相的相对运动,形成均匀液滴。与射流法相比,膜乳化法设备简单,生产效率更高,代表性技术有:2014 年,陶氏杜邦公司旗下的罗门哈斯公司申请的"旋刮式膜乳化"专利(CN105246580B);2017 年,漂莱特公司又延续申请了超疏水乳化膜的相关专利(US10526710B2)。

除了以上应用领域以外,吸附分离树脂还在催化合成以及气体吸附方面表现出优异的性能和应用前景。本书主要研究吸附分离树脂在溶液中分离提纯功能的利用,对其气体吸附或分离功能以及在气相催化合成中的应用不作展开分析。

图 2-1-2 为吸附分离树脂技术领域中国以外主要国家/地区专利申请趋势。吸附分离树脂技术领域早期专利申请主要集中于美国、英国、德国等欧美国家,亚洲国家发展相对较晚。在美国关于吸附分离树脂技术的第一件专利申请于 1935 年,是亚当斯和霍姆斯的合成树脂专利(GB450308A)在美国的同族专利(US2104501A)。此后,美国本土申请人也开始关注吸附分离树脂领域,并且几乎每年都有专利申请,发展到 1954 年,专利年请量突破 100 件,1958 年以后,年专利申请量几乎每年都在 100 件以上,2004 年达到峰值 570 件,近 5 年年专利申请量平均为 295 件。

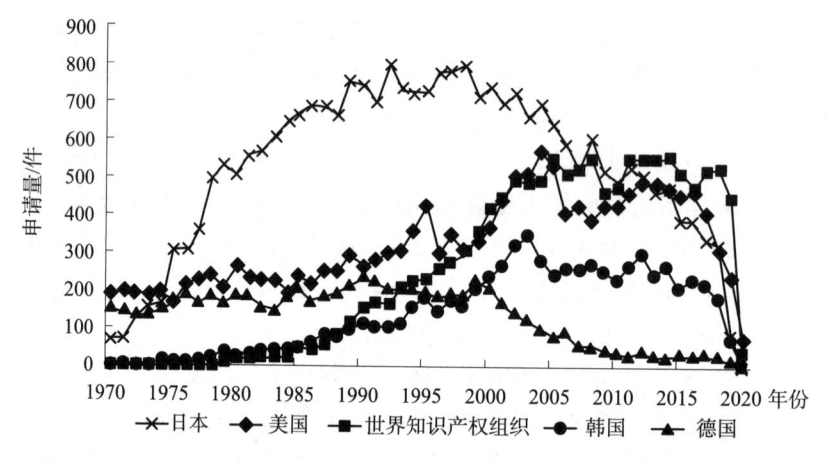

图 2-1-2 吸附分离树脂领域主要国家/地区专利申请趋势(中国以外)

1962 年,日本开始出现有关吸附分离树脂的专利申请;1962~1992 年,日本专利申请量一直处于稳步增长的阶段,1992 年专利申请量为 801 件,达到顶峰;1993 年至今,日本年专利申请量呈下降趋势,2018 年专利申请量仅为 325 件。

德国也是吸附分离树脂发展比较早的国家,其第一件吸附分离树脂专利同样是亚当斯和霍姆斯的合成树脂专利(GB450308A)在德国的同族专利(DE900568C)。随后德国的大型医药化工企业拜耳公司和法本公司等也开始进入该领域,带动了德国在吸附分离树脂领域的发展。1990年，德国吸附分离树脂领域专利申请量达到峰值（235件），1991年以后，年专利申请量开始下滑，近5年年专利申请量平均为19件。

韩国在吸附分离树脂技术领域的发展相对较晚，1974年才出现第一件有关吸附分离树脂的专利。此后，年专利申请量稳步上升，至2003年达到峰值，为347件；2004年以后，年专利申请量呈缓慢下降趋势；2018年专利申请量低于200件，近5年年专利申请量平均为142件。此外，通过世界知识产权组织进行申请也是本领域韩国专利申请的重要渠道。

整体来看，美国、德国、日本、韩国和中国是吸附分离树脂领域专利申请的主要目标国，且越来越多的申请人通过世界知识产权组织进行相关专利布局。近年来，美国和韩国的相关专利申请趋于平稳，日本和德国的相关专利申请明显下降，而中国相关专利申请增长趋势显著。这说明发达国家在该领域技术发展已经比较成熟，市场需求相对稳定，中国更具有技术发展和市场需求空间。

2.2 专利申请目标国/地区

专利申请目标国/地区在一定程度上能够反映技术的流向，帮助判断全球主要国家/地区市场重要程度。如表2-2-1所示，中国、日本、美国是吸附分离树脂领域专利申请的主要目标国，三个国家相关专利申请量之和占全球相关专利申请总量的50%以上。其中，在中国的专利申请量最多，达到42558件；其次是日本，为26827件；再次是美国，为19277件。

表2-2-1 吸附分离树脂领域全部及阶段年份专利申请目标国/地区

全部年份			2000年及以前			2000年以后		
专利申请目标国/地区	数量/件	占比	专利申请目标国/地区	数量/件	占比	专利申请目标国/地区	数量/件	占比
中国	42558	26%	日本	17206	24%	中国	40630	46%
日本	26827	16%	美国	9570	13%	世界知识产权组织	9743	11%
美国	19277	12%	德国	6750	9%	日本	9626	11%
世界知识产权组织	12966	8%	英国	4286	6%	美国	8456	9%
德国	8180	5%	世界知识产权组织	3223	4%	韩国	4702	5%
韩国	7001	4%	欧洲专利局	3166	4%	欧洲专利局	3139	3%
欧洲专利局	6305	4%	法国	3100	4%	印度	1495	2%
英国	5914	3%	加拿大	2335	3%	俄罗斯	1421	2%
其他	36799	22%	其他	23688	33%	其他	9454	11%

通过统计不同阶段年份的相关专利申请量可以发现：在2000年以前，日本是最主要的专利申请目标国，相关专利申请量占此阶段全球相关专利申请总量的24%，排名第二和第三的分别是美国和德国。2000年之后，中国成为该领域最主要的专利申请目标国，专利申请量占此阶段全球相关专利申请总量的46%；其次是日本，专利申请量占此阶段全球相关专利申请总量的11%；同时，该时期内通过世界知识产权组织实现在多个国家或地区的保护成为该领域专利申请人重要的专利保护途径，相关专利有9743件，占此阶段全球相关专利申请总量的11%。

2.3 技术来源国

图2-3-1所示为吸附分离树脂领域全球及主要国家/地区专利申请来源国分布情况。从饼图中可以看出，中国为吸附分离树脂技术的主要输出国，申请量为39631项，占比35%；其次是日本、美国和德国，申请量分别为26010项、17898项和6128项，在全球相关专利申请总量中的占比分别为23%、16%和5%；来自韩国、英国、法国和俄罗斯等国的相关专利申请量占比均在5%以下。以上数据在一定程度上可以说明，中国在吸附分离树脂领域的技术投入和专利产出是比较大的，其次是日本、美国和德国。

对于中国、日本、美国等主要的专利申请目标国，进一步分析其主要技术来源。如图2-3-1中的柱状图所示，各主要专利申请目标国的相关专利申请均主要来源于本国申请人。具体来看，在中国的相关专利申请中，中国本国申请人的申请量为38980件，占比高达92%，剩余约8%的专利申请来自美国、日本、德国和韩国等国家申请人；在日本，本国申请人的专利申请量为23830件，占比高达78%，中国和美国也比较重视日本市场，在日本的相关专利布局较多，其次是德国和韩国；在美国，本国申请人的相关专利申请量为10889件，占比为56%，日本、德国、韩国和中国等国家申请人比较重视美国市场，也在美国进行了一定程度的专利布局；美国是通过世界知识产权组织进行相关专利布局最多的国家，专利申请量为5882件，占比45%，日本、中国、德国和韩国也通过世界知识产权组织对了部分专利在多个国家进行了保护；在德国，本国申请人的相关专利申请量为3701件，占比45%，其次是美国和日本，占比分别为21%和12%，韩国在德国的专利布局较少，仅为33件，中国在德国没有相关专利布局；在韩国，本国申请人的相关专利申请量为3903件，占比为56%，日本、美国和德国等国也在韩国进行了布局，中国在韩国的专利布局较少，仅有61件。整体上，美国、德国和日本等国重视全球布局，韩国和中国对全球布局重视程度较低，尤其是中国，绝大多数申请人没有全球布局意识。

(a)全球整体分布

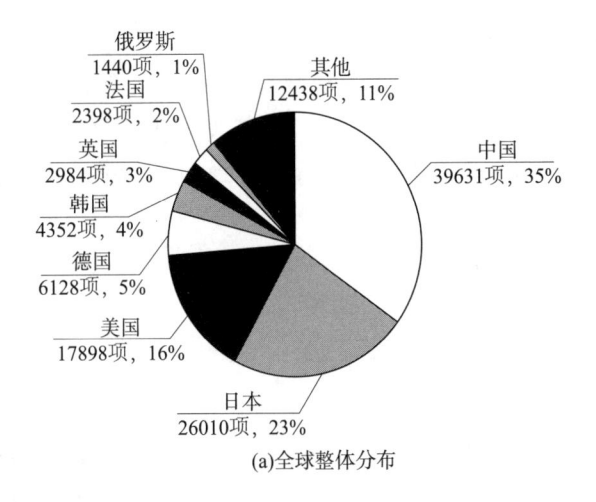

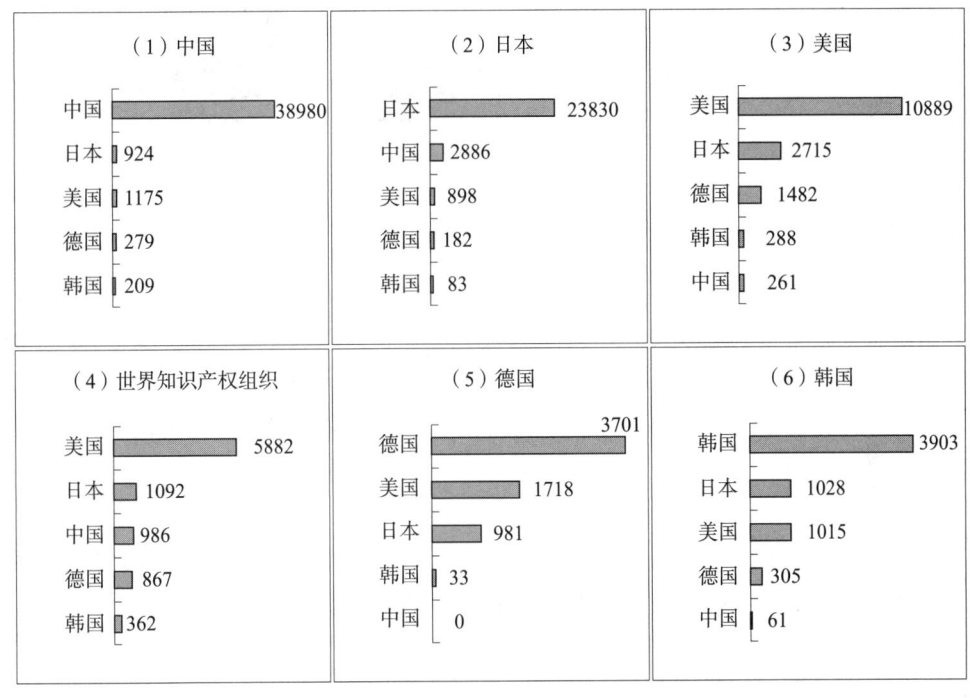

- 中国 39631项, 35%
- 日本 26010项, 23%
- 美国 17898项, 16%
- 德国 6128项, 5%
- 韩国 4352项, 4%
- 英国 2984项, 3%
- 法国 2398项, 2%
- 俄罗斯 1440项, 1%
- 其他 12438项, 11%

(1) 中国
- 中国 38980
- 日本 924
- 美国 1175
- 德国 279
- 韩国 209

(2) 日本
- 日本 23830
- 中国 2886
- 美国 898
- 德国 182
- 韩国 83

(3) 美国
- 美国 10889
- 日本 2715
- 德国 1482
- 韩国 288
- 中国 261

(4) 世界知识产权组织
- 美国 5882
- 日本 1092
- 中国 986
- 德国 867
- 韩国 362

(5) 德国
- 德国 3701
- 美国 1718
- 日本 981
- 韩国 33
- 中国 0

(6) 韩国
- 韩国 3903
- 日本 1028
- 美国 1015
- 德国 305
- 中国 61

(b)主要国家/地区分布

图2-3-1 吸附分离树脂领域全球及主要国家/地区技术来源

注：数字表示申请量，柱状图单位为件。

2.4 技术构成

吸附分离树脂技术主要包括吸附分离树脂类型、设备和工艺等技术分支，其中吸附分离树脂又细分为离子交换树脂、大孔吸附树脂（又称为吸附树脂）、螯合树脂、凝胶色谱、固相合成载体等几个类型。需要说明的是，以上技术分支专利数据存在交叉，统计时对交叉的专利数据进行了重复计算。从图2-4-1可以看出，离子交换树脂相关专利数量最多，是吸附分离树脂中最重要的类型；其次是吸附树脂；凝胶色谱、螯合树脂和固相合成载体专利数量相对较少。设备类专利为22208项，主要包括：以上述各种类型树脂作为填料或载体的分离提纯设备、上述各种类型树脂制备设备以及检测/校正等辅助设备等；工艺类专利为81901项，主要包括：利用上述各种类型树脂分离提纯的工艺、上述各种类型树脂制备工艺以及其他检测/校正等辅助性工艺等。

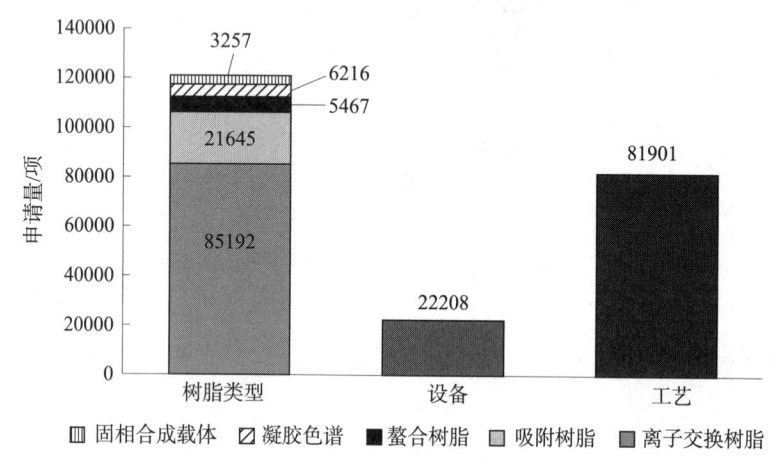

图2-4-1 吸附分离树脂领域技术分布

吸附分离树脂属于基础性、支撑性技术领域，细分技术领域众多，有产业共有技术，存在技术交叉。例如，树脂制备的基本工艺，悬浮聚合、振动喷射造粒是离子交换树脂、吸附树脂、螯合树脂等的基本合成方法，属于产业共有技术；悬浮聚合设备、振动喷射造粒设备是对应聚合方法的必备设备，也是产业共有技术；类似地，一些分离提纯设备，例如，模拟流动床、连续逆流离子交换系统适用于众多应用领域，也是产业共有技术。

吸附分离树脂又属于应用性技术领域，应用需求是其发展的主要驱动力，尤其是在突破制备原理后，应用性能的提升成为其重要的技术创新方向。例如，利用悬浮聚合方法制备树脂颗粒技术和相关设备，早在20世纪就实现了产业化，由于聚合原理和反应单体性质限制，技术创新空间狭小。而对于21世纪发展势头迅猛的生物医药领域，吸附分离树脂的应用潜能被不断挖掘，从氨基酸、多肽，到核酸、核苷酸，再到基因的合成或纯化，技术创新活跃。因此，把握新兴领域的应用需求，通过专利数据重点研究吸附分离树脂最新技术发展方向、竞争格局以及我国产业基础和发展方向，是本书的主要任务。

此外，值得一提的是，不同的应用领域分离需求不同，分离提纯工艺不同，有时即使分离需求相似，分离提纯工艺也有差别。这使得本领域工艺和设备相互交叉严重，但具体技术之间又存在差别，细分技术的分解和专利数据的标引困难重重，按照常规方法进行技术分解和专利标引，会脱离产业实际，形成"专利分析"和"产业实际"脱节的现象。因此，本书在技术构成中没有对设备和工艺进一步细分，而是将上述问题嵌入具体应用领域章节中进行了分析。

综上,本书以代表性新兴应用领域为指引,紧密贴合产业发展实际,将产业共有和个性技术融合到具体章节进行研究。本章仅从宏观角度概括性地描述本领域专利现状和产业现状,希望读者能对本书的研究目的、研究内容以及研究对象形成整体性认识。

2.5　主要技术路线

本书研究的高性能吸附分离树脂,主要涉及离子交换树脂、螯合树脂、大孔吸附树脂、固相合成载体四种树脂类型,均粒树脂制备技术,代表性分离设备模拟移动床技术,以及上述树脂/设备在生物医药、湿法冶金、高端水处理、食品领域的应用,如图2-5-1(见文前彩色插图第1页)所示。

离子交换树脂技术起源于20世纪30年代,最初由英国的亚当斯和霍姆斯发明,美国通用电气公司、陶氏杜邦公司以及罗门哈斯公司是较早实现离子交换树脂工业化生产的公司。环球石油公司是早期分离树脂设备方面的领先者,其研发的模拟移动床技术成为随后工业化应用的主要设备,近年来,诺华赛公司成为分离设备技术创新的重要贡献者,如图2-5-2所示(模拟移动床技术并不仅限于吸附分离树脂,其他树脂也同样适用,为了避免重复,在其他类型树脂中不再赘述)。

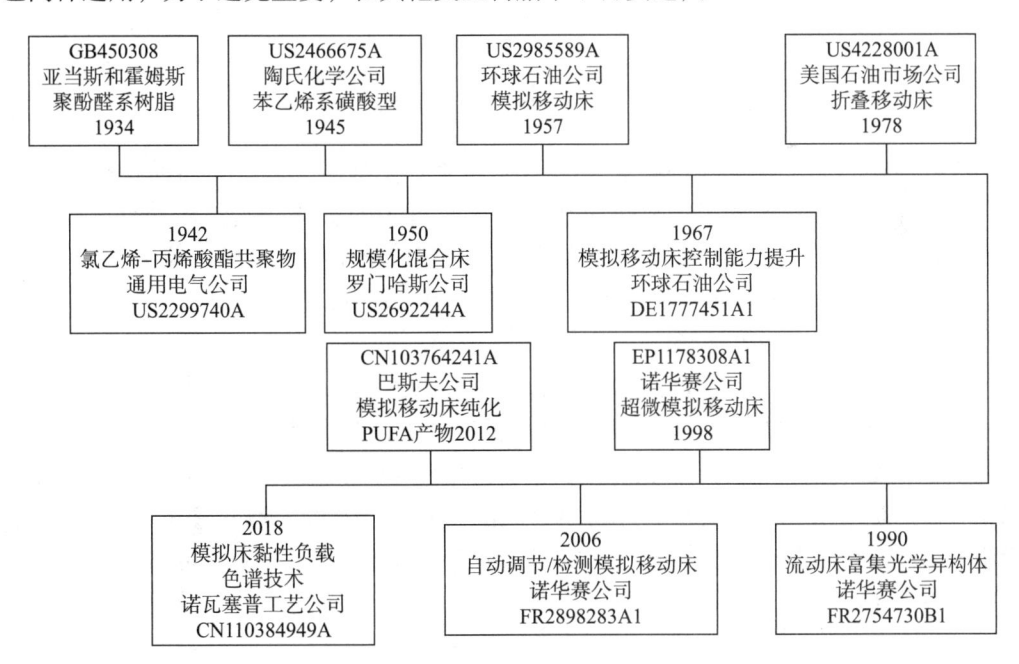

图 2-5-2　离子交换树脂技术路线

螯合树脂是一种特殊的离子交换树脂,主要是利用树脂上的配体与金属离子发生配位作用,形成类似小分子螯合物的稳定结构,因此,相比离子交换树脂,螯合树脂与金属离子的结合力更强,选择性也更高。最早的螯合树脂是由挪威的斯科格塞德在1951年合成的亚氨基螯合树脂,随后,美国陶氏等公司将螯合树脂工业化,如图2-5-3所示。螯合树脂主要应用于金属离子的提取、分离以及通过提取金属离子纯化蛋白和多肽等生物材料。

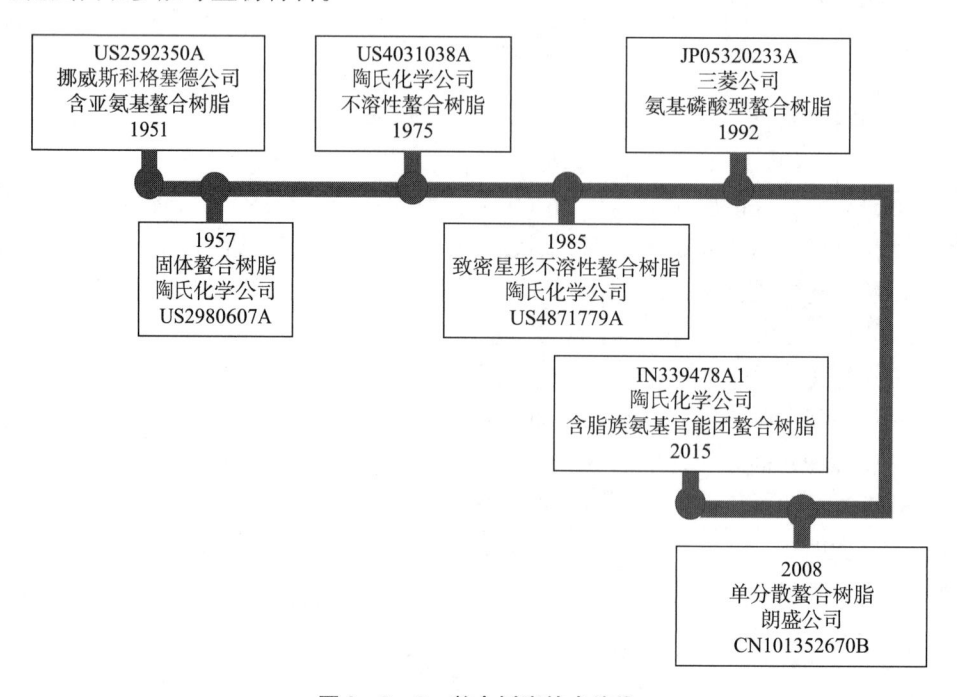

```
┌─────────────────┐    ┌─────────────────┐    ┌─────────────────┐
│  US2592350A     │    │  US4031038A     │    │  JP05320233A    │
│ 挪威斯科格塞德公司 │    │  陶氏化学公司    │    │   三菱公司       │
│ 含亚氨基螯合树脂  │    │ 不溶性螯合树脂   │    │ 氨基磷酸型螯合树脂│
│     1951        │    │     1975        │    │     1992        │
└─────────────────┘    └─────────────────┘    └─────────────────┘

┌─────────────────┐    ┌─────────────────────┐
│     1957        │    │        1985         │
│  固体螯合树脂    │    │ 致密星形不溶性螯合树脂│
│  陶氏化学公司    │    │    陶氏化学公司      │
│  US2980607A     │    │    US4871779A       │
└─────────────────┘    └─────────────────────┘

                       ┌─────────────────────┐
                       │    IN339478A1       │
                       │   陶氏化学公司       │
                       │ 含脂族氨基官能团螯合树脂│
                       │        2015         │
                       └─────────────────────┘

                       ┌─────────────────────┐
                       │        2008         │
                       │   单分散螯合树脂     │
                       │      朗盛公司        │
                       │   CN101352670B      │
                       └─────────────────────┘
```

图2-5-3 螯合树脂技术路线

大孔吸附树脂又称为吸附树脂,是一种不含交换基团、具有大孔结构的高分子吸附剂。大孔吸附树脂的工作机理主要是通过物理吸附对待分离物质进行选择性吸附,从而达到分离目的。[1] 较早的代表性技术是罗门哈斯公司的苯乙烯系吸附树脂,如图2-5-4所示。相比于离子交换树脂,大孔吸附树脂应用领域较窄,主要应用于生物医药,其次是食品等领域。

固相合成载体,最早应用于多肽的合成。固相合成技术基本原理是将反应物键合在不溶性高分子聚合物载体上,随后被键合反应物进一步与溶液中可溶性反应物反应形成目标产物,最后选用适当的裂解剂将目标产物从不溶性高分子聚合物载体上释放出来。与传统液相合成方法相比,固相合成法具有高选择性和高产率的优点。因此,吸附分离树脂作为固相合成载体随后被广泛应用于氨基酸、核酸、核苷酸等合成,如图2-5-5所示。

---

[1] 刘强,邱敬贤,何曦. 大孔吸附树脂的研究及在环保中的应用[J]. 中国环保产业,2018(9):28-31.

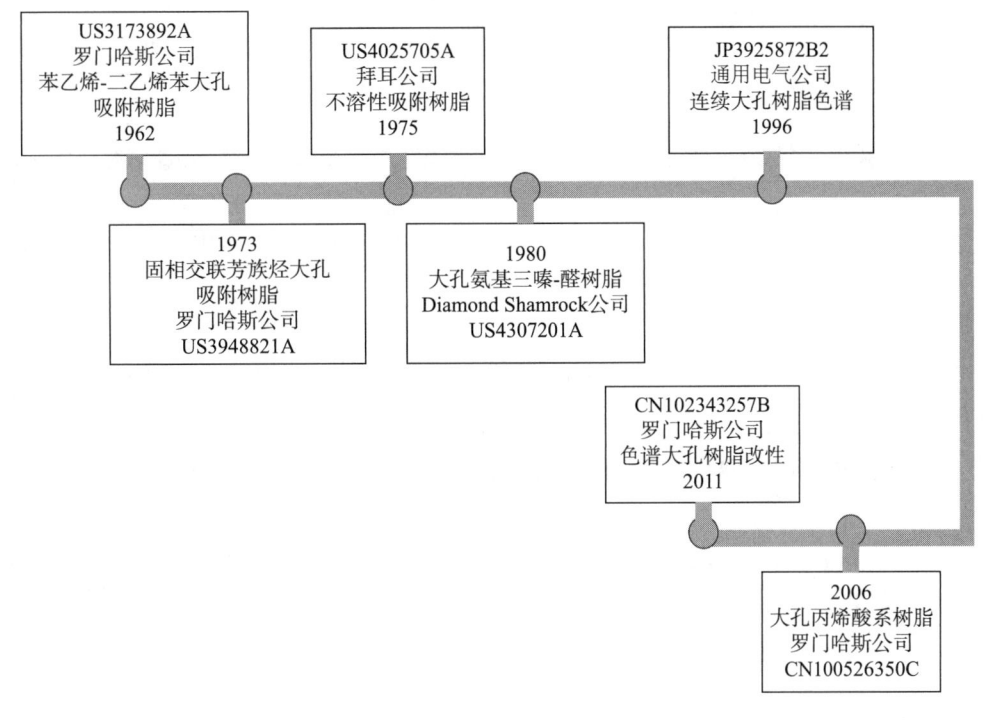

```
┌─────────────┐         ┌─────────────┐         ┌─────────────┐
│US3173892A   │         │US4025705A   │         │JP3925872B2  │
│罗门哈斯公司 │         │拜耳公司     │         │通用电气公司 │
│苯乙烯-二乙烯│         │不溶性吸附树脂│        │连续大孔树脂色谱│
│苯大孔       │         │1975         │         │1996         │
│吸附树脂     │         └─────────────┘         └─────────────┘
│1962         │
└─────────────┘
        ┌─────────────┐         ┌─────────────┐
        │1973         │         │1980         │
        │固相交联芳族烃大孔│    │大孔氨基三嗪-醛树脂│
        │吸附树脂     │         │Diamond Shamrock公司│
        │罗门哈斯公司 │         │US4307201A   │
        │US3948821A   │         └─────────────┘
        └─────────────┘
                        ┌─────────────┐
                        │CN102343257B │
                        │罗门哈斯公司 │
                        │色谱大孔树脂改性│
                        │2011         │
                        └─────────────┘
                                        ┌─────────────┐
                                        │2006         │
                                        │大孔丙烯酸系树脂│
                                        │罗门哈斯公司 │
                                        │CN100526350C │
                                        └─────────────┘
```

图2-5-4 大孔吸附树脂技术路线

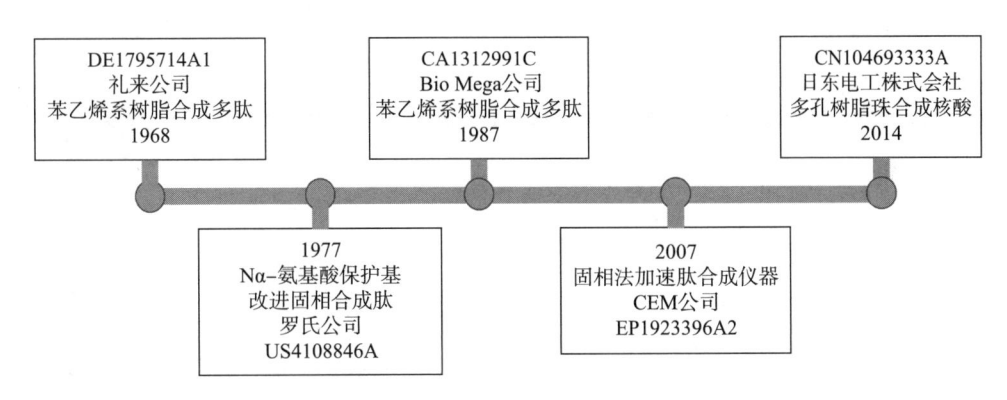

```
┌─────────────┐         ┌─────────────┐         ┌─────────────┐
│DE1795714A1  │         │CA1312991C   │         │CN104693333A │
│礼来公司     │         │Bio Mega公司 │         │日东电工株式会社│
│苯乙烯系树脂 │         │苯乙烯系树脂 │         │多孔树脂珠合成核酸│
│合成多肽     │         │合成多肽     │         │2014         │
│1968         │         │1987         │         └─────────────┘
└─────────────┘         └─────────────┘
        ┌─────────────┐         ┌─────────────┐
        │1977         │         │2007         │
        │Nα-氨基酸保护基│       │固相法加速肽合成仪器│
        │改进固相合成肽│        │CEM公司      │
        │罗氏公司     │         │EP1923396A2  │
        │US4108846A   │         └─────────────┘
        └─────────────┘
```

图2-5-5 固相合成用吸附分离树脂技术路线

均粒树脂，是指树脂颗粒粒径均匀，具有较窄的粒径分布。均粒树脂是一种高品质树脂产品，具有较高的技术门槛，目前具有均粒树脂研发和量产能力的企业较少，国外大型企业是该技术的领跑者，如图2-5-6（见文前彩色插图第1页）所示。我国也有少数企业具有均粒树脂生产能力。

吸附分离树脂在湿法冶金、生物医药、高端水处理以及食品领域的应用，代表性技术如图2-5-7至2-5-10所示。每个应用领域都有自身技术特色、产业特色和代表性企业，深入分析和讨论请见本书的第3至6章。

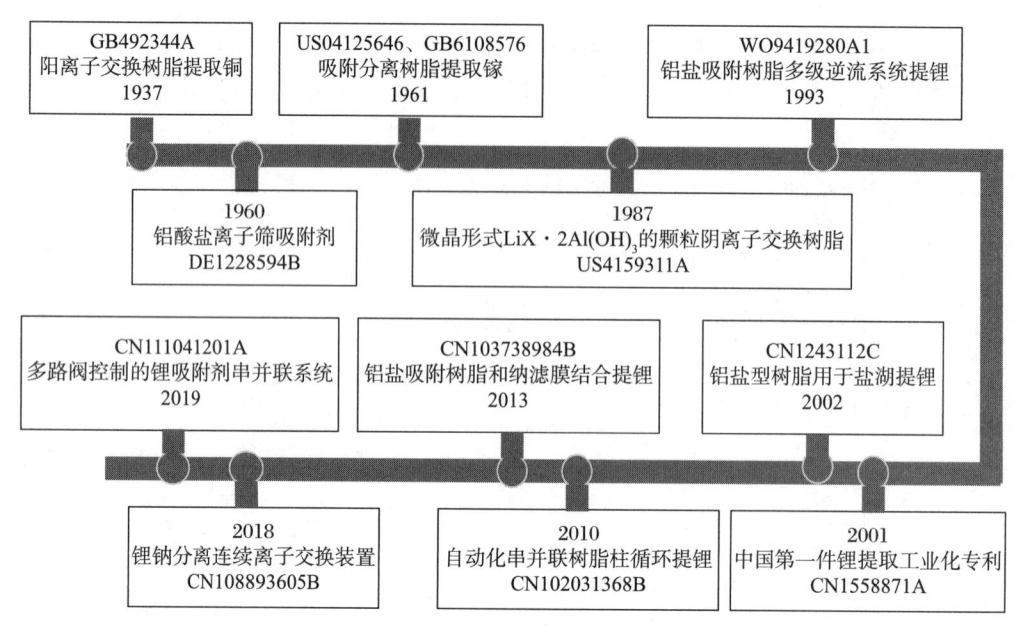

```
┌─────────────────┐  ┌──────────────────────┐                    ┌─────────────────────┐
│ GB492344A       │  │ US04125646、GB6108576│                    │ WO9419280A1         │
│ 阳离子交换树脂提取铜│  │ 吸附分离树脂提取镓    │                    │ 铝盐吸附树脂多级逆流系统提锂│
│ 1937            │  │ 1961                 │                    │ 1993                │
└─────────────────┘  └──────────────────────┘                    └─────────────────────┘
```

图 2-5-7　吸附分离树脂在湿法冶金领域代表性技术

(Nodes in the timeline:)
- GB492344A 阳离子交换树脂提取铜 1937
- US04125646、GB6108576 吸附分离树脂提取镓 1961
- WO9419280A1 铝盐吸附树脂多级逆流系统提锂 1993
- 1960 铝酸盐离子筛吸附剂 DE1228594B
- 1987 微晶形式LiX·2Al(OH)$_3$的颗粒阴离子交换树脂 US4159311A
- CN111041201A 多路阀控制的锂吸附剂串并联系统 2019
- CN103738984B 铝盐吸附树脂和纳滤膜结合提锂 2013
- CN1243112C 铝盐型树脂用于盐湖提锂 2002
- 2018 锂钠分离连续离子交换装置 CN108893605B
- 2010 自动化串并联树脂柱循环提锂 CN102031368B
- 2001 中国第一件锂提取工业化专利 CN1558871A

图 2-5-7　吸附分离树脂在湿法冶金领域代表性技术

- US2479832A Ayerst Mckenna Harrison 公司 离子交换树脂 制备青霉素钠盐 1944
- US3590028A 辉瑞公司 阳离子羧酸交换树脂 提取纯化阿霉素 1968
- US4440753A 伊莱利利公司 大孔吸附树脂纯化糖肽类抗生素 1982
- BRPI9910332B1 基因泰克公司 离子交换层析法 纯化多肽 1999
- 1949 羧酸型离子交换树脂纯化链霉素 默克公司、罗门哈斯公司 US2541420A
- 1977 离子交换层析胰岛素及其衍生物和类似物 赛诺菲公司 NL188804C
- 1985 惰性大孔树脂分离提取 10-羟基喜树碱 中国科学院上海药物研究所 CN85100520A
- EP3660032A1 安进公司 可再生离子交换树脂纯化蛋白质 2010
- 2017 离子交换层析制备含重组-半乳糖苷酶-A的药物 赛诺菲公司 US10711034B2
- 2003 离子交换层析纯化靶蛋白基因 泰克公司 EP1501369B1

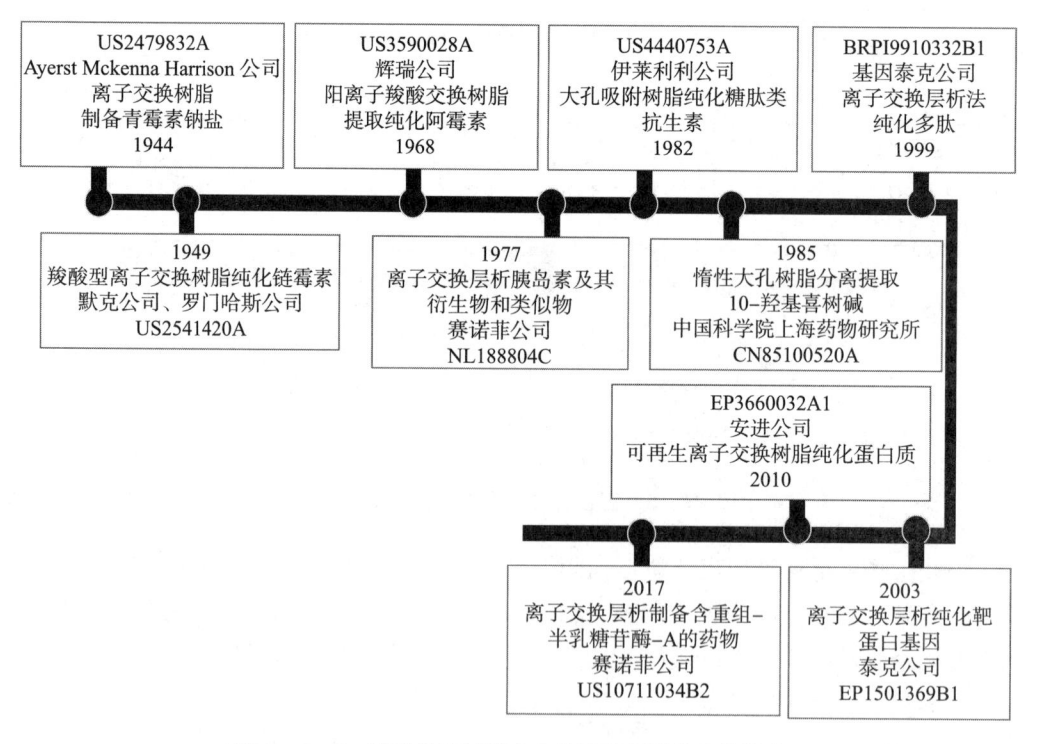

图 2-5-8　吸附分离树脂在生物医药领域代表性技术

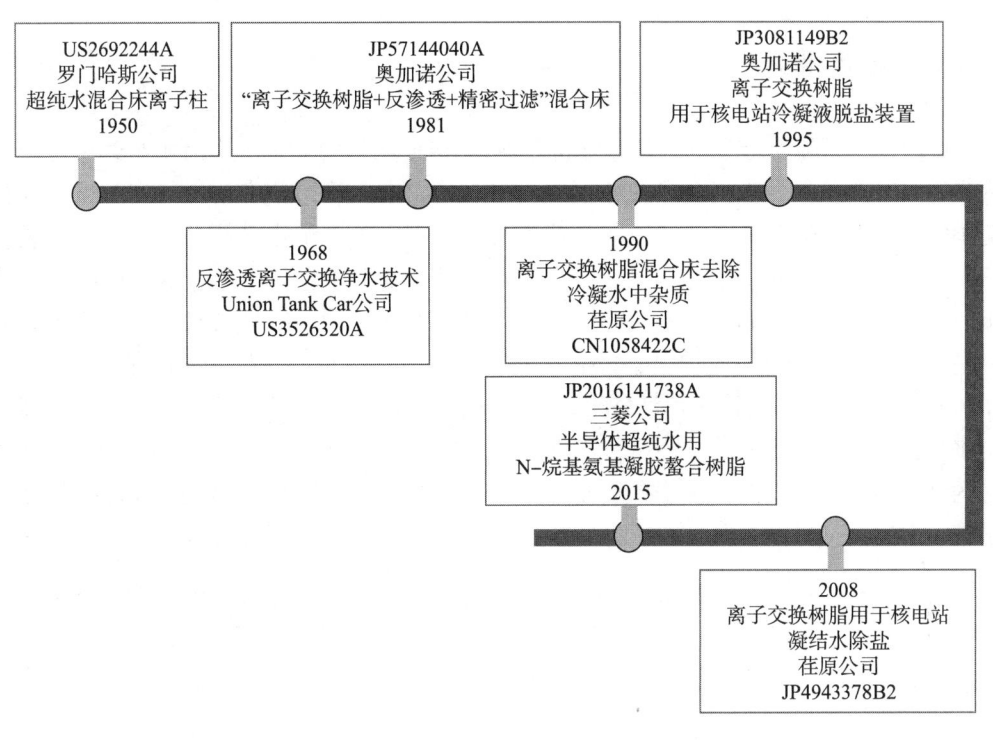

第 2 章 吸附分离树脂专利总体分析

```
US2692244A              JP57144040A                JP3081149B2
罗门哈斯公司            奥加诺公司                 奥加诺公司
超纯水混合床离子柱      "离子交换树脂+反渗透         离子交换树脂
1950                    +精密过滤"混合床            用于核电站冷凝液脱盐装置
                        1981                       1995

           1968                        1990
           反渗透离子交换净水技术      离子交换树脂混合床去除
           Union Tank Car公司         冷凝水中杂质
           US3526320A                 荏原公司
                                      CN1058422C

                                      JP2016141738A
                                      三菱公司
                                      半导体超纯水用
                                      N-烷基氨基凝胶螯合树脂
                                      2015

                                                   2008
                                                   离子交换树脂用于核电站
                                                   凝结水除盐
                                                   荏原公司
                                                   JP4943378B2
```

图 2-5-9　吸附分离树脂在高端水处理领域代表性技术

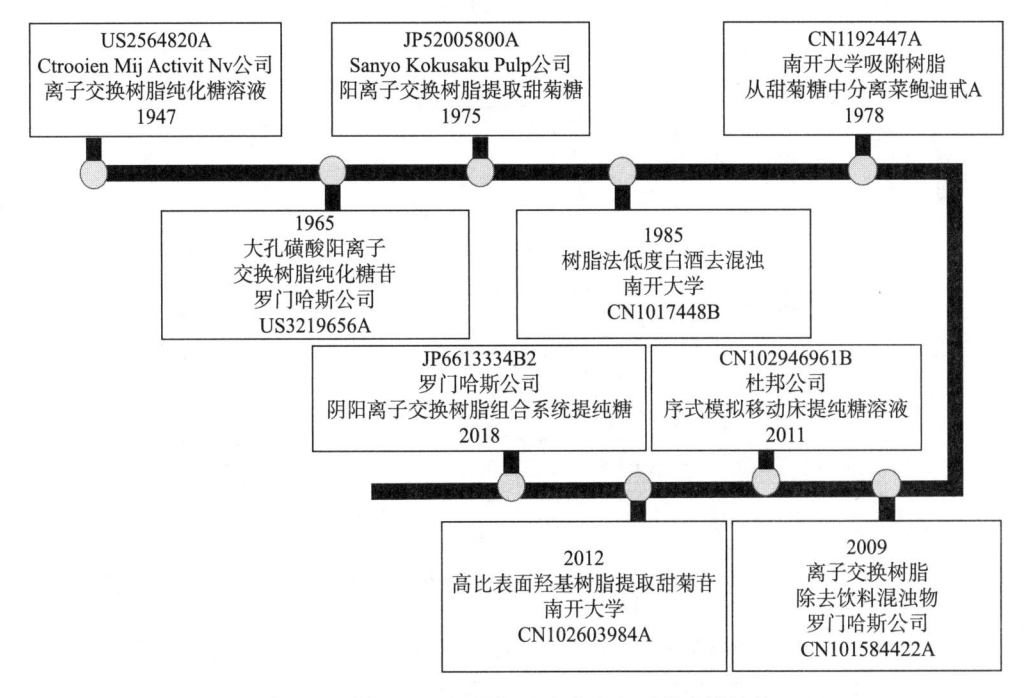

```
US2564820A                   JP52005800A              CN1192447A
Ctrooien Mij Activit Nv公司   Sanyo Kokusaku Pulp公司  南开大学吸附树脂
离子交换树脂纯化糖溶液       阳离子交换树脂提取甜菊糖  从甜菊糖中分离菜鲍迪甙A
1947                         1975                     1978

           1965                          1985
           大孔磺酸阳离子              树脂法低度白酒去混浊
           交换树脂纯化糖苷            南开大学
           罗门哈斯公司                CN1017448B
           US3219656A

                        JP6613334B2                CN102946961B
                        罗门哈斯公司                杜邦公司
                        阴阳离子交换树脂组合系统提纯糖  序式模拟移动床提纯糖溶液
                        2018                       2011

                                      2012                       2009
                                      高比表面羟基树脂提取甜菊苷  离子交换树脂
                                      南开大学                   除去饮料混浊物
                                      CN102603984A              罗门哈斯公司
                                                                CN101584422A
```

图 2-5-10　吸附分离树脂在食品领域代表性技术

23

2.6 主要申请人

吸附分离树脂领域专利申请全球排名前20申请人如图2-6-1所示。其中，一半的申请人来自日本，来自中国的申请人占据6席，来自德国的申请人占据3席，来自美国的申请人占据1席。美国的陶氏杜邦公司专利申请数量排名第一，专利申请量为1329项；排名第二的为日本三菱公司，专利申请量967项；排名第三的为中国石油化工股份有限公司，专利申请量为707项；排名第四到六的均为来自日本的申请人，分别是日立公司、栗田工业株式会社和荏原公司，专利申请量分别为664项、615项和484项；排名第七的是德国拜耳公司，专利申请量为449项；排名第八和第十的申请人均来自日本，分别为旭硝子公司和东曹公司，专利申请量分别为445和408项；排名第九的是中国南京泽朗医药科技有限公司，专利申请量为432项。排名前20的国外专利申请人多为大型跨国企业，在吸附分离树脂技术领域有丰富的研究成果。

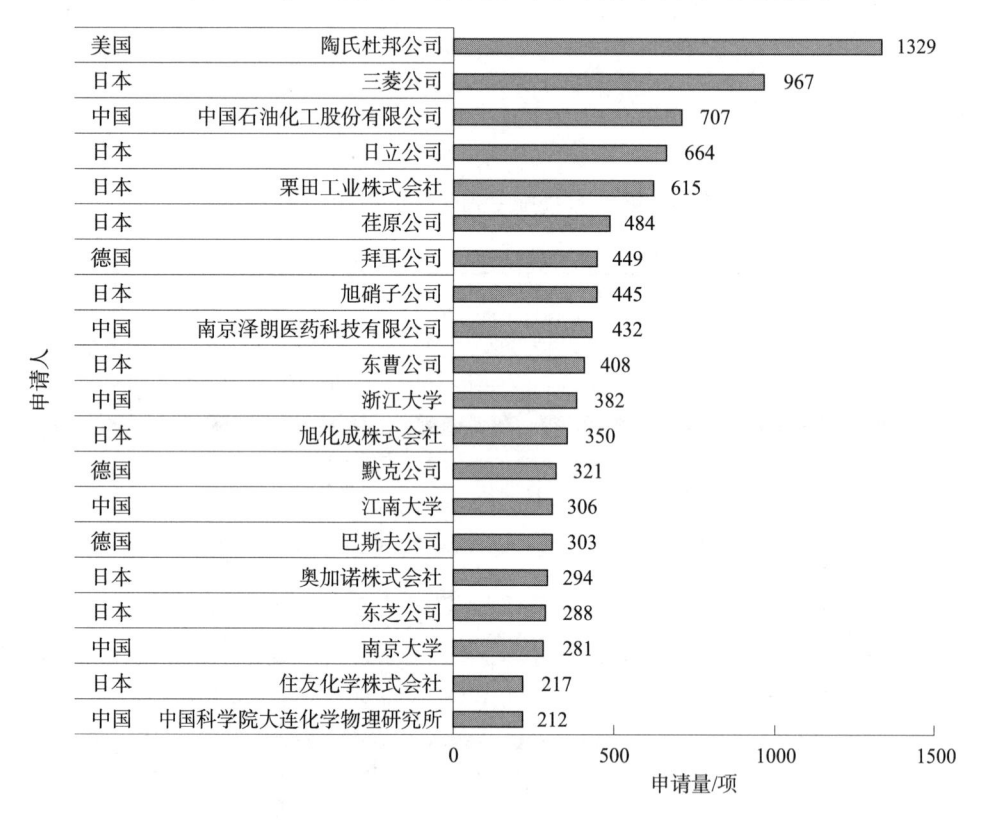

国家	申请人	申请量/项
美国	陶氏杜邦公司	1329
日本	三菱公司	967
中国	中国石油化工股份有限公司	707
日本	日立公司	664
日本	栗田工业株式会社	615
日本	荏原公司	484
德国	拜耳公司	449
日本	旭硝子公司	445
中国	南京泽朗医药科技有限公司	432
日本	东曹公司	408
中国	浙江大学	382
日本	旭化成株式会社	350
德国	默克公司	321
中国	江南大学	306
德国	巴斯夫公司	303
日本	奥加诺株式会社	294
日本	东芝公司	288
中国	南京大学	281
日本	住友化学株式会社	217
中国	中国科学院大连化学物理研究所	212

图2-6-1 吸附分离树脂领域全球主要申请人

在进入前20的6位中国申请人中，有4位是中国的高校和研究所，分别为第11名的浙江大学、第14名的江南大学、第18名的南京大学和第20名的中国科学院大连化学物理研究所；仅有中国石油化工股份有限公司和南京泽朗医药科技有限公司两位企业申请人，排名分别为第三名和第九名。可见，中国在吸附分离树脂领域的专利成果产业化与发达国家相比还有一段距离，中国企业的专利产出不占优势。

吸附分离树脂领域主要目标国/地区专利申请量排名前三申请人如图 2-6-2 所示。从图中可以看出，美国的陶氏杜邦公司在美国本土和德国分别申请相关专利 708 项和 159 项，通过世界知识产权组织申请相关专利 206 项，位列上述国家/地区前三申请人排行榜。中国的中国石油化工股份有限公司、南京泽朗医药科技有限公司以及浙江大学分别以 707 项、432 项和 383 项专利申请占据了中国相关专利申请的前三位，但是在其他的主要国家/地区并未入榜。日本排名前三的专利申请人同样均为日本本土企业，即三菱公司、日立公司和栗田工业株式会社，专利申请量分别为 626 项、534 项和 512 项。

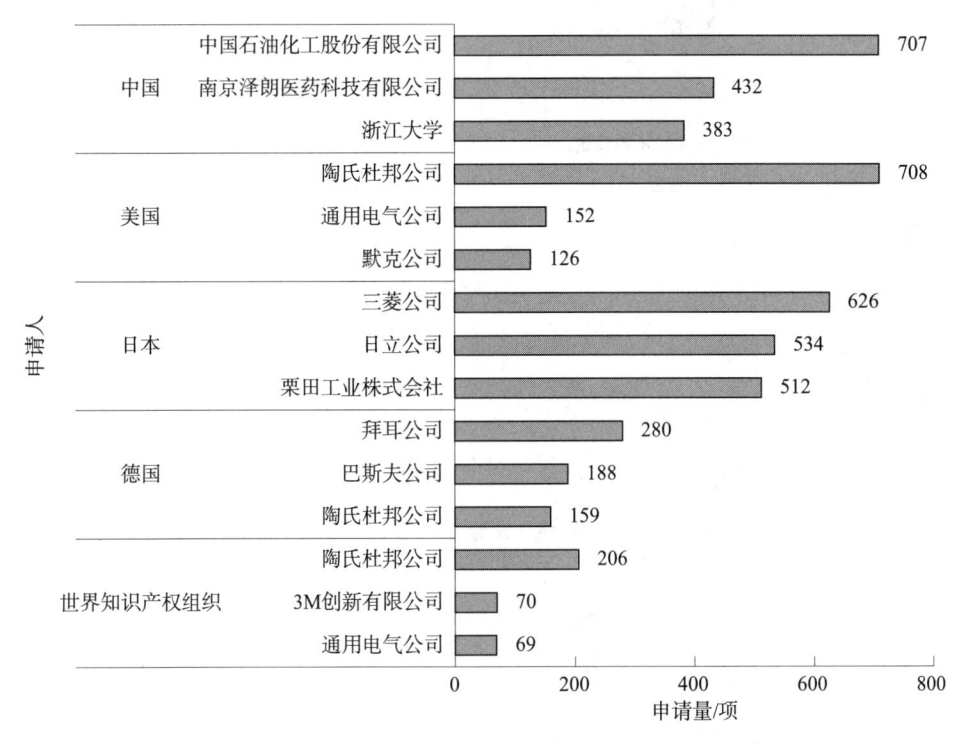

国家/地区	申请人	申请量/项
中国	中国石油化工股份有限公司	707
中国	南京泽朗医药科技有限公司	432
中国	浙江大学	383
美国	陶氏杜邦公司	708
美国	通用电气公司	152
美国	默克公司	126
日本	三菱公司	626
日本	日立公司	534
日本	栗田工业株式会社	512
德国	拜耳公司	280
德国	巴斯夫公司	188
德国	陶氏杜邦公司	159
世界知识产权组织	陶氏杜邦公司	206
世界知识产权组织	3M创新有限公司	70
世界知识产权组织	通用电气公司	69

图 2-6-2　吸附分离树脂领域主要国家/地区专利申请人

虽然从专利数量上看，中国石油化工股份有限公司与陶氏杜邦公司在本国的专利申请量相当，但是后者更注重全球化专利布局，而前者更注重本国专利布局。另外，通用电气公司和 3M 创新有限公司也比较重视全球化专利布局。

2.7　中国产业分布

中国吸附分离树脂产业是全球吸附分离树脂产业链的重要组成部分，中国申请人在本国申请的专利数量约占全球申请总量的 1/4。从地域分布来看，江苏、北京、山东、浙江、广东等省市是本领域专利申请最为活跃的地区，如图 2-7-1 所示。

从中国吸附分离树脂相关专利申请人类型来看，半数以上专利来自中国企业，其次是高校、个人和研究机构，说明中国企业是本领域技术创新的主要力量，如图2-7-2所示。

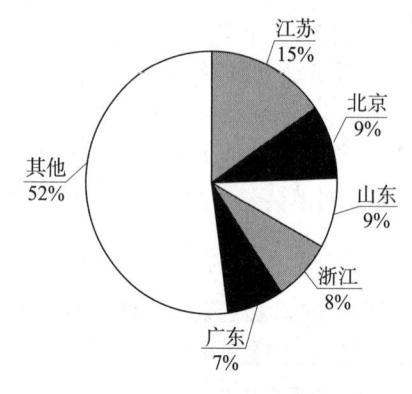

图2-7-1 吸附分离树脂领域中国专利申请人地域分布

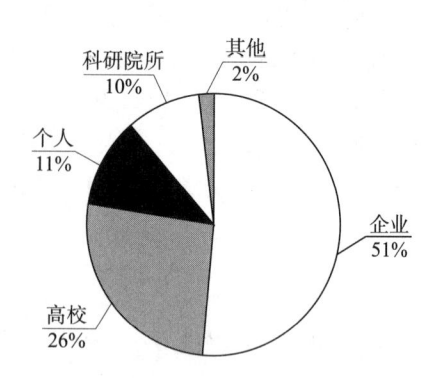

图2-7-2 吸附分离树脂领域中国专利申请人类型分布

对中国吸附分离树脂领域的企业、高校和科研院所进行摸查梳理，如表2-7-1所示，全国吸附分离树脂领域吸纳企业11100余家，高校和科研院所1900余家，其中，相关专利申请数量50件以上的企业26家，高校和科研院所59家；相关专利申请数量10件以下的企业9780余家，高校和科研院所1680余家。一定程度上可以看出，中国吸附分离树脂领域，大而不强，全国上万家创新主体涉足该领域，90%以上创新主体创新能力不强，尚未形成明显的技术和专利布局优势。

表2-7-1 吸附分离树脂领域中国部分省份专利申请人及专利申请情况

地域	创新主体	创新主体数量/个	专利申请数量/件			
			50及以上	49~21	20~11	10及以下
江苏	企业	1666	9	13	21	1623
	高校/科研院所	169	7	12	18	140
北京	企业	751	6	8	16	721
	高校/科研院所	188	4	18	22	197
山东	企业	867	4	11	22	830
	高校/科研院所	134	2	13	11	108
浙江	企业	873	0	3	12	858
	高校/科研院所	104	5	2	9	88
广东	企业	1109	0	4	7	11
	高校/科研院所	188	4	18	22	197

续表

地域	创新主体	创新主体数量/个	专利申请数量/件			
			50及以上	49~21	20~11	10及以下
上海	企业	686	0	3	10	673
	高校/科研院所	100	5	10	4	81
其他省份	企业	5185	7	34	76	5069
	高校/科研院所	1054	32	65	81	876
全国	企业	11137	26	76	164	9785
	高校/科研院所	1937	59	138	167	1687

图2-7-3（见文前彩色插图第2页）所示为吸附分离树脂领域全球产业链分布情况。可以看出，无论上游树脂制备企业、中游分离设备企业，还是下游应用领域，国内外企业在专利布局数量、专利布局地域和技术构成上均存在明显差距。国外大部分企业具有大规模的专利布局数量、全球的专利布局策略和全面的技术构成。例如，陶氏杜邦公司、三菱公司等贯通了吸附分离树脂领域的上、中、下游大部分产业环节，不仅形成了自产自销的市场模式，而且在部分技术细分领域形成垄断。而在我国，尽管产业规模、市场容量和专利申请总量较大，但产业结构不平衡——上游企业少，下游企业多，产业短板明显，缺乏部分关键技术研发能力和关键设备制造能力。虽然少数头部企业近年来发展势头良好，但总体技术水平和创新能力不足，市场竞争优势不明显。[1]

本书研究期望基于专利数据分析为本领域从业技术人员、企业管理人员提供启示，对我国吸附分离树脂产业从大到强发展起到推动作用。

---

[1] 见附录2。

第 3 章 湿法冶金用吸附分离树脂

吸附分离树脂在湿法冶金领域应用广泛,❶ 具有不可取代的地位。吸附分离树脂能从溶液或矿浆中吸附、富集或分离金属离子,包括锂、镓、镍、贵金属、稀土金属、放射性金属元素等。与火法冶金或溶剂萃取技术相比,吸附分离树脂具有以下优势:(1) 能从贫溶液中有效富集和回收有价金属,如贵金属、稀土金属;(2) 可分离和纯化性质相似的元素或化合物,如分离铌、钽、锆、铪、稀土元素及超铀元素;(3) 能处理含金属离子废水,如矿山废水、黑色及有色金属冶炼废水、电镀废水等。

3.1 全球及重点国家/地区

3.1.1 专利申请趋势

吸附分离树脂在湿法冶金领域应用专利技术始于20世纪30年代,在1975年及以前,关于吸附分离树脂在金属离子提取分离中应用的专利较少,处于萌芽期;1976~2010年,处于第一发展期,相关专利申请量平稳;2011年至今,处于第二发展期,相关专利申请量增长迅速,如图3-1-1所示。

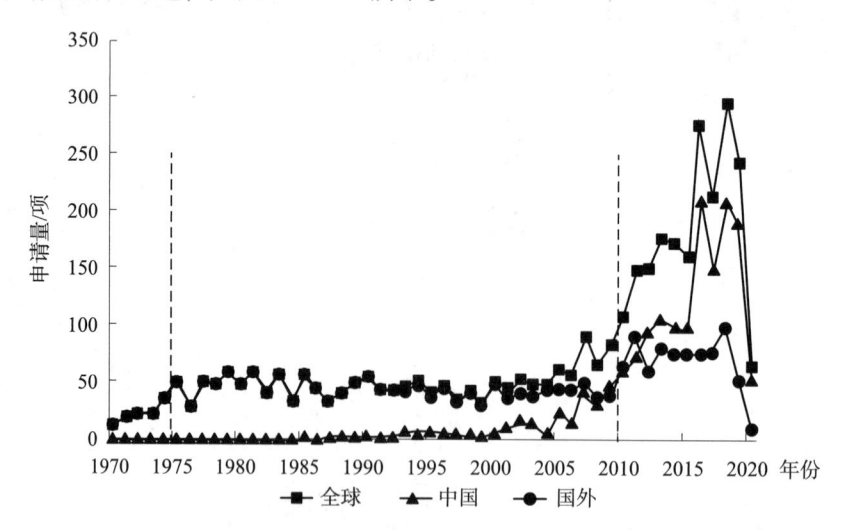

图3-1-1 吸附分离树脂在湿法冶金领域应用全球/中国/国外专利申请趋势

---

❶ 马建标,何炳林. 离子交换树脂在湿法冶金中的应用 [J]. 离子交换与吸附,1993 (3):250-260.

（1）萌芽期（1975年及以前）

1975年及以前，关于吸附分离树脂在金属离子提取分离中应用的专利较少，处于技术萌芽期。最早的将吸附分离树脂应用于金属离子提取分离的技术始于1937年，德国法本公司利用阳离子交换树脂实现了对铜的提取，并申请专利（GB492344A）。1937～1947年，该技术专利申请不连续，年平均申请量小于5项；到20世纪50年代，核电技术在全世界范围迅速发展，将吸附分离树脂用于铀提纯分离的技术诞生（例如GB704602A、GB836771A、GB654696A等），代表性申请人有英国原子能管理局、美国原子能委员会、英国供应服务公司（The Minister Of Supply）等；到20世纪60年代，除了将吸附分离树脂用于放射性金属元素的提取分离外，旭化成公司和西门子公司将吸附分离树脂应用于镓的提取和分离（US3144304A、GB968334A）；该时期也开始出现铝、钇、钪、铈、镨、钕、镧、钐、铒、钛、钙、钯、钴和锌等多种金属离子提取分离技术（GB654695A、US3457032A、US3475159A）。值得关注的是，20世纪50年代，利用离子交换树脂提取锂的技术开始萌芽，较早涉足该技术的企业有陶氏杜邦公司（FR1088330A、US2980498A），随后还有信号石油天然气公司（Signal Oil Gas Co.）和美国锂业股份有限公司（Lithium Corp Of America Inc.，US3268289A、US3295920A、IL28387A）。

1965～1975年，吸附分离树脂用于金属离子提取分离技术显示出强大的生命力，吸引了大量新入局者。该时期内专利申请量持续增加，累计230余项，是此前40年申请总量的2倍左右，为后续技术发展奠定了基础。

（2）第一发展期（1976～2010年）

1976～2010年，吸附分离树脂在金属离子提取分离中的应用取得长足发展，相关专利申请量累计1800余项。1976～1985年，放射性金属元素的提取分离是重要技术方向，其次是废水中金属离子的回收处理，即贵金属以及镍、钴、锌、铜、锰等金属的提取/富集/分离。在该阶段，代表性企业有日本旭化成工业公司（Asahi Chemical Ind.）、日本机械设备协力株式会社（Kogyo Gijutsuin）、三菱公司，美国的陶氏杜邦和美孚公司（Mobil Oil Corporation）等。其中，日本旭化成工业公司以铀和稀土元素提取分离技术为主；日本机械设备协力株式会社侧重于镍钴铜等金属离子提取分离；三菱公司则聚焦于镓的回收；陶氏杜邦公司持续在锂的提取上投入，同时在铜、钼、镁等金属离子的提取分离上不断拓展；美孚公司主攻铀回收技术开发。代表性专利包括利用离子交换树脂回收铀（US4280985A）、利用离子交换树脂提取放射性金属元素铋-212和铅-212（US4663129A）、利用离子交换树脂从炭质矿石溶解液中回收金（US4723998A）、利用螯合树脂去除溶液中铜（US4666683A）、利用铝酸盐锂吸附剂树脂从卤水中提取锂（US4159311A）等。

1986～1995年，半导体技术的兴起，科学家们发现砷化镓具有比半导体硅更优异的性能，从而带动了镓提取利用技术发展热潮，相应地在专利申请方面也得到体现。在该阶段，专利技术申请的主要方向是镓、铟、铊等金属的提取分离，代表性企业有三菱公司和罗纳·普朗克化工集团（Rhone Poulenc Chimie）。当然，除了镓、铟和铊的提取分离以外，其他金属如放射性金属元素、稀土和贵金属等的提取也在同步发展。其中，西屋电气公司则围绕核电产业，利用吸附分离树脂在铀的提取以及锆铪分离方面进行专利布局，三菱公司在持续布局镓提取分离技术的同时，开拓吸附分离树脂在铑、钯、镍、稀土等元素的提取分离，田中贵金属工业株式会社（Tanaka Kikinzoku Kogyo KK）集中于贵金属的提取分离，如钯、铱、铑等。

1996~2005年，镍和钴的提取分离逐渐成为重点技术。该阶段，国外企业依然是专利产出主要来源，例如，前期聚焦于镓提取分离技术的三菱公司，则开始转向镍、镉以及贵金属的提取分离。中国申请人的专利布局意识开始萌芽，例如，中国科学院青海盐湖研究所对盐湖提锂技术进行了一系列专利申请。

2006~2010年，锂和镍的提取是技术研发和专利布局的重点方向。中国作为新兴市场被大多数企业关注，越来越多的中国申请人也开始加入其中，例如，必和必拓公司对于镍的提取分离在中国进行专利申请，中南大学开始进行盐湖提锂的研究和专利申请。值得关注的是，韩国工业科学技术研究所（Research Institute of Industrial Science Technology）在韩国开始了大量的卤水提锂专利申请。该时期内，代表性专利有螯合树脂提取镓和铟（JP62182113A）、从镁含量较高的镍铁镁红土矿中回收镍的方法（US5571308A）、利用树脂从纸浆中回收镍和钴的方法（US6350420B1）等。

(3) 第二发展期（2011年至今）

2011年至今，吸附分离树脂在金属离子提取分离中的应用得到迅猛发展，专利申请量增速显著。在该阶段，锂、镍、钴、稀土元素、贵金属等的提取分离成为技术研发的热点方向。中国申请人成为重要的技术贡献者，表现为中国科学院青海盐湖研究所、中南大学、中国科学院上海有机化学研究所等申请活跃，国内企业已形成了规模化专利布局。

在该阶段，国外企业继续保持研发投入并加大专利申请布局：三菱公司以钪的回收作为重点，同时涉及锂、铜、镍等金属离子的提取。陶氏杜邦公司在放射性金属元素和锂的提取分离方面均有涉及。另外，一大批企业以锂的提取分离技术为主攻方向开始进行专利申请，同时进入竞争市场，例如，锂莱克公司、全美锂公司（All American Lithium）、奥图泰公司等。

3.1.2 专利申请目标国/地区

中国是吸附分离树脂在湿法冶金领域应用最主要的专利申请目标国，相关专利申请量占全球总申请量的25%；其次是美国和日本，分别占全球总申请量的13%和11%；通过世界知识产权组织申请量占比小于10%；德国、加拿大、韩国等国家的申请量占比均小于10%。进一步对比2000年前后本领域专利申请分布情况，可以发现中国是近年来最大的专利申请目标国；韩国和俄罗斯成为全球排名前十的热点专利申请目标国；在日本的申请态势有所减弱，但依然保持在全球前五的热点国家之列；德国和加拿大跌落出全球热点专利申请目标国家之列，如表3-1-1所示。

表 3－1－1　吸附分离树脂在湿法冶金领域应用全部及阶段年份专利申请目标国/地区

全部年份			2000 年及以前			2000 年以后		
专利申请目标国/地区	数量/件	占比	专利申请目标国/地区	数量/件	占比	专利申请目标国/地区	数量/项	占比
中国	1649	25%	日本	425	15%	中国	1585	44%
美国	833	13%	美国	417	14%	美国	375	10%
日本	708	11%	德国	235	8%	世界知识产权组织	320	9%
世界知识产权组织	406	6%	法国	165	6%	日本	283	8%
德国	273	4%	加拿大	152	5%	韩国	184	5%
加拿大	239	4%	英国	138	5%	俄罗斯	124	3%
韩国	223	3%	南非	132	5%	欧洲专利局	108	3%
澳大利亚	214	3%	澳大利亚	123	4%	澳大利亚	91	3%
其他	2069	31%	其他	1097	38%	其他	523	15%

如表 3－1－2 所示，2000 年以后，在中国相关专利申请中，93%来自中国申请人，7%来自国外；在美国相关专利申请中，51%来自美国申请人，49%来自国外，其中，来自日本、加拿大和澳大利亚的相关专利申请量占比分别为 10%、6%和 6%，成为该领域美国专利重要的技术来源国；在通过世界知识产权组织申请的专利中，美国、澳大利亚、加拿大、中国和日本是主要的技术来源国，贡献的专利申请量分别占比 31%、16%、12%、10%和 8%；在日本相关专利申请中，本国申请人产出约占 70%，美国申请人的申请量占比 14%，澳大利亚、中国、英国等国申请人专利申请量占比均小于5%；在韩国相关专利申请中，韩国本国申请量占比为 61%，其次是来自美国和日本，分别占比 15%和 11%，其余国家在韩国专利申请量占比均小于 5%。

表 3－1－2　2000 年以后吸附分离树脂在湿法冶金领域应用主要专利申请目标国/地区技术来源

专利申请目标国/地区	申请人国别	专利申请数量占比	申请人国别	专利申请数量占比
中国	本国	93%	—	—
	国外	7%	—	—
美国	本国	51%	—	—
	国外	49%	日本	10%
			加拿大	6%
			澳大利亚	6%
			其他	27%

续表

专利申请目标国/地区	申请人国别	专利申请数量占比	申请人国别	专利申请数量占比
世界知识产权组织	美国	31%	—	—
	澳大利亚	16%	—	—
	加拿大	12%	—	—
	中国	10%	—	—
	日本	8%	—	—
	其他	23%	—	—
日本	本国	70%	—	—
	国外	30%	美国	14%
			澳大利亚	3%
			中国	2%
			英国	2%
			其他	9%
韩国	本国	61%	—	—
	国外	39%	美国	15%
			日本	11%
			其他	13%

综上，从专利申请数量来看，目前中国已成为本领域最大的专利申请目标国，其次是美国、日本和韩国。此外，世界知识产权组织也是本领域重要的专利申请渠道。

3.1.3 技术来源国

图3-1-2为吸附分离树脂在湿法冶金领域应用专利申请全球及主要国家/地区技术来源分布情况。如图3-1-2中饼图所示，来自中国的相关专利申请量最大，达1512项，占比37%；其次是来自美国和日本，相关专利申请量分别为727项和608项，占比分别为18%、15%；来自法国、德国、韩国等国的相关专利申请量均在500项以下，占比均小于5%。可知，中国、美国和日本是本领域主要的专利申请目标国和技术来源国。

对本领域主要的专利申请目标国的技术来源进一步分析，如图3-1-2柱状图所示，在中国，本国申请人是主要的专利申请者，产出专利1497件，占中国专利申请总量的92%，美国申请人和日本申请人分别申请相关专利43件和24件，分别占中国专利申请总量的3%和1%，其余国家申请人的相关专利申请量均较少；在美国，本国申请人依然是主要的专利申请者，其产出专利425件，占美国专利申请总量的56%，日本、法国和德国的申请人的相关专利申请量分别为71件、51件和41件，分别占美国专利申请总量的9%、7%和5%，加拿大、澳大利亚和英国等国家申请人在美国申请专利数量均在40件以下，占比均小于5%（图中未显示）；在日本，本国申请人产出专利528件，占比70%以上，其余专利来自美国、法国、德国和中国等国家；在世界知识产权组织申请中，排名前五的专利申请人国别为美国、中国、日本、法国和德国，来自以上国家专利申请量分别为147件、34件、25件、16件和15件；在德国，本国申请人产出专利96件，占比36%，来自美国申请人为56件，占比21%，来自法国申请人为39件，占比15%，来自日本申请人为25件，占比9%，来自中国申请人为3件，占比1%；在加拿大，来自本国申请人32件（图中未显示），占比仅为14%，来自美国申请为72件，占比31%，来自法国申请人为33件，占比为14%，来自日本申请人为31件，占比13%，中国申请人在加拿大没有专利申请。

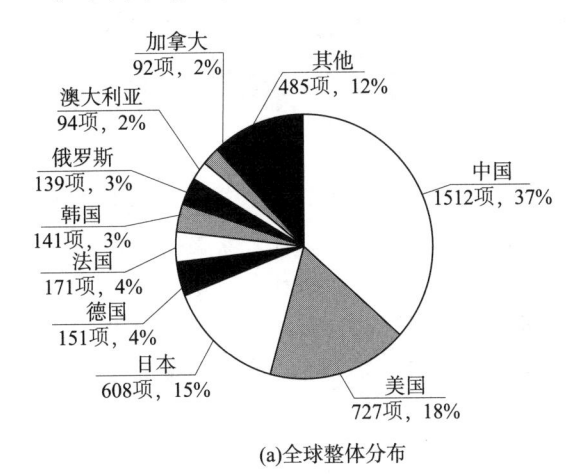

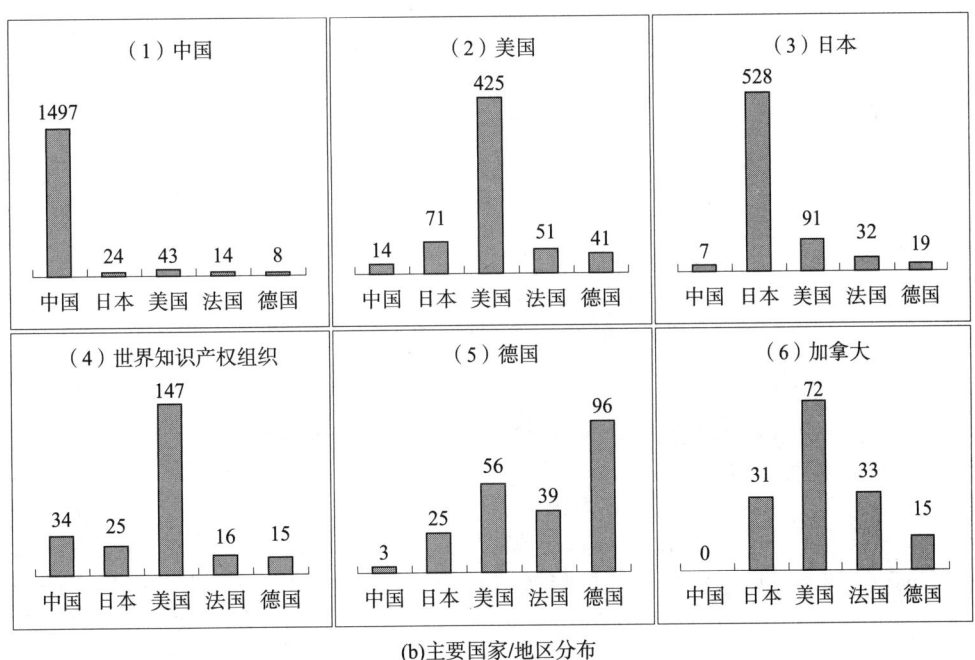

(a) 全球整体分布

(b) 主要国家/地区分布

图3-1-2 吸附分离树脂在湿法冶金领域应用全球及主要国家/地区技术来源

注：数字表示申请量，柱状图单位为件。

结合全球金属矿藏资源和消费情况来看,中国和美国金属矿产资源相对丰富,总量较大、品种较多;[1] 日本和德国资源匮乏;加拿大矿产资源丰富,矿产品60多种,采矿业发达,是世界第三矿业大国。从能源消费角度来看,中国、美国、日本和德国都是能源消耗大国。对于日本和德国贫矿国家,开发金属资源开采和利用技术是弥补资源匮乏的有效策略,因此,日本和德国在本领域更注重技术的突破和积累;对于加拿大富矿国家,其矿藏资源是各国争夺的焦点,从专利技术来源数据可见一斑。

综上,中国、美国和日本是本领域主要的专利申请目标国和技术来源国,美国和日本进行了全球专利布局,积极参与市场竞争,具有较强的技术实力;相对而言,中国申请人全球布局较少,以国内市场为主。除中国、美国和日本以外,加拿大和德国是全球申请布局的次热点国家,国外申请人进行了一定规模的专利申请,尤其是加拿大,本国申请仅占少数,市场被美国、法国和日本等国占据。

3.1.4 产业结构

吸附分离树脂在湿法冶金领域有广泛的应用,包括锂、镓、镍、贵金属、放射性金属元素、碱金属/碱土金属/镁、锑/砷/铋、稀土金属、难熔性金属、铜、锌或氧化锌、铅镉锰锡汞等的提取分离。从本章检索的专利数量来看,排名靠前的技术类别依次为锂(1019项)、镓(658项)、镍(307项)、贵金属(579项)、放射性金属元素(426项)、碱金属/碱土金属/镁(561项,不包括锂)、稀土元素(201项)、锑/砷/铋(484项)等分支,如图3-1-3所示。

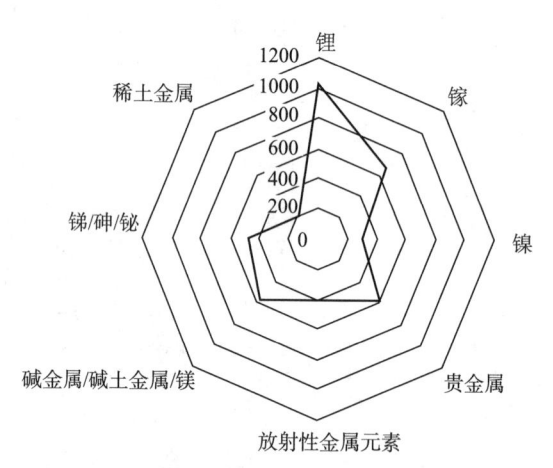

图3-1-3 吸附分离树脂在湿法冶金领域应用的全球产业结构分布
注:数字表示申请量,单位为项。

从产业发展与市场需求来看,锂是本世纪最为重要的能源金属,以锂电为代表的新能源汽车的快速发展,使得全球锂资源需求出现激增态势。镓作为一种价格较贵且

---

[1] 李法强. 世界锂资源提取技术述评与碳酸锂产业现状及发展趋势 [J]. 世界有色金属, 2015 (3): 250–260.

分布稀散的金属，是现代高新技术的支撑性材料，在半导体、国防、宽带光纤通信、航空航天等领域应用广泛，市场需求不断加大。镍主要应用于不锈钢产业和三元电池材料中，随着三元电池材料中镍含量逐渐升高，未来镍需求会持续增长。我国镍储量较少，仅占全球储量3%，因此镍的提取分离技术也是我国产业界关注的问题之一。基于以上背景，本小节将进一步分析锂、镓、镍的提取分离专利技术，以期对我国产业发展提供参考和启示。

自然界锂资源主要赋存于海水、盐湖卤水、花岗伟晶岩矿床以及地热水中，其中卤水锂资源占锂资源总量的80%以上。20世纪初，矿石提锂是主流技术，但随着矿石资源的日渐枯竭，以及美国从西尔斯盐湖卤水中获得锂盐以来，盐湖提锂技术备受产业界推崇。从专利数据来看，锂提取分离技术主要涉及锂吸附剂❶、相关设备以及锂提取分离工艺。如图3-1-4（1）所示，锂提取分离专利主要集中于提取分离工艺（756项），其次是相关设备（199项）和锂吸附剂（78项）。

自然界中镓以微量分散于铝土矿和闪锌矿矿石中，或者存在于粉煤灰中，与氧化铝共生。目前世界90%以上的原生镓都是在生产氧化铝过程中提取的，铝土矿通常含金属镓0.002%~0.008%。在拜耳法生产氧化铝过程中，铝土矿中的金属镓约有70%随氧化铝一道浸出，约30%残存于赤泥中。利用吸附分离树脂，从氧化铝生产流程中提取镓已成为当前一项主流技术。从专利数据来看，镓提取分离技术主要涉及镓吸附分离树脂、相关设备以及镓提取分离工艺。如图3-1-4（2）所示，其中，工艺类专利是镓提取分离技术的重点（429项）。镓的提取分离主要通过离子交换树脂和螯合树脂实现。其中离子交换树脂的原理是通过离子交换树脂从含有氧化铝或铝盐的溶液中除去镓等杂质金属离子，一方面提高氧化铝的纯度，另一方面实现镓等金属的回收。例如，日本旭化成公司利用季铵型阴离子交换树脂处理酸性含铝溶液，将镓和铁等从铝中分离出来（US3144304A）；利用螯合树脂从含镓溶液中提取镓主要是利用螯合原理，即螯合树脂上含有肟基或氨基亚烷基膦酸基，这些基团在特定条件下可以高选择性与镓形成配合物，随后再用酸洗脱捕获镓的螯合树脂，从而得到金属镓（US4999171A）。

据统计，全球陆地镍资源约70%赋存于硫化矿，30%赋存于红土矿中，高品位硫化矿开采已有近百年的历史，储备资源日渐枯竭。红土矿开采正逐步成为全球金属镍提取的主流技术。红土矿即氧化镍矿，由于其镍品位较低，湿法工艺是处理低品位红土矿的主要方法。湿法工艺中，首先采用氨溶液或酸溶液将矿藏中镍等金属浸出，再采取沉淀结晶等形式从浸出液中将金属镍分离出来。通常情况，浸出液成分复杂、浓度较低，开发经济环保的溶液分离技术至关重要。目前常用的溶液分离技术有化学沉淀法、溶剂萃取法、离子交换法和膜分离法。其中，离子交换法在工业应用中显示出良好的发展前景。离子交换法是指固相的离子交换树脂与液相中离子发生离子交换反应，金属离子通过反应交换到树脂上，然后通过洗脱作用解析，从而得到高纯度金属。除了普通的离子交换树脂以外，螯合树脂也是金属镍提取分离的常用树脂，通过螯合

---

❶ 锂吸附剂，是指对锂离子具有吸附功能的金属化合物以及其作为组分的吸附分离树脂，本章主要是指后者。

作用将镍离子吸附到树脂上。螯合作用的选择高，能够实现金属镍离子的高效提取和分离。从专利数据看，金属镍的提取分离技术中，提取工艺依然是专利申请和保护的重点方向，其次是使用的树脂类型和设备，如图3-1-4（3）所示。

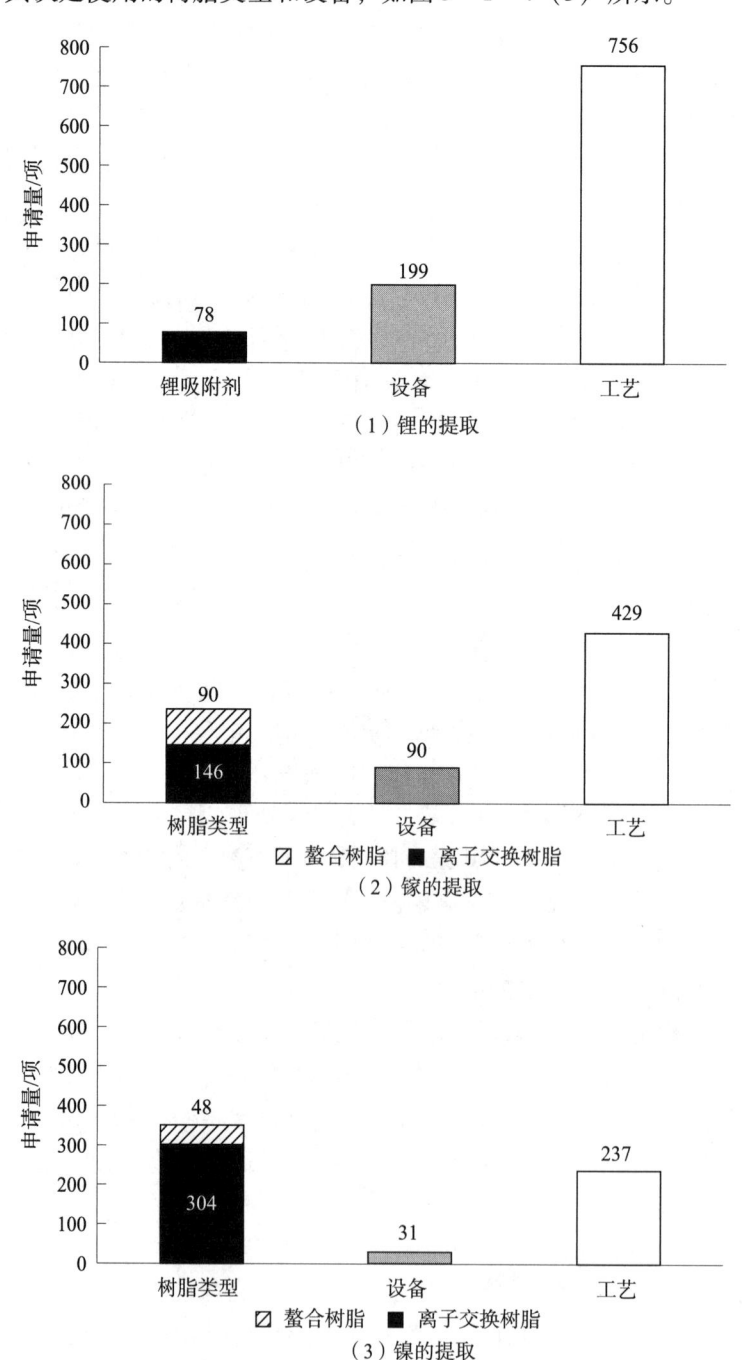

（1）锂的提取

（2）镓的提取

（3）镍的提取

图3-1-4　吸附分离树脂在湿法冶金三大细分领域应用技术分布

进一步对以上三大细分领域技术进行分析,如图 3-1-5 所示,从申请趋势来看,锂的提取技术在近年来迅速崛起,镓和镍的提取相对增速较低。对于锂的提取,1970~1999 年近 30 年,年平均专利申请不到 5 项;2000~2020 年,年平均专利申请 70 余项,其中,2013 年,年申请量突破 50 项,2017 年,年申请量突破 100 项。对于镓的提取,1970~1999 年,全球年平均专利申请 7 项;2000~2020 年,年平均专利申请上升至 20 余项。对于镍的提取,1970~1999 年,年平均专利申请 3 项;2000~2020 年,年平均专利申请上升至 10 项。

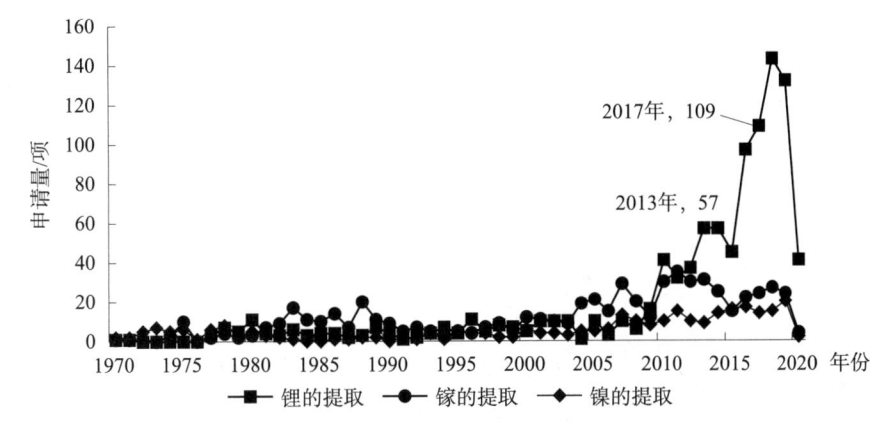

图 3-1-5 吸附分离树脂在湿法冶金三大细分领域应用申请趋势

对锂提取的专利申请目标国进行分析,发现中国是锂提取专利技术最大目标国,申请量占据全球市场的 50%;其次是美国,占据全球相关专利申请总量的 12%;世界知识产权组织也是本领域申请的重要途径,随后主要进入中国、阿根廷、智利、美国、澳大利亚等国家;智利、日本、韩国、阿根廷、俄罗斯等国家接收到的专利申请均在 100 件以内,占比小于 5%,如表 3-1-3 所示。研究发现,目前锂提取主要的专利申请目标国,大多具有丰富的锂矿资源,是锂提取技术开发应用的主要市场。根据《2018 年中国锂资源产业分析报告-市场运营态势与发展趋势研究》披露,全球锂资源主要以锂盐湖和锂矿山形式分布,地理位置主要分布在南美洲、澳大利亚和中国,2017 年全球锂资源储量约为 1350 万吨（金属锂）,主要集中在智利（750 万吨,占比 48%）、中国（350 万吨,占比 21%）、澳大利亚（270 万吨,占比 17%）、阿根廷（200 万吨,占比 13%）,其他锂资源较丰富的国家包括美国、巴西、葡萄牙、津巴布韦。澳大利亚、加拿大、芬兰、中国、津巴布韦、南非、刚果等国锂矿山储量较大,但大部分矿藏不具备开采条件。盐湖卤水矿床中的锂资源约占全球已探明锂资源的 70%,且分布集中,主要分布在南美州的玻利维亚、智利、阿根廷等国,以及中国和美国。乌尤尼（Salar de Uyuni）、阿塔卡玛（Salar de Atacama）、翁布雷穆尔托、银峰、扎布耶等都是目前已探明的锂资源储量比较丰富的盐湖。中国青藏高原的盐湖镁锂值高,且自然环境恶劣,对提取技术要求高。目前,国内已经突破高镁锂比盐湖提锂技术,并已完成碳酸锂生产线的建设和投产运行。在盐湖提锂领域,国内部分领先企业已具备高、中、低不同品位卤水提锂的技术能力,能提供吸附材料、应用工艺、系统装置一体化的技术服务。

表3-1-3 吸附分离树脂在湿法冶金三大细分领域应用专利申请目标国/地区

锂的提取			镓的提取			镍的提取		
专利申请目标国/地区	数量/件	占比	专利申请目标国/地区	数量/件	占比	专利申请目标国/地区	数量/件	占比
中国	664	50%	中国	215	20%	中国	121	19%
美国	165	12%	日本	146	14%	日本	65	10%
世界知识产权组织	85	6%	美国	143	14%	美国	65	10%
智利	53	4%	韩国	72	7%	世界知识产权组织	42	7%
日本	49	4%	世界知识产权组织	65	6%	澳大利亚	33	5%
韩国	49	4%	法国	52	5%	加拿大	29	5%
阿根廷	41	3%	欧洲专利局	46	4%	英国	23	4%
俄罗斯	34	3%	德国	41	4%	法国	22	3%
其他	195	15%	其他	270	26%	其他	233	37%

镓在地壳中的含量为0.0015%。自然界中的镓分布比较分散，多以伴生矿存在，主要赋存在铝土矿和煤中，少量存在于锡矿、钨矿和铅锌矿中。据不完全统计，全球50%以上镓来自铝土矿，小于40%的镓来自富镓的硫化物矿、煤和明矾石矿。非洲、大洋洲、南美洲、亚洲是镓主要分布地区，中国是镓资源储备和消费大国。内蒙古准格尔矿区煤层中的镓矿保有储量85.7万吨，是全球最大的镓矿之一。从专利数据来看，中国是最大的镓提取技术专利申请目标国，申请量为215件，占全球相关专利申请总量的20%；其次是日本和美国，申请量分别为146件和143件，各占全球相关专利申请总量的14%左右；再次是韩国、法国、欧洲专利局、德国等国家和地区组织。此外，世界知识产权组织也是镓提取技术专利申请的重要渠道，如表3-1-3所示。

赋存全球30%镍矿的红土矿主要分布在赤道线南北30度以内的热带国家，例如，美洲的古巴、巴西，东南亚的印度尼西亚、菲律宾，大洋洲的澳大利亚、新喀里多尼亚、巴布亚新几内亚等。新喀里多尼亚、菲律宾、印度尼西亚和澳大利亚四个国家拥有的红土镍矿资源占据全球前四位，其中印度尼西亚和菲律宾两国镍资源丰富，镍矿产量占全球30%左右。中国和美国是全球最大的镍消费国，同时中国也是贫镍国家，镍资源匮乏，主要依赖进口。由于镍资源的贫乏和消费需求巨大，因此中国市场对于镍提取和回收技术更为关注，这在专利申请量上也得到了一定的验证。如表3-1-3所示，中国是全球最大的镍提取和回收技术专利申请目标国，占据了全球相关专利申请总量的19%，其次是日本和美国。中国、美国和日本都是镍消费和进口大国，对于资源匮乏型国家，依靠技术弥补资源短板，成为重要的竞争策略。

对于锂的提取，中国和美国是主要的技术来源国，如图3-1-6所示。对于镓的提取，除中国以外，美国和日本是主要技术来源国。对于镍的提取，除中国以外，日本是较大的技术来源国，其中，日本申请人主要由日本大型企业构成。其余国家在镍的提取方面专利申请量均较少。

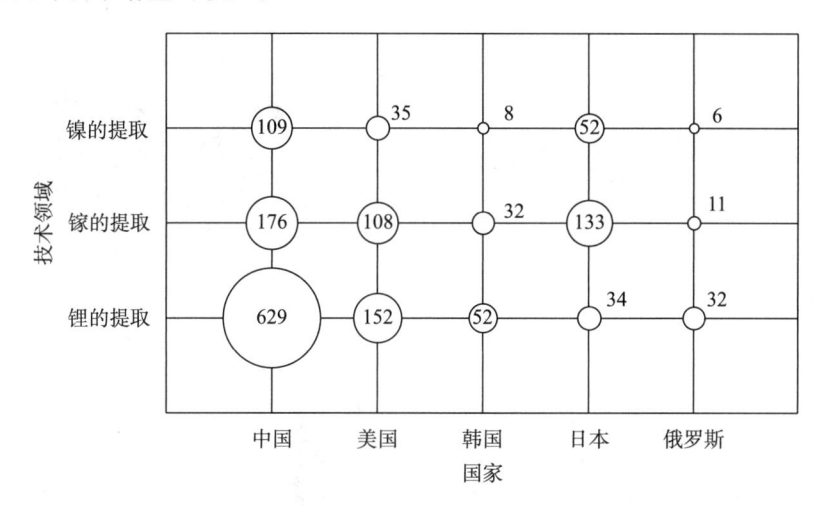

图3-1-6 吸附分离树脂在湿法冶金三大细分领域应用主要技术来源

注：数字表示申请量，单位为项。

进一步分析三大细分领域近20年的专利申请态势，在中国，锂、镓和镍的提取技术专利数量均处于增长态势。一方面，由于中国具有丰富的锂资源，锂的开采技术研发具有先天优势；另一方面，锂电池作为新型能源在全球和中国需求旺盛，市场引导对于中国锂提取技术发展具有积极意义，国内已实现高镁锂比条件下采用连续离子交换技术高效产量化提取锂。对于镓的提取，中国是资源储备大国，同时也是消费大国，与锂提取技术类似，在市场竞争和技术创新的双重驱动下，其相关专利申请量也呈现增长趋势。对于镍的提取，中国作为消费和进口大国，以回收和二次利用为主，从技术上弥补资源匮乏的短板，成为该细分领域技术发展的主要驱动力，同样呈现出正向专利申请量增长态势，如图3-1-7（1）所示。

在日本，镓的提取技术专利申请较多，其次是镍的提取，关于锂的提取技术专利申请较少，如图3-1-7（2）所示。日本锂的提取技术主要是少数大型企业在研究，例如，日本机械设备协力株式会社和日铁矿业公司。此外，美国公司也在日本进行了专利申请，例如，阿尔杰代替能源公司（Alger Alternative Energy LLC）、全美锂公司、碳酸锂科技公司（Limtech Carbonate Inc）等。

在美国，三项技术发展具有明显的时间不均衡性：镓的提取技术专利申请在2010年前后较为活跃，近年来比较低迷；锂的提取技术在2009年以来发展较为迅速；镍的提取技术专利则一直处于零散申请状态，如图3-1-7（3）所示。美国锂的提取技术主要申请人有辛博尔、雅宝、陶氏杜邦等大型公司,和全美锂公司为代表的新型锂能源公司。

如图3-1-7(4)和(5)所示,法国由于锂资源匮乏和国内市场容量较小,锂提取技术专利申请稀疏;和法国类似,德国锂提取专利申请数量也很少,只有少数企业或科研机构进行专利申请,例如,陶氏杜邦德国公司。

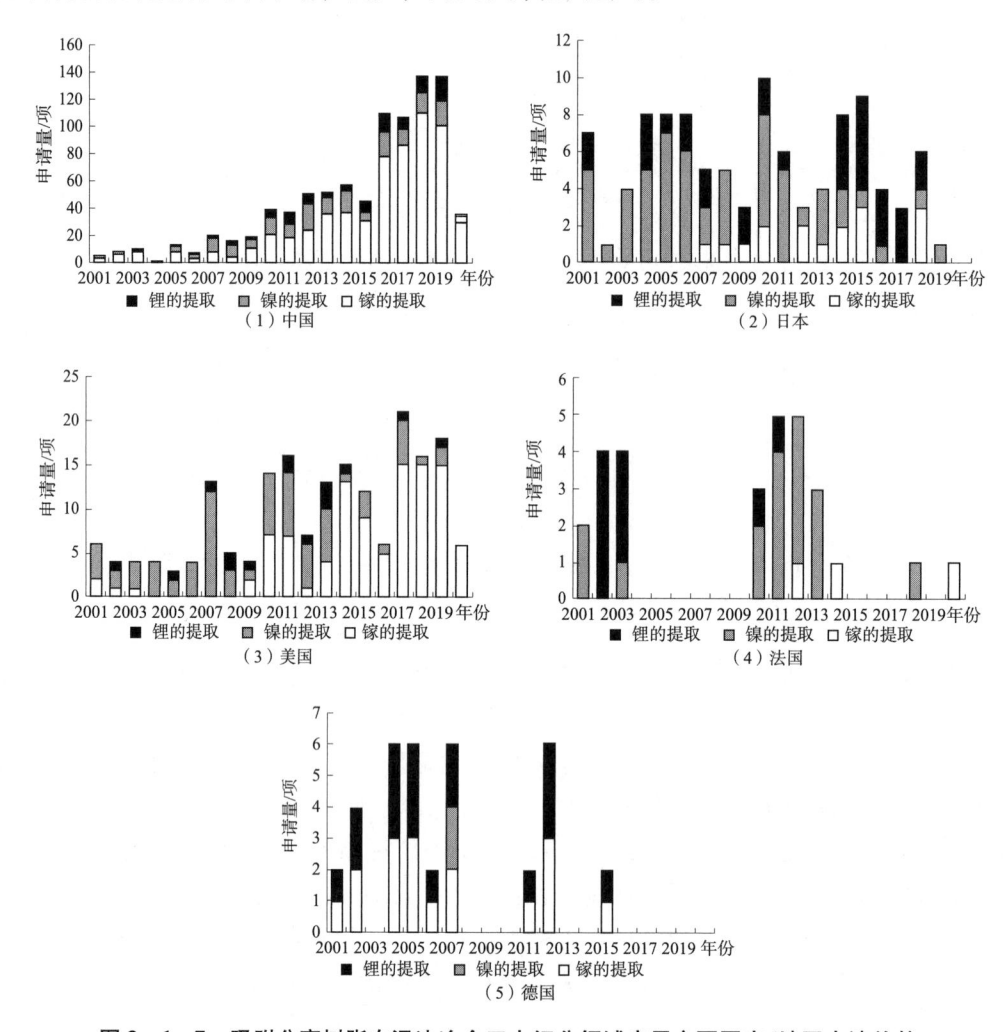

图3-1-7 吸附分离树脂在湿法冶金三大细分领域应用主要国家/地区申请趋势

3.1.5 主要申请人

湿法冶金领域主要专利申请人排名如图3-1-8所示。其中,来自日本的申请人占据4席,来自中国的占据5席,来自美国的占据6席,来自韩国的占据1席。排名第一的是日本住友公司,相关专利申请量为127项,住友公司主要是利用吸附分离树脂来获得镓、稀土金属、镍、贵金属等;排名第二的是中国科学院青海盐湖研究所,相关专利申请量为99项,其专利申请的重点保护方向为盐湖提锂技术;排名第三的是美国陶氏杜邦公司，申请相关专利85项，其专利涉及的方向有锂和放射性金属元素的提取分离；中南大学排名第四，专利保护方向包括难熔金属、镍、锂、镁以及锰等元素的提取和分离；排名第五的是日本旭化成公司，其相关专利申请量为47项，主要涉及放射性金属元素和稀土金属的提取和分离；辛博尔公司主要以卤水提锂相关技术为主；日本田中贵金属工业株式会社主要以贵金属和镉的提炼为主，其中贵金属包括金、铂、钯等；核工业北京化工冶金研究院、埃克森美孚公司、西屋电器公司则以放射性金属元素提取为主；纳罗·普朗克公司以铝和镓的提取分离为主；中国科学院上海有机化学研究所以锂的提取，特别是萃取剂专利技术为重点；雅宝公司和蓝晓科技公司均以盐湖提锂技术为重点；日本机械设备协力株式会社以镓提取分离为主，同时涉及锂和镍等金属的提取分离；浦项制铁公司以锂和镍等的提取为主。

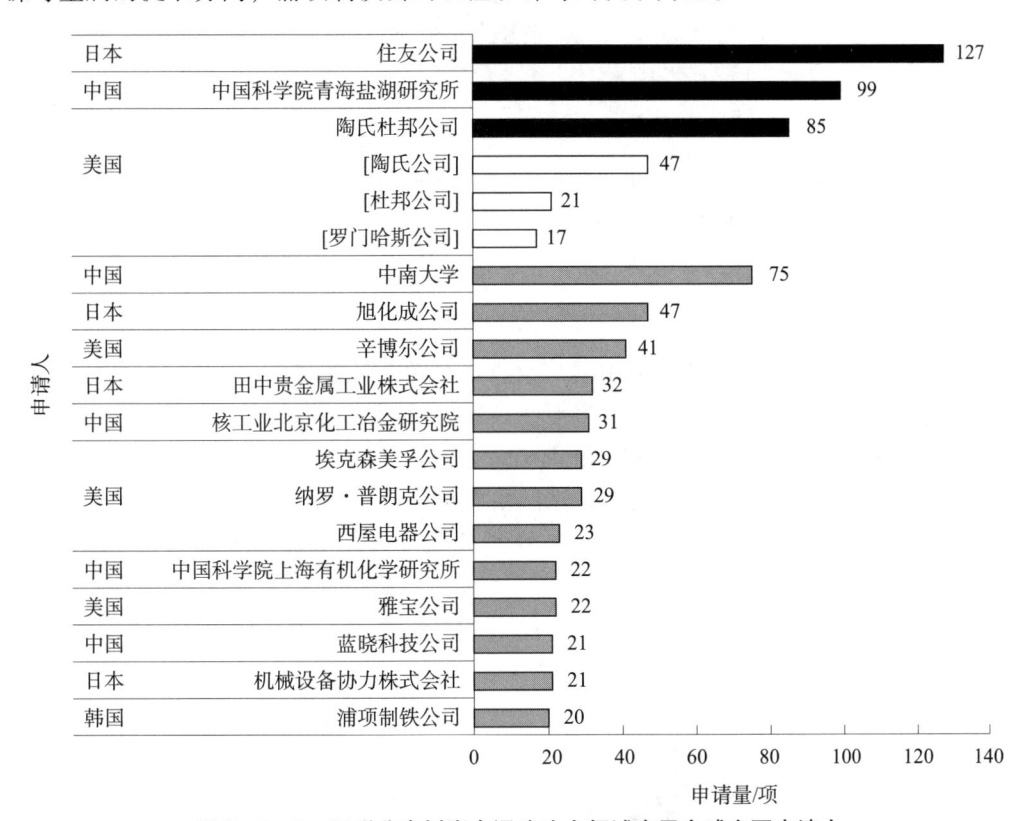

国别	申请人	申请量/项
日本	住友公司	127
中国	中国科学院青海盐湖研究所	99
美国	陶氏杜邦公司	85
	[陶氏公司]	47
	[杜邦公司]	21
	[罗门哈斯公司]	17
中国	中南大学	75
日本	旭化成公司	47
美国	辛博尔公司	41
日本	田中贵金属工业株式会社	32
中国	核工业北京化工冶金研究院	31
美国	埃克森美孚公司	29
美国	纳罗·普朗克公司	29
美国	西屋电器公司	23
中国	中国科学院上海有机化学研究所	22
美国	雅宝公司	22
中国	蓝晓科技公司	21
日本	机械设备协力株式会社	21
韩国	浦项制铁公司	20

图 3-1-8　吸附分离树脂在湿法冶金领域应用全球主要申请人

注：对专利申请量20项以上的申请人统计排名；陶氏杜邦公司包括陶氏、杜邦和罗门哈斯公司。

进一步对主要目标市场国专利申请人进行分析，如图3-1-9所示，在中国，排名前列的申请人均来自本国，其中4席来自高校和研究机构，1席来自企业；在美国和日本，排名前列的申请人均为本土企业。与中国相比，美国和日本的企业更倾向于通过世界知识产权组织申请专利，从而进行全球布局。

```
                                            申请量/项
                                0      20     40     60     80    100
中国  中国科学院青海盐湖研究所 ————————————————————— 96
       中南大学                 ———————————— 75
       核工业北京化工冶金研究院 ——— 31
       中国科学院上海有机化学研究所 — 22
       蓝晓科技公司              — 21
美国  陶氏杜邦公司              —— 30
       辛博尔公司                — 25
       雅宝公司                  — 25
日本  住友公司                 ———————————————————— 91
       旭化成公司               ——— 32
       田中贵金属工业株式会社   ——— 31
       机械设备协力株式会社     — 21
```

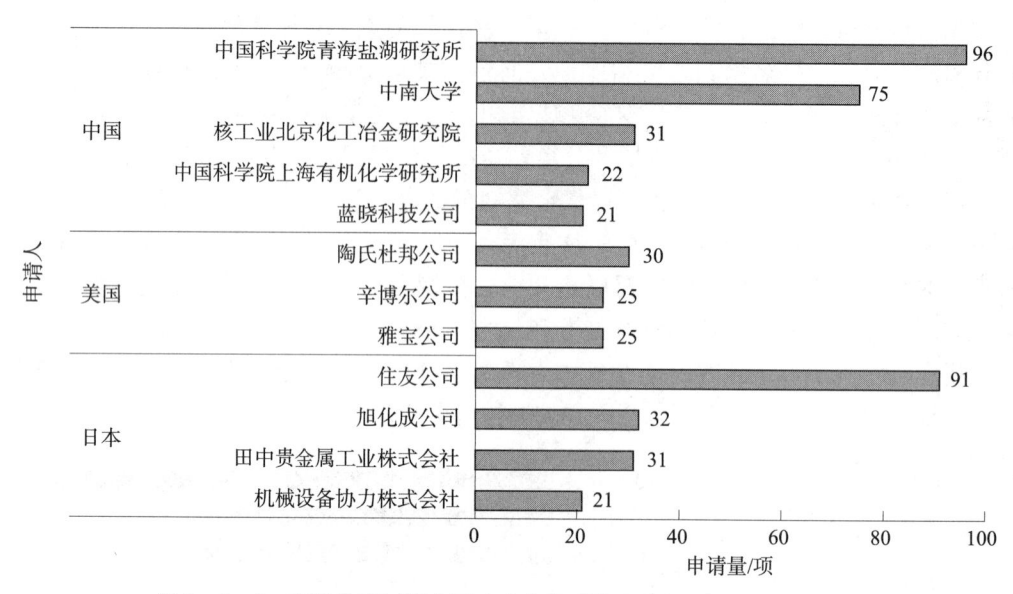

图 3-1-9　吸附分离树脂在湿法冶金领域应用主要国家/地区申请人

注：对专利申请量 20 项以上的申请人统计排名。

3.1.6　中国产业分布

吸附分离树脂在湿法冶金领域中国产业地域发展情况如图 3-1-10 所示。北京创新主体最为活跃，所持专利量占全国总量的 13%，其中，42% 以上来自科研院所，约 38% 来自企业，代表性单位包括核工业北京化工冶金研究院、中国科学院过程工程研究所、北京矿冶研究总院、中国稀有稀土股份有限公司、中国神华能源股份有限公司、工信华鑫科技有限公司等。北京约有 20% 的专利属于合作申请，其中，90% 以上为关联公司联合申请，其余来自产学研合作申请。湖南是湿法冶金领域中利用吸附分离树脂次活跃地区，所持专利量为 183 件，占比为 12%，其中，约 60% 的专利申请来自高校，26% 的专利来自企业，代表性单位有中南大学、湘潭大学、吉首大学、中蓝长化工程科技有限公司等。湖南申请人间合作申请较少，约占全省的 10%。青海也是全国专利申请量较多的地区，拥有相关专利 169 件，占比为 11%，其中，53% 的专利申请来自中国科学院青海盐湖研究所，38% 的申请来自企业，例如，青海盐湖工业股份有限公司、青海柴达木兴华锂盐有限公司、青海锂业有限公司等。青海申请人之间合作研发较多，约 17% 的专利来自科研院所与企业、企业间的联合申请，

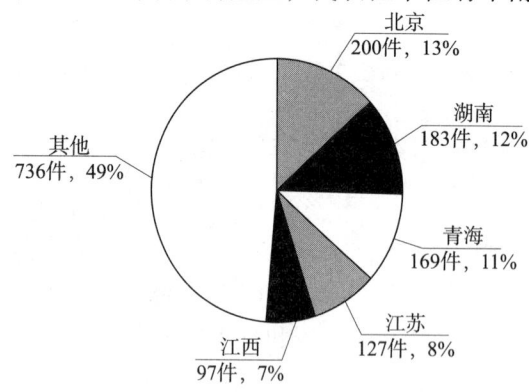

饼图数据：
- 北京 200 件，13%
- 湖南 183 件，12%
- 青海 169 件，11%
- 江苏 127 件，8%
- 江西 97 件，7%
- 其他 736 件，49%

图 3-1-10　吸附分离树脂在湿法冶金领域应用中国产业地域分布

其中，中国科学院青海盐湖研究所是重要创新技术输出单位，约有22%的专利是与企业共同研发。江苏是专利持有量全国排名第四的地区，申请量127件，占比8%。江苏约59%的专利来自企业，其中，江苏久吾高科技股份公司技术实力最强；约22%的专利来自高校，例如，江苏大学、南京工业大学和南京大学等。江苏合作申请的相关专利占比约8%，产学研合作联动较少。江西在该领域专利申请量97件，占比7%，该省代表性技术团队有信丰华锐钨钼新材料有限公司、赣州弘茂稀土工程有限公司、江西理工大学杨幼明教授课题组等。

在中国本国申请人的相关专利申请中，有47%来自企业，24%来自高校，19%来自科研院所，参见图3-1-11。本领域共有相关专利申请人将近700个，其中，企业有400多家，高校和科研院所180多家。课题组梳理了全国范围内创新实力最强的前三个省市的申请人情况，如表3-1-4所示。北京、湖南和青海三地大部分企业相关专利申请量在10件以下，仅少数企业专利申请在10件以上，中南大学、中国科学院青海盐湖研究所的相关专利申请量在50件以上，核工业北京化工冶金研究院申请20件以上，其他百余家单位相关专利申请量均小于10件。

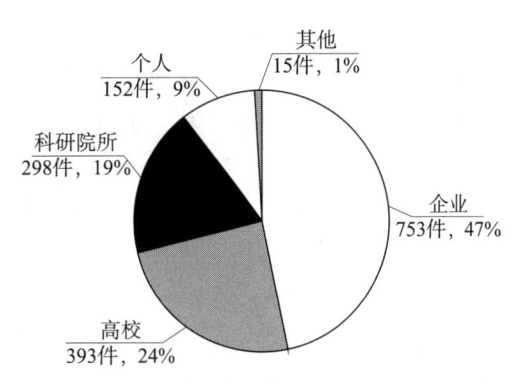

图3-1-11 吸附分离树脂在湿法冶金领域应用中国申请人类型分布

表3-1-4 吸附分离树脂在湿法冶金领域应用中国部分省市申请人数量及专利申请情况

北京	申请人数量/家	专利申请量/件			
		50及以上	49~21	20~11	10以下
企业	39	0	0	3	36
高校/科研院所	22	0	1	2	19
湖南	申请人数量/家	专利申请量/件			
		50及以上	49~21	20~11	10以下
企业	37	0	0	0	37
高校/科研院所	17	1	0	2	14
青海	申请人数量/家	专利申请量/件			
		50及以上	49~21	20~11	10以下
企业	20	0	0	2	18
高校/科研院所	7	1	0	0	6

3.2 盐湖提锂应用技术

近年来,一方面,以锂电池为动力的新能源电动汽车普及,使得锂电池材料市场需求增长旺盛,锂离子电池材料及其制备技术成为目前发展最为迅速的领域之一;另一方面,锂又是一种理想的轻质合金材料,在产业经济中具有重要意义,因此,锂被认为是本世纪"推动世界进步的能源金属",成为各国技术研发和市场竞争的热点领域。

我国锂资源丰富,占全球锂资源总量的13%,位居全球锂资源排名前列。同时,我国又是盐湖卤水锂资源大国,盐湖锂资源占全国已探明锂资源总量的87%,约占世界盐湖锂资源的1/3,主要分布在青海柴达木盆地、西藏、湖北。但是我国盐湖锂资源品质差,提取工艺复杂、成本高,而国外锂资源品质好、工艺简单,锂产品性价比高,国内60%以上锂依靠进口。因此,优化盐湖提锂技术和工艺路线、降低成本、提高产品品质,摆脱进口依赖,是我国锂资源开发亟待解决的问题。吸附分离树脂提锂技术作为一种高效分离提取技术,已显露出产业化推广和应用价值,我国正处于盐湖提锂开发的初级阶段。本节围绕盐湖提锂用吸附分离树脂技术,针对我国盐湖提锂产业现状,深入分析相关专利数据,希望对我国盐湖提锂技术开发和产业进阶有所帮助。

3.2.1 专利申请趋势

盐湖提锂用吸附分离树脂技术诞生以后,经历了较长的萌芽期,直到最近十年才进入快速发展期,如图3-2-1所示。盐湖提锂技术可以分为离子交换与吸附法、蒸发结晶法、萃取法、沉淀法、电解法、膜分离法等,吸附分离树脂属于离子交换与吸附法范畴,离子交换树脂可以与电解法、膜分离等其他方法配合使用。此外,离子交换树脂除了可以用于盐湖提锂,还可以用于地下卤水、温泉以及其他液态锂资源的提取。因此,为了全面了解盐湖提锂技术发展状况,本节以"盐湖提锂用吸附分离树脂"

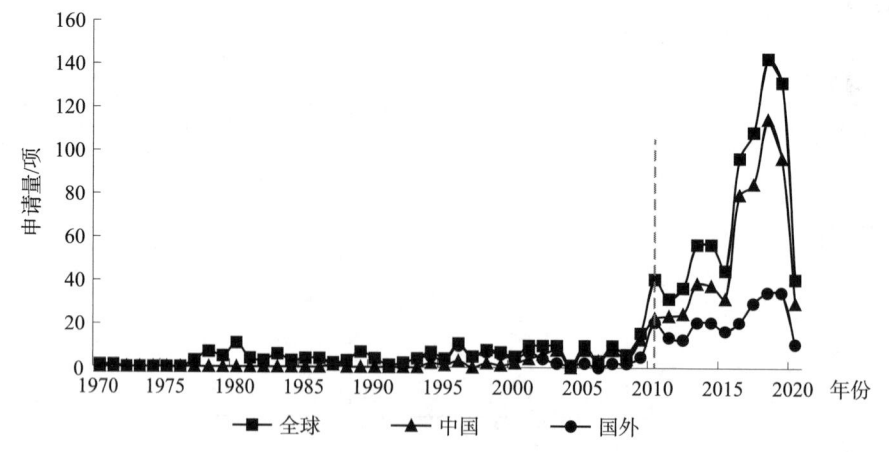

图3-2-1 盐湖提锂用吸附分离树脂技术全球/中国/国外专利申请趋势

技术为核心，检索和分析数据范围适当扩大到离子交换与吸附分离法以及地下卤水等多种液态锂存在形式。

较早的锂提取技术专利起源于1953年，是通过离子交换法从锂矿中提取锂盐（FR1088330A），该专利是将锂矿溶解后利用离子交换方法进行提取；1959年，德国申请人从含有碱金属、碱土金属的卤水中提取了包括氯化锂和/或碳酸锂在内的锂盐（DE1159415B）；1963年，陶氏杜邦公司开始涉足锂提取技术，尝试利用氨水、尿素和醇酮介质从含钙盐卤水提取卤化锂（US3307922A、US3306712A），同年，信号石油天然气公司也开始研究从大盐湖卤水中回收锂和钾的工艺技术（US3342548A）；1967年，陶氏杜邦公司在盐湖提锂方面进行持续申请（DE1567936A1、FR1514312A），同年，美国锂业股份有限公司开始进入盐湖提锂技术领域（IL28387A），1968年该公司继续跟进布局。

1971~1980年，盐湖提锂技术尚不成熟，只有少数公司和机构开展了相关研究。例如，美国能源部在1971年利用β-二酮和三辛基氧化膦从中性卤水中萃取锂（US3793433A）；1980年，陶氏杜邦公司开始尝试利用水合氧化铝弱碱性离子交换树脂进行锂提取（DE3066764D1、NZ195860A），开创了利用离子交换树脂进行盐湖提锂的先河；同年，美国福特矿物公司（Foote Mineral Co）申请保护一种利用太阳能蒸发获得高浓度卤水从而提取锂盐的技术。

1981~1990年，锂提取技术继续发展，更多的企业和机构开始在该领域申请专利。这一时期，陶氏杜邦公司继续加强利用树脂提取分离卤水中的锂，并开始全球布局（CA1137249A2、US4376100A、CA1185710A1、DE3365217D1、JP01004968B、CL33743A、IL72967A7）；美国福特矿物公司在本时期主要解决氯化锂除硼的问题，通过有机溶剂萃取方法从粗产品氯化锂中除去硼，得到高纯度氯化锂，进一步通过电解得到金属锂，该项技术同样进行全球布局（US4980136A、AR245677A1、AR245428A1、US5219550A）。值得注意的是，日本和中国等国家在该阶段也开始开展盐湖提锂技术研究，日本申请人日本机械设备协力株式会社、日本清水产业株式会社（Nippon Rensui KK）、日本神户制钢公司（Kobe Steel Ltd.）是最早盐湖提锂技术的发起者（JP58156530A、JP1785584C、JP01144668）；中国科学院青海盐湖研究所利用磷酸三丁酯作萃取剂从卤水中提取氯化锂（CN1005145B）。

1991~2000年，盐湖提锂用吸附分离树脂技术专利申请量和专利申请人数量同步增长，该阶段累计申请专利54项，专利申请人将近50位。其中代表性企业和专利技术有：普拉塞尔技术有限公司通过使用关于离子交换材料的变温离子交换工艺，从盐水中除去或回收锂离子（US5681477A）；Limtech公司从卤水或海水中生产碳酸锂，即利用离子交换材料，或通过液液萃取，从碳酸氢锂物理分离溶解杂质，然后得到纯化的碳酸锂（US6048507A）；富美实公司（FMC Corporation）利用水合氧化铝晶体生成$LiX/Al(OH)_3$，从卤水中回收锂（US6280693B1）；凯密特尔福特公司（Chemetall Foote Corp）从盐水中脱镁制取碳酸锂（US6143260A）等。

2001~2010年，该技术专利申请量累计110余项，专利申请人约80位。在该阶段中国成为重要的专利申请目标国，60%以上的专利在中国申请；其次是在美国和韩国的申请，占比相当，均接近10%；在俄罗斯和日本的申请，占比都在7%左右。在中国专利中，约94%来自中国申请人，约3%来自美国申请人，来自澳大利亚、德国、日本的申请人产出专利数量占比均为1%。其中，在中国，代表性国内申请人有中信国安科技集团公司和中国科学院青海盐湖研究所，代表性国外申请人有美国的雅宝公司和辛博尔公司、澳大利亚的里肯锂有限公司；在美国，申请人数量小于10位，凯密特尔福特公司、辛博尔、Limtech等公司继续申请布局，美国本国申请人是该项技术的主要申请来源；在韩国，韩国工业科学技术研究所和韩国资源公司是该项技术的主要专利申请人；在日本，本国申请占据约50%，申请人有熊本科技（Kumamoto Tech Ind Found）、KEE（株式会社）、日铁矿业有限公司（Nittetsu Mining Co Ltd）、东丽工业株式会社（Toray Industries）等，国外申请人主要有美国的雅宝公司和辛博尔公司。

2011年至今，该技术专利申请量累计260余项，专利申请人达到150位以上，专利申请数量和申请人数量是前十年的2倍以上。最近十年是锂提取专利增长最快的十年，2010年全球锂提取技术专利申请量为41项，2017年申请量达107项。在该阶段，约34%的专利在中国申请，约14%的专利在美国申请，在日本和智利的专利申请量占比均为9%，在俄罗斯的专利申请量占比为8%，剩余25%的专利则在其他约20个国家或地区申请，这些国家或地区申请量占比均小于5%。由此可见，在该阶段，越来越多的国家意识到锂资源的重要性，锂资源的开采技术已经成为各国资源竞争战略的一部分。在中国市场，88%的专利申请来自本国申请人，国外申请人专利量占比有所提升，从上个十年的6%提升到12%，说明国外申请人对中国市场的重视程度在增加；在美国市场，83%的申请来自本国申请人，与上十年相差不大；在日本市场，本国申请人专利申请数量占比上升为72%，一定程度上说明，日本对该项技术的重视程度增加。最近十年，全球范围内本领域技术领先企业持续发力，中国企业与国外企业的技术差距不断缩小。

3.2.2　专利申请目标国/地区

如表3-2-1所示，中国为盐湖提锂用吸附分离树脂技术最主要的专利申请目标国，相关专利申请量占全球相关专利申请总量的50%，其中，95%以上专利来自本国申请人，国外申请人主要是雅宝公司、锂莱克解决方案公司、普拉塞尔技术有限公司和浦项制铁公司等。相比中国，美国市场相关专利申请量较少，但是美国市场申请人较为集中，均为业内技术实力较强的单位，73%的专利由本国申请人产出，27%的专利来自国外申请人，其中，本国申请人有陶氏杜邦公司、辛博尔公司、锂莱克解决方案公司、阿尔杰能源代替公司以及雅宝公司等，国外申请人有韩国地球科学和矿产资源研究所、安大略有限公司（Ontario Limited）、广州市睿石天琪能源技术有限公司等。世界知识产权组织，也是本领域申请人选择的重要申请途径，约有6%的申请由其受理，然后进入中国、阿根廷、智利、美国和加拿大等国家。此外，智利、日本、韩国和阿根廷也是该领域较为热点的专利申请目标国。

表 3-2-1　盐湖提锂用吸附分离树脂技术全部及阶段年份专利申请目标国/地区

全部年份			2000 年及以前			2000 年以后		
专利申请目标国/地区	数量/件	占比	专利申请目标国/地区	数量/件	占比	专利申请目标国/地区	数量/件	占比
中国	664	50%	美国	41	20%	中国	652	59%
美国	165	12%	日本	23	11%	美国	123	11%
世界知识产权组织	85	6%	智利	20	10%	世界知识产权组织	84	8%
智利	53	4%	中国	12	6%	韩国	46	4%
日本	49	4%	德国	12	6%	阿根廷	33	3%
韩国	49	4%	俄罗斯	12	6%	智利	33	3%
阿根廷	41	3%	以色列	10	5%	日本	26	2%
其他	229	17%	其他	79	38%	其他	117	11%

进一步对比 2000 年前后专利申请目标国/地区分布情况，可以发现中国是 2000 年以后最大的专利申请目标国，同时，在韩国和阿根廷的相关申请占比也在增加，日本、德国和俄罗斯作为前列目标国的地位在回落。以上数据显示，锂资源富集和技术富集是专利申请的重要影响因素。锂提取专利申请活跃的国家和地区，一方面依赖于丰富的锂资源，另一方面依赖于技术的积累和突破。资源导向和市场需求对该项技术发展具有巨大推动作用。

3.2.3　技术来源国

从图 3-2-2 饼图看出，中国是锂提取技术最大的专利申请来源国，申请量为 629 项，占比 62%；其次是来自美国和韩国，申请量分别为 152 项和 52 项，占比分别为 15% 和 5%；来自日本、俄罗斯、智利、加拿大、澳大利亚、德国等国的申请量占比均在 5% 以下。

进一步分析全球主要的专利申请目标国家/地区的技术来源。如图 3-2-2 柱状图所示，在中国的相关专利申请中，来源于本国的有 623 件，占比 95% 以上，剩余 5% 左右来自美国、韩国、澳大利亚、瑞士、阿根廷等国家，其中来自美国申请人的申请为 14 件，来自其余国家申请人的申请量小于 10 件；在美国的相关专利申请中，93 件来自本国申请人，占比为 70%，加拿大、韩国、中国、阿根廷和澳大利亚等国申请人产出的专利小于 10 件；世界知识产权组织，也是本领域专利申请的重要渠道，美国和中国与其他国家相比，更倾向于通过世界知识产权组织申请专利；在智利的相关专利申请中，本国申请人产出 25 件，占比为 50%，美国申请人在智利布局 11 件，其余国家的申请人专利申请量较小；在日本的相关专利申请中，本国申请人产出 32 件，占比 67%，美国申请人布局 11 件，其余来自韩国和欧洲等国家/地区。

(a)全球整体分布

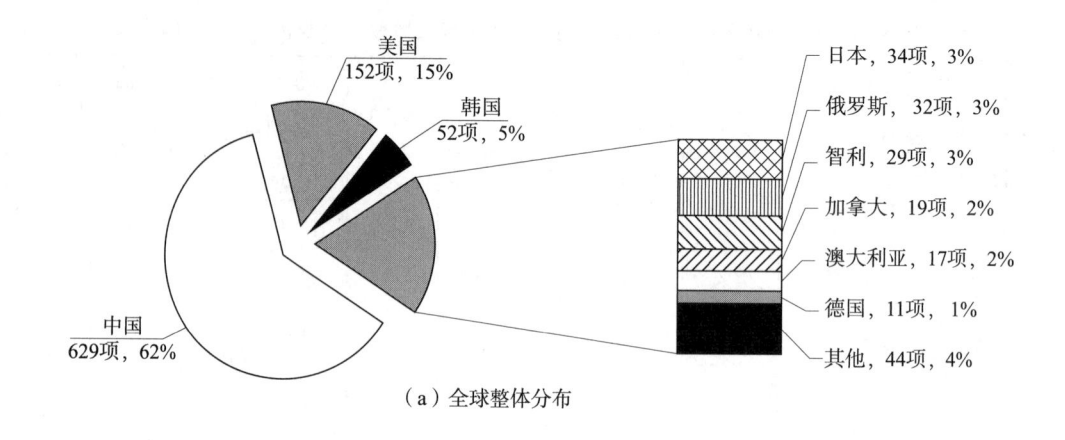

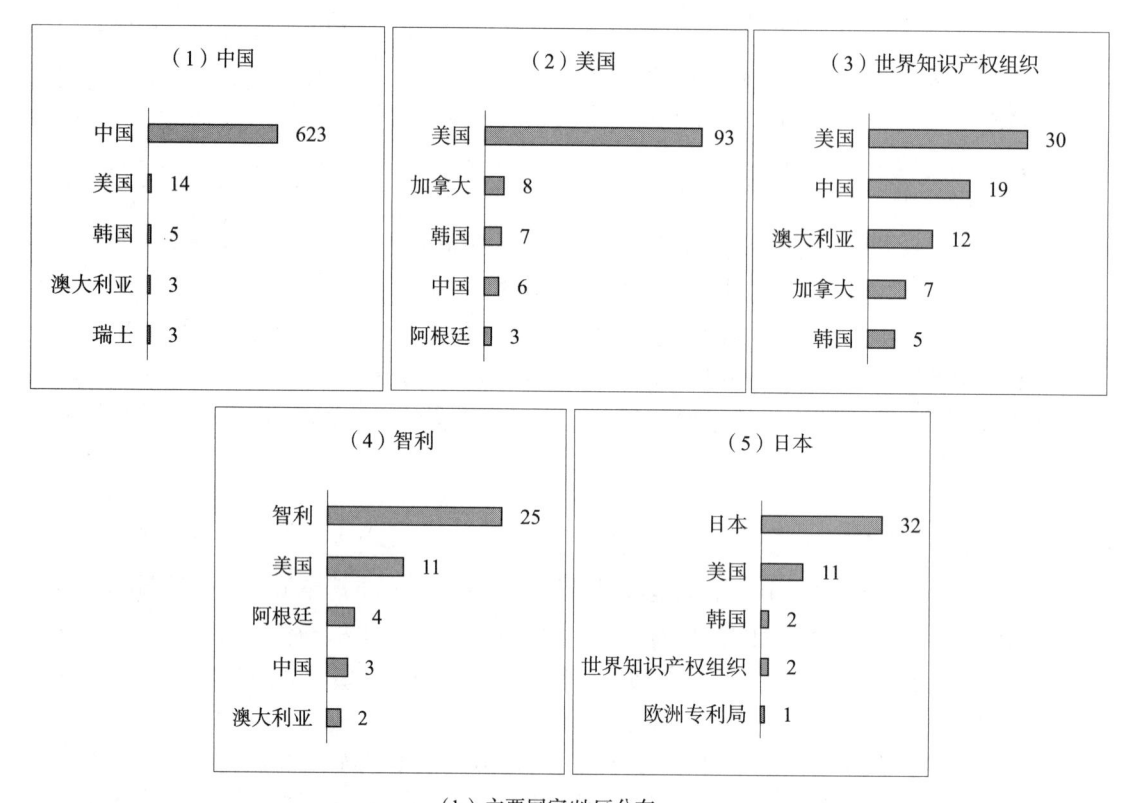

- 美国 152项, 15%
- 韩国 52项, 5%
- 中国 629项, 62%
- 日本, 34项, 3%
- 俄罗斯, 32项, 3%
- 智利, 29项, 3%
- 加拿大, 19项, 2%
- 澳大利亚, 17项, 2%
- 德国, 11项, 1%
- 其他, 44项, 4%

(1) 中国
- 中国 623
- 美国 14
- 韩国 5
- 澳大利亚 3
- 瑞士 3

(2) 美国
- 美国 93
- 加拿大 8
- 韩国 7
- 中国 6
- 阿根廷 3

(3) 世界知识产权组织
- 美国 30
- 中国 19
- 澳大利亚 12
- 加拿大 7
- 韩国 5

(4) 智利
- 智利 25
- 美国 11
- 阿根廷 4
- 中国 3
- 澳大利亚 2

(5) 日本
- 日本 32
- 美国 11
- 韩国 2
- 世界知识产权组织 2
- 欧洲专利局 1

(b)主要国家/地区分布

图3-2-2 盐湖提锂用吸附分离树脂技术全球及主要国家/地区技术来源

注:数字为申请量,柱状图单位为件。

3.2.4 主要技术路线

中国具有丰富盐湖锂资源,但是目前锂材料进口依赖严重。高品质、低成本地开发和利用国内盐湖锂资源,是我国当前盐湖提锂产业发展的首要目标。这不仅可以改变我国锂资源进口依赖的现状,而且对于提高我国锂工业在世界上的竞争力具有重要的推动作用。盐湖提锂在我国具有重大的现实意义和广阔的应用前景。

盐湖或卤水提锂的技术大致可以分为蒸发结晶法、萃取法、沉淀法、离子交换与吸附法、电解法、电渗析法、膜分离法等。国外的盐湖卤水大多具有较低的镁锂比值，例如，智利的阿塔卡玛盐湖，镁锂比为 6.25∶1；美国的银峰地下卤水，镁锂比为 1.5∶1。具有低镁锂比值的盐湖，采用蒸发结晶或沉淀法就可以将卤水中的锂富集，制取锂产品。

中国盐湖锂资源主要分布于青海柴达木盆地一带，包括察尔汗、台吉乃尔、一里坪等盐湖，具有较高的镁锂比，提锂难度极大。沉淀法提锂用于高镁锂比卤水时，沉淀剂耗量大，生产效率低下，不具备经济推广性；萃取法对于设备腐蚀和环境污染严重；电解法和膜分离法由于卤水成分复杂，极易堵塞设备，无法单独使用；离子交换与吸附法，主要是使用具有选择性的吸附剂吸附盐湖或卤水中的锂离子，接着对锂离子进行洗脱，然后对锂离子和其他离子进行分离，适用于高镁锂比卤水的提取。因此，离子交换与吸附技术对于我国盐湖锂资源开发和应用至关重要。

本小节梳理了盐湖提锂的关键技术节点及技术发展路线，尤其是近年来中国盐湖提锂技术的发展情况，期望帮助我国科研工作者更加清晰把握主流技术发展方向，合理规划自主研发路线，避免重复研发，规避他人专利风险。具体的技术发展路线概括如图 3-2-3 所示。

最早的离子交换与吸附法提锂技术起源于 1960 年，陶氏杜邦公司提出一种通过将盐水与铝化合物混合制备铝酸锂络合物，从含有锂和碱土金属的天然盐水中分离出锂的方法（DE1228594B）。该技术方案通过铝化合物提取盐水中锂离子，是铝酸盐离子筛吸附剂的雏形。

离子筛是指利用吸附剂结晶结构中同锂离子大小匹配的超微孔，使吸附剂对锂离子产生选择性吸附效应，达到从盐湖卤水中分离锂离子的目的。1970 年，利用二氧化锰水合物离子筛（DE2058910A1）从工业废水或盐水中回收、提取、纯化碱金属的技术出现，其中碱金属离子包括锂、钠、钾或铷。该离子筛具有高选择性和良好的耐化学性，且容易再生。

1978 年，陶氏杜邦公司从卤水中回收锂（US4159311A、US4221767A），通过使卤水与包埋了 LiX·2Al(OH)$_3$ 微晶的阴离子交换树脂接触，优选从含有锂盐以及其他金属盐（例如钠、钙、镁、钾和/或硼）的卤水中提取锂，其中 X 是卤素。这 2 项技术后来转让至富美实公司。

1992 年，俄罗斯专利申请保护一种将吸附材料用于锂回收的造粒方法（RU2009714C1）。1993 年，该申请人申请保护一种铝盐吸附树脂多级逆流接触系统（WO9419280A1），该系统将铝盐吸附剂与饱和氯化锂溶液逆流接触后，通过电渗析进一步浓缩。

1993 年，美国个人申请保护一种插层多晶铝盐吸附剂（US5389349A）。该吸附剂的特点是锂盐在多晶氢氧化铝结构中可以形成更多的插层位点，能重复锂盐的卸载/装载的多个循环，其中，锂盐为卤化锂、碳酸氢锂、硫酸锂。1995 年，美国富美实公司

1960~1990年	1991~2000年	2001~2010年	2011年至今	
DE1228594B 1960-09-30 铝化合物与盐水混合沉淀出铝酸锂络合物	RU2009714C1 1992-01-27 铝盐吸附树脂用于从盐水中回收锂	CN1263678C 2001-10-25 吸着-解吸树脂循环+电渗析方法+设备	CN102070162B、CN102417194B 2011-01-30 卤水提锂且深度除镁	CN106076243B 2016-06-06 微孔铝盐锂吸附剂
DE2058910A1 1970-11-30 二氧化锰水合物离子筛	WO9419280A1 1993-11-18 铝盐吸附剂+多级逆流+电渗析	CN100343399C 2002-12-27 电解制备二氧化锰，高镁锂比环境	CN103498172B 2013-09-27 钒氧化物离子筛	CN107921328A 2016-08-05 钛酸盐离子筛
US4159311A、US4221767A 1978-09-05 铝酸盐型离子交换树脂	US5389349A 1993-05-24 插层多晶铝盐吸附剂	CN1243112C 2002-12-27 铝盐型颗粒吸附剂树脂	CN103738984B 2013-12-26 铝盐吸附树脂+纳滤膜	CN106902774B 2017-04-05 多糖骨架双层结构的铝盐吸附剂
	US5599516A 1995-02-13 插层多晶铝盐吸附剂连续申请	CN102049237B 2010-11-19 磷酸铁离子筛	CN104313348B 2014-07-23 锂吸附剂+陶瓷膜	CN108893605B 2018-05-25 锂钠分离的连续离子交换装置及方法
	RU2157338C2 1998-08-24 锂吸附剂+电解	CN102031368B 2010-10-29 连续离子交换装置及方法	CN104014308B 2014-02-25 原位聚合将活性氢氧化铝粉体分散于吸附树脂孔道内	CN111111603A 2018-10-31 微孔锂吸附剂颗粒及制备方法
	US6048507A 1998-08-28 临界二氧化碳精制碳酸锂		CN106102902A 2014-12-23 无结合料下吸附剂的成形制备方法及用途	CN111727171A 2018-12-20 铌/钛氧化物离子筛吸附剂+超滤膜或微滤膜
				CN111041201A 2019-12-30 多路阀系统连续运行系统

图3-2-3 盐湖提锂用吸附分离树脂专利技术发展路线

在插层多晶铝盐吸附剂的基础上，将多晶水合氧化铝，特别是三水铝石的颗粒用LiOH灌注，以获得LiOH在LiOH/Al(OH)$_3$中的负载量（US5599516A）。锂离子注入插层结构时不易破裂，可以实现吸附剂的装载和卸载的多个循环。

1998年，俄罗斯专利（RU2157338C2）保护一种制备高纯氢氧化锂的方法，通过锂吸附剂吸附洗脱和电解，得到高纯氢氧化锂溶液，从而得到碳酸锂。同年，美国Limtech公司申请保护一种制备高纯度碳酸锂的方法（US6048507A）。所述高纯度碳酸锂可用于医药领域，制备电子级晶体锂或电池级锂金属：以含锂卤水或海水工业化生产的碳酸锂为原料，在压力下，与二氧化碳反应形成溶解的碳酸氢锂；将碳酸锂原料中的杂质溶解或沉淀出来；使用离子选择装置，例如离子交换材料，或通过液液萃取，从碳酸氢锂物理分离溶解杂质，然后沉淀纯化碳酸锂。

2001年，华欧技术咨询及企划发展有限公司在中国申请保护一种从盐液获得氯化锂的方法和实施此方法的设备（CN1263678C）。该方法包括借助于解吸溶液和在循环运行中获得浓缩的氯化锂溶液，通过离子交换去除浓缩溶液中的钙和镁杂质，按照电渗析方法浓缩净化洗提液，同时获得氯化锂的脱盐溶液，且将脱盐溶液用于制备氯化锂晶体。

2002年，中国科学院青海盐湖研究所的马培华研究员发明了一种利用二氧化锰离子筛从盐湖卤水中提取锂的方法（CN100343399C）。该方法适用于青海含锂盐湖卤水和盐田浓缩含锂老卤提锂，提取过程为用二氧化锰吸附剂选择吸附 Li^+，用盐酸溶液洗脱被吸附的 Li^+，洗脱液精制、浓缩，制取碳酸锂或氯化锂。同年，该课题组也制备出铝盐型颗粒吸附剂 $LiCl \cdot 2Al(OH)_3 \cdot nH_2O$ 用于我国高镁锂比盐湖卤水中提取锂（CN1243112C），该专利对于我国锂离子吸附剂制备技术具有里程碑意义。

2010年，一种磷酸铁离子筛吸附剂（CN102049237B）被中南大学赵中伟等人制备成功，该磷酸铁离子筛是 $FePO_4$、$Me_xFe_yPO_4$ 中的一种或几种的混合物；Me 为镁、铝、钛、镍、钴、锰、钼、铌中的一种或几种的混合，尤其适用于高镁锂比卤水的镁锂分离，对 Li^+ 具有良好的嵌入和脱嵌性能。随后被转让至江苏中南锂业有限公司。

2010年，西安蓝晓科技有限公司申请了一种连续离子交换装置及方法（CN102031368B），包括树脂、用于装载树脂的多个树脂柱、同树脂柱上端连通的进料总管及同树脂柱下端连通的出料总管，树脂柱之间通过串联管路依次串联连接，并形成顺序移动循环运转的吸附树脂柱组、快速淋洗树脂柱组和淋洗树脂柱组；每个进料支管和出料支管上分别设有控制阀，用于协调控制各组树脂柱组之间轮流实现离子交换、洗涤、淋洗和树脂的转型工艺。与现有的固定床吸附技术相比，该发明具有设备简单、操作方便、自动化程度高、树脂使用量少、利用率高、产品浓度稳定且合格液浓度高等优点。该方法对于推动我国锂提取产业化具有极大的推动作用。

2011年，蓝晓科技继续开发了盐湖卤水的深度除镁技术（CN10207162B、CN102417194B），解决了现有的从盐湖卤水中提锂的方法需要将流出液进一步深度除镁的问题，同时，解决了现有工艺复杂、纯度低的问题，降低了盐湖提锂的成本。

2013年，中南大学赵中伟课题组申请保护了一种用于选择性提取锂的钒氧化物及其应用（CN103498172B）。

2013年，江苏久吾高科技股份有限公司申请保护一种基于铝盐吸附树脂和纳滤膜相结合的锂提取方法和装置（CN103738984B），其具体步骤包括：第1步，将含锂盐湖老卤池中的盐卤通过铝盐吸附剂对锂离子进行吸附，再用水进行解吸之后，得到解吸液；第2步，将解吸液使用粗过滤器进行过滤；第3步，将粗过滤器透过液使用纳滤膜进行过滤，得到纳滤膜透过液；第4步，将纳滤膜透过液使用反渗透膜进行浓缩，得到反渗透浓缩液；第5步，将反渗透浓缩液进行晒盐或者蒸发，得到含锂浓缩卤水。该方法可以解决传统卤水提锂工艺中，反渗透工段的浓缩倍数不能提高、晒盐效率低、沉淀耗用大量试剂的问题，得到的氯化锂溶液的收率高、纯度高。2014年，久吾高科又申请保护了基于锂吸附剂和陶瓷膜结合的盐湖提锂方法（CN104313348B），得到碳酸锂的精制锂溶液。该方法具有工艺简单、操作容易、吸附剂利用效率高、提锂工艺周期短、精制锂溶液含量高等优点。

2014年江苏海普功能材料有限公司申请保护一种吸附树脂孔道负载锂吸附剂（CN104014308B），该吸附剂是通过原位聚合成法，将活性氢氧化铝粉均匀分散于吸附树脂孔道内得到。该方法利用树脂纳米孔内高分子链的交联缠绕，有效抑制了活性纳米颗粒的流失，确保了吸附剂的使用寿命。随后该专利被转让至西藏容汇锂业科技有限公司。

2014年和2016年，艾拉梅公司连续在中国申请了2件专利（CN106102902A、CN107787248A），在无结合料下吸附材料的成形制备方法及用该材料从盐溶液中提取锂的方法，包括在特定条件下使勃姆石沉淀制备吸附材料的方法。

2016年，中国科学院青海盐湖研究所申请保护一种微孔铝盐锂吸附剂（CN106076243B），微孔铝盐锂吸附剂上具有平均孔径低于2纳米的微孔。该发明得到的吸附剂对锂离子吸附容量大且选择性高、洗脱再生简单、循环寿命好。

2016年，因尼威森有限公司（Inneovation Pty Ltd）在中国申请保护了一种利用钛吸附剂从卤水中提取锂的方法（CN107921328A），使卤水溶液与钛酸盐吸附剂接触，使得锂离子被吸附到钛酸盐吸附剂上，而不吸附其他阳离子。

2017年，王云申请保护一种层状铝盐吸附剂（CN106902774B）。该层状铝盐吸附剂的外层为高分子聚合物，高分子聚合物内包裹有多糖的骨架，多糖的骨架间包裹有铝盐吸附剂，铝盐吸附剂组成为$[xMg(OH)_2(2-x)Al(OH)_3]\cdot nH_2O$的，具有尺寸为10~500纳米的孔，可以用于锂离子的吸附。

2018年，蓝晓科技申请保护一种可以实现锂钠分离的连续离子交换装置及方法（CN108893605B），包括树脂、用于装载树脂的多个树脂柱、同树脂柱上端连通的进料总管及同树脂柱下端连通的出料总管，树脂柱之间通过串联管路依次串联连接，并形成顺序移动循环运转的锂钠溶液中吸附锂离子组、淋洗组、解吸组、反冲组和料顶水组；每个进料支管和出料支管上分别设有控制阀，用于协调控制各组树脂柱组之间轮流实现离子交换、淋洗、解吸过程。

2018年，比亚迪股份有限公司申请保护一种微孔锂吸附剂颗粒及制备方法（CN111111603A），锂吸附体复合颗粒包括85重量%~95重量%的分子式为$LiCl\cdot 2Al(OH)_3\cdot nH_2O$的锂吸附剂、4重量%~10重量%的黏结剂和1重量%~5重量%的造孔剂，其中n为1~3；锂吸附体复合颗粒具有孔径大小为0.0021~0.0041毫米的孔。该锂吸附体复合颗粒具有更大的比表面积，吸附性能好，使用寿命更长。

2018年，安大略有限公司申请保护一种锂离子筛结合超滤膜或微滤膜用于从盐水中回收锂的方法（CN111727171A）。该锂离子筛可包含钛的氧化物或铌的氧化物（例如偏钛酸或铌酸锂）。

2018年，江苏久吾高科技股份有限公司申请保护一种铝盐吸附剂及其在盐湖卤水提锂中的用途（CN108854996A）。该发明采用了氢氧化铝作为吸附剂，同时采用经过改性处理的大孔树脂作为载体。该吸附剂适用于盐湖锂水中对锂的吸附分离，具有高吸附量、低溶损率等优点。

此外，盐湖资源的综合开发和利用，盐湖资源主要含有锂、钠、镁、钾、硼等元素，其中镁和硼的开发利用最为困难，如果解决了上述元素的开发利用，锂的生产成本会大幅降低，盐湖提锂技术的经济价值会进一步提升。目前，我国在盐湖提锂副产物开发利用上已有一定的专利成果，例如除钠、除镁技术（CN108893605B、CN102070162B、CN104060297B）、镁盐制备技术（CN108034991B）、从盐湖卤水中分离铯离子技术（CN104692406B）、从盐湖卤水中提取锂同时制备氢氧化铝的方法（CN109336142B）、钾肥和水泥等副产物开发利用技术（CN105217644B、CN104355559B、CN104446059B）等。由于国内外盐湖品质的差异，盐湖开发技术和工艺差异较大，因此，本小节重点关注适用于我国的盐湖开发技术。

综上，全球盐湖提锂用吸附分离树脂技术发展显示出以下特点：（1）就锂吸附剂而言，在组成上由铝系向锰、钒、钛、铌等拓展，在结构上向层状、微孔以及其他新型结构延伸。（2）就提取工艺而言，发展趋势之一是提取手段的综合联用，例如，膜分离和吸附分离树脂联合使用、电解法和吸附分离树脂联合使用。处理效率和容量的提升，是工艺优化的又一发展趋势，例如，连续离子交换系统、逆流接触系统。（3）盐湖资源的综合开发和利用是盐湖提锂技术高质量发展的必经之路。

3.2.5 主要申请人

盐湖提锂用吸附分离树脂技术全球主要申请人排名如图3-2-4所示。其中，排名第一的是中国科学院青海盐湖研究所，其相关专利申请量为99项；排名第二和第三的分别是美国陶氏杜邦和辛博尔公司，分别申请相关专利39项和32项；排名第四是中南大学，其申请相关专利25项；中国科学院上海有机化学研究所排名第五，主要是通过溶剂萃取法提取锂；韩国浦项制铁公司排名第六，相关专利申请量为20项。此外，美国的锂莱克公司和雅宝公司，中国的西安蓝晓科技公司、湘潭大学、青海盐湖工业股份有限公司、江苏久吾高科技股份有限公司、青海柴达木兴华锂盐有限公司、华东理工大学、成都理工大学，虽然专利申请量均在20项以下，但其创新技术也值得关注。

申请人国家	申请人	申请量/项
中国	中国科学院青海盐湖研究所	99
美国	陶氏杜邦公司	39
美国	辛博尔公司	32
中国	中南大学	25
中国	中国科学院上海有机化学研究所	22
韩国	浦项制铁公司	20

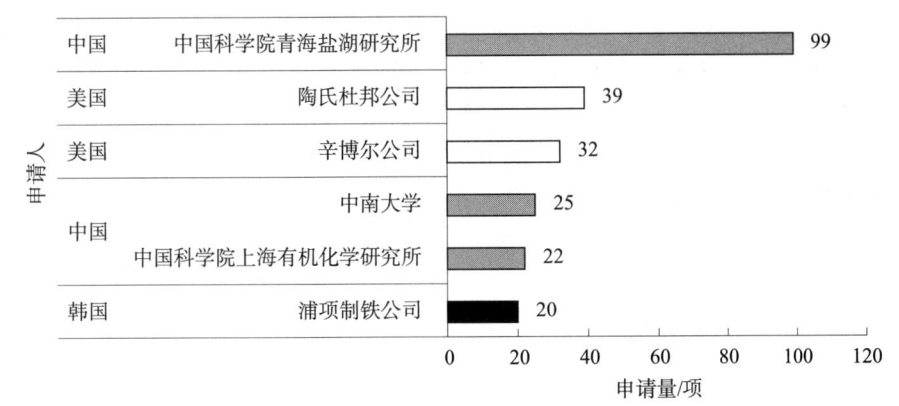

图3-2-4 盐湖提锂用吸附分离树脂技术全球主要申请人

注：对专利申请量20项以上的申请人统计排名。

中国和美国是本领域重要的目标市场，培育了具有一定规模专利布局的申请人。如图3-2-5所示，在中国，专利申请量大于20件的申请人有4席，均来自中国本国，其中3席为高校和研究机构，1席为企业；在美国，专利申请量20件以上的仅有陶氏杜邦公司，其余申请人均在20件以下。与中国申请人相比，美国申请人更倾向于全球布局，并非仅局限于本国市场。

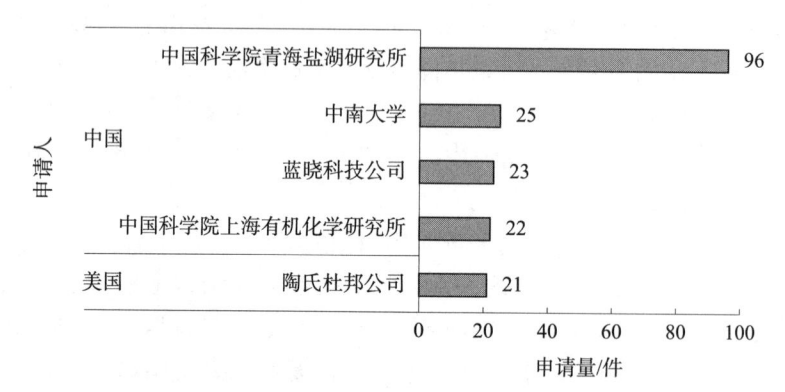

国家	申请人	申请量/件
中国	中国科学院青海盐湖研究所	96
中国	中南大学	25
中国	蓝晓科技公司	23
中国	中国科学院上海有机化学研究所	22
美国	陶氏杜邦公司	21

图3-2-5 盐湖提锂用吸附分离树脂技术主要国家/地区申请人

注：对专利申请量20项以上的申请人统计排名。

国外盐湖提锂用吸附分离树脂技术起步较早，而且国外盐湖品质较高，工艺简单，因此，国外盐湖提锂产业发展形势良好。我国盐湖提锂技术起步较晚，国内盐湖品质差，镁锂比高，而且国内盐湖大都分布于青海、西藏等西部地区，除了技术因素，盐湖资源的开发还受制于气候、地理和基础设施等诸多因素，提取工艺复杂，成本高居不下。因此，我国盐湖提锂产业多年来发展缓慢。近年来，由于国内技术、政策的完善以及基础设施的建设，我国盐湖提锂产业刚刚进入起步阶段。为了在竞争市场中站稳脚跟，我国企业更加需要加大研发投入，提升和优化工艺，提高产品品质，降低生产成本。

从专利申请量来看，我国企业与国外企业相比，存在一定差距。但我国研究机构和高校相关技术研究成果较多，中国科学院青海湖研究所和中南大学对专利技术实施和转化作出了重要贡献。从技术构成来看，国内外技术布局相当，我国没有明显缺项。从布局地域来看，国内外差距明显，美国申请人除了在本国申请外，还在加拿大、澳大利亚、中国、阿根廷等锂资源富集的国家布局，注重全球市场的占领；我国申请人则由于技术起步较晚，大部分仅限于国内申请，如表3-2-2所示。蓝晓科技公司是国内该领域具有一定海外专利布局的少数企业之一，其海外布局主要是通过并购海外企业方式实现。

表 3-2-2　盐湖提锂用吸附分离树脂技术主要申请人专利申请目标国/地区

申请人	技术构成	专利申请目标国/地区		专利申请量/件	专利申请总量/件
雅宝公司【美国】	1. 锂吸附剂法； 2. 沉淀法； 3. 电解法	涉及19个国家和地区	美国	8	48
			澳大利亚	5	
			中国	5	
			世界知识产权组织	5	
			阿根廷	4	
			其他	21	
陶氏杜邦公司【美国】	1. 锂吸附剂法； 2. 基于锂吸附剂的盐湖/卤水提锂工艺	涉及8个国家和地区	美国	34	43
			加拿大	2	
			德国	2	
			澳大利亚	1	
			中国	1	
			其他	3	
辛博尔公司【美国】	1. 锂吸附剂法； 2. 基于锂吸附剂的盐湖/卤水提锂工艺以及碳酸锂的制备	涉及9个国家和地区	美国	18	37
			阿根廷	4	
			世界知识产权组织	4	
			澳大利亚	3	
			中国	2	
			其他	6	
浦项制铁公司【韩国】	1. 萃取法； 2. 沉淀法； 3. 膜+电解法； 4. 锂提取后钾肥的生产	涉及7个国家和地区	韩国	20	29
			美国	2	
			世界知识产权组织	2	
			中国	2	
			阿根廷	1	
			其他	2	
锂莱克解决方案公司【美国】	1. 锂吸附剂法； 2. 提取设备	涉及8个国家和地区	美国	9	28
			世界知识产权组织	5	
			阿根廷	4	
			中国	3	
			欧洲专利局	3	
			其他	4	

续表

申请人	技术构成	专利申请目标国/地区		专利申请量/件	专利申请总量/件
中国科学院青海湖研究所【中国】	1. 锂吸附剂法； 2. 基于锂吸附剂的盐湖/卤水提锂工艺； 3. 萃取法及其工艺； 4. 膜+电解法； 5. 副产物综合利用； 6. 镁的提取	涉及中国和世界知识产权组织	中国	106	109
			世界知识产权组织	3	
中南大学【中国】	1. 锂吸附剂法； 2. 基于锂吸附剂的盐湖/卤水提锂工艺； 3. 设备； 4. 电解法； 5. 副产物综合利用	涉及4个国家和地区	中国	26	30
			世界知识产权组织	2	
			德国	1	
			美国	1	
中国科学院上海有机化学研究所【中国】	萃取法	中国	中国	23	23
蓝晓科技公司【中国】	1. 锂吸附剂法； 2. 基于锂吸附剂的盐湖/卤水提锂工艺； 3. 设备及关键部件	涉及7个国家和地区	中国	17	23
			世界知识产权组织	1	
			美国	1	
			欧洲专利局	1	
			澳大利亚	1	
			比利时	1	
			加拿大	1	
青海盐湖工业股份有限公司【中国】	1. 锂吸附剂法； 2. 膜分离法； 3. 工艺及设备； 4. 氯化钾的回收	涉及中国和世界知识产权组织	中国	13	14
			世界知识产权组织	1	

3.2.6 中国产业分布

就盐湖锂资源分布而言，我国的锂盐湖资源主要分布在青海和西藏。其中，青海盐湖资源中保有氯化锂储量2447.38万吨，有察尔汗盐湖和别勒滩矿区两个特大型矿床，西台、东台吉乃尔湖和一里坪矿区三个超大型矿床等可供开发利用，其中，察尔汗盐湖、西台和东台吉乃尔湖、一里坪等都在开发中。察尔汗盐湖的开发程度最大，采用技术路线为"吸附分离树脂+膜"相结合的方式，2019年产量为1.7万吨。西藏盐湖资源主要分布在藏西北地区，卤水锂含量达到工业品位的盐湖有80个，其中大型以上的有8个，氯化锂资源储量为1738.34万吨，主要矿床有扎布耶、龙木错、结则茶卡、拉果错、鄂雅措等盐湖。西藏盐湖中只有扎布耶在开发中，采用技术路线为"蒸发结晶法+提纯"相结合的方式，2019年产量为0.27万吨。

就产业链产品分布而言，盐湖提锂技术属于锂产业上中游，涉及盐湖提锂的原料、工艺和设备等，以及碳酸锂、氢氧化锂、氯化锂等产品；然后是基于上述锂产品的深加工产品，例如，氧化锂、溴化锂、有机锂催化剂等；下游产品是锂电池、加入锂的陶瓷或玻璃制品等。

就产业地理分布而言，青海由于其丰富的锂资源储备和相对完善的基础设施条件，培育了一批技术创新企业和研发机构，成为我国该项技术创新和专利申请最为活跃的地区。如图3-2-6所示，青海相关专利产出168件，占我国申请人申请量总量的27%，其中约60%来自中国科学院青海盐湖研究所，约40%来自青海盐湖工业股份有限公司、青海柴达木兴华锂盐有限公司、青海锂业有限公司等企业。江苏在该领域专利申请量仅次于青海，为64件，其中，将近50%的专利申请来自企业，将近30%的专利来自高校，江苏久吾高科技股份有限公司、江苏旌凯中科超导高技术有限公司、江苏昌吉利新能源科技有限公司是专利申请量排名靠前的企业，江苏大学、南京工业大学、江南大学均有开展相关研究。湖南，相关专利产出61件，中南大学和湘潭大学是该项技术的主要申请人，两者相关专利申请量之和占湖南相关专利申请总量的60%以上，其次是中蓝长化工程科技有限公司，其专利申请占湖南该项技术专利申请总量的11%，其余专利申请较分散。北京，相关专利产出54件，主要申请来源是高校和科研院所，例如中国科学院过程工程研究所、北京化工大学、清华大学等，企业申请较少，相对活跃的企业有启迪清源（北京）科技有限公司，该企业是青海启迪清源新材料有限公司的关联公司，其申请量为5件。上海，相关专利产出50件，申请量排名靠前的申请人为中国科学院上海有机研究所、华东理工大学、上海空间电源研究所，此外，上海邦浦实业集团有限公司在盐湖提锂辅助设备离心泵有2件专利申请。

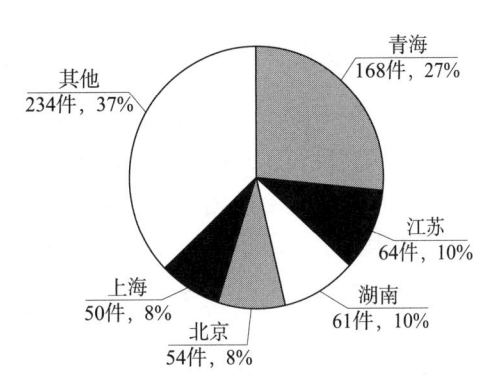

图3-2-6 盐湖提锂用吸附分离树脂技术中国产业地域分布

就我国申请人类型来看，该技术相关专利申请中，有39%来自企业，23%来自高校，26%来自科研院所，如图3-2-7所示。该数据进一步说明我国盐湖提锂技术和产业还处于初级阶段。

综上，由于盐湖资源的地理分布特点，青海是目前我国盐湖提锂技术和产业发展较为先进的地区，中国科学院青海盐湖研究所是该技术重要的技术创新来源。除青海以外，江苏、湖南和北京是我国盐湖提锂技术研发投入相对较多的地区，中南大学、湘潭大学、江苏大学、北京化工大学、华东理工大学等均对锂提取技术进行深入研究，是我国企业产学研合作可以考虑的联合对象。

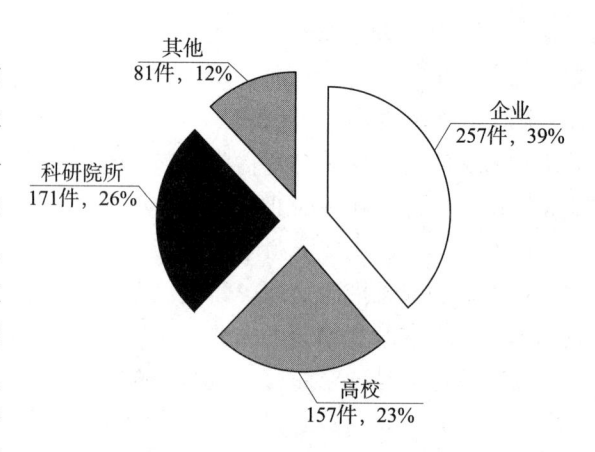

图3-2-7 盐湖提锂用吸附分离树脂技术中国申请人类型分布

3.2.7 中国主要发明人

高校和科研院所是本领域技术创新的重要贡献者，本书对我国盐湖提锂用吸附分离树脂技术高校和科研院所发明人团队进行了梳理，研发实力较强的团队整理如下：

中国科学院青海盐湖研究所的王敏研究员团队。王敏研究员是中科院盐湖资源综合高效利用重点实验室执行主任，博士生导师，国家科技部专家，国家火炬计划评审专家，中国专利审查技术专家，长期致力于锂资源产业化研究，申请盐湖提锂相关专利28件。

中国科学院青海盐湖研究所的邓小川研究员团队。其专业方向为盐湖锂资源回收产业化的关键技术、盐湖资源综合利用工程技术、锂盐精细加工和锂离子二次电池材料研制，申请盐湖提锂相关专利12件。

中南大学的赵中伟教授课题组。赵教授是中南大学博士生导师，长期致力于战略关键金属冶金、相似元素深度分离、新能源金属的理论与工艺研究，申请锂提取技术相关专利11件。

中南大学的石西昌教授课题组。其主要从事冶金物理化学、盐湖资源综合利用、化学新材料等方面的科研工作，申请相关专利9件。此外，中南大学的胡启阳教授，对于盐湖提锂也有研究，申请相关专利6件。

华东理工大学的于建国教授课题组。其主要致力于研究盐湖卤水锂资源分离加工成套技术与装备，针对高镁锂比卤水，研制了锰系锂离子筛和铝系层状吸附材料，申请相关专利7件。

北京理工大学的段雪院士课题组。通过研制插层结构功能材料实现锂资源分离，同时提取出镁，申请相关专利9件。该成果以科技成果作价入股的方式联合青海西部镁业有限公司、西部矿业集团科技发展有限公司设立了青海西部镁业新材料有限公司，为青海盐湖镁资源高值利用、盐湖高镁锂比卤水提锂奠定了产业化基础。

3.2.8 国外在华布局

盐湖提锂用吸附分离树脂技术最早起源于国外,中国对该技术的研究起步较晚。本小节对国外申请人在我国的相关专利布局进行摸查,如图3-2-8所示,来自美国、韩国、澳大利亚、瑞士、阿根廷、日本、德国、芬兰的申请人在我国申请了相关专利,共计31件,其中,美国申请人申请14件,韩国申请人申请5件,其余国家申请人合计申请12件。这些专利中,目前27%处于授权状态,24%处于审中状态,49%已经失效。

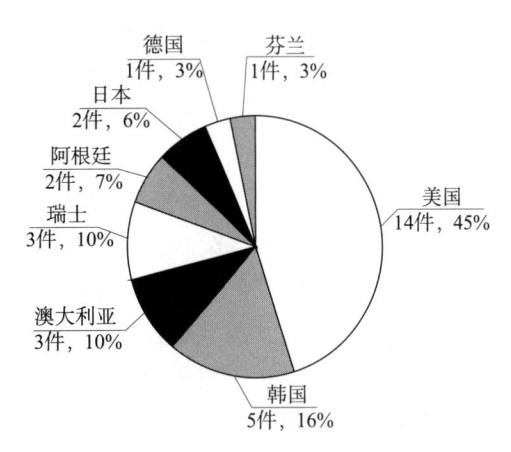

图3-2-8 盐湖提锂用吸附分离树脂技术国外在华布局

以上专利的申请人主要包括美国雅宝公司、锂莱克解决方案公司和普拉塞尔技术有限公司,韩国浦项制铁公司下属的浦项产业科学研究院和韩国地质资源研究院等,如图3-2-9所示。其中,在我国拥有有效专利的申请人包括雅宝公司,其专利涉及从含锂卤水中直接制备高纯度锂化合物的方法(CN102602965B、CN105540620B);韩国地质资源研究院,其专利涉及利用逆流倾析工艺的锂离子吸附/解吸装置及其方法和由盐水制备高纯度碳酸锂的方法(CN102918170B、CN103517877B);浦项制铁公司,其专利涉及用于制造钾化合物的装置和从盐水中回收钾化合物的方法(CN105849046B);全美锂有限责任公司,其专利涉及用于锂提取的多孔活化的氧化铝基吸附剂(CN107250049B);阿根廷国家科学和技术研究委员会,其专利涉及从水性溶液中低影响地回收锂(CN106170340B);奥图泰(芬兰)公司,其专利涉及制备纯的含锂溶液的方法和设备(CN104583128B)。

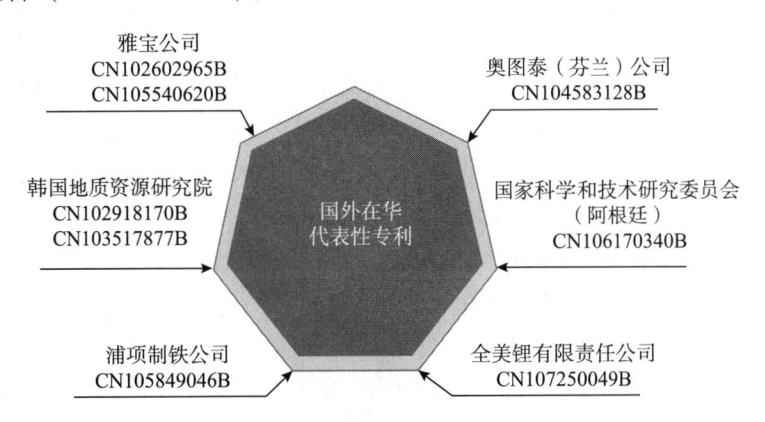

图3-2-9 盐湖提锂用吸附分离树脂技术国外在华代表性专利

3.2.9 中国申请人海外布局

对于盐湖提锂用吸附分离树脂技术，中国申请人海外布局国家/地区如图3-2-10所示。世界知识产权组织是中国申请人重要的海外申请途径，相关申请11件，占比55%。其次，中国申请人在美国、阿根廷、智利和德国进行了相关专利申请。其中，代表性申请人有西藏金浩投资有限公司及其关联公司（广州市睿石天琪能源技术有限公司、西藏金睿资产管理有限公司）、中南大学、中国科学院青海盐湖研究所以及前研究员马培华、虔东稀土集团股份有限公司、北京化工大学等。

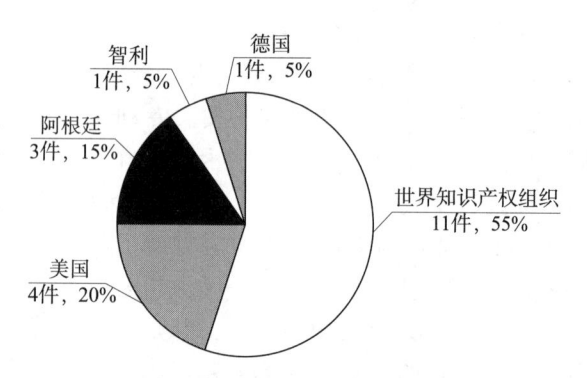

图3-2-10 盐湖提锂用吸附分离树脂技术中国申请人海外布局国家/地区情况

3.3 小　　结

（1）总体专利趋势分析结论

① 吸附分离树脂在湿法冶金领域目前处于技术快速发展期。中国、美国和日本是该领域最大的专利申请目标市场国和技术来源国。中国申请人全球布局较少，以国内市场为主。此外，本领域专利申请呈现一定的地理资源依赖性，金属矿藏资源富集国家和地区的专利申请较为活跃。

② 吸附分离树脂在湿法冶金领域的技术发展和产业结构分布与全球经济发展和市场需求密切相关。20世纪50年代开始，核能核电技术发展迅速，利用吸附分离树脂处理放射性金属元素成为当时各国的迫切需求，带动了吸附分离树脂在放射性金属元素处理这一应用领域的发展；20世纪60年代开始，全球钢铁产业进入繁荣期，镍、铬、锰等金属需求增长，发展各类金属提取分离技术成为当时技术前沿，吸附分离树脂作为湿法提取金属的一种材料，成为研发热点，各国纷纷通过相关专利申请占领竞争高地；20世纪七八十年代，随着半导体产业的发展，镓等半导体材料的提取分离成为时代新宠，吸附分离树脂用于镓的提取/回收技术成为当时申请专利保护的热点方向；20世纪90年代开始，由于锂电技术已经成熟并影响全球能源格局，锂的提取尤其是盐湖提锂技术成为近年技术研发和专利保护的重要方向。

③ 吸附分离树脂在湿法冶金领域具有较高的技术壁垒，活跃的申请人通常具有雄厚的研发实力和技术积累，例如，日本的住友公司、旭化成公司、田中贵金属工业株式会社，美国的陶氏杜邦公司、辛博尔公司、埃克森美孚公司，中国的中国科学院青海盐湖研究所、中南大学、中国科学院上海有机化学研究所。

(2) 重点技术专利分析结论

① 盐湖提锂用吸附分离树脂技术属于新兴技术,近年来进入快速发展期。美国是该技术的发起者,中国起步较晚。中国、美国、韩国是最大的专利申请目标市场国,阿根廷和智利由于具有丰富的盐湖锂资源,也是专利申请的热点目标市场国。美国是该技术最大的技术来源国,在本国和全球主要目标国家均进行专利布局。中国申请人以国内市场为主,有少量国际专利申请。

② 中国盐湖提锂产业处于初级阶段,前景广阔。中国盐湖品质较差,镁锂比高。这对中国企业提出了更高的技术要求,提高功效、降低成本,是中国企业必须面对的重大挑战。经过长期的积累,中国锂提取技术发展已初具规模,涌现出一批技术创新性企业。

(3) 重点技术发展建议

1) 中国盐湖提锂技术研发建议

第一,持续加强新型离子交换树脂(锂吸附剂)的研发,包括新组分和新结构两个方面。针对新组分,尝试锰、钛、钒、铁等吸附剂的制备,虽然铝系吸附剂是目前最为成熟、产业中应用最为广泛的吸附剂,但是,其他新型吸附剂的开发更是值得持续跟进。针对新结构,例如吸附剂内部结构(如插层或更优的离子空穴)、表面微纳复合化等新型结构,通过控制尺寸获得更高效的锂离子捕获和释放能力,也是极具研发价值的重要方向。新型吸附剂开发的代表性科研单位发明人团队有中国科学院青海盐湖研究所王敏、中南大学赵中伟、北京化工大学段雪团队等。

第二,优化和提升吸附分离设备,代表性技术有通过阵列阀、多路阀等关键部件改进的连续离子交换系统,实现了盐湖提锂过程中分离系统的连续作业,极大降低了工艺成本。

第三,优化改进分离工艺。分离设备的改进对分离工艺提出了更高的要求,调整工艺发挥设备和工艺的协同作用,是降低成本的又一路径。此外,韩国地质研究院的逆流层析技术也是可以参考借鉴的方向。

第四,综合开发利用盐湖资源。在提锂的同时开发钠、镁、钾、硼等元素,不仅是降低盐湖提锂成本的有效手段,而且会进一步提升盐湖提锂技术经济价值,带动盐湖提锂产业强劲发展。国外企业不仅受益于当地盐湖的高品质,而且进行了盐湖资源的综合开发利用,把提锂的副产物生产成钾肥、水泥,或者进一步提取其他金属,进一步降低了生产成本。我国在该技术方向目前也有一定的技术成果,例如除钠除镁技术、镁盐制备技术、从盐湖卤水中分离铯离子技术、从盐湖卤水中提取锂同时制备氢氧化铝技术、钾肥和水泥等副产物开发利用技术等。

2) 中国盐湖提锂产业发展建议

第一,针对高校和科研院所,加强专利成果实施和转化能力。高校和科研院所对我国盐湖提锂产业发展起到了重要的推动作用,创新潜能巨大,进一步加强高校、科研院所与产业发展的有机结合,以产业问题为导向,全面激发和高效释放高校和科研院所的创新潜能。

第二，针对企业，实施自主研发、合作研发、技术引进等多重路线。盐湖提锂工艺复杂，技术壁垒较高，仅靠自主研发可能会错过技术和市场布局的窗口期，不同类型的企业，可以根据自身情况，采取合作研发和技术引进等方式找准切入点，快速占位。

第三，针对企业，加强产业链互动、联动，避免同质化竞争，走互补化、差异化路线。目前盐湖提锂的主要产品为碳酸锂和氢氧化锂，同质化严重。锂产品生产企业可以根据自身所处产业链位置、技术和产品特点，联合产业链上下游，走差异化路线。例如，可以将碳酸锂进一步加工成金属锂、有机锂等形式，避免同质化竞争带来的压力。

3）中国盐湖提锂产业专利布局建议

第一，基于技术和市场发展情况，开展高质量专利布局。盐湖提锂技术具有较高的技术壁垒，技术投入大，建议业内创新主体进行高质量的专利布局，实现技术和市场的有效保护。在立项、研发、专利撰写和申请的相关环节中，做好检索与分析工作以及专利保护类型、权利范围、布局地域的规划，切勿盲目申请、注重数量而忽视质量，本末倒置。

第二，基于企业发展情况，适当采取并购、转让等方式优化专利布局。对于具有产业化价值的专利，创新主体可以采取并购或转让的方式，将技术快速变现。国外许多大型企业的发展壮大都采取了这种"弯道超车"的模式，值得国内企业参考借鉴。

第三，基于市场竞争情况，针对竞争对手开展战略性专利布局。在市场竞争中，不仅要明晰自身发展情况，还要实时了解竞争对手和合作伙伴的动态，知己知彼，才能行稳致远。针对竞争对手情况，采取规避式、堵截式、迷惑式等专利布局策略，通过合理的专利布局，实现自身利益的最大化。

第4章 生物医药用吸附分离树脂

本章研究内容围绕吸附分离树脂在生物医药领域的应用展开,具体包括吸附分离树脂在生物药、化学药、植物提取药三个细分领域应用。其中,生物药是指应用基因工程、蛋白质工程、抗体工程及细胞工程技术制造的用于治疗、预防和诊断的药物,主要包括治疗性肽、蛋白质、激素、酶、抗体、细胞因子、疫苗、可溶性受体以及核酸类药物等;化学药主要包括原料药和中间体、新药(新化合物)以及外围药(晶型和衍生物);植物提取药是指天然植物的提取和分离纯化产物。本章重点技术围绕肽制备用吸附分离树脂技术展开。

4.1 全球及重点国家/地区

4.1.1 专利申请趋势

吸附分离树脂在生物医药领域应用专利技术始于20世纪40年代。根据专利申请数据统计,可将该领域吸附分离树脂技术的发展划分为三个阶段,即萌芽期、缓慢发展期及快速发展期。1970年以前该技术相关专利申请较少,为了更清楚地展示申请趋势,图4-1-1只示出1970年及以后的专利申请量。

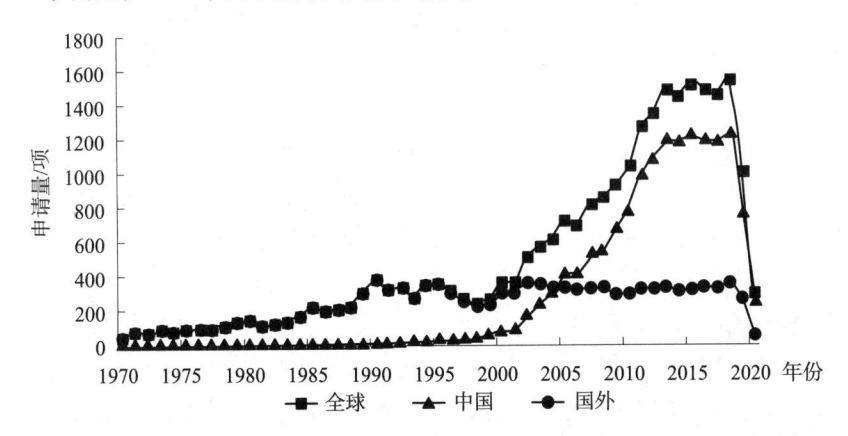

图4-1-1 吸附分离树脂在生物医药领域应用全球/中国/国外专利申请趋势

(1) 萌芽期(1980年以前)

1980年以前,吸附分离树脂在生物医药领域应用的相关专利技术很少,年申请量大多在100项以下,处于技术萌芽期。最早的相关专利技术出现在1944年,艾尔斯特·麦肯尼·哈里森有限公司（Ayerst Mckenne Harrison Limited）首先将离子交换树脂应用于生物医药领域，通过阳离子交换树脂将青霉素钙盐转化成钠盐（US2479832A）。随后，各大型药企开始关注吸附分离树脂在生物医药领域的应用，但此后30多年的相关专利申请量一直维持在较低水平。直到1978年，全球相关专利年申请量突破100项，1979年达到136项。

该阶段，吸附分离树脂在生物医药领域应用研究主要集中在化学药的制备工艺、抗生素和多肽及酶等生物药物活性物质的分离、提取和纯化等方面。如1958年，华莱士提尔南股份有限公司申请保护一种交联磺酸阳离子交换树脂用于药物制剂制备及其处理方法（US2990332A），该树脂可与有机药物的碱性氮基团通过离子键形式结合；1968年，意大利制药公司（Farmaceutici Italia）申请保护用阳离子羧酸交换树脂提取纯化阿霉素（YU33730B）；1977年，赛诺菲公司申请保护通过离子交换层析纯化胰岛素及其衍生物和类似物的方法（NL188804C）；1979年，一种含有离子交换树脂药物复合物的缓释药物制剂（US4221778A）专利申请被提交，该缓释剂药物可在胃肠道中长时间连续释放。

（2）缓慢发展期（1980~1999年）

该阶段，吸附分离树脂在生物医药领域应用的相关专利申请量形成了一定规模。1985年，申请量突破200项；1990年，申请量近400项。此期间主要技术来源国是日本、美国和德国，专利申请总量分别为1768项、1599项和464项。此外，世界知识产权组织和欧洲专利局也是专利申请的重要渠道。申请人关注的技术集中在包含离子交换树脂的药物组合物合成、抗肿瘤治疗的植物提取药物合成、抗生素的分离与提取、多肽和蛋白的纯化等方面，代表性的企业有日本的雪印惠乳业株式会社和三得利公司、德国的拜耳公司和巴斯夫公司、美国的基因泰克公司、英国的葛兰素史克公司等。

1980~1989年，吸附分离树脂在生物医药领域应用技术进入稳步增长阶段。20世纪80年代初期，日本和美国是该技术主要的专利申请目标国，世界知识产权组织、欧洲专利局和韩国等国家或地区组织也有相关专利申请出现，中国关于该技术的第一件专利申请出现在1985年。该时期代表性专利技术有：1982年，美国甘索·A.奥托和斯特朗·梅特共同申请保护一种通过含有离子交换树脂的层析柱纯化金属螯合物缀合的单克隆抗体的方法（US4472509A）；1985年，美国史密斯克莱恩-贝克曼公司申请保护一种利用酸性阳离子树脂制备一种含7-D-扁桃酰胺基-3-（1-磺甲基四唑-5-基）硫甲基-3-头孢烯-4-羧酸单钠盐或其溶剂化物或水合物的组合物的方法（CN1013474B），并同时在美国、加拿大、欧洲、日本和新加坡等国家或地区进行了专利布局；同年，中国科学院上海药物研究所申请了一种采用惰性大孔树脂分离提取10-羟基喜树碱的新工艺（CN85100520B）；1989年，理查德·维克斯有限公司（Richardson Vicks Inc，宝洁公司旗下子公司）申请保护一种结合到离子交换树脂的小颗粒上的药理活性药物，其技术方案可提供药物含量高于规定值的药物-树脂复合物（DK175659B1）。

1990~1999年，全球吸附分离树脂在生物医药领域应用技术进入调整期，相关专利申请量出现波动。该阶段，日本成为最大的专利申请目标国，专利申请总量达1103

项；世界知识产权组织也是该时期重要的专利申请渠道，申请量为505项；美国、中国和韩国也是重要的专利申请目标国。1992年，日本雪印惠乳业株式会社申请保护一种通过强碱型阴离子交换树脂生产K-酪蛋白糖巨肽的方法（FR2671801B1）；1995年，斯沃特聚合物公司（Shearwater Polymers Inc）通过在水中的色谱法（包括凝胶过滤色谱法和离子交换色谱法）从反应混合物中纯化mPEG二取代的赖氨酸，制备了一种用于偶联分子和表面的多臂单官能聚合物（US5932462A）；1999年，基因泰克公司申请保护一种用离子交换层析法纯化多肽的方法，该方法包括改变缓冲器的导电率和/或pH，以便从一种或多种污染物中分离出目标多肽（BRPI9910332B1）。

（3）快速发展期（2000年至今）

2000年之后，吸附分离树脂在生物医药领域应用技术得到长足发展：一些发达国家相关技术起步较早，在本阶段基本已进入成熟期；中国申请人在该阶段开始大量申请专利，带动了整体趋势的大幅上升。2010年，吸附分离树脂在生物医药领域应用技术的年专利申请量超过1000项，相比2000年翻了近两番；2018年，相关技术年专利申请量高达1545项。

药物制剂、酶载体和蛋白质的纯化是主要的技术方向，代表性企业有通用电气医疗集团、基因泰克（罗氏公司）、安进公司等，其中基因泰克公司比较注重蛋白质的分离与纯化技术，其在该阶段申请的34项专利中，有近一半的专利涉及蛋白质的分离与纯化技术。2003年，基因泰克发明了一种利用离子交换层析从含有宿主细胞蛋白的混合物中纯化靶蛋白的方法（EP1501369B1）；2005年，通用电气医疗集团发明了一种抗体纯化方法，该方法利用芳香族乙醇胺色谱填料可以固定结合多价配体的特性来进行抗体的分离和纯化（KR101149969B1）；2007年，美国天合药业公司（Tris Pharma Inc）发明了含有药物-离子交换树脂复合物的经修饰释放的制剂，其包含由药物与药学上可接受的离子-交换树脂复合所组成的核心（BRPI0709606B1）；2010年，安进公司申请保护了一种纯化在非哺乳动物表达系统中以非天然可溶形式表达的蛋白质的方法，包括一种离子交换树脂及其再生方法（EP3660032A1）。

2000~2010年，中国吸附分离树脂在生物医药领域应用技术快速发展，相关专利年申请量由2000年的80项增长到2010年的784项，中国成为该阶段全球最大的专利申请目标国。由于受到中国传统文化的影响，中国申请人比国外申请人更关注从植物中提取药物活性物质来制备中药复方制剂，如北京和润创新医药科技发展有限公司（CN101491596A、CN101491644A）、南京泽朗医药科技有限公司（CN101974061A、CN101768073A）、浙江大学（CN100556892C、CN101301067A）和江南大学（CN100537586C、CN100384831C）等，其中北京和润创新医药科技发展有限公司在该阶段申请的所有专利都与生物碱的分离提取有关。

2010年以后，中国吸附分离树脂在生物医药领域应用技术也基本进入技术成熟期，每年的专利申请量波动不大，平均年专利申请量为1029项。在该阶段，吸附分离树脂在蛋白质提取和纯化上的应用依然是热点研究方向，例如，异源二聚体蛋白的提取和纯化（WO2011143545A1、WO2013060867A2）；同时，吸附分离树脂在抗肿瘤药物、凝血因子提取、植物提取和固相合成等技术上的应用也得到进一步发展。其中，植物提取技术相关专利申请多为中国申请人：2011年，山东泰邦生物制品有限公司申请了一种由冷沉淀制备凝血因子Ⅷ、纤维蛋白原和纤维结合蛋白的方法（CN102295696B），其制备步骤包括冷沉淀溶解、凝胶吸附、纤维蛋白原和纤维结合蛋白沉淀析出、两步离子交换层析和甘氨酸/氯化钠沉淀法，以及灭活病毒；2012年，华南理工大学利用大孔吸附树脂层析柱从番石榴浓缩液中提取含有番石榴二醛总杂源萜的提取物（CN103027953B），可用于制备预防和治疗Ⅱ型糖尿病、抗肿瘤、抗病原微生物的药物和保健品；2016年，吉尔生化（上海）有限公司和上海吉尔多肽有限公司通过固相合成的方法得到亮丙瑞林（CN105622726A）。

4.1.2 专利申请目标国/地区

表4-1-1给出吸附分离树脂在生物医药领域应用的专利申请目标国/地区的统计数据。如表4-1-1所示，中国目前是吸附分离树脂在生物医药领域应用最主要的专利申请目标国，专利申请量约占全球总量的40%，达到了15000余件，其中95%以上来源于本国申请人。但在2000年以前，中国市场并没有被广泛关注，在中国内地的相关专利申请累计仅有401件；2000年以后，中国生物医药技术开始高速发展，中国市场成为全球最受关注的市场，在中国的相关专利申请达14600余件，占全球申请总量的58%。重点需要说明的是美国，2000年以后在美国公开的专利数量达到2140余件，占全球申请量的8%，其中，美国本国申请人占比甚至不到50%，有相当多的一部分专利申请来源于日本、德国、中国、瑞士等国申请人，可见美国市场更受跨国企业的青睐。

表4-1-1 吸附分离树脂在生物医药领域应用全部及阶段年份专利申请目标国/地区

全部年份			2000年及以前			2000年以后		
专利申请目标国/地区	数量/件	占比	专利申请目标国/地区	数量/件	占比	专利申请目标国/地区	数量/件	占比
中国	15002	40%	日本	2129	18%	中国	14601	58%
世界知识产权组织	4683	13%	美国	1493	12%	世界知识产权组织	3477	14%
美国	3696	10%	世界知识产权组织	1206	10%	美国	2142	8%
日本	3364	9%	德国	904	8%	日本	1235	5%
韩国	1284	3%	英国	679	6%	韩国	813	3%
欧洲专利局	1253	3%	欧洲专利局	610	5%	欧洲专利局	643	3%
德国	1069	3%	韩国	472	4%	印度	338	1%
英国	849	2%	中国	401	3%	俄罗斯	268	1%
其他	6432	17%	其他	4140	34%	其他	1815	7%

4.1.3 技术来源国

从图4-1-2中可以看出，中国为吸附分离树脂在生物医药领域应用技术的主要输出国，总量达到14644项，占比近54%；其次是美国、日本和德国，分别占到总量的15%、10%和3%；来自中国、美国、日本三个国家的专利申请数量之和约占全球专利申请的80%。

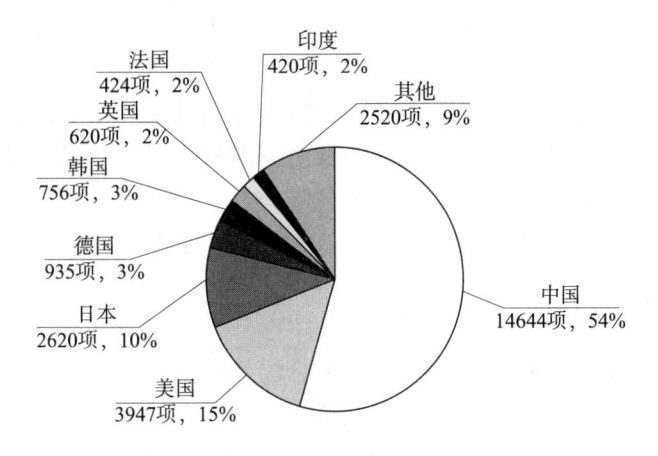

(a) 全球整体分布

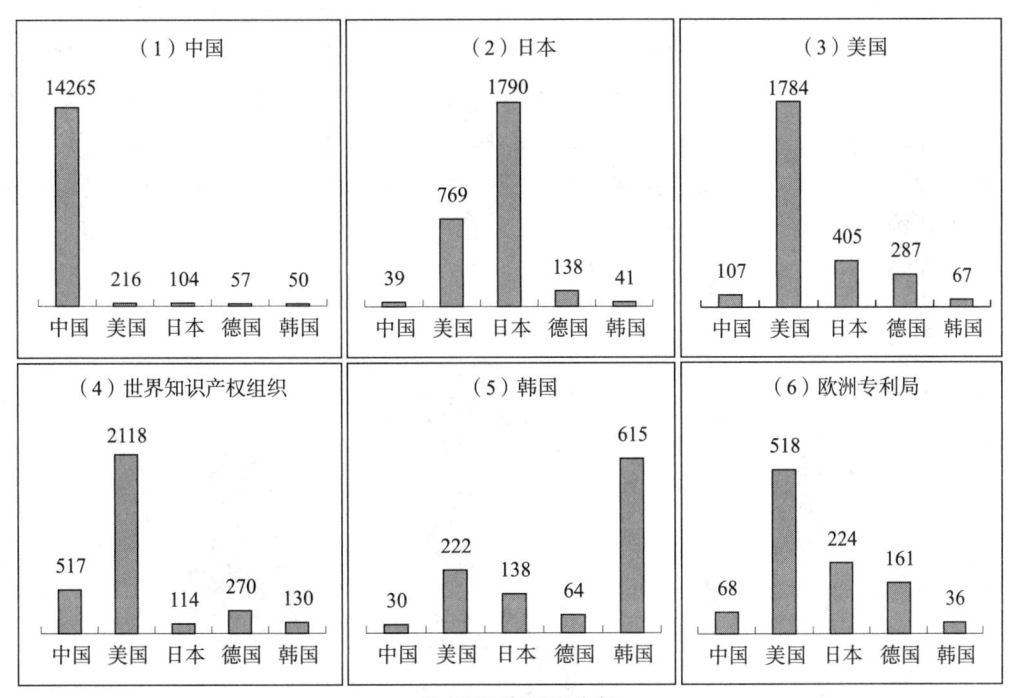

(b) 主要国家/地区分布

图4-1-2 吸附分离树脂在生物医药领域应用全球及主要国家/地区专利技术来源

注：图中数字表示申请量，柱状图单位为件。

中国的相关专利申请绝大多数都来源于本国申请人，申请数量为14265件，约占总量的95%，仅美国、日本、德国、韩国等国申请人在中国有一定的专利布局。在日本，本国申请人的相关专利申请数量为1790件，占比为53%，来自美国申请人的专利申请为769件，占比为23%。在美国，本国申请人的专利申请数量为1784件，占比为48%，其余52%来自国外申请人，远高于其他国家的国外申请占比，一定程度上说明全球各国对美国市场的重视程度，其中，日本、德国、中国等国家的申请人对美国市场尤为关注。韩国的情况与美国类似，是全球各国重点关注的竞争市场，其本国申请人的相关专利申请量为615件，占比为48%，国外申请人中，美国申请人最关注韩国市场，其相关专利申请量为222件，占比约为17%。从世界知识产权组织和欧洲专利局受理的专利统计数据来看，美国是本领域专利布局步伐最快的国家，其相关海外专利储备量最多，技术输出力度最大，其中基因泰克公司、通用电气医疗集团、辉瑞等大型企业是主力军，这些企业最关注的国家是日本、中国、韩国等医药用品大国。

4.1.4 产业结构

吸附分离树脂在生物医药领域应用主要分为生物药、化学药和植物提取药三个技术分支，以这三个技术分支进行产业细化研究。如图4-1-3所示，化学药是该领域专利申请量最大的一个分支，总量达到14037项。吸附分离树脂应用于化学药制备的专利申请最早出现在1944年，此后的50年整体趋势增幅不大，2000年以后进入增长期，2013年增长最快，申请量达815项，相比2000年翻了三番。另一个专利申请量较多的分支是生物药，总量达到11594项。与吸附分离树脂在化学药领域专利申请趋势类似，吸附分离树脂应用于生物药制备的专利申请最早出现在1949年，2000年之后进入高速发展期，2017年申请量达到629项，相比2000年翻了两番。吸附分离树脂在植物提取药领域应用的相关专利申请趋势跟其他两个分支类似，但申请总量相对较少（9434项），且主要来源于中国申请人。

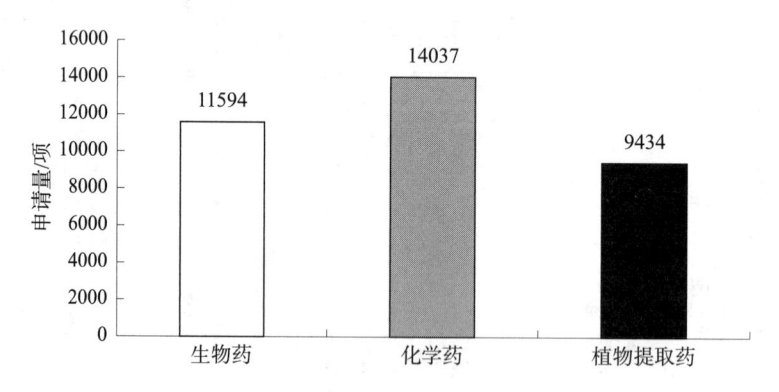

图4-1-3 吸附分离树脂在生物医药领域应用的产业结构分布

4.1.4.1 生物药

吸附分离树脂在生物药领域应用十分广泛，涉及肽、蛋白质、激素、酶、抗体、细胞因子、疫苗、可溶性受体，以及核酸类药物等。本部分重点分析吸附分离树脂在蛋白质、肽和多糖药物三个代表性技术上的应用。如图 4-1-4 所示，吸附分离树脂应用于肽类药物的相关专利最多，达到 5183 项。利用吸附分离树脂制备肽的专利最早出现在 1949 年，具体涉及一种含肽类治疗消化性溃疡的药物。随后，吸附分离树脂在肽制备提纯技术相关专利申请趋势与 4.1.4 节中生物药大致相同，2000 年后进入高速发展期，2017 年申请量达峰值，比 2000 年翻了两番。吸附分离树脂应用于蛋白质和多糖药物的情况与肽类似，其中，应用于多糖药物的相关专利的主要来源为中国申请人。

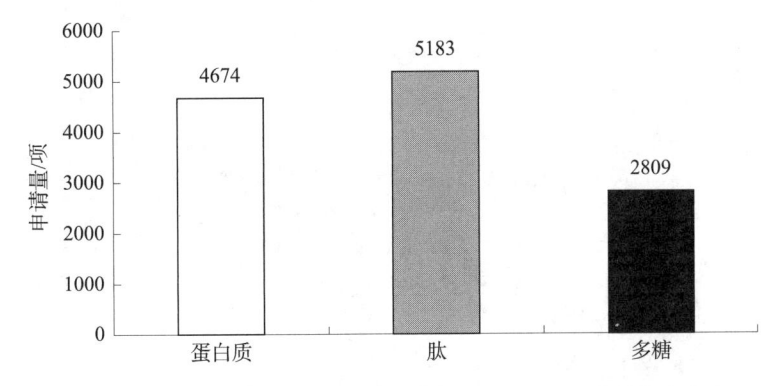

图 4-1-4 吸附分离树脂在生物药细分领域应用代表性技术分布

对上述三个代表性技术进行进一步分析，离子交换树脂在蛋白质、肽和多糖药物中应用最为广泛，其次是凝胶色谱和吸附树脂。除了树脂类型外，分离工艺也是以上

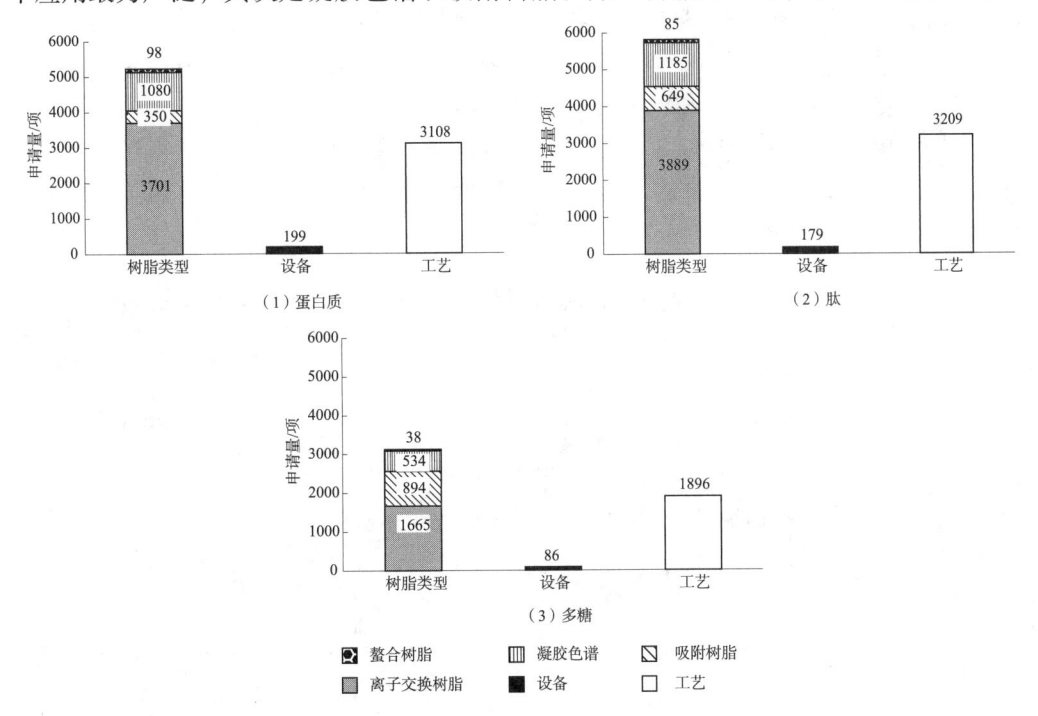

图 4-1-5 吸附分离树脂在生物药细分领域应用代表性技术分布

三个代表性技术专利申请的重要方向，如图4-1-5所示。图4-1-6进一步研究了三个代表性技术相关专利申请趋势。整体来看，三个代表性技术变化趋势非常接近，均是在1985年左右进入第一高速发展期，2010年之后进入第二高速发展期。2010年后吸附分离树脂在多糖和肽相关药物制备中应用的专利申请量增速超过其在蛋白质药物制备中的应用，其中，在肽相关药物制备中的应用近年来发展最快。

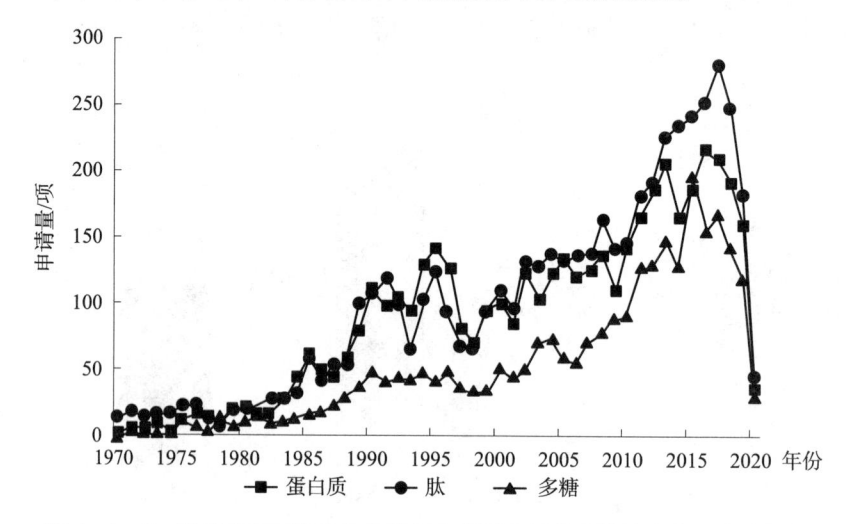

图4-1-6　吸附分离树脂在生物药细分领域应用代表性技术专利申请趋势

如表4-1-2所示，中国是吸附分离树脂在蛋白质、肽、多糖药物领域应用相关专利申请量最大的目标国。其中，吸附分离树脂在肽和蛋白质药物领域应用的中国专利申请约占其各自领域申请总量的20%，在多糖药物领域应用的中国专利申请约占该领域申请总量的39%。美国和日本也是三个技术细分领域专利申请的热点国家，约占其各自领域申请总量的10%。此外，三个代表性技术通过世界知识产权组织申请的专利数量分别约占全球申请总量的20%，一定程度上说明吸附分离树脂在以上三个技术细分领域的专利申请全球化趋势明显。

表4-1-2　吸附分离树脂在生物药细分领域应用代表性技术专利申请目标国/地区

蛋白质			肽			多糖		
专利申请目标国/地区	数量/件	占比	专利申请目标国/地区	数量/件	占比	专利申请目标国/地区	数量/件	占比
世界知识产权组织	1587	21%	中国	1862	23%	中国	1424	39%
中国	1392	19%	世界知识产权组织	1677	21%	世界知识产权组织	634	17%
美国	1062	14%	美国	1037	13%	美国	407	11%
日本	820	11%	日本	916	11%	日本	384	10%

续表

蛋白质			肽			多糖		
专利申请目标国/地区	数量/件	占比	专利申请目标国/地区	数量/件	占比	专利申请目标国/地区	数量/件	占比
韩国	417	6%	欧洲专利局	375	5%	欧洲专利局	135	4%
欧洲专利局	407	5%	韩国	323	4%	韩国	129	4%
德国	227	3%	德国	237	3%	德国	102	3%
俄罗斯	165	2%	英国	160	2%	俄罗斯	52	1%
其他	1430	19%	其他	1419	18%	其他	423	11%

图4-1-7为吸附分离树脂在生物药细分领域应用代表性技术主要来源国。吸附分离树脂应用于多糖类药物的相关专利申请主要来自中国申请人，而应用于肽和蛋白质类药物的相关专利申请主要来自中国和美国两国申请人，其中，应用于蛋白质类药物的相关专利最大来源是美国申请人。

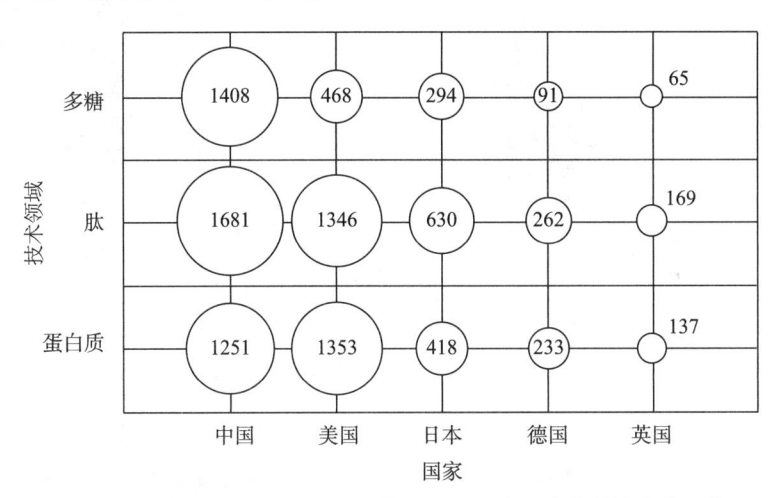

图4-1-7 吸附分离树脂在生物药细分领域应用代表性技术主要来源

注：图中数字表示申请量，单位为项。

如图4-1-8所示，在中国，吸附分离树脂在肽、蛋白质、多糖药物领域应用的相关专利申请量近年来呈明显增长态势，三种药物涉及吸附分离树脂的相关专利申请量大致相当；在美国，相关专利申请量近年来保持稳定，其中，应用于肽和蛋白质药物的相关专利申请量相当，应用于多糖药物的相关专利申请量较少；日本和韩国的相关专利申请情况与美国类似；在德国，吸附分离树脂在以上三种药物领域的相关专利申请量均较少，且申请年份不连续，这种现象最近三年来表现尤为明显。

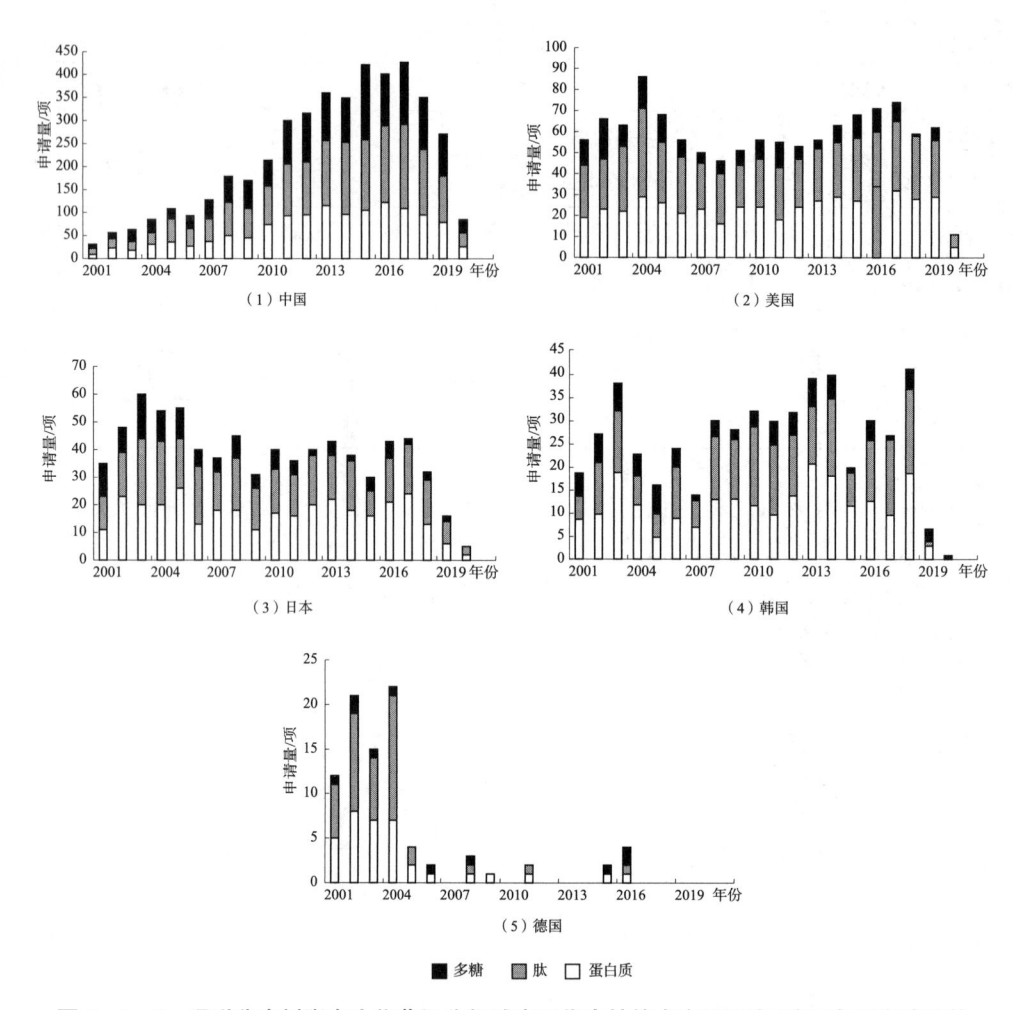

图 4-1-8 吸附分离树脂在生物药细分领域应用代表性技术主要国家/地区专利申请趋势

4.1.4.2 化学药

吸附分离树脂在化学药领域应用代表性技术主要包括原料药和中间体、新药、外围药（晶型和衍生物）制备过程中的相关应用。其中，吸附分离树脂用于原料药和中间体制备的相关专利数量最多，达到 5123 项；其次是用于新药开发的相关专利，为 2765 项；用于外围药（晶型和衍生物）的相关专利数量最少，为 913 项，如图 4-1-9 所示。

如图 4-1-10 所示，离子交换树脂和吸附树脂用于化学药制备过程的相关专利较多，是该领域专利保护的重点，其次是螯合树脂；除了树脂类型外，分离工艺也是该领域专利保护的重点，设备类相关专利数量较少，占比不到总量的 4%；吸附分离树脂用于原料药和中间体制备细分领域的相关专利绝大部分集中在树脂产品上。

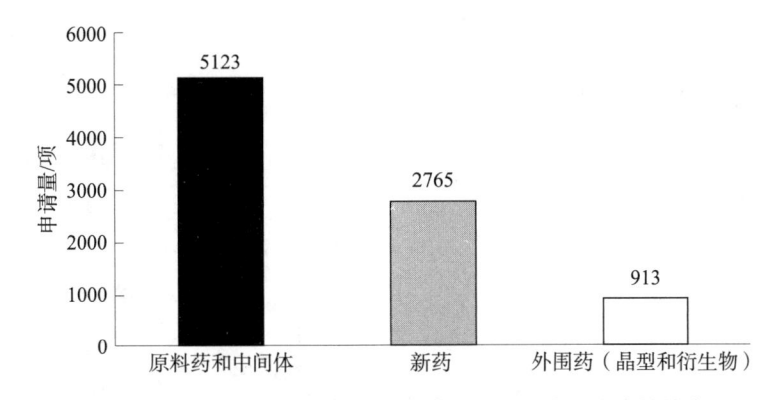

图 4-1-9　吸附分离树脂在化学药细分领域应用代表性技术

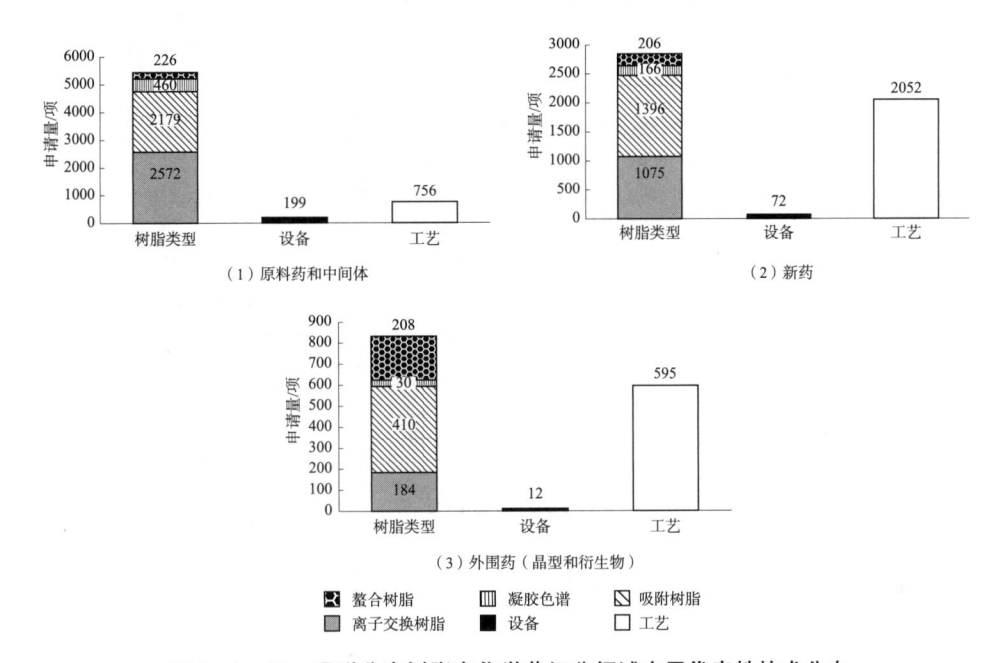

图 4-1-10　吸附分离树脂在化学药细分领域应用代表性技术分布

对吸附分离树脂在化学药细分领域应用的三个代表性技术专利申请趋势进一步分析，如图 4-1-11 所示。整体来看，三个代表性技术专利申请趋势非常接近，在 2000 年以前保持稳定发展，2000 年以后进入快速发展期。其中，吸附分离树脂用于原料药和中间体制备的相关专利申请在 2000 年以后增速尤其明显，远超其他两类，成为近年来吸附分离树脂在化学药细分领域应用发展最快的技术。

如表 4-1-3 所示，中国是吸附分离树脂在原料药和中间体、新药以及外围药细分领域应用相关专利申请量最大的目标国，以上三个代表性技术在中国的专利申请量占各自领域申请总量的 40% 左右；美国和日本也是吸附分离树脂在化学药细分领域应用的三个代表性技术专利申请的热点国家，约占其各自领域申请总量的 10%。此外，以上三个代表性技术通过世界知识产权组织申请的专利数量分别约占其全球申请总量的 10%。

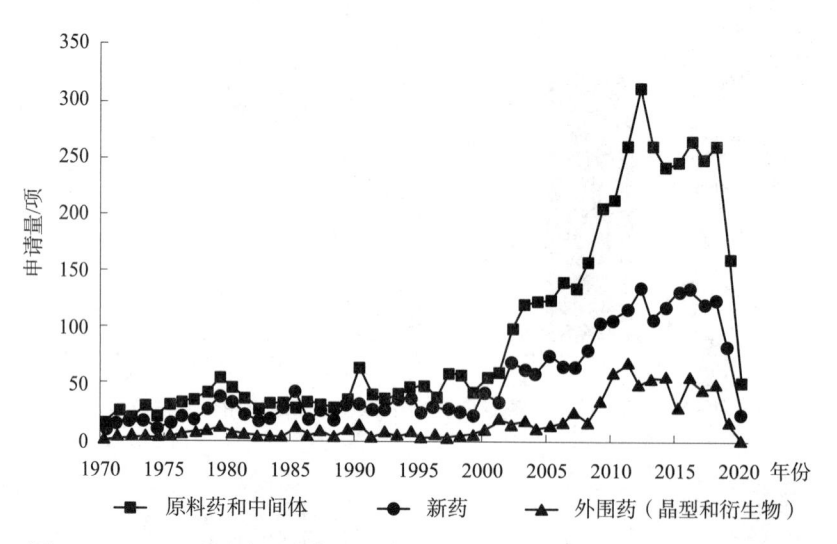

图 4-1-11　吸附分离树脂在化学药细分领域应用代表性技术专利申请趋势

表 4-1-3　吸附分离树脂在化学药细分领域应用代表性技术专利申请目标国/地区

原料药和中间体			新药			外围药（晶型和衍生物）		
专利申请目标国/地区	数量/件	占比	专利申请目标国/地区	数量/件	占比	专利申请目标国/地区	数量/件	占比
中国	2964	43%	中国	1345	35%	中国	536	42%
美国	723	10%	日本	460	12%	美国	144	11%
世界知识产权组织	608	9%	美国	418	11%	日本	107	8%
日本	431	6%	世界知识产权组织	366	10%	世界知识产权组织	88	7%
欧洲专利局	225	3%	英国	197	5%	英国	45	4%
德国	200	3%	德国	145	4%	欧洲专利局	42	3%
韩国	197	3%	韩国	115	3%	韩国	36	3%
英国	194	3%	欧洲专利局	114	3%	德国	35	3%
其他	1393	20%	其他	668	17%	其他	243	19%

吸附分离树脂在化学药细分领域应用的以上三个代表性技术相关专利申请主要来自中国、美国和日本，如图 4-1-12 所示。中国是最大的技术来源国，三个技术细分领域专利申请数量均排在全球首位；来自美国、日本、德国、英国的申请人虽然申请总量不占优势，但大多为大型跨国企业，具有较强的技术实力和专利布局能力，其相关专利质量较高，值得本领域人员关注。

第4章 生物医药用吸附分离树脂

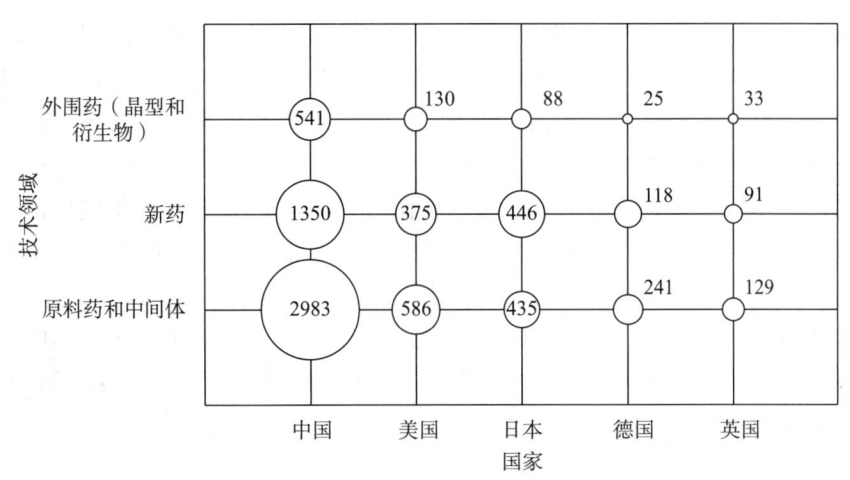

图 4-1-12 吸附分离树脂在化学药细分领域应用代表性技术主要来源

注：图中数字表示申请量，单位为项。

如图 4-1-13 所示，在中国，吸附分离树脂在原料药和中间体、新药、外围药（晶体和衍生物）细分领域应用的相关专利申请量近年来呈明显增长态势，其中，吸附

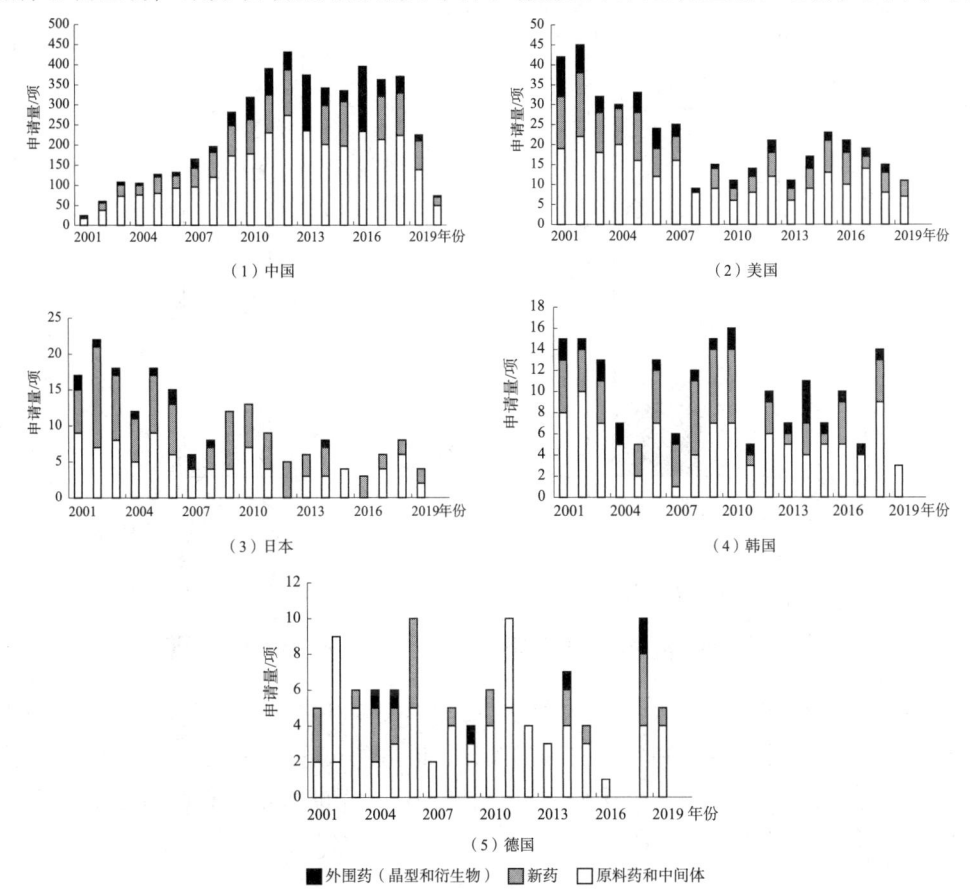

图 4-1-13 吸附分离树脂在化学药细分领域应用代表性技术主要国家/地区申请趋势

分离树脂用于原料药和中间体药物制备技术的相关专利申请量最多；在美国和日本，相关专利申请近年来呈下降趋势；在韩国和德国，相关专利申请量在不同年份呈现波动状态。与其他国家相比，中国的吸附分离树脂用于原料药和中间体制备的相关专利占比大，用于新药开发的相关专利申请占比小。

美国和日本的相关专利申请量下降，是由于两国的相关技术起步较早，国内专利布局已相对成熟，其专利保护重点区域逐渐向其他市场转移。韩国和德国相关专利申请总量与变化趋势均很接近，来源于本国申请人的专利数量占比均小于50%。德国仅有27%的相关专利申请来自本国申请人，而日本和美国申请人在德国布局的专利数量之和超过35%；在韩国，来自日本和美国申请人的相关专利申请也超过30%。由此可见日本和美国专利申请保护地区的转变。

4.1.4.3 植物提取药

如图4-1-14所示，在植物提取药制备细分领域应用中，吸附树脂是使用最多的树脂类型，相关专利申请为7057项，其次是离子交换树脂，相关专利申请为2535项。除了树脂类型外，分离工艺也是该领域专利保护的重点，相关专利申请为7741项；设备类相关专利很少，仅为248项，占比不到申请总量的2%。

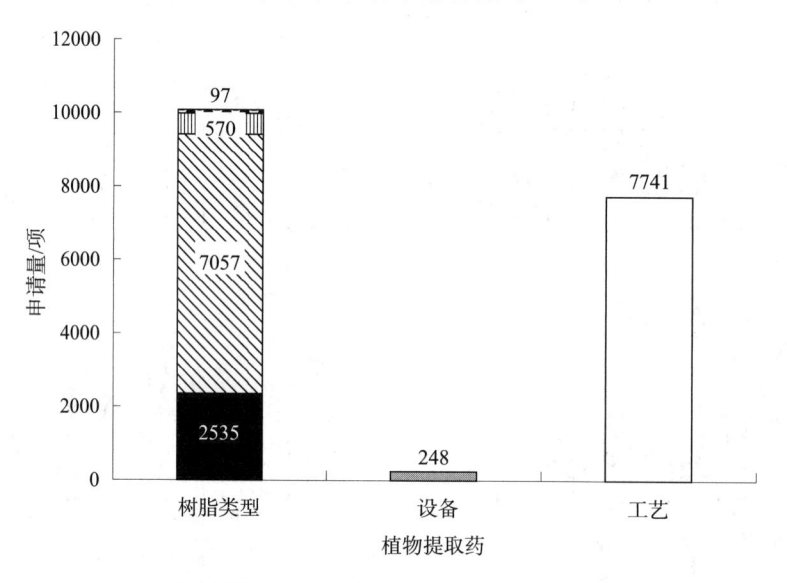

图4-1-14 吸附分离树脂在植物提取药细分领域应用技术分布

吸附分离树脂在植物提取药细分领域应用的相关专利最早出现在20世纪90年代，涉及一种吸附树脂法提取植物药复方有效部分，但直到2000年以后，相关专利才开始快速增长，如图4-1-15所示。2000年之后中国申请人的大量专利产出是该领域相关专利申请量快速增长的直接原因。

第4章 生物医药用吸附分离树脂

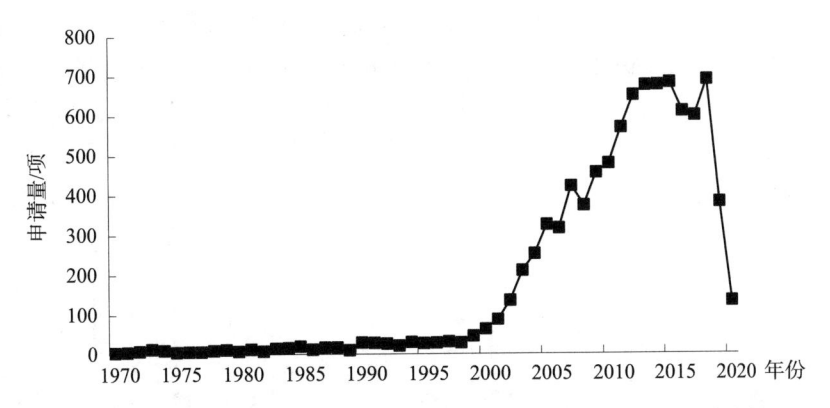

图 4-1-15 吸附分离树脂在植物提取药细分领域应用专利申请趋势

如图 4-1-16 所示，中国是吸附分离树脂在植物提取药细分领域应用相关专利申请量最大的目标国，相关专利数量约占全球申请总量的 78%，在其他国家和地区的专利申请量仅占剩余的 22%。值得一提的是，通过世界知识产权组织进行的专利申请占全球申请总量的 8% 左右，且大部分专利均申请于 2000 年之后。这一定程度上说明，21 世纪以来吸附分离树脂在植物提取药细分领域应用的相关技术在逐步走向全球化。

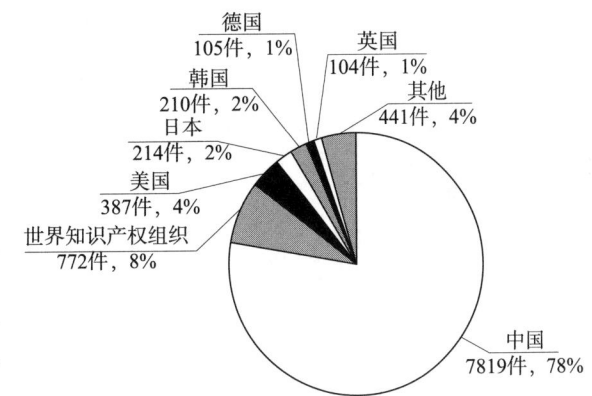

图 4-1-16 吸附分离树脂在植物提取药细分领域应用专利申请目标国/地区

如图 4-1-17 所示，通常，有相当大的一部分植物提取药属于中药，中国是中药的最大生产国和使用国，因此，与中药相关的吸附分离树脂专利主要来自中国。但是，日本、美国、韩国、英国等国家的创新主体也有相关技术的专利产出，并且积极在中国进行专利申请，美国申请人更是通过世界知识产权组织途径进入中国市场。

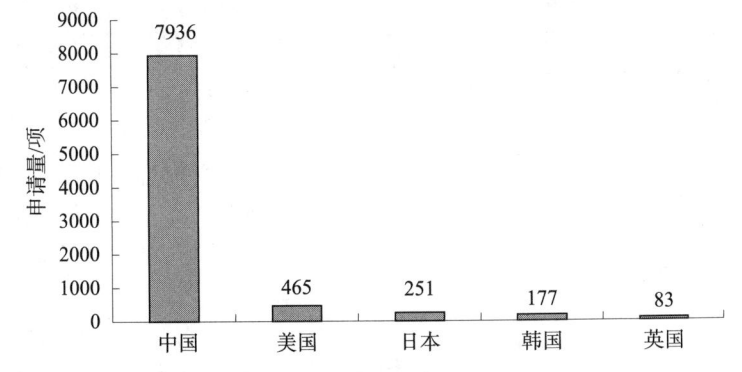

图 4-1-17 吸附分离树脂在植物提取药细分领域应用全球主要技术来源

如图 4-1-18 所示，在中国，吸附分离树脂在植物提取药细分领域应用的相关专利申请量在 2000 年之后稳步增长，2013 年申请量突破 600 项，之后年申请量稳定在 600 项左右；在美国，相关专利申请量在 2000~2008 年呈较快增长趋势，近年来增长速度放缓。其中，美国本国申请人提交的新申请数量不多，而中国申请人在美国布局的专利数量逐渐增多。

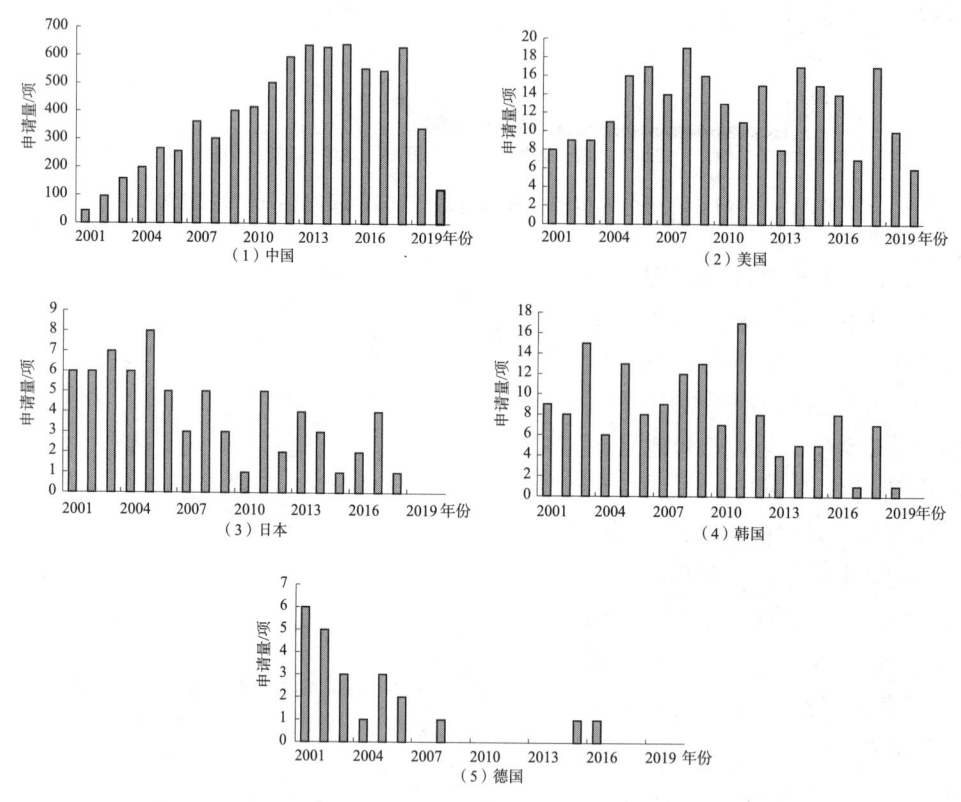

图 4-1-18　吸附分离树脂在植物提取药细分领域应用主要国家/地区专利申请趋势

日本作为最早的技术来源国之一，本国的相关专利早在 20 世纪 60 年代就出现了，但随后的 50 年相关专利申请数量并没有明显增长，且 2005 年之后开始出现下降趋势。另外，近年来几乎没有其他国家和地区的申请人在日本布局相关专利。

在韩国，相关专利申请趋势与日本相似，出现的时间较早，2010 年之后出现下降趋势，大多数专利申请由本国申请人提交。

在德国，相关专利申请主要集中在 2000 年之前，2000 年之后申请量迅速下降，近年来甚至有相当长一段时间没有新申请出现。相关专利中本国申请人的专利数量占比低于 20%，绝大部分专利来自美国、日本、法国等国企业。

4.1.5　主要申请人

吸附分离树脂在生物医药领域应用全球主要专利申请人排名如图 4-1-19 所示。其中，来自中国的申请人占 10 席，德国 3 席，美国 3 席，瑞士 2 席，法国 1 席，日本 1

席。排名第一的是来自中国的南京泽朗医药公司及其关联公司，专利申请量达到274项，主要涉及吸附分离树脂在植物提取药提取中的应用，其中仅有2项专利获得授权，其余专利申请大多因为没有提起实质审查请求视为撤回。进一步查证发现，南京泽朗医药公司及其关联公司共计提交专利申请900余项，目前有效占比不足1%。

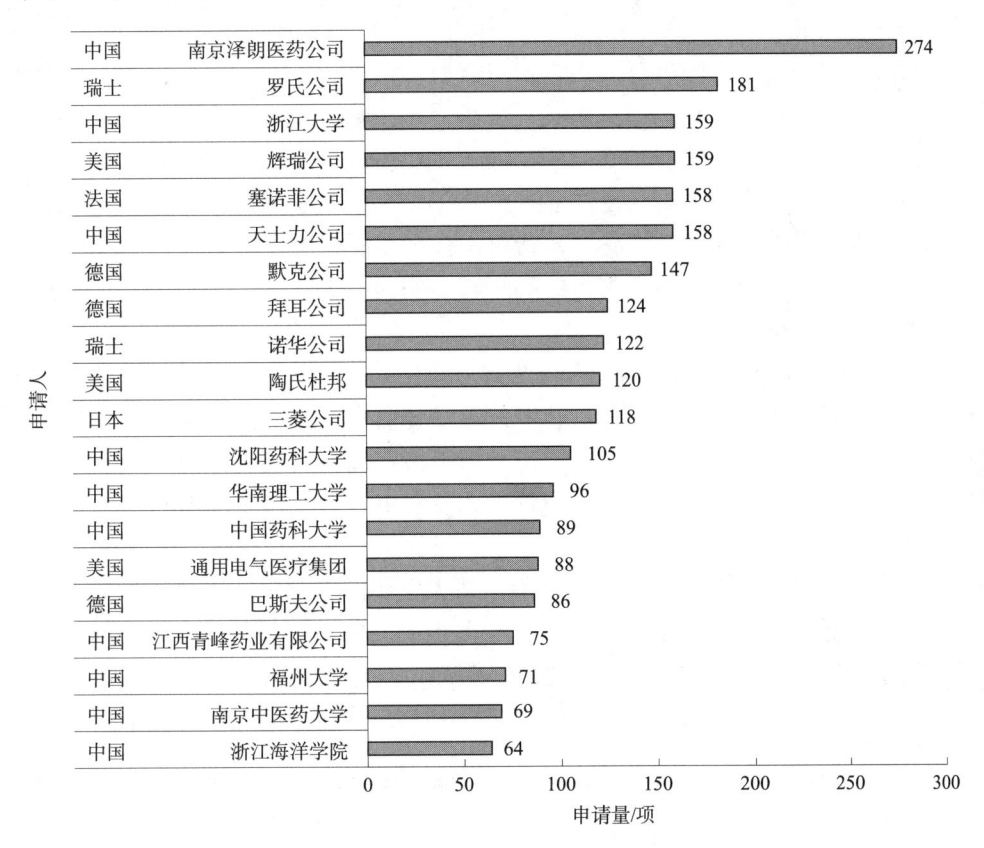

国家	申请人	申请量/项
中国	南京泽朗医药公司	274
瑞士	罗氏公司	181
中国	浙江大学	159
美国	辉瑞公司	159
法国	塞诺菲公司	158
中国	天士力公司	158
德国	默克公司	147
德国	拜耳公司	124
瑞士	诺华公司	122
美国	陶氏杜邦	120
日本	三菱公司	118
中国	沈阳药科大学	105
中国	华南理工大学	96
中国	中国药科大学	89
美国	通用电气医疗集团	88
德国	巴斯夫公司	86
中国	江西青峰药业有限公司	75
中国	福州大学	71
中国	南京中医药大学	69
中国	浙江海洋学院	64

图4-1-19 吸附分离树脂在生物医药领域应用全球主要专利申请人

排名第二、三、四位的申请人分别是来自瑞士的罗氏公司、中国的浙江大学和美国的辉瑞公司。

罗氏公司关于吸附分离树脂在生物医药领域应用技术共提交相关专利181项。罗氏公司早在20世纪50年代就开始布局相关专利，1980年后加大了吸附分离树脂在生物医药领域应用的研究，从此一直持续投入，至今依旧保持每年一定数量的相关专利产出。罗氏公司早期的相关专利主要涉及吸附分离树脂的制备及其用于化学药的纯化和分离，近年来主要涉及吸附分离树脂在多肽药物合成中的应用，相关专利由旗下的美国基因泰克公司持有。

浙江大学关于吸附分离树脂在生物医药领域应用共计提交了159项相关专利。最早的专利申请于2000年提交，涉及一种经皮理疗用药物凝胶，该药物凝胶含有离子交换树脂作为吸收剂的双氯芬酸钠药物。近年来，浙江大学在该领域专利持续增长，其中超过80%与植物提取药相关。

美国辉瑞公司关于吸附分离树脂在生物医药领域应用的相关专利共计159项。辉瑞公司与罗氏公司同为全球药企巨头,早在20世纪60年代就开始布局相关专利,早期主要涉及吸附分离树脂用于抗生素的制备和化学药的合成,近年来更多倾向于蛋白质的提纯和多肽合成等生物药的专利布局,但申请量相对较小,在2010年之后其专利申请量下降趋势明显。

从整体情况来看,中国申请人占据榜单半数,但由于每一个同族作为一项专利技术,中国企业大多只涉及本国专利申请,所以中国申请人持有的专利数量多,并不能说明中国申请人在本领域的技术实力强。通过进一步验证,榜单中排名首位的申请人并不是本领域的上游企业和重点创新主体。中国国内申请的主要技术来源集中在高校,只有两家企业拥有较多的专利储备;而榜单中排名靠前的国外申请人中,10位申请人全部是企业。可见,国内外创新主体的类型存在明显差异,国内外相关专利实施和产业转化差距可见一斑。

如图4-1-20所示,各国企业关于吸附分离树脂在生物医药领域应用技术均在本国进行了重点专利布局。在中国,专利申请数量排名靠前的有南京泽朗医药科技有限公司、天士力公司和浙江大学;在美国,专利申请数量排名前列的是美国的罗氏公司和陶氏杜邦公司、德国的默克公司;在日本,专利申请数量排名靠前的全部是日本企业;在韩国,只有罗氏公司具有一定数量的规模布局,其余申请人专利申请量均小于20项。此外,世界知识产权组织也是各国申请人重要的专利申请渠道,其中,来自美国的辉瑞公司通过该途径共计提交了77项相关申请,主要集中在1990~2005年,近年来其申请布局脚步逐渐放缓;通用电气医疗集团(被丹纳赫集团收购,2020年成立思拓凡公司)和罗氏公司则从2000年至今一直保持通过该途径进行专利布局。

国家/地区	申请人	申请量/项
中国	南京泽朗医药科技有限公司	274
中国	天士力公司	158
中国	浙江大学	149
美国	罗氏公司	60
美国	陶氏杜邦公司	43
美国	默克公司	39
日本	三菱公司	83
日本	雪印惠乳业株式会社	48
日本	三得利公司	39
世界知识产权组织	辉瑞公司	77
世界知识产权组织	通用电气医疗集团	62
世界知识产权组织	罗氏公司	55
韩国	罗氏公司	33

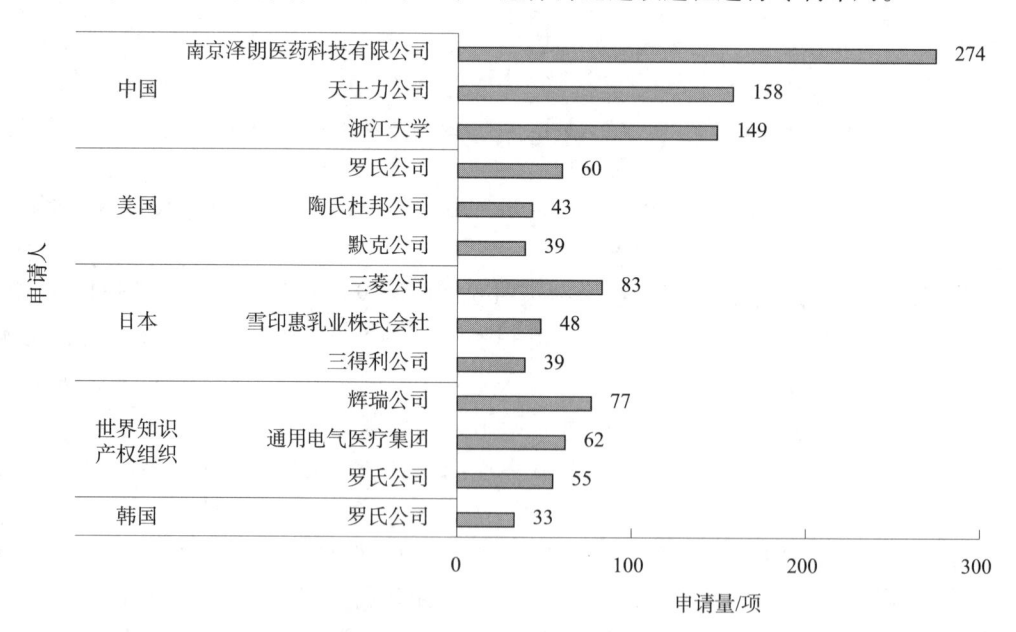

图4-1-20 吸附分离树脂在生物医药领域应用主要国家/地区专利申请人

注:本图仅对专利申请量20项以上的申请人统计排名。

4.1.6 中国产业分布

从图4-1-21来看，江苏的创新主体关于吸附分离树脂在生物医药领域应用的研发最活跃，所持相关专利数量占全国相关专利总量的15%，其中来源于企业的专利数量超过60%。结合背景调研情况来看，江苏在生物医药方面产业化程度相对较高，科技型企业较为密集。以苏州派腾生物医药科技有限公司和江苏康缘药业股份有限公司为代表，前者专利大多涉及吸附分离树脂用于水黄连、无根藤等植物提取药，而后者主要涉及吸附分离树脂用于各种有机类的化学药。值得一提的是中国药科大学与正大天晴药业集团股份有限公司有相当大的一部分共同申请，正持续加强产学研合作，预计江苏专利产业化进程还将继续加快。

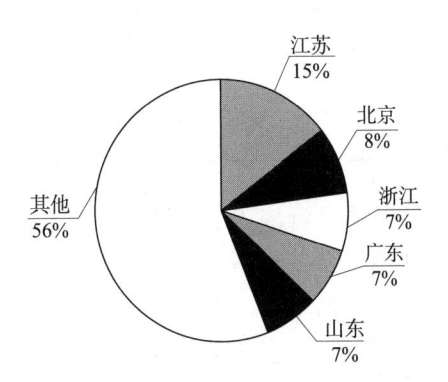

图4-1-21 吸附分离树脂在生物医药领域应用中国产业地域分布

来源于北京的创新主体相关专利数量约占全国相关专利总量的8%，其中超过40%来源于高校和科研院所，企业的相关专利占比低于40%。结合背景调研情况来看，北京地区优质科研机构、技术服务型企业较多，产业化程度相对不高。以北京中医药大学和中国医学科学院药物研究所为代表，前者专利大多涉及吸附分离树脂用于柴胡、白首乌一类的植物提取药，后者专利涉及吸附分离树脂用于植物药和化学药两类。浙江、广东、山东三个省的情况与北京相似，企业的相关专利占比相对较低，高校和科研院所掌握大部分专利。

以本领域创新实力最强的前三个省市为例，对其辖区内创新主体关于吸附分离树脂在生物医药领域应用的专利申请量进行摸查，发现该领域小微企业较多，大部分企业的相关专利申请量在10件以下，仅少数企业的相关专利申请在10件以上，如表4-1-4所示。

表4-1-4 生物医药领域中国部分省市专利申请人数量及专利申请情况

江苏	申请人数量/个	专利申请量/件			
		50及以上	49~21	20~11	10以下
企业	444	5	18	26	395
高校/科研院所	127	3	7	6	111
北京	申请人数量/个	专利申请量/件			
		50及以上	49~21	20~11	10以下
企业	320	1	3		310
高校/科研院所	153	0	6	8	139

续表

浙江	申请人数量/个	专利申请量/件			
		50及以上	49~21	20~11	10以下
企业	267	0	0	7	260
高校/科研院所	81	3	1	4	73

总体来看，江苏、北京、浙江、广东、山东五个地区的相关专利数量占全国相关专利申请总量的45%左右，中国境内相关专利分布与产业分布情况类似，集中度较高。在总体数据中，企业相关专利占比低于50%，仅有江苏和山东两省企业的相关专利占比高于50%，其他地区的产业化程度相对不高，相关专利主要掌握在高校和科研院所手中。

4.2 肽制备用吸附分离树脂技术

肽是由两个或两个以上的氨基酸通过肽键共价键连接形成的聚合物，是介于氨基酸和蛋白质之间的物质。在生物体内，肽除参与调控生理生化过程外，也是蛋白质生物合成的重要前体。肽由氨基酸通过肽键依序连接而得，在药物研发领域扮演着重要的角色。肽类药物已在临床上用于治疗各种疾病，如治疗糖尿病的胰岛素、治疗艾滋病的恩夫韦肽（Fuzeon）、用作免疫调节剂的奥曲肽、治疗前列腺癌的亮丙瑞林（Leuprolide）等。由于具有选择性强、副作用低、代谢产物氨基酸可成为人体生长的营养成分、不会在体内蓄积中毒等特点，肽类药物正受到医药研发领域的高度关注。此外，肽是生物大分子蛋白质生物合成及化学合成的重要前体，在营养保健品、高级化妆品的研制中也具有重要价值。吸附分离树脂是肽制备、分离、提纯的重要载体材料，本节通过专利数据对近年来肽制备用吸附分离树脂技术进行研究。

4.2.1 专利申请趋势

图4-2-1为肽制备用吸附分离树脂技术的全球/中国/国外专利申请趋势。从全球申请趋势来看，1984年以前，相关专利申请量很少，年申请量不超过50项，主要技术来源国为日本和美国，专利公开地区多集中在日本、美国和欧洲；1984~2000年是发展期，全球相关专利的年申请量两起两落，年均申请量80余项，整体呈上升趋势；2000年以后，随着中国相关专利数量的快速增长，全球相关专利申请进入高速发展阶段。

20世纪40年代末50年代初，开始出现肽制备用吸附分离树脂技术的专利申请，最早由杜邦公司（E I Du Pont De Nemours and Company）提出，涉及一种使蛋白水解酶失活的试剂的制备方法。1949年，该公司通过将多胺酚醛酸吸附树脂与具有6~30个碳原子的烷基链的单烷基硫酸酯结合，来制备用于治疗消化性溃疡的使蛋白酰化酶失活的药物（GB659211A），由此，吸附分离树脂在肽或肽衍生物方面的应用研究开始受

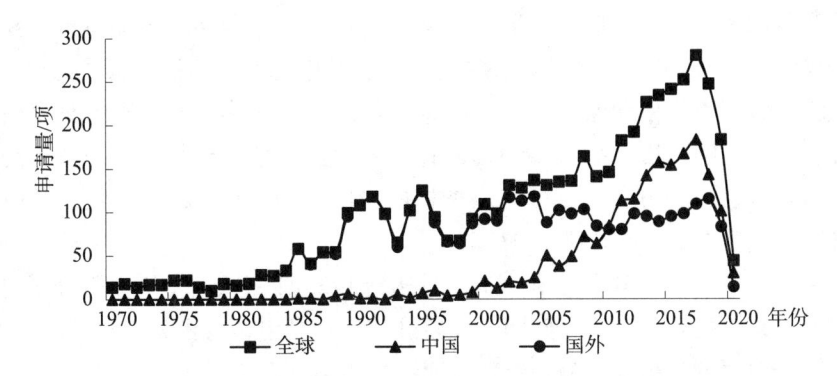

图4-2-1 肽制备用吸附分离树脂技术全球/中国/国外专利申请趋势

到关注；1956年，法国罗素优克福公司（Roussel Uclaf）在制备L-谷胱甘肽时利用离子交换树脂进行纯化（US2900375A）；同年，英国国家发展研究公司制备了一种用于分离蛋白质和多肽的基于苯乙烯-二乙烯基苯共聚物的离子交换树脂（GB871541A）。

20世纪60年代，拜耳公司开始涉足激肽释放酶的研究，几乎与罗门哈斯公司同时开始投入肽或肽衍生物的研究。1962年，拜耳公司通过分批加入阴离子交换树脂的方式提取动物器官中的激肽释放酶（US3181997A）；1969年，罗门哈斯公司利用二乙烯基苯与苯乙烯、乙基苯乙烯或其混合物的共聚物组成的大孔树脂从水流体中分离多肽（US3649456A）。

20世纪70年代，越来越多的国家开始发展肽制备用吸附分离树脂技术。英国成为相关专利公开数量最多的国家，其次是美国、法国、德国和日本，但最主要的技术来源国是美国和日本。1970年，拜耳公司对利用离子交换剂纯化激肽释放酶的方法进行改进（ZA7207803A），并在美洲、欧洲、澳大利亚、日本等全球多个国家和地区进行了专利布局；1972年，日本申请人佐佐木（Sasaki T）在制备生物活性肽时用离子交换树脂分离低分子量肽产物（US3794561A）；1979年，森永乳业公司利用离子交换树脂和凝胶过滤层析从尿液中分离人粒细胞诱导糖蛋白（US4230697A）。

1980~1989年，肽制备用吸附分离树脂技术全球专利申请量开始快速增长，年专利申请量从1980年的10余项，发展至1989年的99项。1982年，礼来公司使用大孔非离子苯乙烯-二乙烯基苯共聚物吸附树脂纯化糖肽抗生素阿克他拉宁或万古霉素；1985年，澳洲生物科技公司和澳大利亚国立大学申请保护一种利用苯基-琼脂糖树脂疏水作用层析或二乙胺基乙基-琼脂糖离子交换层析来纯化泯活素的方法（CN1019355B），并在日本、澳大利亚、美洲、欧洲等国家和地区进行了专利布局，这是中国出现的第一件关于吸附分离树脂在肽或肽衍生物技术领域应用的专利；1988年，博士伦公司制备了一种含有离子交换树脂的缓释制剂，该缓释剂含有肽、多肽、杆菌肽等有效成分，有效成分通过与离子交换树脂或聚合物水凝胶相互作用达到缓释效果（US4931279A）；同年，拜耳公司在中国申请保护一种等电点层析蛋白质纯化方法（CN1031943C）。

1990~1999年，肽制备用吸附分离树脂技术进入短暂的技术调整期，相关专利申请呈现波动式发展趋势，最终在1999年稳定在100项左右。1992年，基因泰克公司通过肝素琼脂糖阳离子交换树脂和反相高效液相色谱纯化一种新的多肽（heregulin – α）（US5641869A）；1995年，日本雪印惠乳业株式会社申请保护一种骨胳强化剂，该骨胳强化剂包括一种碱性蛋白和碱性肽，其中碱性蛋白和碱性肽是通过吸附分离树脂从牛奶中提取获得（JP08151331A）；1999年，基因泰克公司申请保护一种用离子交换层析法纯化多肽的方法，该方法包括改变缓冲器的导电率和/或pH，以便从一种或多种污染物中分离出目标多肽（BRPI9910332B1）。

2000～2010年，全球相关专利申请总量达到1456项，肽制备用吸附分离树脂技术的相关研究越来越受到关注。在此期间，通过PCT途径申请的相关专利最多，达到466项；其次最受关注的是中国，相关专利申请总量达到455项，共计17个国家的申请人在中国布局了相关专利，全球创新主体纷纷开始将目光投向中国，约20%的专利申请来自国外申请人，其中5%来自美国申请人，4%来自瑞士申请人，2%来自日本申请人。肽制备用吸附分离树脂技术发展较好的代表性企业有罗氏公司、通用电气医疗集团、辉瑞公司、百特公司和诺华公司等。其中，罗氏公司比较关注肽和蛋白质相关产品的保护（如IL173183A、EP1501369B1），通用电气医疗集团则更注重保护利用吸附分离树脂进行分离和纯化工艺方面（如US7008542B2、EP1610886B1）。在中国申请人中，代表性的申请人有江南大学、中国海洋大学、中国农业大学、中国科学院昆明动物研究所、广东天普生化医药股份有限公司、深圳瀚宇药业股份有限公司等。

自2010年以后，全球相关专利申请量迅速增长，在2017年到达顶峰，单年申请量达到280项。由于2018年之后的专利申请还没有全部被公开，因此还无法准确统计，但肽或肽衍生物的全球关注度较高，发展态势较好，预计近两年申请量仍会保持较高的增长趋势。2011年，中国相关专利申请量突破100项，进入快速增长期，2017年达到峰值183项，中国相关专利申请量的增长促使该时期全球相关专利申请呈现快速上升趋势。随着中国在肽或肽衍生物技术领域的投入加大，来自中国申请人的相关专利申请量开始快速增长，从2011年至今的专利申请总量达到1279项，占该时期全球相关专利申请总量的62%，中国逐渐成为肽制备用吸附分离树脂技术的最主要技术来源国。此阶段，来自国外申请人的相关专利申请数量波动不大，发展平稳。

中国申请人的相关专利申请较多来源于高校和研究所，如浙江海洋大学、华南理工大学、福州大学等。中国申请人更为关注利用吸附分离树脂从动植物中提取肽的技术，如2012年，集美大学的翁武银、王宝周等人申请保护一种小分子鱼皮胶原蛋白肽的提取制备方法，涉及利用活性炭结合吸附分离树脂进行脱色脱腥（CN102703555B）；2014年，浙江海洋学院（后更名为浙江海洋大学）的迟长风、王斌等人申请保护一种利用阴离子交换树脂制备大黄鱼鱼骨胶原蛋白的方法（CN103992384B）；2015年，中国农业大学申请保护一种利用离子交换柱层析分离、脱盐和浓缩得到一种源自酪蛋白的抗氧化肽的方法（CN105254714B）。中国申请人中代表性的企业有长沙沁才生物科技有限公司（相关专利均已失效）、吉尔生化（上海）有限公司、青岛康原药业有限公司等。

该阶段，国外申请人如罗氏公司、百特公司、诺华公司、默克公司等继续在吸附分离树脂用于肽和蛋白质的制备和纯化工艺技术等方面布局。如2011年，罗氏公司的子公司基因泰克公司申请保护一种利用阳离子交换树脂材料和/或混合模式材料从混合物中纯化多肽的方法（MX370828B）；同年，百特公司申请保护一种利用色谱柱洗脱蛋白质的方法（WO2012082933A1）；2018年，诺华公司申请保护一种利用离子交换层析制备双特异性抗体的方法（WO2018229612A1）。

4.2.2 专利申请目标国/地区

如表4-2-1所示，对肽制备用吸附分离树脂技术的专利申请目标国家/地区进行分析，中国、世界知识产权组织和美国是排名前三的专利申请目标国家和地区组织。其中，在中国申请的相关专利最多，达1862件，占全球相关专利申请总量的23%；通过世界知识产权组织申请的相关专利为1677件，占比为21%；在美国申请相关专利1037件，占比为13%。以上数据说明中国和美国是全球最重要的两个目标市场，均是较为活跃的经济体；同时，世界各国创新主体也密切关注全球市场的发展，积极通过世界知识产权组织进行相关专利布局。

表4-2-1 肽制备用吸附分离树脂技术全部及阶段年份专利申请目标国/地区

全部年份			2000年及以前			2000年以后		
专利申请目标国/地区	数量/件	占比	专利申请目标国/地区	数量/件	占比	专利申请目标国/地区	数量/件	占比
中国	1862	23%	日本	541	19%	中国	1777	34%
世界知识产权组织	1677	21%	世界知识产权组织	501	18%	世界知识产权组织	1176	23%
美国	1037	13%	美国	356	13%	美国	676	13%
日本	916	11%	德国	191	7%	日本	375	7%
欧洲专利局	375	5%	欧洲专利局	162	6%	欧洲专利局	218	4%
韩国	323	4%	英国	133	5%	韩国	213	4%
德国	237	3%	韩国	105	4%	印度	98	2%
英国	160	2%	中国	85	3%	俄罗斯	78	2%
其他	1419	18%	其他	703	25%	其他	585	11%

通过统计不同阶段年份的相关专利申请量可以发现：2000年以前，关于肽制备用吸附分离树脂技术排名前三的专利申请目标国/地区分别为日本、世界知识产权组织和美国，各国申请人除了关注日本和美国市场外，很早就开始在全球市场进行相关专利布局。2000年以后，排名前三的专利申请目标国/地区则为中国、世界知识产权组织和美国。其中，在中国的相关专利申请量占此阶段全球专利申请总量的34%，世界知识产权组织受理的相关专利申请量占此阶段全球专利申请总量的23%，可见2000年以

后，中国逐渐成为肽制备用吸附分离树脂技术的主要市场，PCT申请仍然是各国创新主体进行全球布局的主要途径。

4.2.3 技术来源国

图4-2-2所示为肽制备用吸附分离树脂技术的全球技术来源国。其中，来自中国的相关专利申请量最大，达1681项，占比33%；其次是美国和日本，相关专利申请量分别为1346项和630项，占比分别为26%和12%；德国的专利申请量为262项，占比5%；英国和韩国的专利申请量均为169项，分别占总量的3%。结合表4-2-1及图4-2-2可以看出，在肽制备用吸附分离树脂技术方面，中国、美国和日本既是主要目标市场，

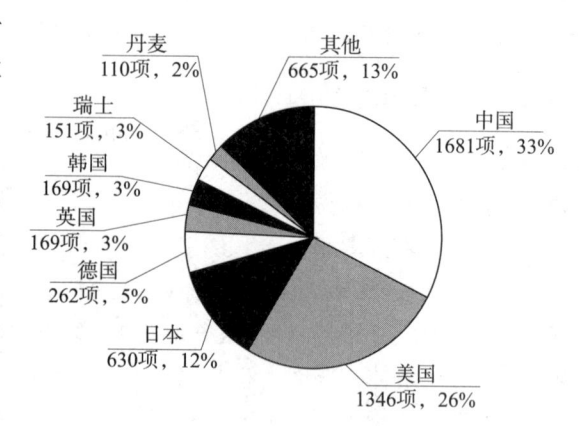

图4-2-2 肽制备用吸附分离树脂技术全球技术来源

也是主要技术来源国，整体情况相似，但侧重方向各有不同。其中，中国申请人比较关注降血压肽、肿瘤坏死因子相关凋亡配体以及融合蛋白的制备、分离和纯化等方面；美国申请人比较关注艾滋病病毒壳膜蛋白（gp120）、重组腺相关病毒、缓释制剂以及聚合物衍生物等制备、分离和纯化方面；而日本申请人比较关注乳清蛋白浓缩物、谷胱甘肽和胰激肽原酶等制备、分离和纯化方面。

图4-2-3为肽制备用吸附分离树脂技术主要国家/地区技术来源。由图可知，在中国进行相关专利申请的主要为中国本土申请人，专利申请量为1608件，占比高达86%，美国和瑞士申请人在中国提交的专利数量分别为77件和43件；在美国就相关技术申请专利的同样主要为美国本国申请人，专利申请量为561件，占比为54%，其他国家的申请人在美国所提交的专利数量接近美国相关专利总量的一半，其中日本和德国，占比分别为9%和6%，瑞士和瑞典申请人也就相关技术在美国布局了一定数量的专利，分别为40件和39件；韩国的相关专利申请同样主要来源于韩国本土申请人，其专利申请量为120件，占比为38%，来自美国申请人的相关专利数量为77件，占比24%，来自日本申请人的相关专利数量为33件，占比为10%，总体来说，非本土申请人持有的相关专利申请数量更多，其中美国和日本申请人持有的数量之和超过30%；在日本就相关技术申请专利最多的是日本本土申请人，专利申请量为401件，占比为44%，其次是美国，相关专利申请量为289件，占比为32%，可见美国申请人非常重视日本市场。世界各国申请人非常看重吸附分离树脂在肽或肽衍生物领域的全球市场，纷纷在非本土市场进行重点专利布局，尤其是美国申请人，通过世界知识产权组织和欧洲专利局申请的相关专利分别为822件和159件，占据两个受理局相关技术受理总量中相当大的一部分。我国申请人通过世界知识产权组织和欧洲专利局提交的数量也越

来越多，逐渐重视专利海外合理布局，以期在国际市场中打破国外的专利技术垄断地位，谋求更长远的发展。

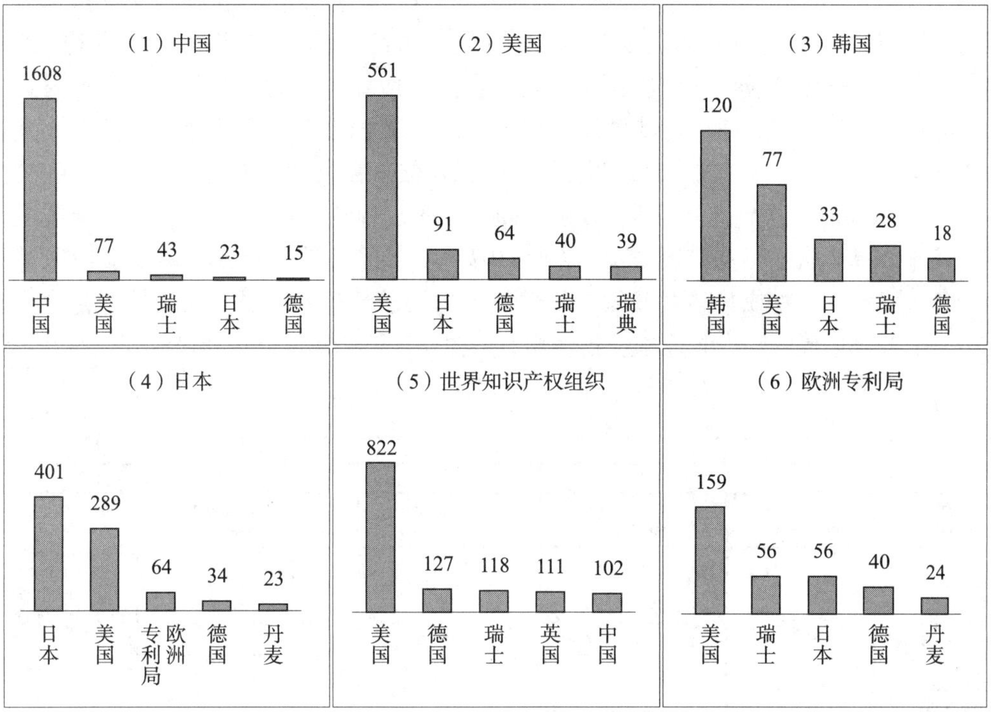

图 4-2-3　肽制备用吸附分离树脂技术主要国家/地区技术来源

注：图中数字表示申请量，单位为件。

4.2.4　主要技术路线

天然肽依据其来源不同可分为人体内源性肽、动物内源性肽、微生物代谢肽、植物肽等，可通过化学合成、生物技术、蛋白质水解、从动植物及微生物资源中提取等多种途径获得。其中，化学合成方法既可合成各种天然肽，也可合成氨基酸序列被替代或改变的天然肽类似物，简称肽类似物。天然肽及肽类似物统称为肽。肽结构中含有各种类型的侧链功能基团，除首尾相连形成的肽外，肽都含有带氨基的 N-端及带着羧基的 C-端。其他生物分子或化合物通过多肽的端基或侧链功能基团与多肽相连而得到的产物称为多肽偶合物，如糖肽、脂肽、多聚物-多肽偶合物等。偶合物中多肽与所连化合物之间的相互影响较大，往往可显著改变肽的原有性质。

关于化学合成肽类药物，一般采用固相合成、液相合成以及固相-液相合成相结合等方法，通过氨基酸替换、侧链及端基修饰、组合化学等方法进行多肽化学合成，得到生物活性肽的类似物及衍生物，继而进行高活性肽的筛选与构效关系研究，从而有效提高多肽药物的研发效率。此外，将生物技术与化学合成结合起来，也是开展肽产物研发的重要手段。

根据技术发展代表性专利绘制的技术发展路线如图4-2-4所示。在化学合成肽的方法中,利用固相合成方法制备生物活性肽和蛋白质的方法最早于1963年由美国化学家梅里菲尔德(R. Bruce Merrifield)发明❶❷。该方法主要步骤包括:保护氨基酸的α-氨基和侧链功能基团,将所要合成肽链的羧末端氨基酸的羧基键合到树脂上,然后以被键合肽链作为反应单元依次接长,当肽链达到所要长度时,将其从树脂上裂解下来,经过纯化等处理,即可得到目标产物肽。但是该方法存在一些缺陷,其有效性容易受到从固体载体中释放肽过程的限制,从而降低所需产物的产率。为解决该问题,1968年,施瓦茨生物研究所(Schewarz Bioresearch)提供了一种从肽通过酯键连接的固体载体中释放肽或氨基酸的方法(GB1210279A),该方法包括使负载的肽或氨基酸与羟基取代的化合物或其硝基或氯取代的衍生物接触,其中,羟基取代的化合物是被至少一个羟基取代的烃、胺或季铵化合物,以便从载体中释放肽或氨基酸。

1963~1972年	1973~1982年	1983~1992年	1993~2002年	2003~2012年	2013年至今
GB1210279A 1968-10-28 固相合成肽 施瓦茨生物研究所	US3988307A 1974-09-06 利用α,β-不饱和氨基酸、酰基和N-酰基衍生物作为连接剂固相合成肽 美国卫生与公众服务部	EP161468A2 1985-11-21 固相合成含有硫酸化酪氨酸的肽的方法 庞沃特公司	EP1258497B1 1996-09-27 具有生物相容性聚合物的缀合物的多肽 辉瑞公司	WO2006053299A2 2005-11-14 具有因子VIM促凝血活性的缀合物的固相合成 拜耳公司	CN110551178A 2018-06-01 含脯氨酸的环肽的固相合成 深圳瀚宇药业股份有限公司
GB1344706A 1971-04-19 固相合成制备肽和蛋白质的固体载体介质 罗氏公司	US4436874A 1982-11-10 丙烯酸共聚物固相合成载体 Expansia SA	CA1312991C 1987-09-21 一种用于固相肽合成的共聚苯乙烯系载体 Bio Mega Inc	US6787612B1 1998-07-24 肼基-羰基-氨基甲基化聚苯乙烯树脂用于肽固相合成 丹德里昂公司	CN102040652A 2009-01-13 五肽树酯固相合成依替巴肽 杭州诺泰制药	CN110964097A 2018-09-28 固相片段合成艾塞那肽 南京华威医药科技集团
		US4965289A 1988-04-25 一种多孔固相合成的底物 联合利华公司		WO2012028602A1 2011-08-30 特定氨基酸序列肽的固相合成 武田公司	

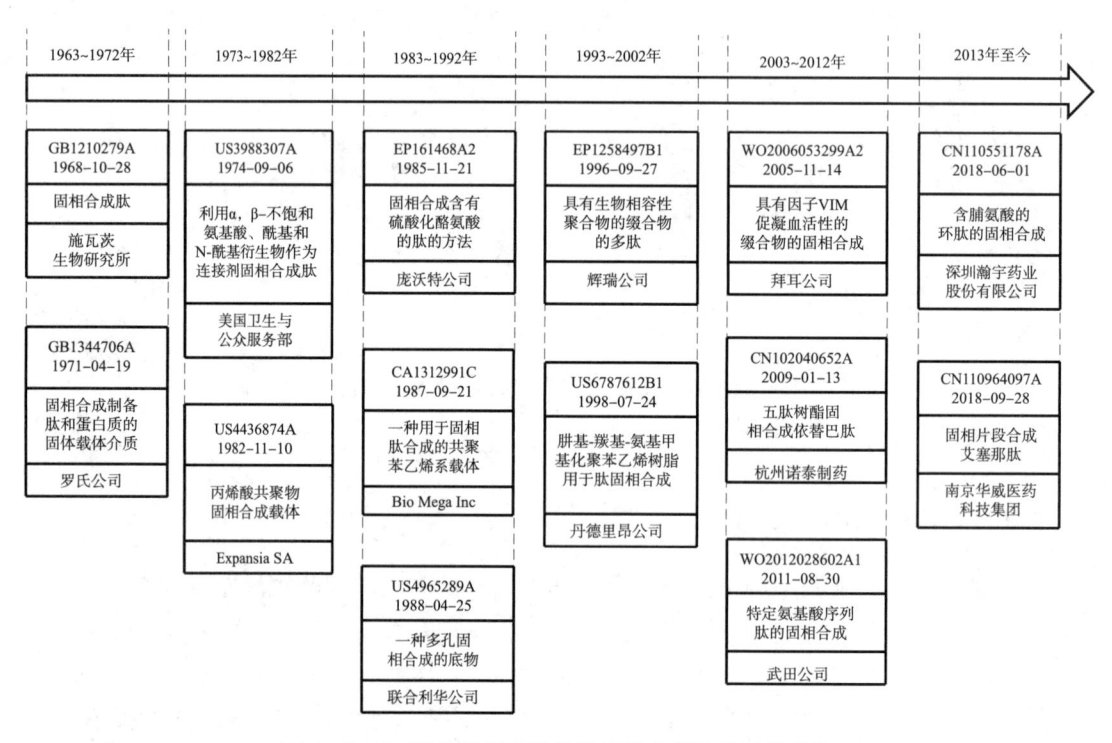

图4-2-4 肽制备用吸附分离树脂专利技术发展路线

在梅里菲尔德提出的固相合成肽的方法中,使用的聚合物载体必须满足几个严格的要求:完全不溶于合成中所用的所有溶剂、应当具有稳定的化学和物理性质、通过过滤和洗涤容易除去试剂和副产物、具有大的孔径尺寸、必须具有一个官能团等。为

---

❶ MERRIFELD R B. The synthesis of a tetrapeptide [J]. Journal of the American chemical society, 1963 (85): 2149-2154.

❷ 孙孟展,裴文. Merrifield树脂在固相有机合成中的应用研究进展 [J]. 有机化学, 2007 (9): 1069-1071.

了提供更合适的载体介质,1971年,罗氏公司对用于固相合成复合分子的固体载体介质进行改进(GB1344706A)。与当时现有技术相比,该专利记载的作为固体载体介质的聚合物涂层交联到非常低的水平且不溶,由于具有显著的溶胀特性,聚合物结构更开放,特别适合用于柱系统中,从而有利于其适应自动化的连续流动过程。

1974年,美国卫生与公众服务部通过三元羧基将α,β-不饱和氨基酸连接到固体不溶性载体上(US3988307A),其中的α-氮被保护基团封端,随后通过去除所述保护基团解开α-氮,载体上的肽链是通过依次加入符合所需肽序列的氨基酸并向所述肽和载体中加入酸性水溶液以将α,β-不饱和氨基酸转化为羧基末端酰胺并从固体载体中释放酰胺而实现的。该方法通过在较温和的条件下应用而优于其他合成肽酰胺的方法,并且没有副反应。

1982年,一种氨基官能化丙烯酸共聚物树脂载体被合成,该树脂载体具有在宽范围的质子和非质子溶剂中以及在不同pH的缓冲水溶液中提供良好渗透性和显著溶胀性的性质,可以用于肽的合成(US4436874A)。

1985年,庞沃特公司提供了一种固相合成含有硫酸化酪氨酸的肽的方法(EP161468A2),通过制备树脂的肽基衍生物,并使酪氨酸的羟基与硫酸化剂反应以提供硫酸酯,再通过用选自碱、氨、胺、肼和醇盐的亲核试剂处理肽基衍生物,从树脂中分离肽。

1987年,Bio Mega Inc发明了一种可用于固相肽合成的载体(CA1312991C),通过分步偶联氨基酸或片段来制备肽,其中载体是苯乙烯系树脂,官能团为苯氧乙酸和苯硫基乙酸。

1988年,联合利华公司发明了一种用于固相合成、层析和离子交换应用的改进的底物(US4965289A),该底物包含孔隙率至少为75%的多孔聚合物材料,其中,孔直径在1~100微米范围内且相互连接,孔中包含有凝胶或预凝胶材料,且在使用过程中可以与反应性物质相互作用。

1996年,辉瑞公司通过将多肽固定到带有通过有机化学合成制备的配体的基团特异性吸附剂上,然后从吸附剂上洗脱偶联物,从而屏蔽多肽的暴露靶,进而实现多肽的功能。该方法改善包括生物利用度在内的药代动力学功能,降低多肽表现出的免疫原性(EP1258497B1)。

1998年,丹德里昂公司(Dendreon Corporation)合成了可用作固相肽合成、肽或蛋白质的纯化或分离以及其他用途的固相载体树脂(US6787612B1),优选的固相载体树脂为肼基-羰基-氨基甲基化聚苯乙烯。

2005年,拜耳公司发明了一种具有因子VIM促凝血活性的缀合物(WO2006053299A2),其包含在多肽上的一个或多个预定位点共价连接到一种或多种生物相容性聚合物上。该缀合物具有改善的药代动力学特性和治疗特性,可降低与低密度脂蛋白受体相关蛋白(LRP)、低密度脂蛋白(LDL)受体、硫酸乙酰肝素蛋白聚糖(HSPG)和/或抗FVIII的抑制性抗体的结合。

2009年,杭州诺泰制药科技技术有限公司应用固相制备所得五肽树脂与液相制备所得二肽聚合后（CN102040652A），裂解环化生成依替巴肽，改变了目前依替巴肽制备中高精氨酸成本较高的情况。

2012年，武田公司通过固相合成法制备包含氨基酸序列His-Gly-Asp-Gly-Ser-Phe-Ser-Asp-Glu-Met的肽（WO2012028602A1）。该方法包含以下步骤：（a）提供包含氨基酸第一肽片段序列，包括第一保护基团，第一肽片段的C-末端残基与载体缀合；（b）提供包含氨基酸序列Y-His-Gly-Asp-Gly的第二肽片段，其中Y是第二保护基；（c）从第一肽片段中除去第一保护基团；（d）将第二肽片段偶联到N-末端去保护的、支持物偶联的第一肽片段上。该方法可以减少甚至避免现有合成技术中天冬酰亚胺的形成，易于实现且便宜，同时适用于工业大规模生产。

2018年，深圳瀚宇药业股份有限公司研发了一种全新的、高效的合成肽序中不含带侧链氨基酸而有Pro的首尾环肽制备方法（CN110551178A）：首先在树脂上连接Fmoc-3-羧基-Pro-OAll；其次按肽序偶联其他氨基酸残基；偶联完毕后，固相脱除All，紧接着固相成环；最后环肽粗肽脱羧得到含脯氨酸的首尾环肽。该方法新颖，合成条件温和，工艺简单且稳定。

2018年，南京华威医药科技集团有限公司利用固相片段法合成艾塞那肽（CN110964097A）。按照艾塞那肽主链C端至N端的氨基酸顺序先分别合成第1~19氨基酸片段和第20~24氨基酸片段，后续通过多次偶联反应和脱Fmoc保护基反应得到艾塞那肽。该方法三个片段可以同时进行合成，操作简单，提高了合成效率，有利于规模化合成，粗品纯度良好，有效缩短了醋酸艾塞那肽的合成与制备周期。制备得到的醋酸艾塞那肽纯度可达99.7%以上，总收率50%，较现有的技术方法实现的收率（10%~46%）有明显提高。

4.2.5 重点专利解读

结合专利申请的权利要求数量、同族数量、申请人重要程度及技术方案等因素，筛选出生物医药领域重点专利。

（1）US7323553B2

专利名称为"蛋白质的非亲和纯化"，申请日为2003年4月25日，被引证122次，简单同族数量为2，权利要求数量为25项，当前权利人为基因泰克公司，当前法律状态有效。该专利申请保护一种从含有宿主细胞蛋白的混合物中纯化靶蛋白的方法，该方法主要包括使所述混合物经受：（a）第一非亲和纯化步骤，和（b）第二非亲和纯化步骤，随后（c）高性能切向流过滤（HPTFF），和（d）分离宿主细胞蛋白。该通过与HPTFF结合的非亲和层析纯化方法能够从包含宿主细胞蛋白的混合物中纯化目标蛋白，使得存在宿主细胞蛋白杂质在最终纯化的目标蛋白中的含量低于100ppm。

（2）US7316919B2

专利名称为"包含载体多孔凝胶的复合材料"，申请日为2004年2月2日，被引证147次，简单同族数量为2，权利要求数量为23项，当前权利人为Merck Millipore Ltd，当前法律状态有效。该专利申请保护一种包含载体多孔凝胶的复合材料，该复合材料包括具有多个延伸穿过支撑构件的孔的支撑构件，以及位于支撑构件的孔中并填充支撑构件的孔的大孔交联凝胶。该具有大孔凝胶的复合材料显示出比相应参比材料高至少一个数量级的流体动力学渗透率，适用于例如通过过滤或吸附分离物质，用作合成中的载体或用作细胞生长的载体。

（3）US7074404B2

专利名称为"蛋白质纯化"，申请日为 2004 年 9 月 24 日，被引证 68 次，简单同族数量为 2，权利要求数量为 10 项，当前权利人为基因泰克公司，当前法律状态有效。该专利申请保护一种使用离子交换层析方法从包含多肽和至少一种污染物的组合物中纯化多肽的方法。该方法特别适用于在全生产规模下将产品分子与非常密切相关的污染物分子分离，能够实现多肽产物的高纯度和高回收率。

（4）CN101180317B

专利名称为"用于纯化抗体的方法"，申请日为 2006 年 5 月 23 日，简单同族数量为 36，权利要求数量为 6 项，当前权利人为罗氏公司，当前法律状态有效。该专利申请保护一种纯化免疫球蛋白的方法，包括下列步骤：（a）提供包含免疫球蛋白、缓冲物质和任选的盐的溶液；（b）在免疫球蛋白借以与弱离子交换材料结合的条件下，将该溶液与该弱离子交换材料接触；（c）通过使用包含缓冲物质和盐的溶液从弱离子交换材料回收免疫球蛋白。该方法为纯化重组产生的免疫球蛋白和用于分离单体和多聚体免疫球蛋白种类提供了一种新思路。

（5）US8940878B2

专利名称为"在非哺乳动物系统中表达的蛋白质的捕获纯化方法"，申请日为 2010 年 6 月 24 日，被引证 6 次，简单同族数量为 2，权利要求数量为 25 项，当前权利人为安进公司（Amgen Inc.），当前法律状态有效。该专利申请保护一种纯化在非哺乳动物系统中表达的非天然可溶和非天然不溶形式的蛋白质的方法，包括：（a）裂解其中蛋白质以非天然可溶形式表达的非哺乳动物细胞，以产生细胞裂解物；（b）在适合蛋白质与分离基质缔合的条件下，使细胞裂解物与分离基质接触；（c）洗涤分离基质；以及（d）从分离基质中洗脱蛋白质，其中分离基质是选自蛋白质 A、蛋白质 G 和合成模拟亲和树脂的亲和树脂。该专利通过简化的方法来解决现有技术蛋白 A 层析中的时间和资源消耗问题。

（6）US8945895B2

专利名称为"纯化重组 ADAMTS13 和其它蛋白质及其组合物的方法"，申请日为 2010 年 7 月 30 日，被引证 1 次，简单同族数量为 2，权利要求数量为 19 项，当前权利人为百深公司（Baxalta Incorporated，Baxalta GmbH）❶，当前法律状态有效。该专利申请保护一种从包含 ADAMTS13 蛋白和非 ADAMTS13 杂质的样品中纯化具有血小板反应蛋白 I 型基序 13（ADAMTS13）蛋白的重组 A 解联蛋白样金属肽酶的方法，所述方法包括以下步骤：（a）在允许 ADAMTS13 蛋白出现在来自羟基磷灰石的洗脱液或上清液

---

❶ 百深公司为美国百特国际有限公司的子公司。

中的条件下,通过使样品与羟基磷灰石色谱接触富集 ADAMTS13 蛋白;(b)使流经级分与结合 ADAMTS13 蛋白的混合模式阳离子交换/疏水相互作用树脂层析接触;以及(c)用洗脱缓冲液从混合模式阳离子交换/疏水相互作用树脂洗脱 ADAMTS13 蛋白。该方法能够使 ADAMTS13 的纯化达到较高产率。

(7) US9797871B2

专利名称为"储存和稳定目标物质的方法",申请日为 2011 年 4 月 28 日,简单同族数量为 2,权利要求数量为 30 项,当前权利人为思拓凡公司(Cytiva Bioprocess R&D Ab),当前法律状态有效。该专利申请保护一种用于在某些捕获介质上以结合形式稳定存储敏感生物或化学目标物质的方法,该方法:包括在合适的缓冲液中提供含有目标物质的样品;将样品与捕获介质结合以实现目标物质与捕获介质的可逆结合;在约零下 20℃ 至零上 20℃ 的温度下储存含有目标物质的捕获介质;以及从捕获介质中回收目标物质。该方法能够在不添加稳定添加剂的情况下,稳定地储存水合形式的敏感生物或化学目标物质,且是一种比冷冻更好的稳定性方式。

(8) CN103626847B

专利名称为"一种小麦胚芽蛋白源锌螯合肽及其制备方法",申请日为 2013 年 11 月 15 日,简单同族数量为 2,权利要求数量为 1 项,当前权利人为江南大学,当前法律状态有效。该专利申请保护一种小麦胚芽蛋白源锌螯合肽及其制备方法,该锌螯合肽包含 SEQ ID No.1 和/或 SEQ ID No.2 所示的氨基酸序列;其制备方法包括:以脱脂小麦胚芽为原料,经过蛋白质提取和酶法水解,得到含有锌螯合肽的酶解物,再依次采用固定化锌离子亲和层析、大孔吸附树脂和反相高效液相色谱进一步筛选、分离出目标产物。制备的锌螯合肽金属螯合作用强,可作为运输锌等微量元素的载体,提高微量元素的吸收,特别是在与锌形成肽－锌螯合物后,其生物利用率高于无机锌,更易于消化吸收,并满足机体对蛋白质的需求,而其制备方法所采用的原料低廉,工艺简单,易于规模化实施。

(9) CN103992384B

专利名称为"一种大黄鱼鱼骨胶原肽及其制备方法和用途",申请日为 2014 年 5 月 22 日,被引证 2 次,简单同族数量为 2,权利要求数量为 4 项,当前权利人为海南原肽生物科技有限公司,当前法律状态有效。该专利申请保护一种大黄鱼鱼骨胶原肽,该胶原肽的氨基酸序列为 Gly－Phe－Pro－Gly－Ser－Phe－Arg;还保护一种大黄鱼鱼骨胶原肽的制备方法,包括以下步骤:(a)大黄鱼鱼骨剁碎后,依次脱除非胶原蛋白、鱼骨中的钙和脂肪,得脱脂鱼骨;(b)将脱脂鱼骨处理得到胶原蛋白;(c)将制备的胶原蛋白依次通过第一种蛋白酶、第二种蛋白酶酶解;(d)将酶解液灭活、离心、取上清液、超滤和层析,得到胶原肽。通过选用胃蛋白酶和碱性蛋白酶作为酶解用酶,通过生物酶解法同时融合超滤分级和色谱精制,酶解过程易监控,使抗氧化胶原肽最大限度地释放出来;制备的抗氧化胶原肽是大黄鱼鱼骨胶原蛋白经酶水解制得,安全、无毒副作用,并且抗氧化作用显著,可用作药品、保健食品和食品添加剂。

(10) CN110551178B

专利名称为"一种含脯氨酸的首尾环肽合成方法",申请日为 2018 年 6 月 1 日,简单同族数量为 3,权利要求数量为 15 项,当前权利人为深圳翰宇药业股份有限公司,当前法律状态有效。该专利申请保护一种含脯氨酸的首尾环肽合成方法:首先在树脂上连接 Fmoc-3-羧基-Pro-OAll;其次按肽序偶联其他氨基酸残基;偶联完毕后,固相脱除 All,紧接着固相成环;最后环肽粗肽脱羧得到含脯氨酸的首尾环肽。该方法新颖,合成条件温和,工艺简单且工艺稳定。

4.2.6 主要申请人

全球有关肽制备用吸附分离树脂技术专利申请排名前十位申请人如图 4-2-5 所示。申请量排名第一的是罗氏公司,该公司也是唯一一家进入前十的瑞士公司,其专利布局达到 102 项,集中在多肽合成方法,大部分采用 Fmoc 策略,利用常见的 Wang-树脂、氨基氧基树脂、肼树脂等进行多肽合成。值得一提的是,其布局了一部分固液相混合合成多肽的方法专利。来自中国的申请人占据 6 席,分别为浙江海洋大学、深圳瀚宇药业股份有限公司、福州大学、华南理工大学、江南大学和中国药科大学,高校居多,仅有深圳瀚宇药业股份有限公司一家企业进入前十,其专利布局大多集中在各种肽类药物的合成方法,涉及树脂产品的专利不多。来自日本的申请人占据 1 席,即排名第八的雪印惠乳业株式会社,专利申请主要涉及保健类药用食品的制备方法。来自法国的申请人占据 1 席,即排名第七的塞诺菲,专利申请主要涉及肽类药物的合成方法。来自美国的申请人占据 1 席,即排名第十的通用电气公司,其专利主要由生命科学业务体系的子公司持有,主要涉及多肽药物的合成方法及其配套使用的树脂。以上申请人都是在肽或肽衍生物技术领域具有较强专利储备实力的单位。

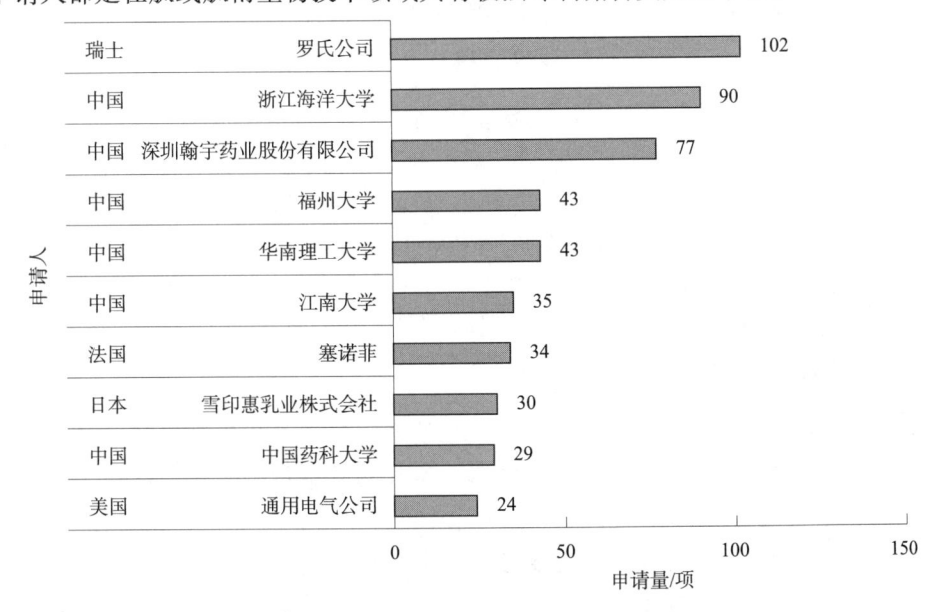

国家	申请人	申请量/项
瑞士	罗氏公司	102
中国	浙江海洋大学	90
中国	深圳翰宇药业股份有限公司	77
中国	福州大学	43
中国	华南理工大学	43
中国	江南大学	35
法国	塞诺菲	34
日本	雪印惠乳业株式会社	30
中国	中国药科大学	29
美国	通用电气公司	24

图 4-2-5 肽制备用吸附分离树脂技术全球主要申请人

整体来看，排名前十的5位中国申请人均为中国高校，中国企业在肽制备用吸附分离树脂本身的专利布局还相对薄弱，相关专利产业化进程还需加快，关键技术并未掌握在中国企业手中。

肽制备用吸附分离树脂技术主要国家/地区相关专利申请量20项以上的主要申请人如图4-2-6所示。罗氏公司在美国、日本、韩国和世界知识产权组织分别申请相关专利35项、31项、21项和67项，是这四个国家/地区排名第一的申请人，可见该公司比较注重全球专利布局。罗氏公司通过全球专利布局，在全球市场竞争中取得领先地位。中国浙江海洋大学、深圳瀚宇药业股份有限公司、华南理工大学和福州大学占据了中国专利申请的前四位，申请量分别为90项、77项、43项和43项。虽然中国申请人对肽制备用吸附分离树脂技术的布局积极性较高，但中国申请人创新实力和全球布局意识与该领域领先企业存在差距，中国申请人均未在其他国家/地区进行专利布局。

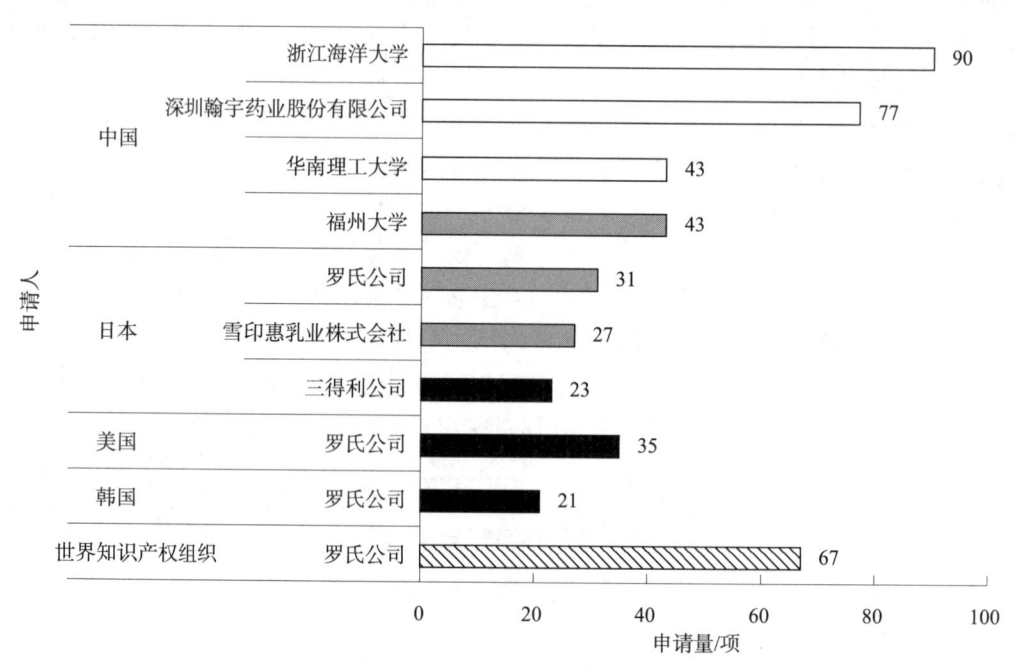

图4-2-6 肽制备用吸附分离树脂技术主要国家/地区申请人

注：本图对专利申请量20项以上的申请人统计排名。

4.2.7 中国主要发明人

高校和研究院所是肽制备用吸附分离树脂技术创新的重要贡献者，本书对我国肽及肽衍生物医药技术领域的高校及科研院所发明人团队进行了梳理，较有代表性的研发团队整理如下：

浙江海洋大学王斌教授团队。王斌教授是浙江海洋大学食品与医药学院教授，博士生导师，入选浙江省中青年学科带头人、浙江省"新世纪151人才工程"第二层次和舟山市"新世纪111人才工程"。主要从事海洋药物、海洋中药质量控制和海洋资源高值化利用的教学与科研工作，其团队在中国布局相关专利61件，主要涉及海洋生物蛋白质制备多肽的方法，包括金枪鱼、鲨鱼、乌贼等，其中有6件专利许可给浙江丰宇海洋生物制品有限公司生产使用，专利价值得到体现，专利技术与市场需求结合紧密。

福州大学汪少芸教授团队。汪少芸教授是福州大学生物科学与工程学院博士生导师。现担任福建省重点学科带头人、福州大学生物科学与工程学院执行院长、福州大学海洋科学技术研究院院长。入选"万人计划"科技创新领军人才、科技部中青年科技创新领军人才、福建省科技创新领军人才、福建省高校新世纪优秀人才、福建省食品科学重点学科带头人。主要从事生物活性蛋白质/酶/多肽、海洋及农副产品生物技术加工、功能食品、功能纳米生物材料、稳态化靶向递送生物分子体系和食品生物技术的基础研究和应用开发。其团队在中国布局相关专利35件，主要涉及利用动物胶原蛋白合成抗冻多肽、抗氧化肽、金属螯合肽等，主要集中在2015年之前，近年来提交的新专利申请不多。

华南理工大学赵谋明教授团队。赵谋明教授是华南理工大学食品科学与工程学院教授。入选国务院政府特殊津贴专家、新世纪百千万人才工程国家级培养对象、"863"项目首席专家、第十届广东省丁颖科技奖获奖者。其团队在中国布局相关专利16件，主要涉及抗氧化肽的制备，其中一件以独占许可的方式允许深圳富锦食品工业有限责任公司生产使用。

深圳纳微生物科技有限公司江必旺博士团队。江必旺博士2000年在美国罗门哈斯公司从事研究工作，2006年回国创建了深圳纳微生物科技有限公司，其团队在中国布局相关专利40件，主要涉及高分子纳米微球在各类药物中的分离提纯应用及其方法，近三年的专利申请数量占其团队专利申请总量的近50%。

4.2.8 国外在华布局

关于肽制备用吸附分离树脂技术的国外在华布局如图4-2-7所示。由图可知，美国在华申请相关专利数量最多，为61件，占国外申请人在华相关专利申请总量的28%；其次是瑞士，在华申请相关专利的数量为35件，占比16%；日本、韩国和德国的在华相关专利申请量分别为23件、15件和13件，占比分别为11%、7%和6%。结合本章整体数据来看，关于肽制备用吸附分离树脂技术，国外申请人在华布局专利数量较少，占比仅为中国相关专利申请总量的12%。

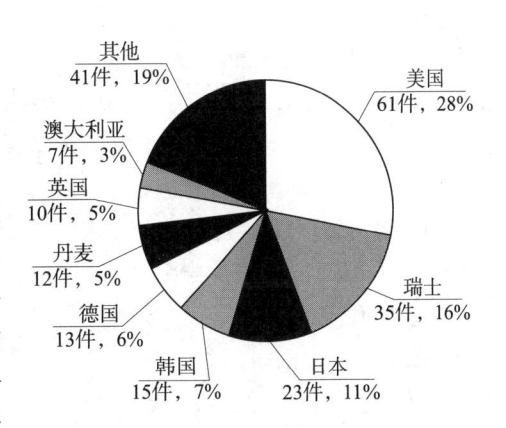

图4-2-7 肽制备用吸附分离树脂技术国外在华布局

对国外申请人关于肽制备用吸附分离树脂技术在华专利布局的代表性申请人及专利技术进行梳理,如图4-2-8所示。专利申请数量最多的为罗氏公司,申请相关专利20件以上,其在肽制备用吸附分离树脂技术领域的研发重点为蛋白质产品和树脂类型,包括蛋白质纯化、重组蛋白和离子交换树脂等;其余公司在华专利申请数量均小于20件,包括百深公司、通用电气公司、韩美药品股份有限公司、奥姆里克斯生物药品有限公司等。其中,百深公司2015年从美国百特国际有限公司中拆分出来,针对本技术其重点研发方向包括吸附分离树脂、细胞生长因子及受体、蛋白质等,在华申请相关专利6件;通用电气公司、韩美药品股份有限公司和奥姆里克斯生物药品有限公司相关专利申请量均小于5件。

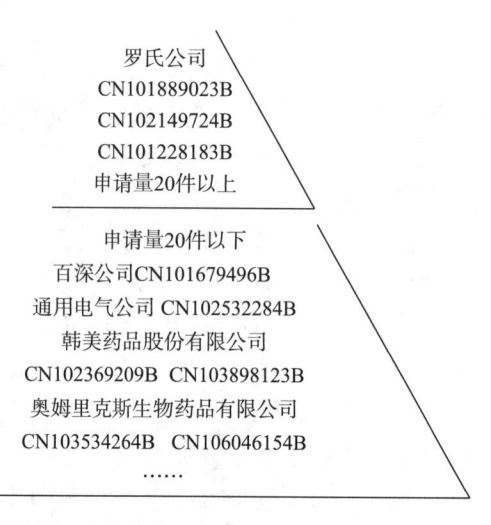

```
罗氏公司
CN101889023B
CN102149724B
CN101228183B
申请量20件以上

申请量20件以下
百深公司 CN101679496B
通用电气公司 CN102532284B
韩美药品股份有限公司
CN102369209B  CN103898123B
奥姆里克斯生物药品有限公司
CN103534264B  CN106046154B
  ……
```

图4-2-8 肽制备用吸附分离树脂技术国外在华代表性申请人及专利技术

4.2.9 中国申请人海外布局

中国申请人关于肽制备用吸附分离树脂技术的海外布局国家/地区如图4-2-9所示。由图可知,中国申请人主要通过世界知识产权组织申请专利102件,占比高达51%。在美国、欧洲、日本、韩国等国家和地区组织都进行了相关专利申请,其中,在美国和欧洲布局的专利数量均为28件,占比同为14%;在日本和韩国的专利申请量分别为13件、11件,其余国家和地区申请均小于10件。

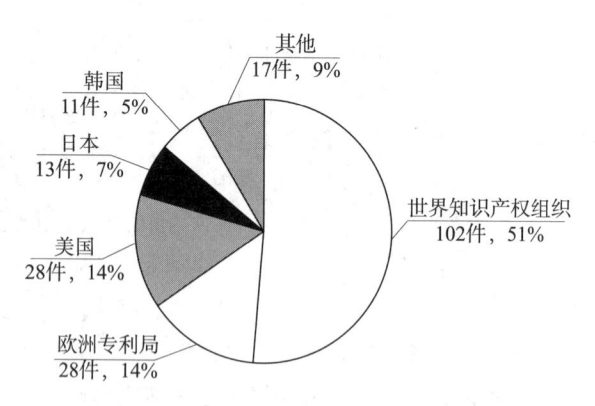

图4-2-9 肽制备用吸附分离树脂技术中国申请人海外布局国家/地区

为更好地展示中国申请人关于肽制备用吸附分离树脂技术的海外布局情况,对进行海外专利布局的中国申请人进行统计,结果如图 4-2-10 所示。由图可知,专利申请数最多的是上海天伟生物制药有限公司,其在海外申请相关专利 30 件;其次是深圳华大基因科技有限公司,申请相关专利 16 件;另外,成都华创生物技术有限公司、深圳瀚宇药业股份有限公司、深圳普罗吉医药科技有限公司等也有少量的海外专利布局,申请量均在 10 件以下。

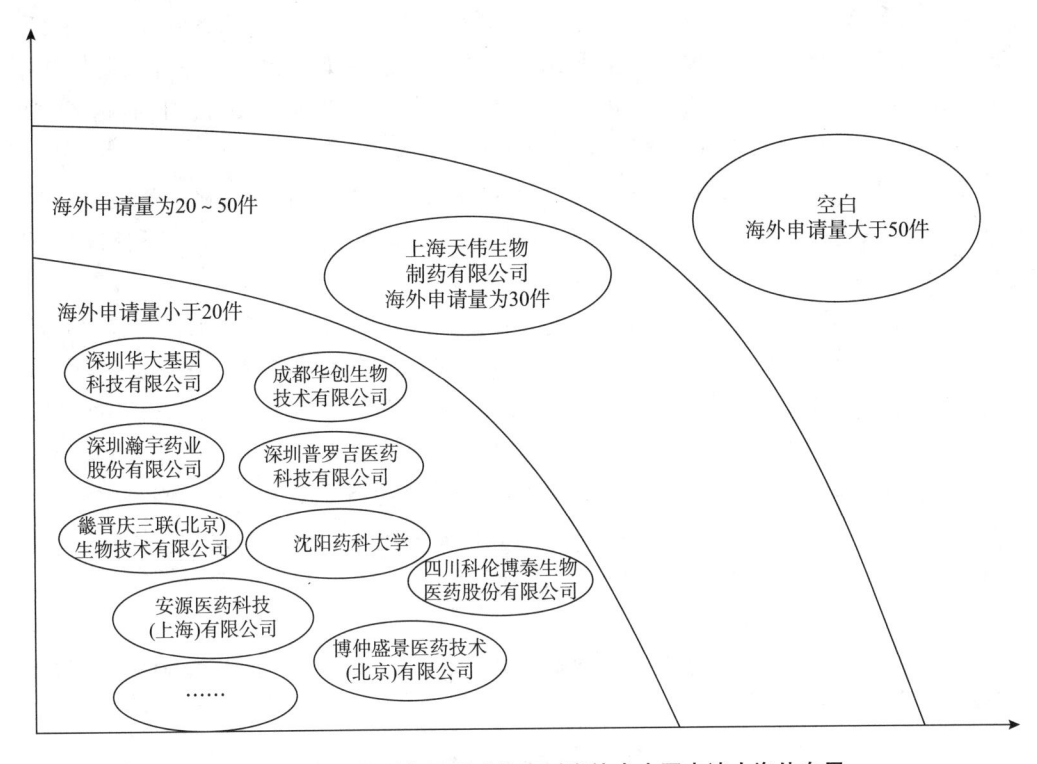

图 4-2-10　肽制备用吸附分离树脂技术中国申请人海外布局

4.3　小　　结

(1) 总体专利趋势分析结论

① 吸附分离树脂在生物医药领域应用相关专利总量为 26800 余项,整体上专利技术申请处于增长态势。国外吸附分离树脂在生物医药领域应用技术发展较早,有相当大一部分核心技术由跨国医药企业掌握,其在专利竞争和市场竞争中均显现出强大的实力。中国吸附分离树脂在生物医药领域应用技术虽然起步较晚,但是专利总体数量后来居上。1995 年以后,涌现出大量申请人,同时带动整体技术领域的快速发展,2000 年以后,中国已经成为该领域最大的技术来源国。

② 从世界知识产权组织和欧洲专利局受理的专利数量来看,美国是全球化专利布局步伐最快的国家,其创新主体海外专利储备数量最多,技术输出力度最大。其中基因泰克公司、通用电气医疗集团等大型企业是主力军,这些跨国企业最关注的国家是

日本、中国、韩国等医疗用品大国。

③ 吸附分离树脂在化学药细分领域的应用是布局数量最大的一个分支，也是专利数量增幅最快的一个分支。吸附分离树脂用于生物药细分领域的相关专利主要来源于中国、美国和日本。其中，美国是蛋白质类药物的主要技术来源国；在吸附分离树脂用于植物提取药方向，中国申请人的专利储备数量已经逐渐领先。

④ 中国相关产业地域集中度较高，但专利技术转化率较低。江苏、北京、浙江、广东、山东五个地区的专利数量占总量的45%左右，产业地域集中度较高。总体数据中企业专利占比低于50%，仅有江苏、山东的企业专利占比高于50%，其他地区的产业化程度相对不高，相关专利主要掌握在高校和科研院所手中。

⑤ 中国专利申请人中高校和科研院所专利申请数量多，企业专利储备实力不足。中国申请人大多只涉及本国专利布局，海外专利布局数量较少，全球专利布局意识较弱。

⑥ 国内企业吸附分离树脂在生物医药领域应用技术与国际先进水平存在较大差距。在技术水平、产业发展、专利布局等方面国内企业都没有形成竞争优势。以植物提取药为例，中国是主要的技术来源国，国内创新主体专利数量庞大，却没有构成实质保护，并不能带来市场竞争主动权，相关的市场份额却由日本、韩国的企业占领。究其原因，我国企业在传统优势的植物提取药方向的专利布局，仅注重下游产品工艺，上游生产原料或中间体仍依赖进口，对优势技术尚未形成有力的专利保护；而在弱势的生物药和化学药上创新能力、专利保护都需加强。

（2）重点技术专利分析结论

① 离子交换树脂在蛋白质、肽和多糖药物中使用最为广泛，其次是凝胶色谱和吸附树脂。

② 吸附分离树脂用于药物制备的工艺也是生物医药细分领域专利申请的重要方向。生物药方面，2010年后吸附分离树脂在多糖和肽类药物应用的专利数量增速超过其在蛋白质药物上的应用，其中肽类药物近年来发展最快。化学药方面，中国新药研发技术薄弱，原创技术较少，处于产业链低端。中国的原料药和中间体的相关专利占比大，新药相关专利占比小。植物提取药方面，相关的专利主要来自中国，但日本、美国、韩国、英国等国家的创新主体也有相关技术的专利产出，并且积极在中国进行专利申请。

③ 吸附分离树脂用于肽类药物制备是目前该领域热点方向之一，具有良好的发展前景。瑞士罗氏公司是肽类药物技术的典型代表，在该领域的申请人中排名第一，其发展路线值得业内人士关注。中国的高校在肽类药物技术领域专利申请较多，但没有进行海外布局，而拥有肽类药物技术的部分中国企业相对具有一定的海外专利布局意识。

（3）重点技术发展建议

① 建议注重优势产业的横向发展，以植物提取药用吸附分离树脂技术为重点，构建完善、合理的知识产权保护体系，巩固优势产业。针对相对弱势的生物药细分领域，

采用跟随型发展战略，可以加强专利信息利用，通过合理借鉴、二次开发，紧跟技术热点，例如在核酸药物用吸附分离树脂领域坚持"仿创结合"，争创特色产业。

② 加强产学研合作是改变国内吸附分离树脂在肽类药物细分领域应用发展的重要途径。中国高校和科研院所是肽类药物技术创新、专利布局的重要贡献者。加强企业与高校的技术交流，是快速突破技术困境的有效途径。

③ 从海外专利布局情况来看，美国创新主体的专利保护遍布全球，而中国创新主体则在国内布局了95%以上的数量。各国高度重视战略性新兴产业的培育和发展，着力在新一轮更高层次上的竞赛中抢占先机，积极创造和有效运用知识产权。中国企业要想增强国际市场竞争力，必须进一步加强海外专利布局。

第5章 高端水处理用吸附分离树脂

与工业废水处理不同❶❷，普通的吸附分离树脂难以满足特定应用场景下高纯水或凝结水处理需求，这些特定应用场景对吸附分离树脂的性能提出更高的要求。本章选取具有战略性和支撑性产业用高性能吸附分离树脂进行研究，包括电子级超纯水、核电站、凝结水精处理应用领域。为了区别于普通的水处理，本章概括为高端水处理用吸附分离树脂。

电子级超纯水是半导体芯片生产过程用水；核电站用吸附分离树脂，又称为核级树脂，主要是应用于一回路硼酸浓度、pH调节，即化学物质体积控制、反应堆水净化及反射性废物清理，二回路补给水或凝结水精处理、蒸汽发生器排污水处理系统等；凝结水精处理是对锅炉蒸汽在循环冷却过程中凝结形成的水进行深度处理，去除凝结水中各种盐分、胶体、金属氧化物、悬浮物等杂质，保证锅炉给水的高纯度。凝结水精处理装置是大型机组汽包锅炉和直流锅炉的重要辅助设备，已成为当今电站发电系统的必备部分，对电站安全、稳定运行起到了关键作用。

5.1 全球及重点国家/地区

5.1.1 专利申请趋势

吸附分离树脂在高端水处理领域专利申请始于1943年，此后近10年几乎处于停滞状态，从1954年开始出现连续相关专利申请。根据全球吸附分离树脂在高端水处理领域的专利申请趋势分析，可将该技术划分为三个发展阶段，即萌芽期、缓慢发展期及快速发展期。为了更清楚地展示近50年的申请趋势，图5-1-1只展示出1970年以后的年专利申请量。

（1）萌芽期（1972年及以前）

1943~1972年，全球关于吸附分离树脂在高端水处理领域应用共申请了49项专利，年专利申请量在10项以下，主要以核级水处理技术为主。相关专利申请目标地域主要集中在美国、英国和德国等国家，主要申请人来自美国和法国。中国在此阶段没有相关专利申请。

---

❶ 黄艳，尚宇，周健，等. 离子交换树脂在工业废水处理中的研究进展 [J]. 煤炭与化工，2014，37（1）：48-50.

❷ 张全兴，李爱民，潘丙才. 离子交换与吸附树脂的发展及在工业废水处理与资源化中的应用 [J]. 高分子通报，2015（9）：21-43.

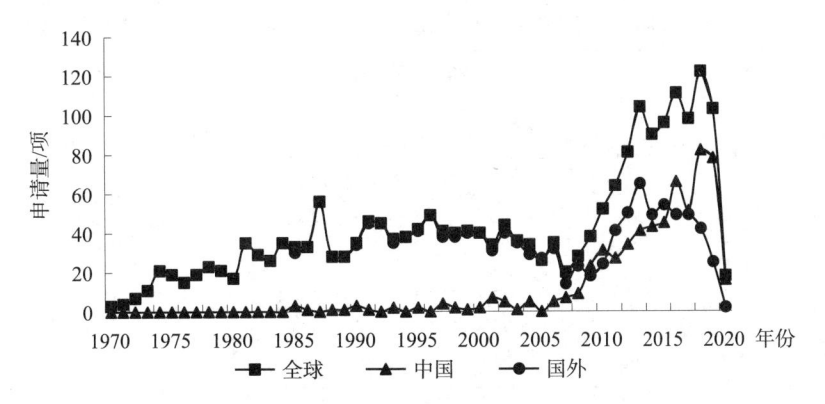

图 5-1-1　吸附分离树脂在高端水处理领域应用全球/中国/国外专利申请趋势

（2）缓慢发展期（1973～2007 年）

这一时期，吸附分离树脂在高端水处理领域应用技术不断发展，相关专利开始持续产出，平均年专利申请量 32 项。相关专利申请目标地域主要集中在日本和美国，且在日本的申请量超越在美国的申请量，日本成为最大的目标国家。在该时期内，核级水处理仍然是主要应用领域。值得注意的是，该时期内全球排名前十的海外申请人中有 8 个开始在中国进行相关专利申请。在中国的相关专利申请始于 1985 年 4 月 1 日，清华大学提交了一种用二氧化碳再生放射性离子交换树脂的方法专利申请（CN85100138B）。同一天，三菱金属株式会社提交了一种使用强酸型离子交换树脂处理来自铀核燃料生产中的含有铵离子和氟离子废液的工艺专利申请（CN1013768B）。

（3）快速发展期（2008 年至今）

近年来，随着水处理领域的扩展以及相关政策的推动，相关专利申请量快速增加，年专利申请量突破 100 项。专利申请目标地域主要集中在中国、日本、美国和韩国，其中，在中国的相关专利申请量接近全球总量的一半，在其他国家的相关专利申请量较上一阶段减少。在该阶段，吸附分离树脂用于电子级超纯水处理的市场需求较大，相关技术发展较快。

5.1.2　专利申请目标国/地区

截至检索日，全球关于吸附分离树脂在高端水处理领域应用共申请专利 3012 件，涉及 60 个国家/地区。由此可见，该技术的研发与应用涉及地域广泛。

通过对比各专利申请目标国/地区的专利申请量及占比，一定程度上可以判断该国家/地区在全球市场中的地位。如表 5-1-1 所示，日本、中国和美国是吸附分离树脂在高端水处理领域应用的主要目标市场，在这三个国家的相关专利申请量之和占全球相关专利申请总量的近 60%。其中，在日本申请的专利量最多，达 734 件；并且，在日本和美国的相关专利申请更多集中在 2000 年之前，与中国 96% 的相关申请集中在 2000 年之后相比，体现出日本和美国的吸附分离树脂在高端水处理领域应用技术起步早。

表 5-1-1 吸附分离树脂在高端水处理领域应用全部及阶段年份专利申请目标国/地区

全部年份			2000 年及以前			2000 年以后		
专利申请目标国/地区	数量/件	占比	专利申请目标国/地区	数量/件	占比	专利申请目标国/地区	数量/件	占比
日本	734	24%	日本	433	29%	中国	579	38%
中国	603	20%	美国	250	17%	日本	301	20%
美国	435	14%	德国	120	8%	美国	185	12%
韩国	208	7%	英国	103	7%	韩国	136	9%
德国	138	5%	法国	90	6%	世界知识产权组织	82	5%
世界知识产权组织	122	4%	韩国	72	5%	欧洲专利局	52	4%
欧洲专利局	110	4%	欧洲专利局	58	4%	俄罗斯	48	3%
法国	108	4%	世界知识产权组织	40	2%	其他	135	9%
其他	554	18%	其他	328	22%	—	—	—

5.1.3 技术来源国

图 5-1-2 为吸附分离树脂在高端水处理领域应用全球及主要国家/地区的技术来源国分布情况。从图中可以看出，来自日本的专利申请量最大，达 811 项，占比高达 37%，其次是中国和美国，专利申请量分别为 537 项和 304 项，占比分别为 25%、14%；韩国、德国、法国的专利申请量分别为 140 项、111 项、82 项。由表 5-1-1 及图 5-1-2 可以看出，针对吸附分离树脂在高端水处理领域应用全球专利申请，日本、中国和美国既是主要市场国，也是主要技术来源国。进一步对比目标国/地区申请量和来源国/地区申请量，来源于日本申请人的相关专利申请量（图 5-1-2 饼图显示的 811 项）明显高于日本境内的相关专利申请量（表 5-1-1 中在日本的相关申请 734 件），一定程度上体现了日本吸附分离树脂在高端水处理领域应用的技术优势。

对主要专利申请目标国/地区的技术来源进一步分析，本国申请人仍然是各国相关专利申请的主力军，但在美国和德国市场，海外申请人占比达一半左右。日本申请人非常重视美国市场，美国申请人倾向于通过世界知识产权组织途径进行全球专利布局，中国申请人海外布局少。

(a) 全球整体分布

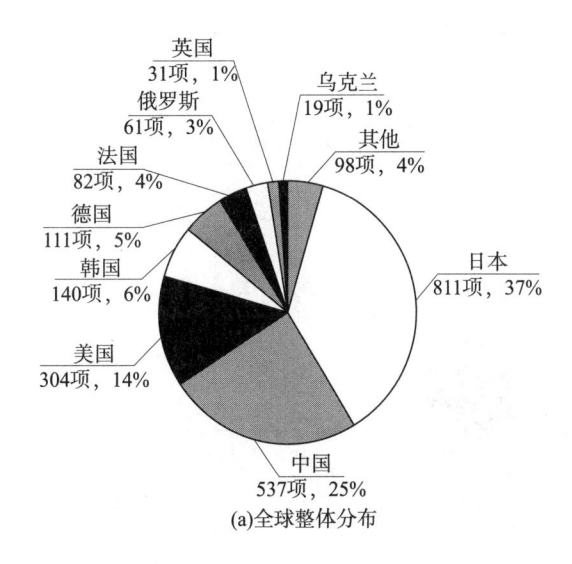

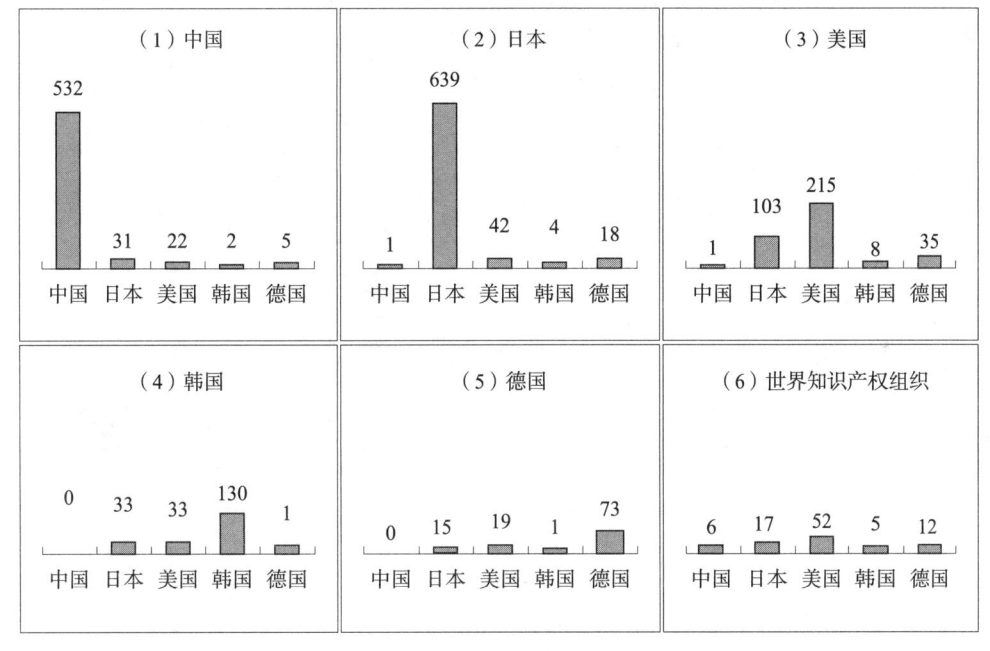

- 英国 31项, 1%
- 乌克兰 19项, 1%
- 俄罗斯 61项, 3%
- 其他 98项, 4%
- 法国 82项, 4%
- 德国 111项, 5%
- 韩国 140项, 6%
- 日本 811项, 37%
- 美国 304项, 14%
- 中国 537项, 25%

(1) 中国：中国 532，日本 31，美国 22，韩国 2，德国 5

(2) 日本：中国 1，日本 639，美国 42，韩国 4，德国 18

(3) 美国：中国 1，日本 103，美国 215，韩国 8，德国 35

(4) 韩国：中国 0，日本 33，美国 33，韩国 130，德国 1

(5) 德国：中国 0，日本 15，美国 19，韩国 1，德国 73

(6) 世界知识产权组织：中国 6，日本 17，美国 52，韩国 5，德国 12

(b) 主要国家/地区分布

图 5-1-2　吸附分离树脂在高端水处理领域应用全球及主要国家/地区技术来源

注：图中数字表示申请量，柱状图单位为件。

5.1.4　产业结构

本小节主要是基于吸附分离树脂在电子级超纯水处理、核级水处理和凝结水精处理三大细分领域应用进行分析，如图 5-1-3 所示。从图中可以看出，吸附分离树脂在核级水处理细分领域应用相关专利申请最多，申请量为 1616 项；其次是用于电子级超纯水处理，申请量为 372 项；用于凝结水精处理的相关专利申请相对较少，申请量为 295 项。高端水处理本身属于小众领域，三个分支中吸附分离树脂用于核级水处理开始最早，技术相对较成熟。

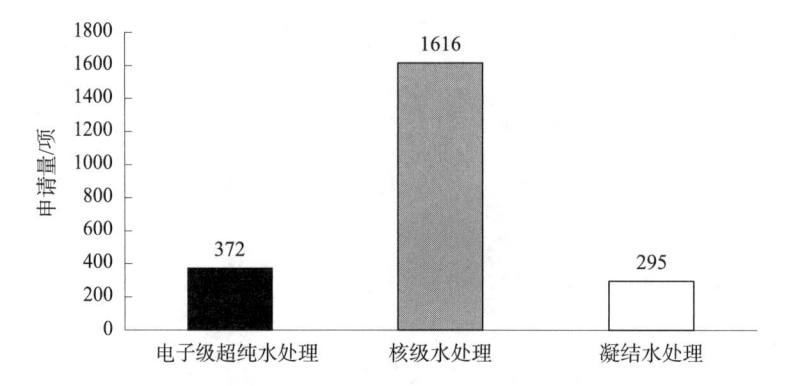

图 5-1-3　吸附分离树脂在高端水处理领域应用的产业结构分布

分别对吸附分离树脂用于电子级超纯水处理、核级水处理和凝结水精处理三个细分领域应用的相关专利进一步分析，下级分支分别为树脂类型、设备、工艺，如图 5-1-4 所示。吸附分离树脂用于三大细分领域应用中的工艺类专利申请相对较少，关于电子级超纯水处理中的设备研发专利申请较多。在核级水处理和凝结水精处理中，关于树脂类型的专利申请较多。

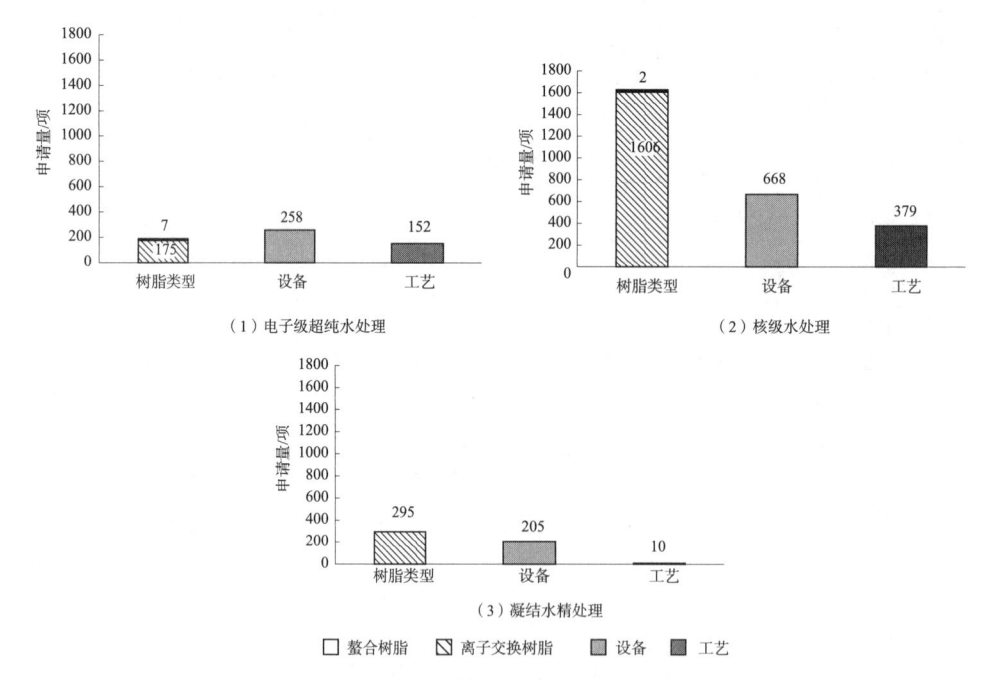

（1）电子级超纯水处理：树脂类型 7/175，设备 258，工艺 152

（2）核级水处理：树脂类型 2/1606，设备 668，工艺 379

（3）凝结水精处理：树脂类型 295，设备 205，工艺 10

图例：螯合树脂　离子交换树脂　设备　工艺

图 5-1-4　吸附分离树脂在高端水处理三大细分领域应用专利技术分布

为了更好地展示吸附分离树脂在高端水处理三大细分领域应用的专利申请情况，对于不同细分领域的专利申请数据进行统计，如图 5-1-5 所示。由图可知，在三个细分领域中,有关吸附分离树脂用于电子级超纯水处理的专利申请从1970年至2010年呈现缓慢发展趋势,专利申请量较少。近10年,相关专利申请量增长幅度较大,2018年关于吸附分离树脂用于电子级超纯水处理的专利申请达42项。有关吸附分离树脂用于核级水处理的专利申请从1970年至2010年处于稳定发展期,年申请量保持在30项左右;从2011年至今,平均年申请量提升到60余项。与上述两个细分领域相比,有关吸附分离树脂用于凝结水精处理的相关专利申请总量最低,增幅最小。

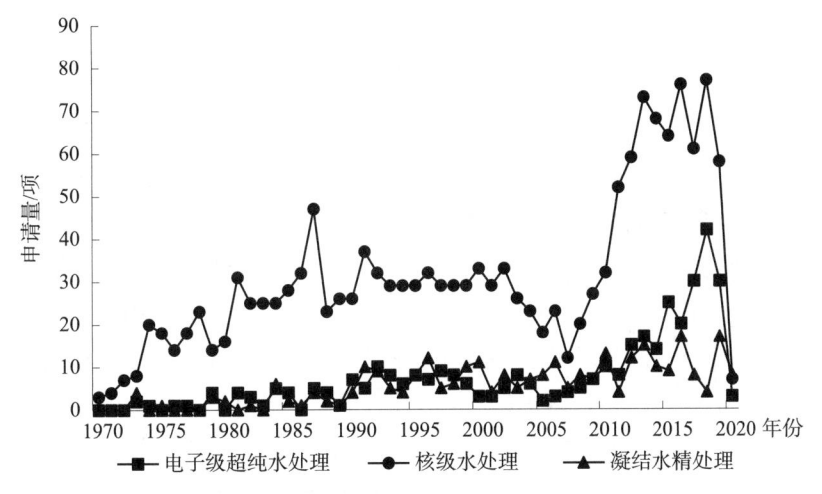

图5-1-5 吸附分离树脂在高端水处理三大细分领域应用专利申请趋势

为了解吸附分离树脂在高端水处理三大细分领域应用的市场分布情况,对相关专利申请目标国/地区进行排名分析,如表5-1-2所示。吸附分离树脂用于电子级超纯水处理和凝结水精处理两个细分领域应用的市场集中度较高,主要集中在中国、日本和美国,三个国家的相关专利申请量在全球相关专利申请总量中的占比在80%及以上;通过世界知识产权组织进行全球化布局较少。由于吸附分离树脂在核级水处理中的应用起步早,涉及市场较多,在全球重点国家的布局差距较小。

表5-1-2 吸附分离树脂在高端水处理三大细分领域应用专利申请目标国/地区

电子级超纯水处理			核级水处理			凝结水精处理		
专利申请目标国/地区	数量/件	占比	专利申请目标国/地区	数量/件	占比	专利申请目标国/地区	数量/件	占比
中国	214	51%	日本	593	25%	中国	121	37%
日本	76	18%	美国	364	15%	日本	120	36%
美国	46	11%	中国	289	12%	美国	42	13%
韩国	33	8%	韩国	169	7%	英国	11	3%
欧洲专利局	7	2%	德国	131	6%	世界知识产权组织	11	3%

续表

电子级超纯水处理			核级水处理			凝结水精处理		
专利申请目标国/地区	数量/件	占比	专利申请目标国/地区	数量/件	占比	专利申请目标国/地区	数量/件	占比
英国	4	1%	世界知识产权组织	111	5%	韩国	8	2%
世界知识产权组织	4	1%	法国	107	5%	欧洲专利局	6	2%
其他	33	8%	欧洲专利局	99	4%	德国	4	1%
—	—	—	其他	510	21%	其他	9	3%

图 5-1-6 所示为吸附分离树脂在高端水处理三大细分领域应用的主要技术来源国。从图中可以看出，中国关于吸附分离树脂在三个细分领域应用的专利申请相对较均衡，与其他国家相比，在电子级超纯水处理领域较具优势；日本主要关注吸附分离树脂用于核级水处理，在其余两个细分领域的相关专利申请量接近；美国、韩国和德国也均在吸附分离树脂用于核级水处理领域的专利申请量占比较高。

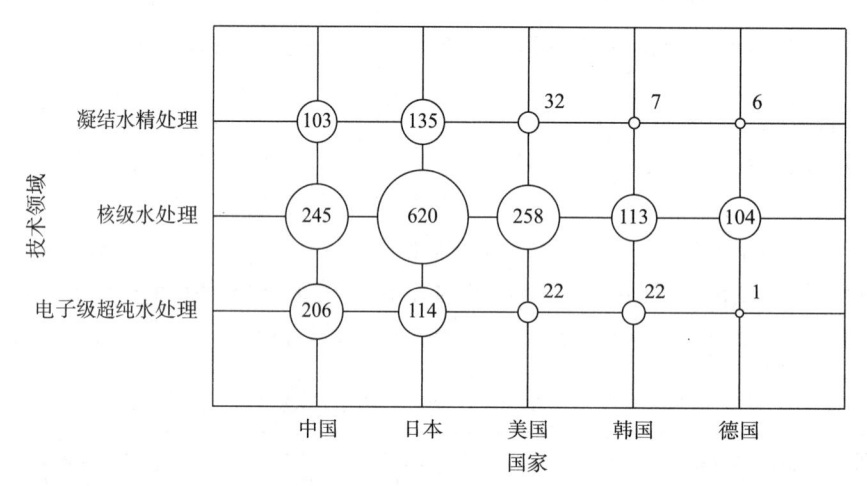

图 5-1-6 吸附分离树脂在高端水处理三大细分领域应用主要技术来源

注：图中数据表示申请量，单位为项。

图 5-1-7 示出了吸附分离树脂在高端水处理三大细分领域应用主要国家/地区近 20 年的专利申请趋势。从图中可以看出，日本、美国、韩国和德国四个国家整体申请量偏低。在中国的相关专利申请中，关于吸附分离树脂用于电子级超纯水处理和核级水处理的专利申请量整体上呈现逐年增加的态势，近 5 年的年专利申请量基本均保持在 30 件左右；关于吸附分离树脂用于凝结水精处理技术的专利申请增长幅度较小，年申请量在 10 件左右。

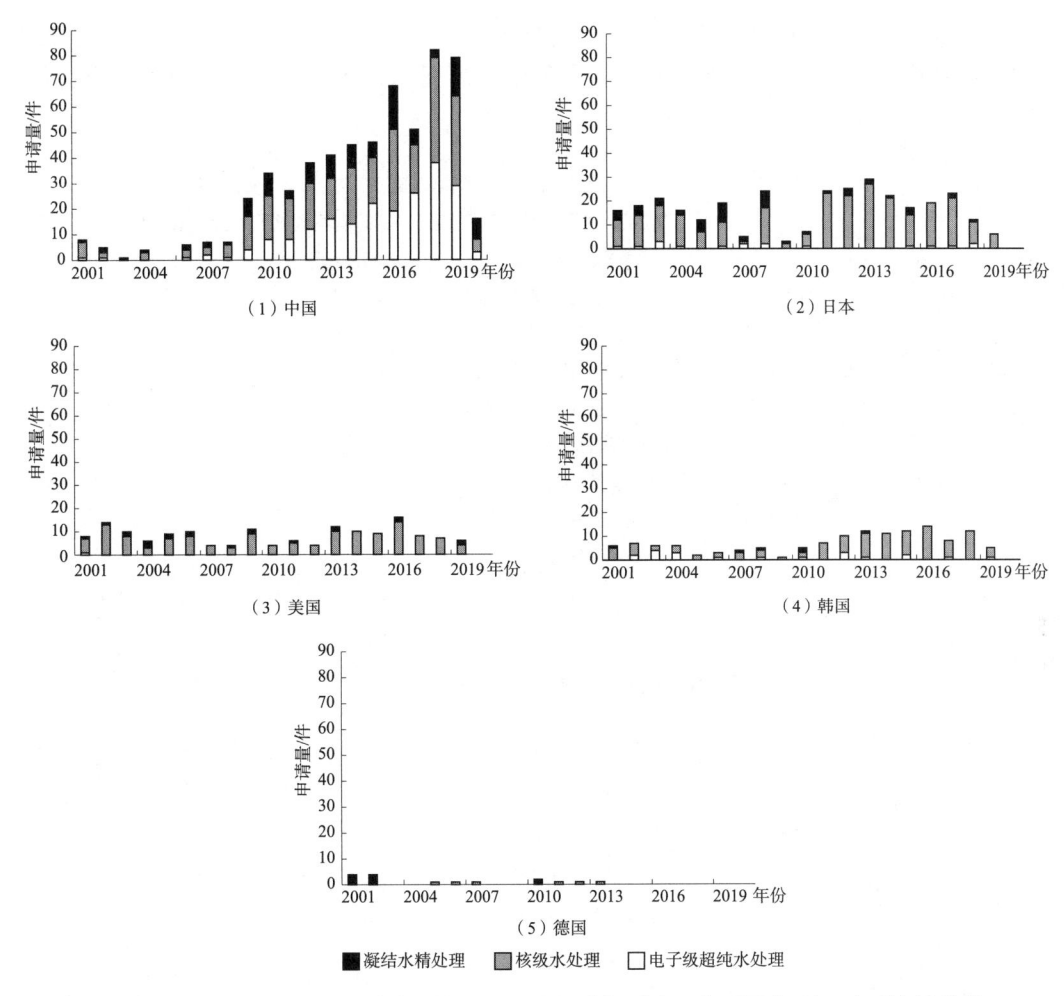

图 5-1-7　吸附分离树脂在高端水处理三大细分领域应用主要国家/地区专利申请趋势

5.1.5　主要申请人

关于吸附分离树脂在高端水处理领域应用相关专利申请的全球主要申请人排名如图 5-1-8 所示。其中，前六席均为日本企业，涉及综合集团类企业、垂直度较高的具体应用型企业、相关领域延伸型企业。前两者从应用需求角度出发使用吸附分离树脂，综合集团类代表企业有日立公司、东芝公司、三菱公司等，垂直度较高的具体应用型代表企业有荏原公司、奥加诺株式会社、栗田工业株式会社等；后者从化工领域延伸，开发吸附分离树脂产品，满足不同应用需求，代表企业有日本碍子公司、旭化成株式会社等。排名前十的申请人中美国申请人占据 2 席，表现并不突出，分别是排名第九的西屋电气公司和排名第十的陶氏杜邦公司，这两家公司的相关业务均主要集中在吸附分离树脂用于核级水处理方面。另外，陶氏杜邦公司还涉及吸附分离树脂在凝结水精处理中的应用。中国申请人华电集团与美国陶氏杜邦公司并列排名第十，相关专利申请主要集中在吸附分离树脂用于火电厂或者变电站凝结水精处理。其余 2 席分别是法国原子能委员会和韩国原子能研究所,其中,法国原子能委员会排名第七,主要涉及螯合树脂、普通离子交换树脂和吸附分离树脂设备方面;韩国原子能研究所排名第八,其专利主要围绕放射性废水处理。

国家	申请人	申请量/项
日本	日立公司	114
日本	东芝公司	102
日本	荏原公司	74
日本	奥加诺株式会社	71
日本	三菱公司	43
日本	栗田工业株式会社	42
法国	法国原子能委员会	31
韩国	韩国原子能研究所	30
美国	西屋电气公司	26
美国	陶氏杜邦公司	20
中国	华电集团	20

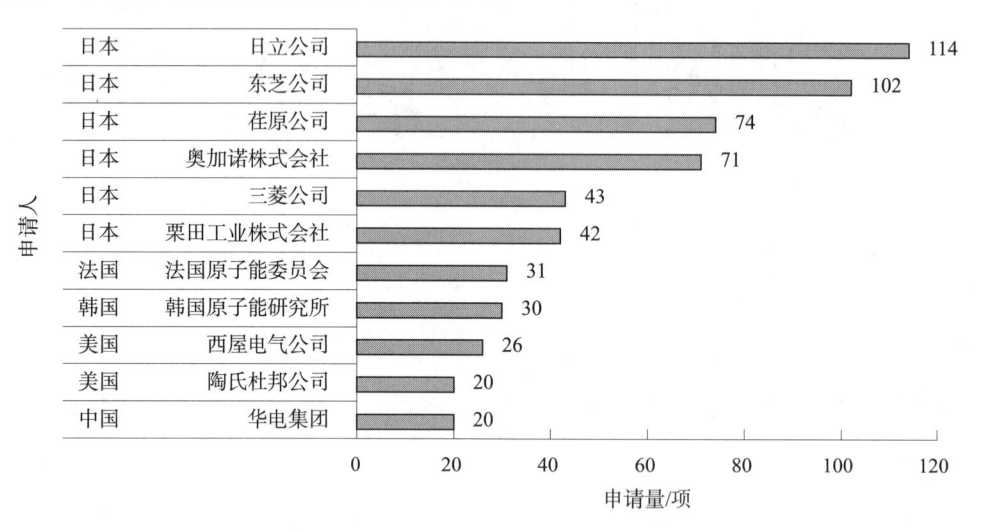

图 5-1-8 吸附分离树脂在高端水处理领域应用全球主要专利申请人

对吸附分离树脂在高端水处理领域应用主要国家/地区专利申请量 20 件以上的主要申请人进行分析,结果如图 5-1-9 所示。从图中可以看出,日本前三位申请人全

	主要申请人	主要申请人技术集中度	主要申请人代表性技术
日本	东芝公司 日立公司 荏原公司	累计数量235件 占该领域专利数量8%	放射性废料 放射性废料 放射性废料+凝结水精处理+电子级超纯水处理
中国	华电集团 清华大学 中国广核集团有限公司	累计数量44件 占该领域专利数量1%	凝结水精处理 放射性废料 放射性废料
美国	日立公司 荏原公司 西屋电气公司	累计数量50件 占该领域专利数量2%	放射性废料+电子级超纯水处理 放射性废料+电子级超纯水处理 放射性废料
韩国	韩国原子能研究所 韩国水力发电有限公司 韩国电力公司	累计数量34件 占该领域专利数量1%	放射性废料 放射性废料 放射性废料
德国	铋有限公司 法国原子能委员会 陶氏杜邦公司	累计数量20件以下 占该领域专利数量小于1%	放射性废料 放射性废料 放射性废料

图 5-1-9 吸附分离树脂在高端水处理领域应用主要国家/地区专利申请人
注:主要申请人只取专利申请量排名在前三位的机构。

部为本土申请人，其中，日立公司不仅在日本本国申请相关专利，在美国也形成了一定规模的布局，居于该国申请人的首位。结合图5-1-8可以看出，中国申请人华电集团虽已在该领域形成小规模布局，但不涉及海外专利申请，可见全球布局意识不足。

5.1.6 中国产业分布

关于吸附分离树脂在高端水处理领域应用的中国产业地域发展情况如图5-1-10所示，江苏的申请人最活跃，所持专利数量占全国相关专利申请总量的21%，其中来源于企业的相关专利数量达80%。结合背景调研情况来看，江苏在吸附分离树脂用于高端水处理方向产业化程度相对较高，科技型企业较为密集。以兆德（南通）电子科技有限公司和江苏核电有限公司为代表，前者专利大多涉及吸附分离树脂用于电子级

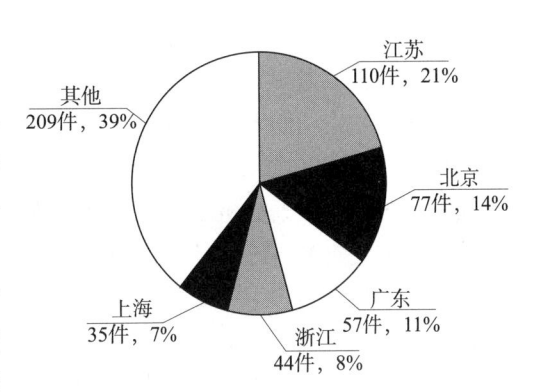

图5-1-10 吸附分离树脂在高端水处理领域应用中国产业地域分布

超纯水处理的工艺和装置，而后者主要涉及吸附分离树脂用于各种核级水处理、凝结水精处理的工艺，各有侧重。广东、浙江、上海三个地区的情况与江苏相似，企业相关专利占比接近80%，大多数专利的技术方案以解决产业化实际问题为目的，应用程度较高。

来源于北京申请人的相关专利数量约占全国相关专利申请总量的14%，其中，超过60%的专利来源于企业。结合背景调研情况来看，北京优质科研机构、技术支持型企业较多，但产业化程度相对不高。以清华大学和中国科学院物理研究所为代表，前者专利大多涉及吸附分离树脂用于核级水处理、核废水处理，且其相关专利数量占北京地区科研院校相关专利总量的60%左右，后者专利主要涉及特殊环境下的超纯水处理。

总体来看，江苏、北京、广东、浙江、上海五个地区的相关专利数量占全国相关专利总量的61%，与中国境内相关专利分布类似，吸附分离树脂在高端水处理领域应用产业集中度相对较高。

吸附分离树脂在高端水处理领域应用中国申请人类型分布如图5-1-11所示，企业相关专利占比71%。结合本小节前述分析可知本领域仅北京地区的企业相关专利占比低于70%，江苏、广东、浙江等地区的企业相关专利占比均超过80%。可见，相关专利主要掌握在企业手中，产业化程度较高。

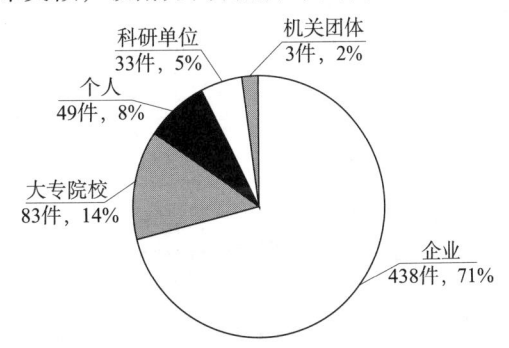

图5-1-11 吸附分离树脂在高端水处理领域应用中国产业专利申请人类型分布

5.2 电子级超纯水处理应用技术

半导体工业是电子工业领域重要技术分支,也是全球经济发展的重要组成部分。我国半导体电子芯片产业起步晚,基础薄弱,短板明显,目前主要依赖进口,产业发展极易受到国际贸易出口政策影响。自主研发、摆脱进口依赖是当前我国半导体产业发展的根本出路。在半导体电子芯片生产过程中,所用的超纯水对水质要求极高,❶当前半导体电子芯片用的电子级超纯水技术被一些国外企业所掌握,国内外技术也存在差距。因此,本章以半导体电子芯片所用的电子级超纯水作为重点分支进行研究,以专利数据为抓手,详细分析了全球电子级超纯水技术发展趋势和专利布局现状,希望对我国半导体工业电子芯片行业发展发挥参考价值。

在半导体电子芯片生产工艺中,多道工序都需要用超纯水进行部件清洗。而且随着半导体尺寸不断减小,对超纯水中污染物指数要求越来越严格。20 世纪 60 年代末期,美国 5 家产业龙头企业牵头制定半导体用纯水水质指标标准,随后,半导体技术每前进一代,标准中杂质指标都要求减少 10% ~ 50%。为适应超大规模半导体迅速发展的需要,美国材料与试验学会(ASTM)多次修订电子级水质标准,中国也在 2013 年重新修订了 GB/T 11446.1 – 2013 电子级水国家标准。

吸附分离树脂是电子级超纯水制备过程中的关键性材料之一,对超纯水中离子、微粒子和细菌等去除具有决定性作用。本节从专利数据角度对电子级超纯水用吸附分离树脂技术进行分析。

5.2.1 专利申请趋势

关于电子级超纯水处理用吸附分离树脂技术,全球/中国/国外专利申请趋势如图 5 – 2 – 1 所示,相关专利申请始于 20 世纪 60 年代,从 1987 年开始保持专利申请连续产出。从近年来的相关专利申请趋势来看,电子级超纯水处理用吸附分离树脂技术处于成长阶段。这主要归因于中国市场的崛起。

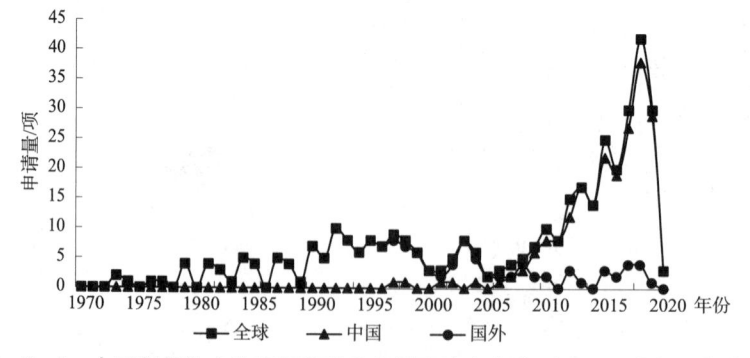

图 5 – 2 – 1 电子级超纯水处理用吸附分离树脂技术全球/中国/国外专利申请趋势

---

❶ 薛张辉. 半导体工业超纯水的技术指标及其制备概述 [J]. 广东化工, 2018, 21 (45): 62 – 63.

受经济发展状况影响，中国市场起步晚，比日本和美国晚了30多年，但近年来发展迅速，目前其专利申请量已经处于领先地位。国外市场的相关专利布局规模持续保持在10项以内，近年来布局热度不高，相关专利申请数量增长不明显。可能主要受以下几方面影响：第一，半导体生产制造向发展中国家转移；第二，吸附分离树脂在电子级超纯水处理中应用一般发生在生产环节，关于这一环节的技术内容，企业更倾向于通过技术秘密进行保护。此外，在电子级超纯水处理过程中，均粒树脂是关键的吸附分离材料之一，但均粒树脂的应用范围并不局限于电子级超纯水处理，而且均粒树脂相关专利绝大多数技术方案也没有描述与电子级超纯水处理的相关性。另外，本书第7章独立分析了均粒树脂技术，因此，在本节中的专利数据中没有包括均粒树脂的相关内容。

5.2.2 专利申请目标国/地区

如表5-2-1所示，对吸附分离树脂用电子级超纯水处理技术的专利申请目标国/地区进行分析，中国、日本和美国是该领域排名前三的专利申请目标国。其中，在中国的相关专利申请量最多，达225件，占比高达54%；其次是日本和美国，分别占比18%和11%。

表5-2-1 电子级超纯水处理用吸附分离树脂技术全部及阶段年份专利申请目标国/地区

全部年份			2000年及以前			2000年以后		
专利申请目标国/地区	数量/件	占比	专利申请目标国/地区	数量/件	占比	专利申请目标国/地区	数量/件	占比
中国	225	54%	日本	58	47%	中国	221	78%
日本	76	18%	美国	31	25%	日本	18	7%
美国	46	11%	韩国	13	10%	美国	15	5%
韩国	34	8%	欧洲专利局	5	4%	韩国	20	7%
欧洲专利局	7	2%	英国	4	3%	欧洲专利局	2	1%
英国	4	1%	中国	4	4%	其他	6	2%
其他	24	6%	其他	9	7%	—	—	—

通过统计不同阶段相关专利申请的地域分布，还可以发现，2000年之前，关于吸附分离树脂用电子级超纯水处理技术，排名前三的专利申请目标国分别为日本、美国和韩国；2000年之后，排名前三的的专利申请目标国为中国、日本和美国，并且，在日本和美国的相关专利申请量远低于中国，这一变化体现出半导体生产市场的转移。

5.2.3 技术来源国

图5-2-2所示为关于电子级超纯水处理用吸附分离树脂技术的全球及主要国家/地区的技术来源国分布情况。从饼图中可以看出，来自中国的相关专利申请量最大，达206项，占比高达55%；其次是日本，相关专利申请量为114项，占比为31%；美国、韩国、德国、墨西哥等国申请人针对该技术也分别申请了一定数量的专利。

(a) 全球整体分布

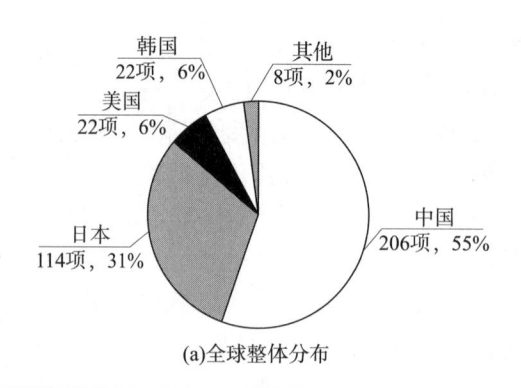

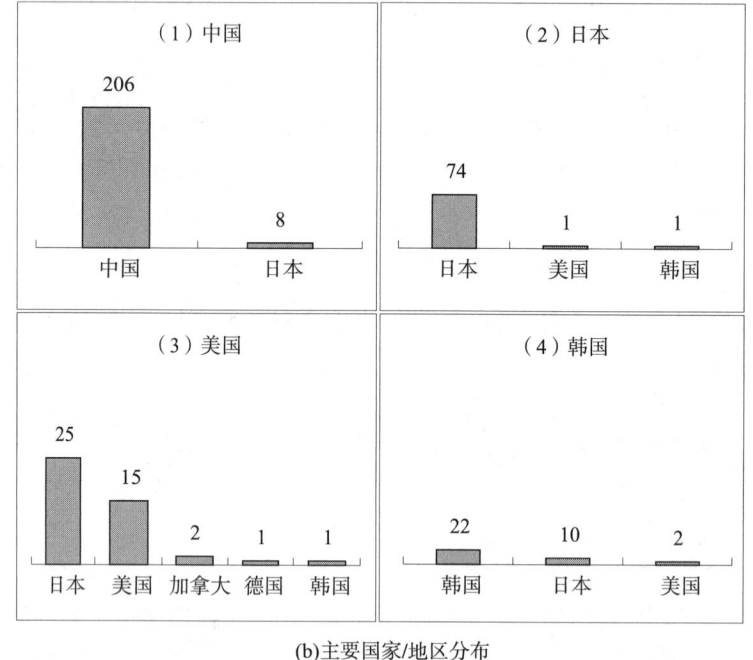

韩国 22项，6%
其他 8项，2%
美国 22项，6%
日本 114项，31%
中国 206项，55%

(1) 中国: 中国 206，日本 8
(2) 日本: 日本 74，美国 1，韩国 1
(3) 美国: 日本 25，美国 15，加拿大 2，德国 1，韩国 1
(4) 韩国: 韩国 22，日本 10，美国 2

(b) 主要国家/地区分布

图 5-2-2 电子级超纯水处理用吸附分离树脂技术全球及主要国家/地区技术来源

注：图中数字表示申请量，柱状图单位为件。

对主要国家/地区技术来源国分布情况进一步分析，如图 5-2-2 柱状图所示。在中国和日本的相关专利申请绝大部分来源于本国申请人，除此之外，在中国的相关申请全部来自日本，在日本的相关申请除本国以外还来自美国和韩国；在美国的相关专利申请主要来自日本，有 25 件，本国申请人的相关申请 15 件；在韩国，源于本国的相关专利申请 22 件，日本申请人在韩国申请 10 件。综合来看，源于中国的相关申请虽然最多，但主要布局在本国；日本申请人在本国和主要国家都形成了一定数量的布局，比较重视海外市场。

5.2.4 主要技术路线

因应用领域不同，超纯水中全硅、微粒数、离子杂质等参数指标具有差异。半导体电子芯片和某些医疗器械生产中对超纯水的要求是最高的，电子芯片用超纯水电阻率要求达到 18MΩ·cm。

超纯水制备工艺大致可以分为以下发展阶段：（1）20 世纪 50 年代以离子交换技术为主的组合工艺，即复合床或混合床技术；（2）20 世纪 60 年代末，反渗透和离子交换结合工艺，即"反渗透膜 + 精制混床"技术；（3）20 世纪 80 年代，连续电去离子（Electrodeionization，简称 EDI 或电除盐技术）和离子交换结合工艺，即"EDI + 精制混床"技术，或者在此基础上又加入反渗透膜装置（反渗透膜 + EDI + 精制混床），EDI 技术最初由法国原子能研究所发明，后来微孔公司（Millipore）研制出超纯水设备，到 20 世纪 90 年代逐渐发展为 EDI 与精制混床联用技术；（4）2011 年开始，具有高纯化能力的新型离子交换树脂和多种技术联用（反渗透膜 + EDI + 精制混床 + 超滤膜等），成为电子级超纯水的主要研发方向。目前电子级超纯水技术，无论采用哪种技术路线都需要填充离子交换树脂的精制混床。

精制混床又称为抛光混床，是超纯水制备装置中的关键部件。精制混床的主体核心是"一次性"使用的混合型离子交换树脂（简称精制混床树脂，又称均粒树脂）。精制混床树脂要具备较高的粒度均匀性，粒度均匀的树脂颗粒有较小的平均扩散路径和较大的比表面积，运行中的交换动力学性能好，运行交换容量高、交换速度快。陶氏杜邦公司及其子公司罗门哈斯公司生产的树脂颗粒均一系数约为 1.1。这种树脂在精制混床上取得良好效果，该种精制混床树脂制备工艺和设备特殊，技术壁垒高，因此，市场由国外企业长期垄断，近年来我国少数企业也具备了精制混床树脂量产能力。

电子级超纯水的制造工艺一般包括预处理、脱盐、后处理三道工序。图 5 - 2 - 3 是"反渗透膜 + EDI + 精制混床"技术的工艺流程，其中预处理是指通过过滤芯、沉淀装置和过滤膜等将水中悬浮杂质去除的过程，脱盐（指 EDI 和精制混床过程）和后处理（指紫外、精制混床、超滤过程）是关键工艺部分。精制混床树脂的主要作用是精脱盐及脱除经紫外线分解有机物的产物，其对产水水质达标具有决定性的意义。[1]

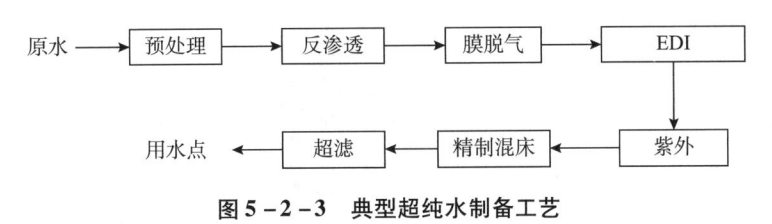

图 5 - 2 - 3 典型超纯水制备工艺

超纯水制备技术包括反渗透膜、电除盐、超滤、离子交换、精制混床离子交换技术等。虽然超滤、反渗透膜和电除盐对水体中电解质和有机物的去除率较高，但要做到长时间的稳定运行较难，且很难去除水体中一些分子量较小的有机物和微量的杂质离子。上述几种方法独立运行都很难达到电子级超纯水的要求，因此目前是将几种方法结合起来，综合提高出水水质。其中，代表性专利技术可参见图 5 - 2 - 4 中电子级超纯水处理用吸附分离树脂专利技术发展路线。

---

[1] 孙惠国. 电子级超纯水精制混床离子交换树脂生产工艺分析 [J]. 净水技术，2007（16）：1 - 4.

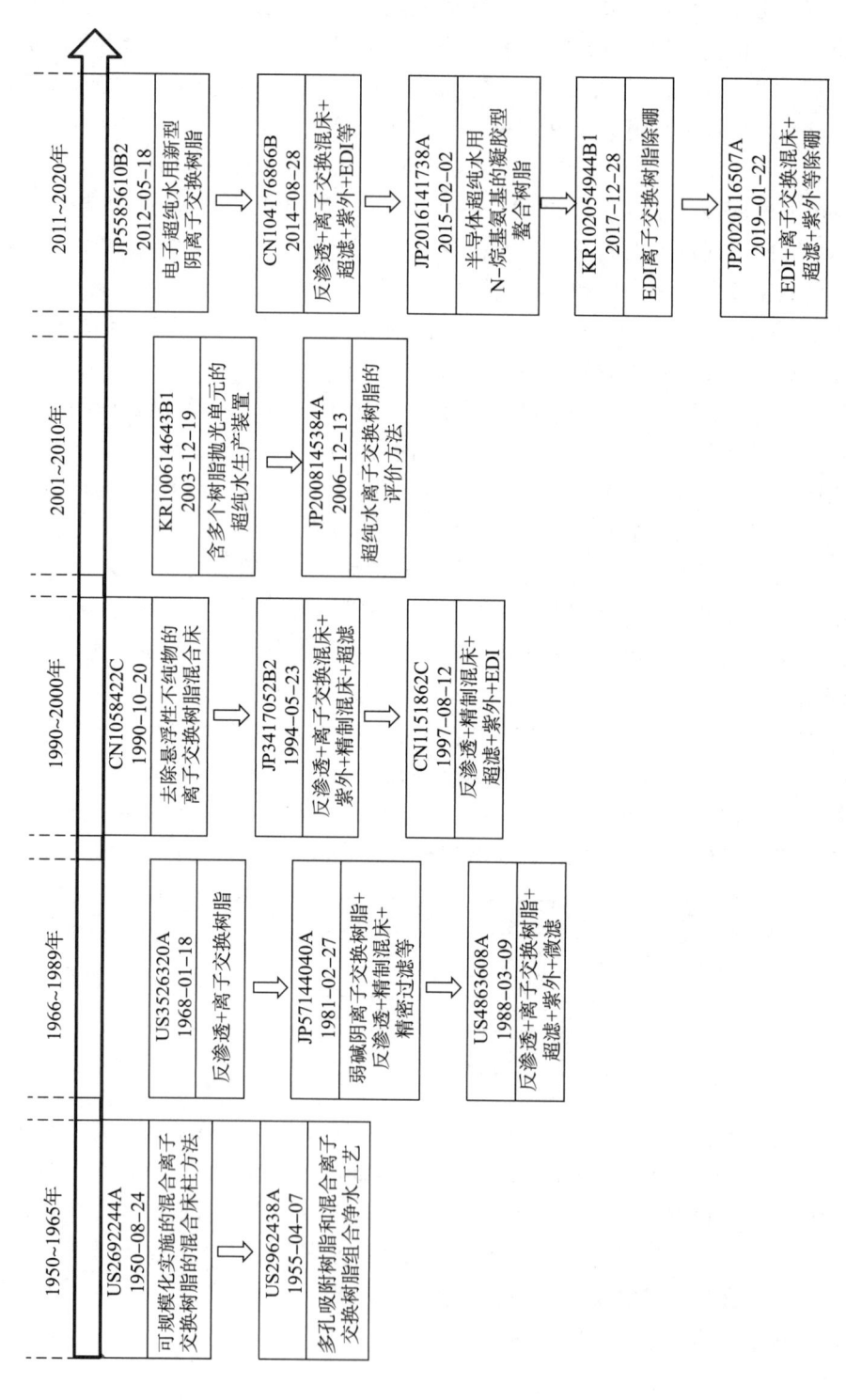

图 5-2-4 电子级超纯水处理用吸附分离树脂专利技术发展路线

1950~1965年	US2692244A 1950-08-24 可视模化实施的混合离子交换树脂的混合床柱方法 ⇩ US2962438A 1955-04-07 多孔吸附树脂和混合离子交换树脂组合净水工艺
1966~1989年	US3526320A 1968-01-18 反渗透+离子交换树脂 ⇩ JP57144040A 1981-02-27 弱碱阴离子交换树脂+反渗透+精制混床+精密过滤等 ⇩ US4863608A 1988-03-09 反渗透+离子交换树脂+超滤+紫外+微滤
1990~2000年	CN1058422C 1990-10-20 去除悬浮性不纯物的离子交换树脂混合床 ⇩ JP3417052B2 1994-05-23 反渗透+离子交换混床+紫外+精制混床+超滤 ⇩ CN1151862C 1997-08-12 反渗透+精制混床+超滤+紫外+EDI
2001~2010年	KR100614643B1 2003-12-19 含多个树脂抛光单元的超纯水生产装置 ⇩ JP2008145384A 2006-12-13 超纯水离子交换树脂的评价方法
2011~2020年	JP5585610B2 2012-05-18 电子超纯水用新型阴离子交换树脂 ⇩ CN104176866B 2014-08-28 反渗透+离子交换混床+超滤+紫外+EDI等 ⇩ JP2016141738A 2015-02-02 半导体超纯水用N-烷基氨基的凝胶型螯合树脂 ⇩ KR102054944B1 2017-12-28 EDI离子交换树脂除硼 ⇩ JP2020116507A 2019-01-22 EDI+离子交换混床+超滤+紫外等除硼

此外,EDI模块中所用的阴/阳离子交换树脂也需要较高的粒度均匀性(US5154809A)。虽然其用量与精制混床所用的树脂相比较少,但普通的离子交换树脂无法达到要求。可见,均粒树脂对电子级超纯水制备技术的重要性。

5.2.5 重点专利解读

结合专利申请的权利要求数量、同族数量、申请人重要程度及技术方案等因素,筛选出近年来关于吸附分离树脂用于电子级超纯水处理技术的代表性专利,见表5-2-2。

表5-2-2 电子级超纯水处理用吸附分离树脂技术重点专利列表

序号	公开号	申请人	申请日	同族国家/地区	被引次数	法律状态
1	JP5585610B2	栗田工业株式会社;三菱化学株式会社	2012-05-18	美国、中国、韩国	0	有效
2	JP2016141738A	三菱化学公司	2016-08-08	日本	1	审中
3	KR102054944B1	韩国Innomeditech公司	2017-12-28	韩国	0	有效

(1) JP5585610B2

专利名称:"阴离子交换树脂的制造方法、阴离子交换树脂、阳离子交换树脂的制造方法、阳离子交换树脂、混床树脂和电子部件和/或材料清洗用超纯水的制造方法"。该专利的技术方案为:一种阴离子交换树脂制造方法包括下述(1-a)~(1-e)工序。(1-a)工序:使单乙烯基芳香族单体和多乙烯基芳香族单体共聚,得到交联共聚物;(1-b)工序:相对于单乙烯基芳香族单体和多乙烯基芳香族单体的交联共聚物1克,使图5-2-5表示的溶出性化合物1的含量为400微克以下,溶出性化合物1结构式中,Z表示氢原子或烷基,l表示自然数;(1-c)工序:将交联共聚物卤烷基化,将相对于上述单乙烯基芳香族单体为80摩尔%以下的卤烷基导入交联共聚物中,相对于1克交联共聚物,上述溶出性化合物1的含量为400微克以下;(1-d)工序:从卤烷基化后的交联共聚物中除去图5-2-6表示的溶出性化合物2,溶出性化合物2结构式中,X表示氢原子、卤原子,或者具有或不具有卤原子取代基的烷基,Y表示卤原子,m、n各自独立地表示自然数;(1-e)工序:使除去了上述溶出性化合物2的卤烷基化交联共聚物与胺化合物反应。

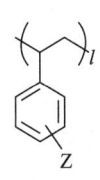

图5-2-5 溶出性化合物1结构式   图5-2-6 溶出性化合物2结构式

该阳离子交换树脂制造方法包括下述（2-a）~（2-d）工序。（2-a）工序：使单乙烯基芳香族单体和多乙烯基芳香族单体共聚，得到交联共聚物；（2-b）工序：相对于1克（2-a）工序中得到的交联共聚物，使图5-2-7表示的溶出性化合物3的含量为400微克以下，溶出性化合物3结构式中，Z表示氢原子或烷基，l表示自然数；（2-c）工序：对溶出性化合物3的含量相对于1克交联共聚物为400微克以下的交联共聚物进行磺化；（2-d）工序：从磺化后的交联共聚物中除去图5-2-8表示的溶出性化合物4。

图5-2-7 溶出性化合物3结构式　　图5-2-8 溶出性化合物4结构式

解决的技术问题：对于使用交联共聚物的离子交换树脂（阴离子交换树脂、阳离子交换树脂），需要防止杂质的残存和分解物的产生，抑制使用时溶出物的产生，特别是能解决对硅晶片表面的平坦度恶化的溶出物问题。

该发明技术效果：与现有树脂相比，该发明的阳离子交换树脂杂质的残存少且使用时溶出物的产生少的原因如下：①在聚合阶段使用纯度高的原料；②在聚合阶段，将溶出性聚苯乙烯等特定的溶出性化合物固定；③通过对聚合后的交联共聚物进行清洗，除去溶出性聚苯乙烯等特定的溶出性化合物；④从磺化后的交联共聚物中除去溶出性聚苯乙烯磺酸等特定的溶出性化合物。此外，溶出物被树脂表面离解基团捕获也是该发明树脂产生溶出物少的原因。

（2）JP2016141738A

专利名称："水处理树脂和纯水生产方法"。该专利的技术方案为：水分含有率为30%~80%，交联度为0.5%以上、7.0%以下，每个体积的总交换容量为0.5mEq/mL以上、1.5mEq/mL以下的凝胶型树脂，通式如图5-2-9所示。

其中，聚合物主链（包括苯基侧链）表示苯乙烯-二乙烯基苯交联聚合物，R表示碳原子数为1~4的烷基。

解决的技术问题：在能够除去硼酸等杂质的水处理用树脂中，存在处理能力和总有机碳（TOC）溶出性的问题。这种离子交换树脂，由于弱碱性基团和水的水合力小，因此水的保持力弱，水分含有率变小。水分含有率越小，能够与处理水动态接触的树脂量就越少，因此向树脂内扩散离子的速度就越小，每单位时间的水处理量就越少，水处理设备就越大，树脂的再生频率也就越高。

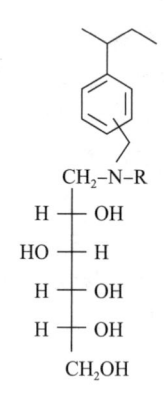

图5-2-9 凝胶型树脂结构式

因此，为了得到所需的水分含有率，提高水的保存性，有必要制备具有细孔结构的"多孔型"树脂，但由于多孔型树脂洗脱TOC困难，因此很难用于高纯度的纯水制造。

该发明技术效果：通过制造具有特定水分含有率、架桥度的凝胶型螯合树脂，并将其作为水处理用树脂使用，有效地去除水中硼的化合物。

（3）KR102054944B1

专利名称为"具有优异除硼效率的电去离子系统"。该专利的技术方案为：EDI（电去离子）模块包括阳极、阴极，其中阳极和阴极之间的阳离子交换膜和阴离子交换膜交替设置在稀释室、浓缩室，以及由电解质构成的液体室（电解质室），稀释室内的阴离子交换树脂、阳离子交换树脂与硼选择性离子交换树脂混合填充，其中 EDI 模块位于内部 EDI 去离子区的顶部，并与下部抛光床（去离子床）连接，抛光床（去离子床）由阴离子交换树脂、阳离子交换树脂和硼选择性离子交换树脂填充。

解决的技术问题：解决超纯水制备步骤复杂、成本高的问题。现有技术在抛光的阶段中去除超纯水中的硼时，EDI 离子交换树脂还需要添加化学处理和离子交换树脂再生等步骤，增加额外的劳动成本。

该发明技术效果：该发明人研究了在半导体级超纯水的生产中去除硼的有效方法。在使用再生 OH 型硼选择性离子交换树脂时，无须通过 EDI 进行单独的化学处理即可再生。

5.2.6 主要申请人

关于电子级超纯水处理用吸附分离树脂技术专利申请数量排名前列的申请人如图 5-2-10 所示。整体来看，该领域创新主体集中度不高，未形成较强的优势布局，申请人专利申请量均在 20 件以下，大多数申请人侧重于电子级超纯水 EDI 系统或其联合技术的研制技术，极少部分申请人同时涉及吸附分离树脂制备上游技术。其中，日本申请人专利申请相对活跃，有奥加诺株式会社、日立公司、栗田工业株式会社等 6

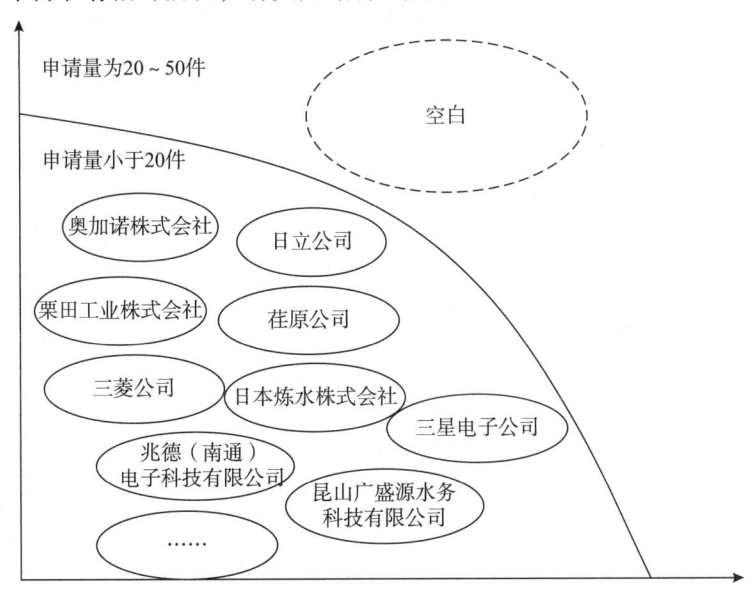

图 5-2-10 电子级超纯水处理用吸附分离树脂技术全球主要专利申请人

家公司，韩国有三星电子公司，中国有兆得（南通）电子科技有限公司和昆山广盛源水务科技有限公司。

图5-2-11（见文前彩色插图第3页）展示关于电子级超纯水用吸附分离树脂技术主要国家排名前三申请人及其代表性技术。日本申请人全球专利布局意识相对较强，其布局规模相对较大，涉及该领域中树脂工艺、设备、树脂制备及应用和性能检测等多个技术方向。中国、美国和韩国企业的专利申请数量和布局技术领域落后于日本企业。整体上，该领域各申请人专利申请较为稀少，尚未出现行业巨头，竞争优势不明显，有较多发展机会。

5.2.7　国外在华布局

对电子级超纯水用吸附分离树脂技术国外在华布局进行摸查发现，申请人全部来自日本，申请总量不高（共8件），且技术分布比较分散。8件专利申请中仅有1件当前法律状态为有效。即公开号为CN101663094B的发明专利，保护阴离子交换树脂的制造方法、阴离子交换树脂、阳离子交换树脂的制造方法、阳离子交换树脂、混床树脂和电子部件和/或材料清洗用超纯水的制造方法，由栗田工业株式会社和三菱化学株式会社共同申请，已于2013年转让至栗田工业株式会社。

5.3　小　　结

（1）吸附分离树脂在高端水处理领域的应用相对比较小众，专利申请量相对较少。从发展趋势看，该应用领域处于技术发展期；从技术来源看，日本具有相对优势，引领全球技术发展。日本优势申请人主要分为综合集团类企业、垂直度较高的具体应用型企业、化工等相关领域延伸型企业，单纯的高性能吸附分离树脂企业较少；从技术集中度看，该应用领域技术集中于少数申请人，但各申请人实力相对均衡，差距并不明显，没有行业巨头出现，发展机会较多。

（2）吸附分离树脂在高端水处理领域的专利中，设备类专利占比相对较高。这与该领域产品盈利形式和知识产权保护类型选择的倾向性有关。

（3）吸附分离树脂在电子级超纯水处理中应用产业分布向发展中国家转移。无论是产业转移的时机，还是相关专利集中度低的发展现状，均指向现阶段是该技术专利布局比较有利的时间节点。

第6章 食品用吸附分离树脂

在食品领域，吸附分离树脂能有效去除食品组分中杂质和有毒有害成分，对食品安全和品质提升具有重要意义和广泛的应用价值。在糖类制备过程中，吸附分离树脂用于脱色、脱盐、去味以及精细组分分离和深加工环节；在酒类制造过程中，吸附分离树脂可用于选择性地吸附去除口感苦涩成分，将风味物质和营养成分保留在酒中，并且防止酒品变浑浊；在饮用水处理过程中，吸附分离树脂可有效去除水中金属离子、有机物和细菌等。本章将围绕吸附分离树脂在以上细分应用领域展开，其中，在糖类制备中的应用以在我国广泛种植的、新型天然绿色糖原——甜菊糖为重点进行研究。

6.1 全球及重点国家/地区

6.1.1 专利申请趋势

吸附分离树脂在食品领域的专利申请始于1939年。根据全球吸附分离树脂用于食品领域的专利申请数据统计及申请趋势分析，可将吸附分离树脂在该领域的发展划分为三个阶段，即萌芽期、第一发展期及第二发展期。为了更清楚地示意近50年的申请趋势，图6-1-1只展示出1970年及以后的年专利申请量。

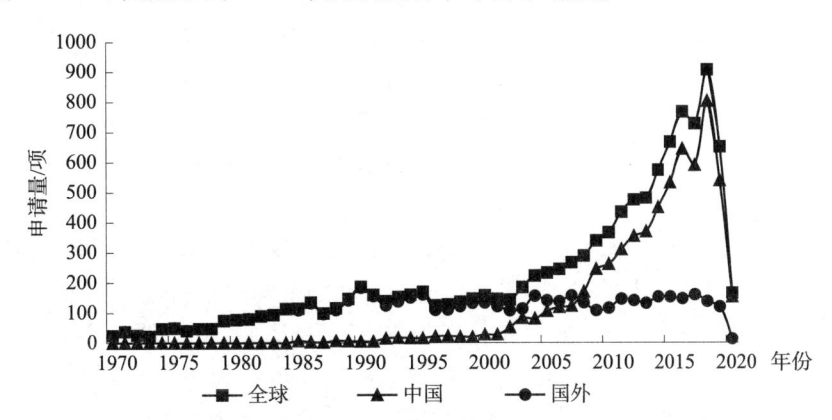

图6-1-1 吸附分离树脂在食品领域应用全球/中国/国外专利申请趋势

（1）萌芽期（1970年及以前）

20世纪30年代至70年代为吸附分离树脂在食品领域应用技术的萌芽期。该时期内，相关专利申请量较少，年专利申请量在30项以下，这与当时专利制度普及程度较低以及各国封闭发展有很大关系。该阶段内的大部分专利为基础专利，相关专利申请主要集中在英国、美国、德国等国家。其中，在英国的相关专利申请量最多，说明英国是相关技术起步较早且较为成熟的国家，其次是美国。中国近代专利制度还未完全建立，因此尚未出现相关专利申请。

1939 年，离子交换混合床纯化糖溶液技术在荷兰被申请专利（NL95588B），随后该技术被陆续在比利时、德国、法国、英国、美国进行布局保护。1963 年，罗门哈斯公司在美国提交了一件大孔磺酸阳离子交换树脂纯化糖苷技术专利（US3219656A），后续在英国、荷兰、以色列、法国和比利时等国进行专利申请。

（2）第一发展期（1971～2003 年）

该阶段为吸附分离树脂在食品领域应用技术的第一发展期。专利申请量由 1971 年的 38 项增长到 2003 年的 185 项，平均年专利申请增长量为 5 项。在这一阶段，相关专利申请量随时间推移缓慢增长，但与萌芽期相比，增长速度明显加快。通过进一步调研发现，相关专利申请大多集中在日本、美国、中国等国家，日本的相关技术研发水平已经日趋成熟，相关专利申请量排名第一；同时，在中国相关专利布局也开始出现，西门子股份有限公司于 1985 年在中国提出第一件相关专利申请。

1973 年，罗门哈斯公司针对糖溶液脱色问题，专门研发出具有大网状结构的离子交换树脂。1993 年，三菱公司为了满足糖溶液脱色时的高温要求，优化合成一种高交联强阴离子交换树脂。2002 年，三菱商事食品技术株式会社针对离子交换树脂用于氢化糖类的脱盐时存在分解反应物、异构化反应物、有色物质等问题，发明了一种碳酸盐型和/或碳酸氢盐型阴离子交换树脂，并在日本、西班牙、欧洲、德国、澳大利亚、韩国等国家或地区进行布局。

（3）第二发展期（2004 年至今）

该阶段为吸附分离树脂在食品领域应用技术的第二发展期。相关专利年申请量从 2004 年的 233 项增长到目前的近 1000 项，吸附分离树脂在食品领域应用技术的发展持续加速。这与当前国际竞争形势以及全球越发重视食品安全问题有很大关系。在该阶段，中国成为吸附分离树脂在食品领域最大的市场国，相关专利申请量占世界相关专利申请总量的 75%。国外（不包括中国的全球数据）年专利申请量保持在 150 项左右，处于稳定发展阶段。

2004 年，达尼斯科甜味剂股份有限公司（隶属于陶氏杜邦公司）使用强碱阴离子交换树脂和任选的强酸阳离子交换树脂，进行非动物来源的结晶 D - 半乳糖提取。2009 年，罗门哈斯公司通过离子交换树脂技术除去饮料中混浊物质。2011 年，杜邦营养生物科学有限公司（简称杜邦营养公司，隶属于杜邦公司）利用序式模拟移动床提纯糖溶液。2013 年，杜邦营养公司使用弱碱性阴离子交换树脂分离和回收木糖。2015 年，杜邦营养公司研发了一种原料顺序式模拟移动床色谱分离方法。2018 年，罗门哈斯公司提纯糖时，进一步优化阳离子交换树脂比例。

6.1.2 专利申请目标国/地区

如表 6 - 1 - 1 所示，对全球关于吸附分离树脂在食品领域应用技术的专利申请目标国/地区进行排名分析,中国、日本和美国是相关技术的主要目标市场,在这三个国家的相关专利申请量之和占全球相关专利申请总量的59%,专利申请量分别为6259件、2022件和1567件。排名第四至第六位的国家或地区依次为世界知识产权组织、韩国和欧洲专利局。

表6-1-1 吸附分离树脂在食品领域应用全部及阶段年份专利申请目标国/地区

全部年份			2000年及以前			2000年以后		
专利申请目标国/地区	数量/件	占比	专利申请目标国/地区	数量/件	占比	专利申请目标国/地区	数量/件	占比
中国	6259	38%	日本	1345	21%	中国	6044	57%
日本	2022	12%	美国	774	12%	世界知识产权组织	922	9%
美国	1567	9%	德国	481	8%	美国	793	8%
世界知识产权组织	1136	7%	英国	357	6%	日本	677	6%
韩国	709	4%	欧洲专利局	310	5%	韩国	440	4%
欧洲专利局	687	4%	韩国	268	4%	欧洲专利局	377	4%
德国	579	4%	法国	261	4%	印度	164	2%
英国	394	2%	中国	215	3%	俄罗斯	140	1%
加拿大	296	2%	世界知识产权组织	214	3%	澳大利亚	114	1%
其他	3004	18%	其他	2167	34%	其他	849	8%

通过统计各主要国家/地区不同阶段年份的相关专利申请量可以发现,2000年之前,吸附分离树脂在食品领域专利申请排名前三的目标国/地区分别为日本、美国和德国。2000年之后则变为中国、世界知识产权组织和美国。其中,在中国的相关专利申请量为6000余件,占此阶段全球相关专利申请总量的57%;通过世界知识产权组织申请的相关专利有922件,占此阶段全球相关专利申请总量的9%,该领域的各国申请人越来越重视全球专利布局;在日本、德国、英国等国家的布局热度降低,在美国和欧洲专利局的申请量维持平稳状态。

6.1.3 技术来源国

图6-1-2所示为吸附分离树脂在食品领域应用相关专利申请全球及主要国家/地区的技术来源国分布情况。从图6-1-2饼图中可以看出,来自中国的相关专利申请量最大,达5998项,占比高达50%;其次是日本和美国,相关专利申请量分别为1974项和1347项,占比分别为16%和11%;韩国、德国、法国的相关专利申请量分别为

482 项、379 项、225 项。结合图 6-1-2 及表 6-1-1 可以看出，关于吸附分离树脂在食品领域应用的相关专利申请中，中国、日本和美国既是主要市场国，也是主要技术来源国，具有较强的竞争力。

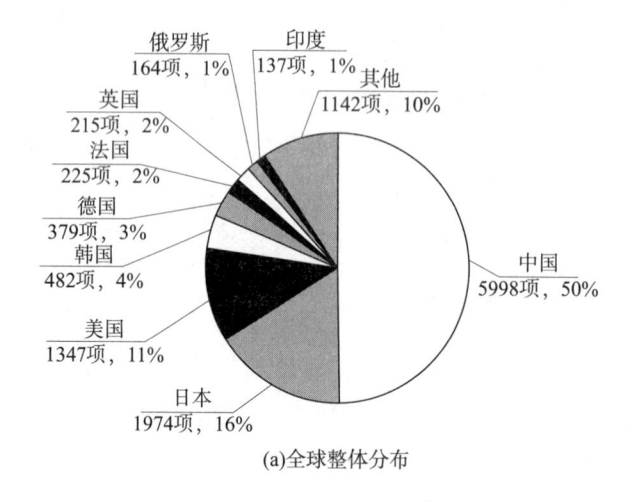

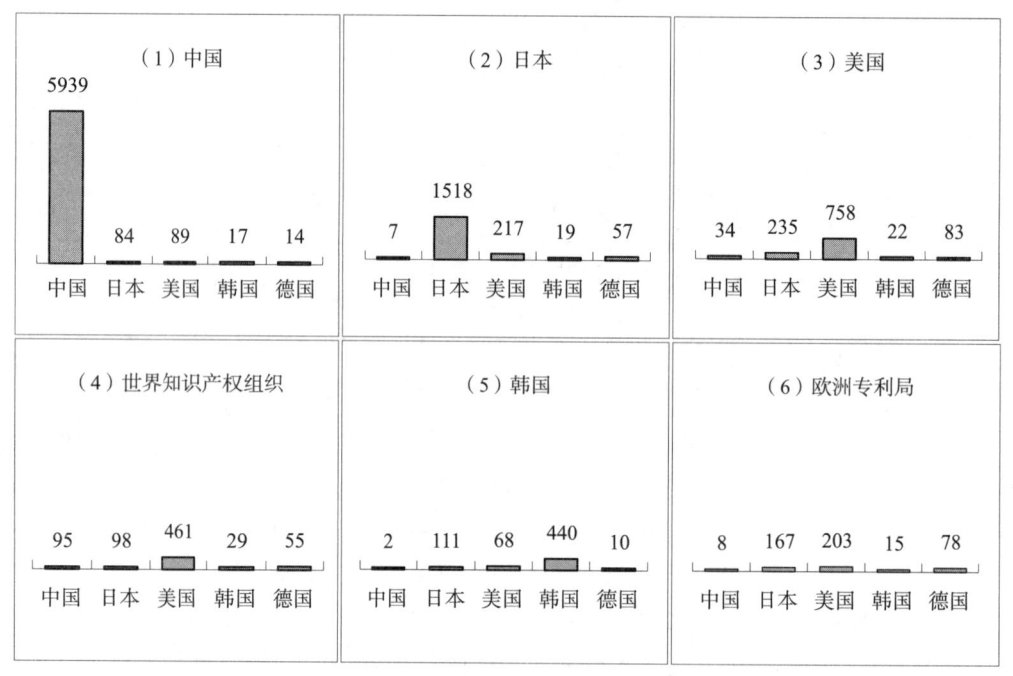

(a) 全球整体分布

饼图数据：
- 中国 5998项, 50%
- 日本 1974项, 16%
- 美国 1347项, 11%
- 韩国 482项, 4%
- 德国 379项, 3%
- 法国 225项, 2%
- 英国 215项, 2%
- 俄罗斯 164项, 1%
- 印度 137项, 1%
- 其他 1142项, 10%

(1) 中国：中国 5939、日本 84、美国 89、韩国 17、德国 14

(2) 日本：中国 7、日本 1518、美国 217、韩国 19、德国 57

(3) 美国：中国 34、日本 235、美国 758、韩国 22、德国 83

(4) 世界知识产权组织：中国 95、日本 98、美国 461、韩国 29、德国 55

(5) 韩国：中国 2、日本 111、美国 68、韩国 440、德国 10

(6) 欧洲专利局：中国 8、日本 167、美国 203、韩国 15、德国 78

(b) 主要国家/地区分布

图 6-1-2 吸附分离树脂在食品领域应用全球及主要国家/地区专利技术来源

注：图中数字表示申请量，柱状图单位为件。

根据图 6-1-2 柱状图所示的主要国家/地区专利技术来源国分布情况可知，目前全球主要国家/地区的相关专利申请主体还是以本国/地区申请人为主。受饮食习惯的影响，各国对进口食品的接受度不同，在各国的国外相关专利申请占比呈现一定的差异。具体来看，在中国进行相关专利申请的主要为本国申请人，专利申请量为5939件，占比高达95%，其次是美国和日本申请人；在日本进行相关专利申请的同样主要为本国申请人，专利申请量为1518件，占比高达75%，其次是美国申请人，专利申请量为217件；在美国相关专利申请同样主要源于本国申请人，专利申请量为758件，占比不到50%，其次是源于日本申请人，专利申请量为235件；在韩国进行相关专利申请的国家首先是本国，专利申请量为440件，其次是日本、美国；通过世界知识产权组织和欧洲专利局进行专利申请的国家主要有美国和日本；而中国创新主体更倾向于通过世界知识产权组织进行海外布局，主要进入美国和日本。

6.1.4 产业结构

对全球吸附分离树脂在食品领域应用技术的产业结构进行分析，可划分为用于糖的制备、饮品后处理和饮用水处理，如图 6-1-3 所示。可以看出，吸附分离树脂用于糖的制备专利最多，申请量为 10076 项；其次用于饮用水处理，申请量为 1173 项；用于饮品后处理的相关专利最少，申请量只有 825 项。

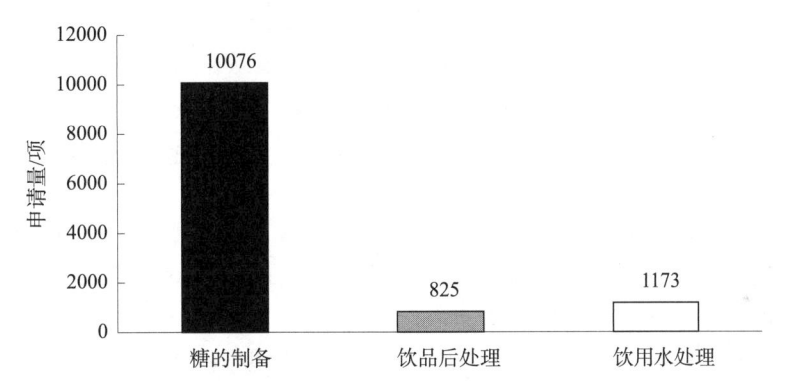

图 6-1-3 吸附分离树脂在食品领域应用技术的产业结构分布

对吸附分离树脂用于糖的制备、饮用水处理、饮品后处理三大细分领域的专利分别按照树脂类型、设备和工艺进行进一步的划分，其中，对同时涵盖树脂类型、设备和工艺中的两个或两个以上的专利进行了重复计算，结果见图 6-1-4。在吸附分离树脂用于糖的制备专利申请中，树脂类型专利为 5048 项，占比高达 50%，包含离子交换树脂 4259 项、吸附树脂 789 项；设备类专利为 823 项，工艺类专利为 7489 项，占比分别为 8% 和 74%，说明吸附分离树脂用于糖的制备工艺优化是该领域的专利申请热点。

在吸附分离树脂用于饮品后处理专利申请中，树脂类型专利为 845 项，包含离子交换树脂 560 项、吸附树脂 285 项；设备类专利为 62 项，工艺类专利为 602 项，说明在饮品后处理中不同类型的树脂制备和工艺改进是该领域的专利申请热点。

在吸附分离树脂用于饮用水处理专利申请中，树脂类型专利为 1201 项，包含离子交换树脂 1099 项、吸附树脂 102 项；设备类专利为 416 项，工艺类专利为 448 项，说明在饮用水处理中不同类型的树脂制备是该领域的专利申请热点。

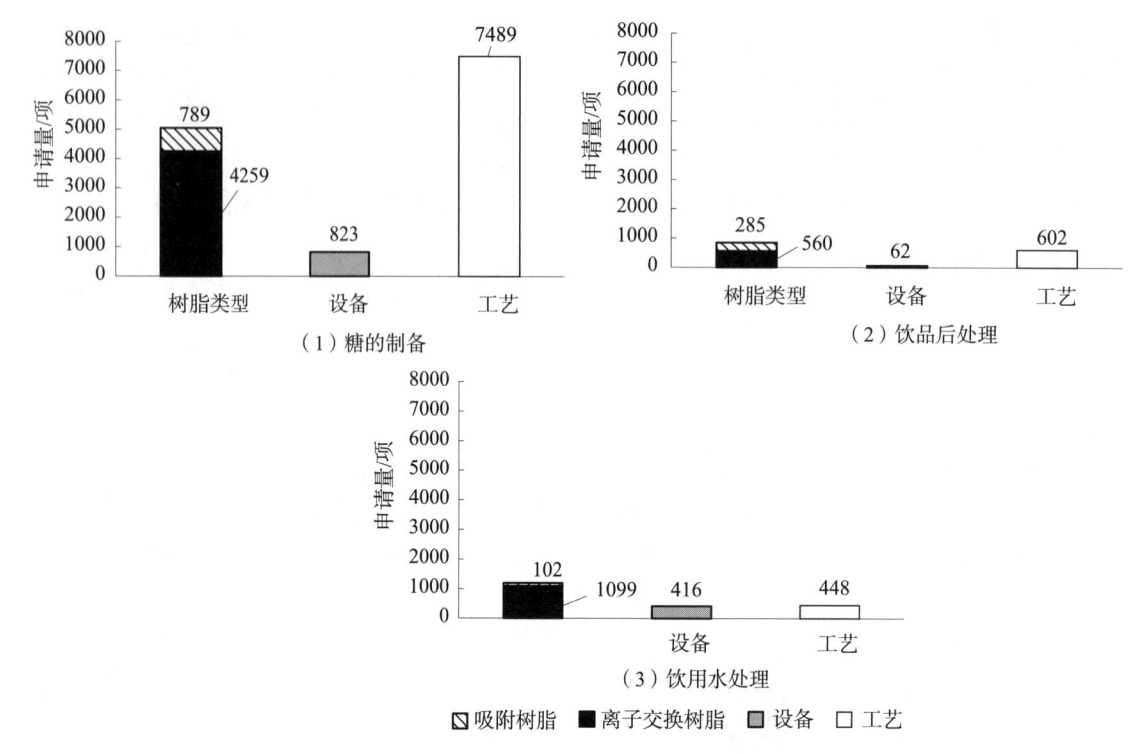

图 6-1-4 吸附分离树脂在食品三大细分领域应用专利技术分布

纵向对比，吸附分离树脂用于糖制备工艺属于该领域专利申请热点，树脂类型在三个细分领域中均属于专利申请热点。与其他细分领域设备类专利占比相比，关于吸附分离树脂的饮用水处理设备专利申请占比较高。

为了更好地展示吸附分离树脂在食品三大细分领域应用的相关专利申请情况，对于不同细分领域的专利申请数据进行统计，结果如图 6-1-5 所示。由图可知，在三个细分领域中，吸附分离树脂用于糖的制备专利申请在 2000 年以前呈现缓慢增长趋势；2000 年以后，相关专利申请量快速增长，2018 年申请量达 821 项。吸附分离树脂用于饮品后处理和饮用水处理的专利申请量较低，最高年专利申请量不足百项，专利申请热度不高。

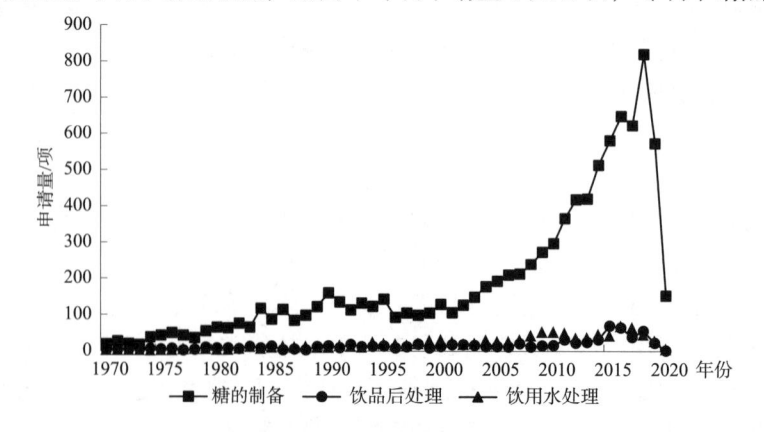

图 6-1-5 吸附分离树脂在食品三大细分领域应用专利申请趋势

通过对吸附分离树脂在食品三大细分领域应用的相关专利申请目标国/地区进行排名分析，了解其市场分布情况，如表6-1-2所示。关于吸附分离树脂用于糖的制备技术，中国、日本和美国是相关技术的主要市场国，在这三个国家的相关专利申请量之和占全球相关专利申请总量的60%。其中，在中国申请的相关专利最多，达5465件，占比为39%；其次是在日本的申请量为1738件；在美国的申请量排名第三，为1279件；之后依次为世界知识产权组织（929件）、韩国（598件）、欧洲专利局（591件）等。

表6-1-2 吸附分离树脂在食品三大细分领域应用专利申请目标国/地区

糖的制备			饮品后处理			饮用水处理		
专利申请目标国/地区	数量/件	占比	专利申请目标国/地区	数量/件	占比	专利申请目标国/地区	数量/件	占比
中国	5465	39%	中国	353	29%	中国	492	33%
日本	1738	12%	日本	180	15%	美国	172	11%
美国	1279	9%	美国	142	12%	世界知识产权组织	143	10%
世界知识产权组织	929	7%	世界知识产权组织	77	7%	日本	128	9%
韩国	598	4%	欧洲专利局	49	4%	德国	113	7%
欧洲专利局	591	4%	德国	48	4%	韩国	71	5%
德国	421	3%	韩国	46	4%	俄罗斯	67	4%
英国	338	2%	澳大利亚	27	2%	欧洲专利局	54	4%
其他	2773	20%	其他	279	23%	其他	254	17%

关于吸附分离树脂用于饮品后处理技术，中国、日本和美国同样是主要市场国，在这三个国家的相关专利申请量之和占全球相关专利申请量的56%。其中，在中国的相关专利申请量最多，达353件，占比高达29%；其次是在日本申请相关专利180件；申请量排名第三的为美国，达142件；之后依次为通过世界知识产权组织申请、在欧洲专利局申请和在德国等国家申请。

关于吸附分离树脂用于饮用水处理技术，中国和美国是主要专利申请目标国家，其次是通过世界知识产权组织进行申请，三者专利申请量之和占全球相关专利申请总量的54%。其中，在中国申请的相关专利最多，达492件，占比高达33%；其次是在美国，为172件；在世界知识产权组织的申请量排名第三，为143件；之后依次为在日本、德国、韩国等国家的申请。

图6-1-6所示为吸附分离树脂在食品三大细分领域应用全球专利申请主要技术来源国分布。从图中可以看出，吸附分离树脂用于糖的制备专利中，来自中国的专利

申请量最大，达 5240 项，占比高达 60%；其次是日本和美国，专利申请量分别为 1721 项和 1066 项，占比分别为 20% 和 12%；来自韩国和德国的专利申请量分别为 400 项和 230 项。

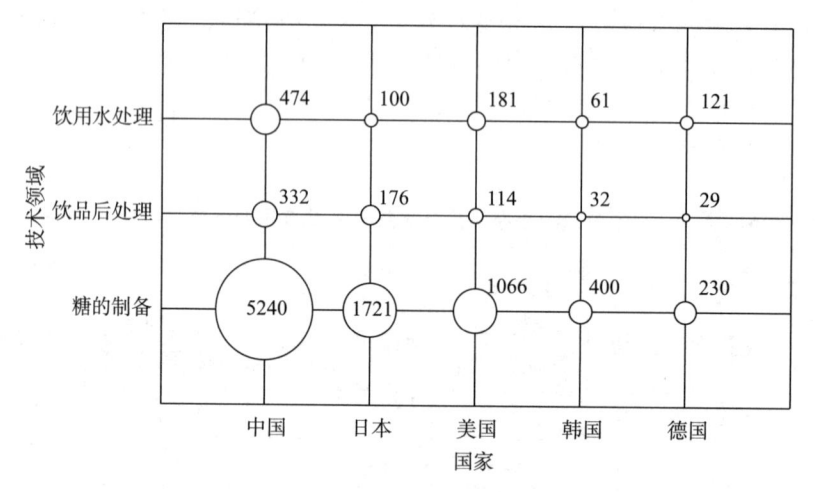

图 6-1-6 吸附分离树脂在食品三大细分领域应用主要专利技术来源

注：图中数字表示申请量，单位为项。

在吸附分离树脂用于饮品后处理专利中，同样是来自中国的专利申请量最大，达 332 项，占比高达 49%；其次是日本和美国，专利申请量分别为 176 项和 114 项；韩国和德国专利申请量分别为 32 项和 29 项。

在吸附分离树脂用于饮用水处理专利中，依旧是来自中国的专利申请量最大，达 474 项，占比高达 51%；其次是美国和德国，专利申请量分别为 181 项和 121 项；来自日本和韩国的专利申请量分别为 100 项和 61 项。结合图 6-1-6 及表 6-1-2 可以看出，吸附分离树脂在食品三大细分领域的专利申请中，中国、日本和美国既是主要市场国，也是主要技术来源国。

图 6-1-7 为吸附分离树脂在食品三大细分领域应用主要国家/地区近 20 年的专利申请趋势。可以看出，在中国的相关专利申请中，吸附分离树脂在糖的制备细分领域应用专利申请量逐年增加，2018 年达到顶峰，为 722 件；在饮品后处理和饮用水处理细分领域应用的专利申请量增长幅度较小，年申请量在 60 件以下。在日本的相关专利申请中，吸附分离树脂在糖的制备细分领域应用的专利申请量近 20 年基本保持稳定状态，仅 2011 年专利申请下降为 15 件，其他年份多维持在 30 件左右；在饮品后处理和饮用水处理细分领域应用专利申请量变化幅度较大，年申请量多在 10 件以下。在美国的相关专利申请中，吸附分离树脂在糖的制备细分领域应用专利申请量近 20 年基本保持稳定状态，年专利申请量多为 30 件左右；在饮品后处理细分领域应用专利申请量变化幅度较小，除 2003 年外，年申请量在 10 件以下；在饮用水处理细分领域应用专利申请量近年无增长趋势，年专利申请量基本在 10 件以下。在韩国的相关专利申请中，吸附分离树脂在糖的制备细分领域应用近 20 年专利申请量处于较为平稳的发展状态，年

申请量多为 20 件左右；在饮品后处理和饮用水处理细分领域应用专利申请量变化幅度较小，年申请量大多在 7 件以下。在德国的相关专利申请中，吸附分离树脂在糖的制备细分领域应用近 20 年专利申请呈现下降趋势，由 2001 年的 13 件下降为 2005 年的 3 件，此后间歇式提交申请且年申请量不超过 3 件；在饮品后处理细分领域的专利申请很少，近 20 年共申请 8 件；在饮用水处理细分领域应用专利申请也不多，基本保持在 4 件以下。

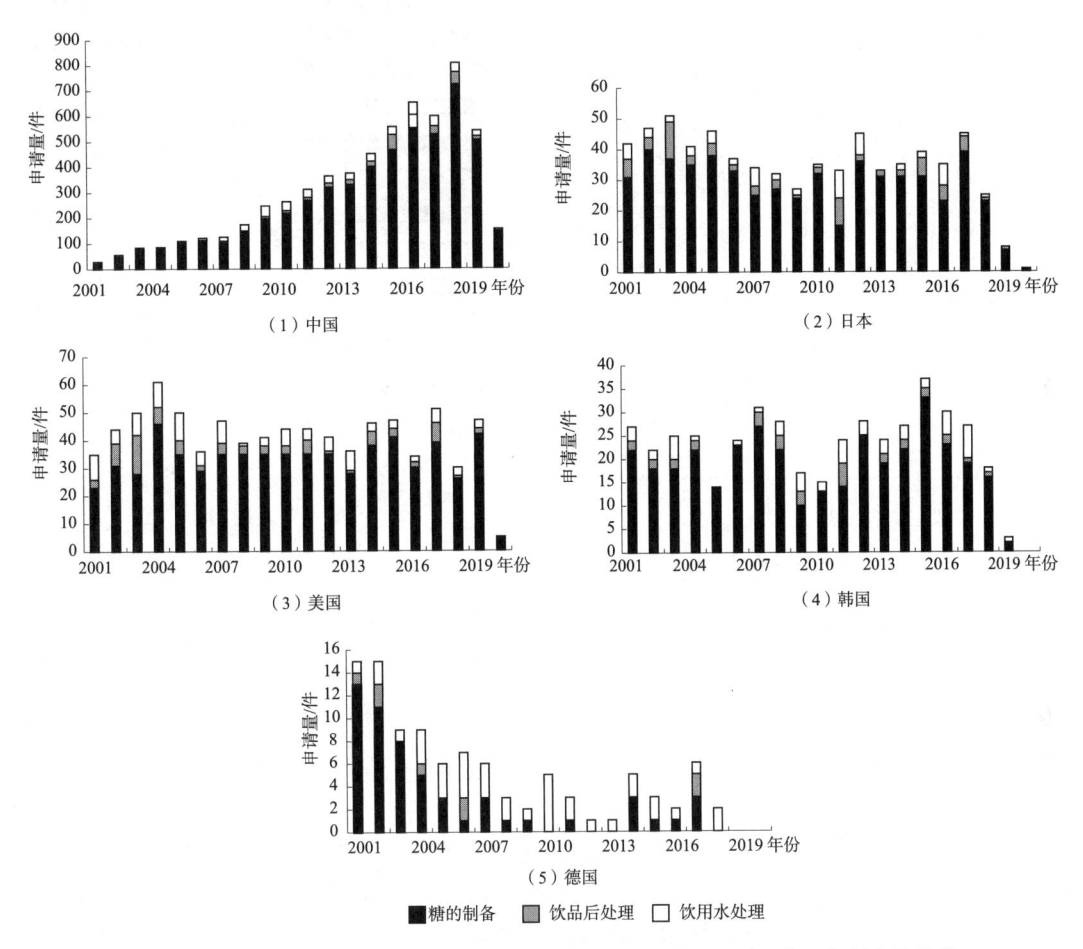

图 6-1-7 吸附分离树脂在食品三大细分领域应用主要国家/地区专利申请趋势

6.1.5 主要申请人

全球吸附分离树脂在食品领域应用的相关专利申请排名前 20 位申请人如图 6-1-8 所示。其中，中国申请人占据 10 席，日本申请人占 4 席，美国申请人占 3 席，马来西亚、瑞士、法国申请人各占据 1 席。排名第一的是美国陶氏杜邦公司，相关专利申请量为 183 项，涉及多个细分领域，并涉及多个下属公司，例如，全球领先的食品添加剂生产商丹尼斯克（Danisco）；排名第二、第三的均为日本企业，分别为大赛璐株式会社和奥加诺株式会社，大赛璐株式会社研发重点是光异构体分离技术，可应用于药物、食品、化工等多领域，奥加诺株式会社专注于糖精制领域；排名第四的是马来西亚谱赛科公司，这家企业有几十家子公司，总部位于马来西亚吉隆坡；并列排名第五的是中国的两所高校，分别为浙江大学和江南大学。排名前20的国外申请人全部为知名企业，在食品领域具有扎实的技术积累。

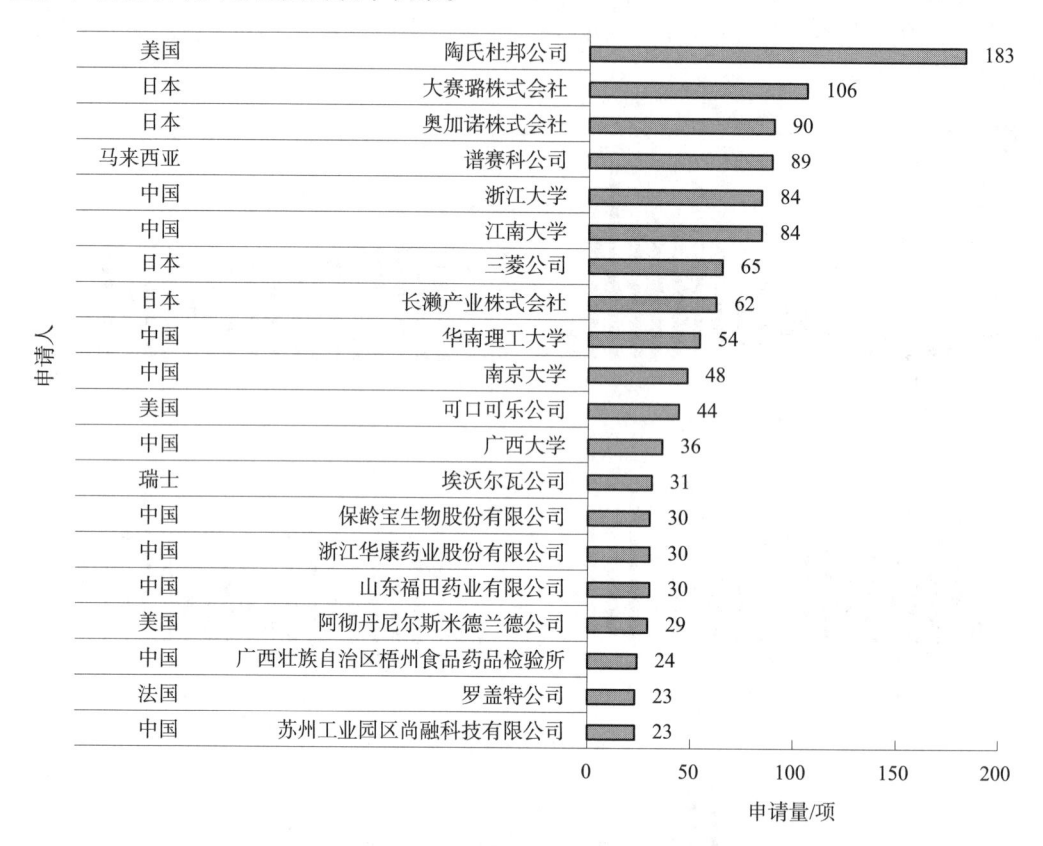

国家/地区	申请人	申请量/项
美国	陶氏杜邦公司	183
日本	大赛璐株式会社	106
日本	奥加诺株式会社	90
马来西亚	谱赛科公司	89
中国	浙江大学	84
中国	江南大学	84
日本	三菱公司	65
日本	长濑产业株式会社	62
中国	华南理工大学	54
中国	南京大学	48
美国	可口可乐公司	44
中国	广西大学	36
瑞士	埃沃尔瓦公司	31
中国	保龄宝生物股份有限公司	30
中国	浙江华康药业股份有限公司	30
中国	山东福田药业有限公司	30
美国	阿彻丹尼尔斯米德兰德公司	29
中国	广西壮族自治区梧州食品药品检验所	24
法国	罗盖特公司	23
中国	苏州工业园区尚融科技有限公司	23

图6-1-8 吸附分离树脂在食品领域应用全球主要专利申请人

在中国申请人中，高校及科研机构上榜6家，分别为浙江大学、江南大学、华南理工大学、南京大学、广西大学、广西壮族自治区梧州食品药品检验所。浙江大学设有食品生物科学技术研究所，江南大学设置了食品学院，华南理工大学的食品科学与工程是国家级特色专业、广东省名牌专业，南京大学的相关专利申请以吸附分离树脂用于饮用水处理技术居多，广西大学的相关专利申请主要涉及吸附分离树脂用于绿色制糖工艺及技术、传统制糖工艺优化、糖的多元生产及高值化利用。中国企业有4家上榜，分别为保龄宝生物股份有限公司、浙江华康药业股份有限公司、山东福田药业有限公司和苏州工业园区尚融科技有限公司。其中，保龄宝生物股份有限公司在低聚糖、高果糖、糖醇、膳食纤维等多糖类产品应用于食品工业、健康、环境生态、动物营养等领域进行研究；浙江华康药业股份有限公司和山东福田药业有限公司侧重于研究玉米芯、淀粉等原料深加工食品添加剂和食品配料等；这三家中国企业还参与木糖、木糖醇、麦芽糖醇等多项国家标准起草工作。

对吸附分离树脂在食品领域应用主要国家/地区专利申请量20件以上的主要申请人进行分析,结果如图6-1-9所示。可以看出,美国的陶氏杜邦公司在美国和通过世界知识产权组织分别申请相关专利79件和39件,是美国本土相关专利申请量最大的申请人,同时也是通过世界知识产权组织布局最多的申请人;另外,陶氏杜邦公司在美国本土的相关专利申请量仅占其全球相关专利申请总量的不到一半,其更加重视全球化布局,涉及中国、日本、德国等30多个国家或地区。中国的三所高校,即江南大学、浙江大学以及华南理工大学,虽然在本国申请了较多相关专利,但几乎不涉及海外专利申请。日本在该领域排名前三的专利申请人均为本土企业,即奥加诺株式会社、大赛璐株式会社和三菱公司,这三家公司以日本本国专利申请为主,在中国、美国、德国等全球主要市场也进行了一定的专利布局。

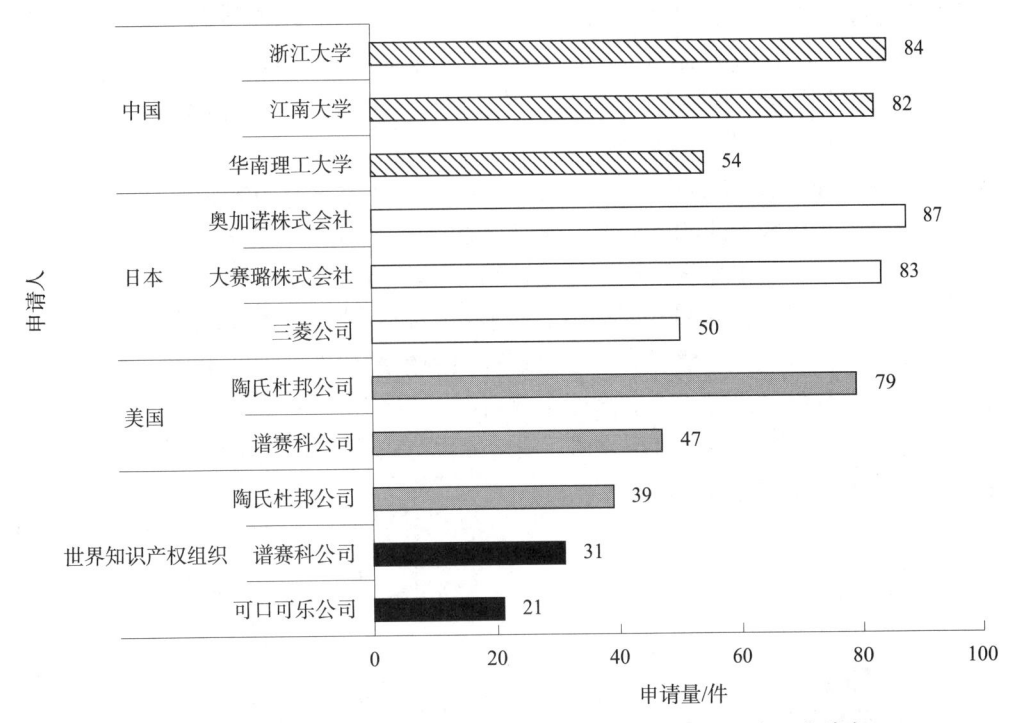

图6-1-9 吸附分离树脂在食品领域应用主要国家/地区专利申请人

注:图中申请人专利申请量均在20件以上。

与日本相比,中国的相关专利申请总量是日本的3倍以上,两国排名前三申请人的相关专利申请量基本持平,但日本主要申请人在市场竞争方面更有优势;另外,中日两国专利申请主体类型也不同,日本吸附分离树脂在食品领域应用的产业化程度更高。

通过世界知识产权组织进行海外布局的代表除陶氏杜邦公司外,还有谱赛科公司和可口可乐公司,谱赛科公司在甜菊糖制备上有10多年的研发经验,并在中国设立分公司。可见,国外企业更加重视全球化专利布局。

6.1.6 中国产业分布

吸附分离树脂在食品领域应用的中国产业地域发展情况如图6-1-10所示。江苏的创新主体最活跃，所持相关专利数量占全国相关专利申请总量的13%，其中来源于企业的专利约占50%，源于高校的专利约占32%。以苏州工业园区尚融科技有限公司和江南大学为代表，前者相关专利大多涉及吸附分离树脂用于各种糖类制备及其制备方法，以及吸附分离树脂在糖类饮品制备中的应用；后者主要涉及吸附分离树脂用于甜菊糖、葡萄糖等多种糖类的提纯，以及关

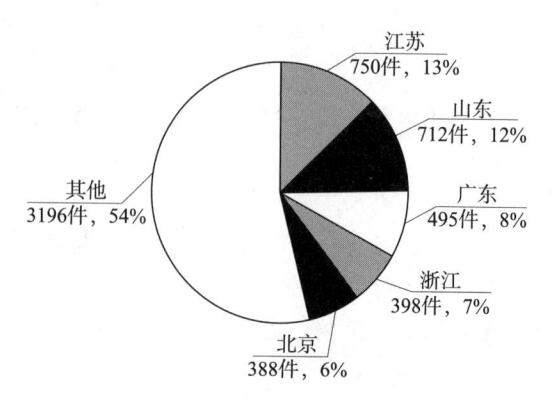

图6-1-10 吸附分离树脂在食品领域应用中国产业地域分布

于吸附分离树脂的提取液脱色方法。值得一提的是江南大学与多家企业有合作开发情况，共同申请了相当数量的相关专利，正持续加强产学研合作，预计江苏专利产业化进程还将继续加快。山东是该领域创新主体第二活跃地区，其中代表性企业有青岛润德生物科技有限公司和青岛润浩甜菊糖高科有限公司。此外，需要说明的是，加拿大GLG生命科技集团在我国建立了多个甜菊糖种植和生产加工基地及下属公司，包括东台润洋甜叶菊高科有限公司、青岛润德生物科技有限公司、安徽润海生物科技股份有限公司、青岛润浩甜菊糖高科有限公司、安徽蚌埠惠农甜叶菊高科技发展有限公司等，在我国甜菊糖产业中拥有较强话语权。

总体来看，江苏、山东、广东、浙江、北京五个地区的相关专利申请量之和占全国相关专利申请总量的46%左右，以上五个省市发展相对均衡。从企业数量来看，产业集中度较高。

吸附分离树脂在食品领域应用中国专利申请人类型分布如图6-1-11所示，企业相关专利占比不足50%，主要由少数科技型企业掌握，其中仅山东地区的企业相关专利占比略高于50%，科研单位和大专院校掌握的专利占据相当一部分份额，产业化程度较低。

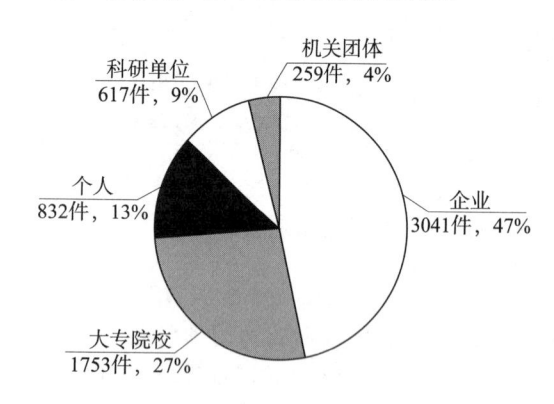

图6-1-11 吸附分离树脂在食品领域应用中国专利申请人类型分布

6.2 甜菊糖制备用吸附分离树脂技术

甜菊糖，又名甜菊糖苷或菊糖，是从甜菊叶子中提取生产的双萜糖苷的混合物，按照天然植物化学的划分，属于四环二萜的糖苷类。甜菊糖是继蔗糖、糖精之后的"第三代糖源"，是目前已知的最甜的天然绿色健康甜味剂。

甜蔗糖、甜菜糖是第一代糖源，热量较高；第二代糖源为糖精、阿斯巴甜等人工合成糖，热量少味觉差。与第一代和第二代糖原相比，作为第三代糖原的甜菊糖，甜度高、热量少，是目前已知最甜的天然绿色健康甜味剂，被广泛应用于食品领域。此外，甜菊糖还有重要的医疗和保健功能，如促进新陈代谢、强壮身体和降低血压等，例如，甜菊糖及其衍生物被证明在治疗心血管、糖尿病、肿瘤等方面具有疗效。

我国是一个缺糖的国家，甜菊糖以其高甜度的优势缓解了我国食糖紧缺的问题。用甜菊糖代替部分蔗糖不会降低产品质量，成本却比蔗糖低50%以上。我国自1976年引种甜叶菊成功以后，很快推广种植并广泛开发利用，福建、江西、河南、安徽、江苏、山东等地都有大量种植。经过40多年努力，我国目前已成为世界第一甜菊种植大国、第一菊糖生产大国、第一甜菊出口大国。

甜菊糖的甜度和口感取决于它的糖苷组分及含量，包括莱苞迪苷A（RebaudiosideA，RA）、甜菊苷（Stevioside，ST）、莱苞迪苷B（RebaudiosideB，RB）、甜菊二糖苷（Steviolbioside，SB）等，其中，RA和ST组分在总糖苷中的相对含量较高，甜度最高，相当于蔗糖的200~350倍，甜味特性也与蔗糖相接近，是一种具有高甜度、低热量、易溶解、耐热、稳定等特点的新型天然甜味剂。RB组分的甜度仅为蔗糖的10~15倍，且后味苦涩，含不良余味。利用吸附分离树脂将甜菊糖苷中的RB组分去除对于改善产品口感有非常重要的意义。因此，研究吸附分离树脂在甜菊糖制备中的应用，对于我国食品、农业种植以及对外贸等行业的发展具有重要意义。

6.2.1 专利申请趋势

如图6-2-1所示，全球关于甜菊糖制备用吸附分离树脂技术的专利申请始于1975年，开始的20多年发展缓慢，年申请量多在5项左右，直到1998年才达到10项以上。根据全球甜菊糖制备用吸附分离树脂技术专利申请数据统计及申请趋势分析，可将其发展划分为2个阶段，即萌芽期和发展期。

（1）萌芽期（1975~2003年）

1975~2003年，关于甜菊糖制备用吸附分离树脂技术相关专利年申请量在11项以下。该时期一半以上的专利申请集中在日本和美国，且已经研发出利用离子交换树脂和大孔吸附树脂来提纯甜菊糖的技术。加拿大罗格·H.吉奥弗尼托于1988年在中国提交了第一件关于甜菊糖制备用吸附分离树脂技术的专利申请，后续陆续出现不同的申请人提交相关专利申请。这一时期的申请人和相关专利技术都非常少。

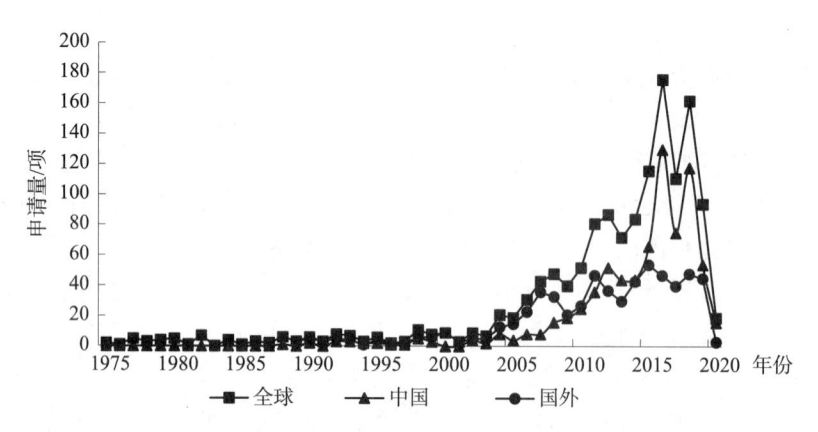

图 6-2-1　甜菊糖制备用吸附分离树脂技术全球/中国/国外专利申请趋势

（2）发展期（2004 年至今）

该阶段为甜菊糖制备用吸附分离树脂技术的发展期，相关专利申请量由 2004 年的 21 项增长到 2018 年的 162 项，年平均增长量达 10 项。从 2015 年开始，专利申请量突破 100 项，甜菊糖制备用吸附分离树脂技术发展迅速。同时，中国在该阶段的相关专利申请量也呈现快速增长趋势，且 2015 年后成为全球相关专利申请量快速增长的主要推动力量。

进一步对国外主要国家/地区的相关专利申请趋势进行分析，如图 6-2-2 所示。1981 年，美国开始出现关于甜菊糖制备用吸附分离树脂技术的专利申请，2004 年以前申请量很小，24 年间相关专利申请仅有 13 件；2004 年以后，相关专利申请量随时间推移保持小幅增长，近 5 年的年平均专利申请量为 18 件，在 2019 年达到峰值 31 件。在日本的相关专利申请始于 1975 年，该申请同时为全球甜菊糖制备用吸附分离树脂技术的第一件专利申请，2007 年以前专利申请量小且不连续；2007 年以后，申请虽连续，但是申请规模同样较小，基本在 7 件以下。在韩国，关于甜菊糖制备用吸附分离树脂技术的专利申请量也基本保持在个位数，近几年破 10 件。相比而言，2004 年后，通过世界知识产权组织进行的相关专利申请相对较多，多数年份维持在 30 件左右，技

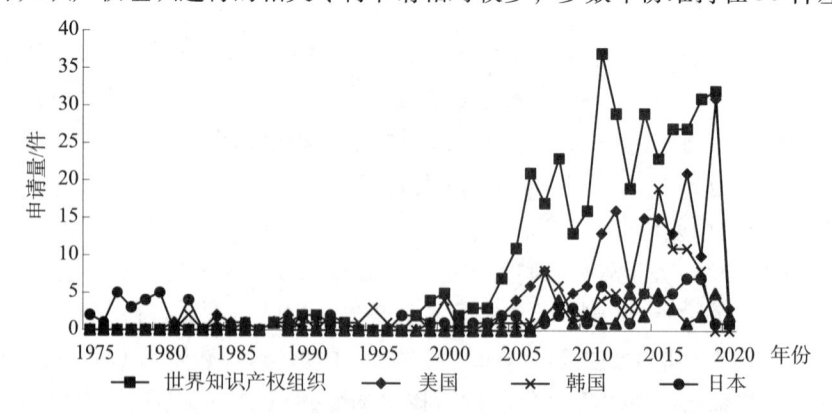

图 6-2-2　甜菊糖制备用吸附分离树脂技术主要国家/地区专利申请趋势（中国以外）

术来源国主要为美国和中国,其中,来自美国申请人的相关专利占比达一半以上,申请人主要为谱赛科公司、嘉吉公司、GLG 生命科技集团等。

6.2.2 专利申请目标国/地区

如表 6-2-1 所示,对甜菊糖制备用吸附分离树脂技术专利申请目标国/地区进行分析。在中国的相关专利申请量占全球相关专利申请总量的 46%,排名第一;其次,申请人通过世界知识产权组织进行全球布局,占比 24%;在美国的相关专利申请量排名第三,占比 11%。排名前三的专利申请目标国/地区申请量之和在全球相关专利申请总量中占比达 80% 以上,甜菊糖制备用吸附分离树脂技术地域分布非常集中。

表 6-2-1 甜菊糖制备用吸附分离树脂技术全部及阶段年份专利申请目标国/地区

全部年份			2000 年及以前			2000 年以后		
专利申请目标国/地区	数量/件	占比	专利申请目标国/地区	数量/件	占比	专利申请目标国/地区	数量/件	占比
中国	757	46%	日本	38	30%	中国	734	48%
世界知识产权组织	389	24%	中国	23	18%	世界知识产权组织	371	24%
美国	188	11%	韩国	19	15%	美国	178	12%
韩国	107	6%	世界知识产权组织	18	14%	韩国	88	6%
日本	92	6%	美国	10	8%	日本	54	4%
欧洲专利局	38	2%	澳大利亚	2	2%	欧洲专利局	36	2%
印度	37	2%	巴西	2	2%	印度	36	2%
其他	48	3%	其他	14	11%	其他	33	2%

通过统计不同阶段年份的专利申请地域分布可以发现,2000 年之前,甜菊糖制备用吸附分离树脂技术专利申请量排名前三的国家分别为日本、中国和韩国。2000 年之后,该技术专利申请量排名前三的国家/地区则为中国、世界知识产权组织和美国,其中,在中国的相关专利申请量占此阶段全球相关专利申请总量 48%,比 2000 年以前的占比 18% 上升 30 个百分点,中国近年来逐渐成为主要市场国。通过世界知识产权组织提交相关专利申请 371 件,占比为 24%,而 2000 年以前仅为 14%,可见近年来该细分领域专利申请人开始重视全球专利布局。

6.2.3 技术来源国

图 6-2-3 为甜菊糖制备用吸附分离树脂技术专利申请全球及主要国家/地区技术来源国分布情况。从图 6-2-3 饼图中可以看出,来自中国的相关专利申请量最大,

达761项，占比高达52%，其次是美国和韩国，相关专利申请量分别为261项和88项，占比分别为18%、6%；日本、印度和瑞士的专利申请量分别为59项、37项和34项。结合图6-2-3及表6-2-1可以看出，关于甜菊糖制备用吸附分离树脂技术，中国、美国和韩国既是主要市场国，也是主要技术来源国，是该领域申请人需要重点关注的国家。

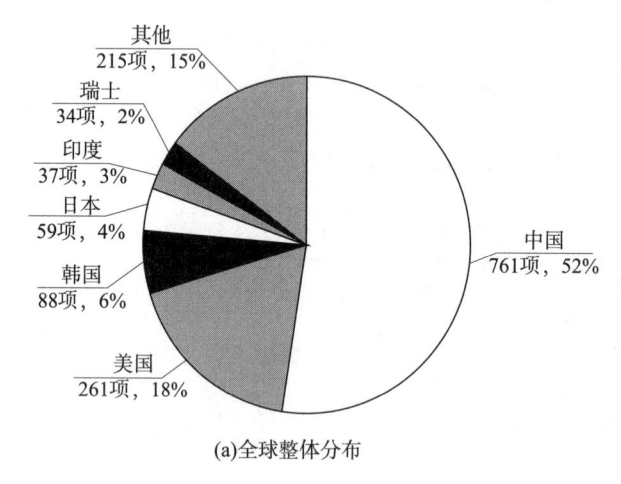

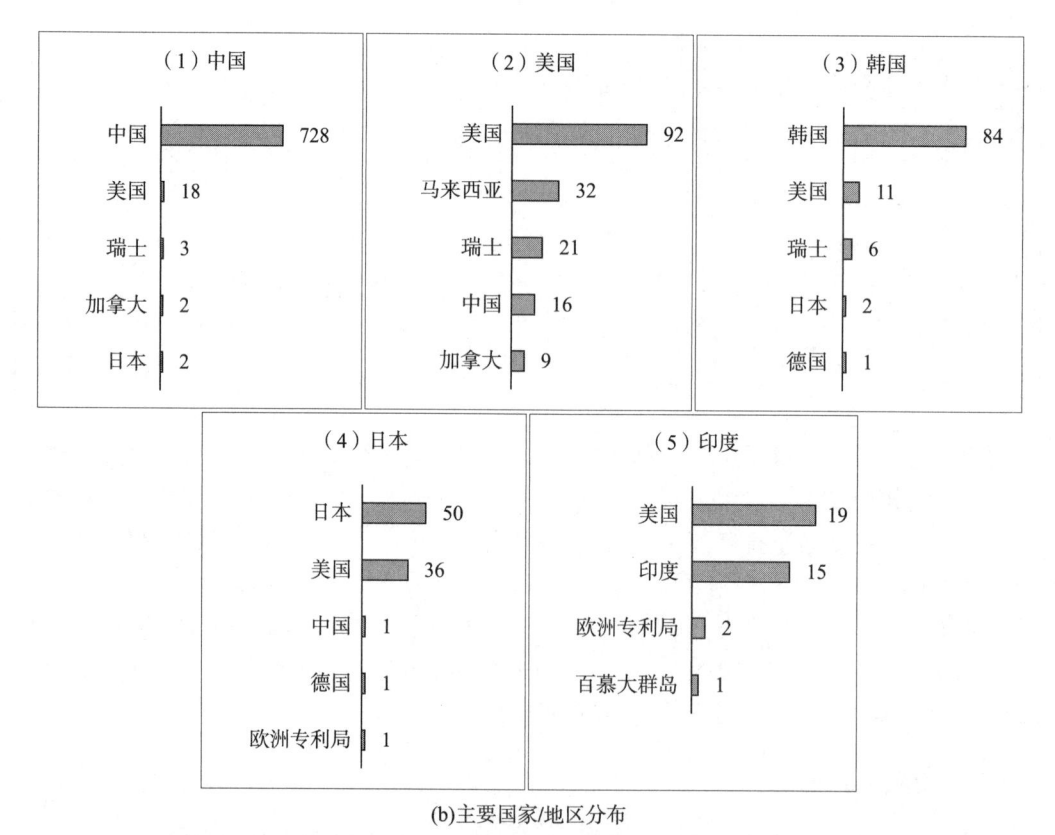

(a) 全球整体分布

(1) 中国
- 中国 728
- 美国 18
- 瑞士 3
- 加拿大 2
- 日本 2

(2) 美国
- 美国 92
- 马来西亚 32
- 瑞士 21
- 中国 16
- 加拿大 9

(3) 韩国
- 韩国 84
- 美国 11
- 瑞士 6
- 日本 2
- 德国 1

(4) 日本
- 日本 50
- 美国 36
- 中国 1
- 德国 1
- 欧洲专利局 1

(5) 印度
- 美国 19
- 印度 15
- 欧洲专利局 2
- 百慕大群岛 1

(b) 主要国家/地区分布

图6-2-3 甜菊糖制备用吸附分离树脂技术全球及主要国家/地区专利技术来源

注：图中数字表示申请量，柱状图单位为件。

根据图6-2-3中的柱状图进一步分析主要国家/地区技术来源国分布情况，在中国进行相关专利申请的主要为本土申请人，专利申请量为728件，占比高达96%，其次是美国申请人，申请量为18件，其他国家申请人在中国的相关专利申请量仅为个位数；在美国进行相关专利布局的同样主要为本土申请人，但是占比不到50%，其次是来自马来西亚的申请人，例如，谱赛科公司在美国布局了一定数量的相关专利，中国申请人在美国申请相关专利16件；在韩国相关专利申请量排名第一的同样为本土申请人，申请相关专利84件，其次是美国，相关专利申请量为11件，上述两个国家相关专利申请量之和占韩国国相关专利申请总量的89%；在日本，相关专利申请同样主要源于本土申请人，专利申请量为50件，其次是美国，且美国申请人在日本布局了较多专利，共36件，占日本相关专利申请总量的近40%；在印度，相关专利申请量排名第一的国家是美国，申请相关专利19件，占比高达51%，其次是印度本土申请人，专利申请量为15件。纵向对比，美国在这五个主要国家均进行了相关专利布局，尤其重视对新兴高需求市场的提前布局，而其他四国则更加注重在本国进行相关专利保护。

6.2.4 主要技术路线

甜菊糖制备用吸附分离树脂技术构成如图6-2-4所示，主要由树脂类型、设备和工艺三类技术构成，专利数量和所占比例分别为480项（34%）、124项（9%）和822项（57%）。其中工艺类相关专利数量占比超过该细分领域总申请量的一半，是现阶段吸附分离树脂在甜菊糖领域的研究重点。

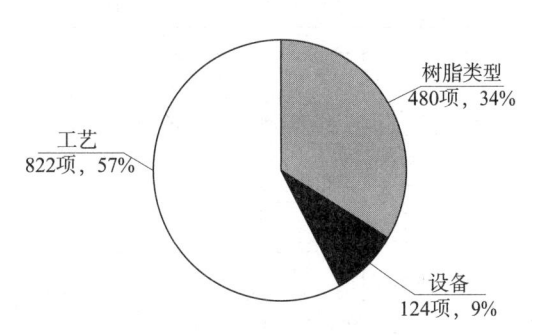

图6-2-4 甜菊糖制备用吸附分离树脂专利技术构成

根据调研可知❶❷，甜菊糖制备工艺一般包括浸泡、絮凝、吸附、解析、脱色、脱盐脱色等步骤。其中吸附、解析、脱盐脱色步骤中需要通过吸附分离树脂选择性吸附原液中的甜菊糖，去除洗脱液中的盐类、色素和其他杂质，以得到甜菊糖苷富集液。❸上述步骤就不同的生产线而言可能略有不同，本小节介绍其中一种制备工艺，具体包括：①浸泡：将甜菊叶浸泡，浸泡得到甜菊糖苷混合液，并除去固废甜菊叶渣；②絮凝：浸泡后含有甜菊糖苷的混合液进入絮凝池，加入氯化铁和石灰浆，使溶液中杂质絮凝，并除去絮凝固废絮凝渣；③吸附：絮凝后清液进入吸附分离树脂进行吸附，

---

❶ 王姣姣. 绿色甜菊糖制备工艺的研究及主要成分分析[J]. 邯郸职业技术学院学报，2016，29（1）：60-65.

❷ 杨枝煌，陈潇霖. 我国甜菊糖产业现存问题及其综合治理[J]. 农业部管理干部学院学报，2014（3）：14-20.

❸ 杨扬，陈社云，陈凯，等. 甜菊糖提取工艺进展及发展前景[J]，中国食品添加剂，2010（5）：194-199，219.

糖苷和少量杂质会被吸入树脂内，剩余无糖废水；④解析：用纯水和乙醇混合液清洗吸附分离树脂，糖苷和少量杂质溶解进入解析液；⑤活性炭脱色：将活性炭投入解析液中，初步脱除溶液颜色，并除去已使用的活性炭；⑥脱盐脱色：将初步脱色后的解析液通入阴阳离子交换树脂，进行进一步脱盐脱色处理；⑦纳滤膜过滤：用纳滤膜过滤二次脱盐脱色的甜菊糖苷－乙醇－水溶液，过滤分为甜菊糖苷－水溶液（富集液）和乙醇－水溶液；⑧蒸发浓缩：将甜菊糖苷－水溶液（富集液）放入蒸发浓缩装置，产生产品结晶体；⑨干燥：将产品结晶体进行干燥；⑩溶解：将干燥后的产品结晶体溶解到甲醇溶液中；⑪重结晶：将上述糖苷－甲醇溶液进行蒸发，得到糖苷产品。

近年来，由于膜技术的发展，甜菊糖制备工艺中前段和后段不断被嵌入膜处理环节以获得高效、节能的效果，但是"脱盐脱色"核心环节仍然依赖吸附分离树脂。

本小节以专利申请时间、被引频次、专利的技术内容等信息为指标，通过对甜菊糖制备用吸附分离树脂技术相关专利文献进行梳理，绘制了专利技术路线，如图6-2-5所示。

1975~1980年	1981~1990年	1991~2000年	2001~2010年	2011~2020年
JP52005800A 1975-06-27 阳离子交换树脂	JP58212759A 1982-06-04 离子交换树脂/吸附树脂	KR19950005197A 1993-08-26 阳离子交换的树脂+阴离子交换树脂	US20060134292A1 2004-12-21 离子交换树脂	US20120214751A1 2011-02-17 大孔吸附树脂+离子交换树脂
	KR19880007554A 1986-12-09 阴阳离子交换树脂	CN1192447A 1998-02-18 大孔吸附树脂	US20060142555A1 2004-12-23 凝胶型/大孔型+离子交换树脂	EP3009010A1 2012-12-19 大孔吸附树脂
	EP302948A2 1987-07-21 强酸性离子交换树脂处理后再用弱碱性离子变换树脂纯化		WO2009140394A1 2009-05-13 色谱法-强酸性阳离子交换树脂	US20200047083A1 2019-10-11 模拟移动床色谱法生产纯化甜菊醇
JP56137866A 1980-03-31 吸附树脂	JP03262458A 1990-03-14 微孔树脂			US20200140473A1 2019-12-23 色谱法+大孔中性吸附树脂

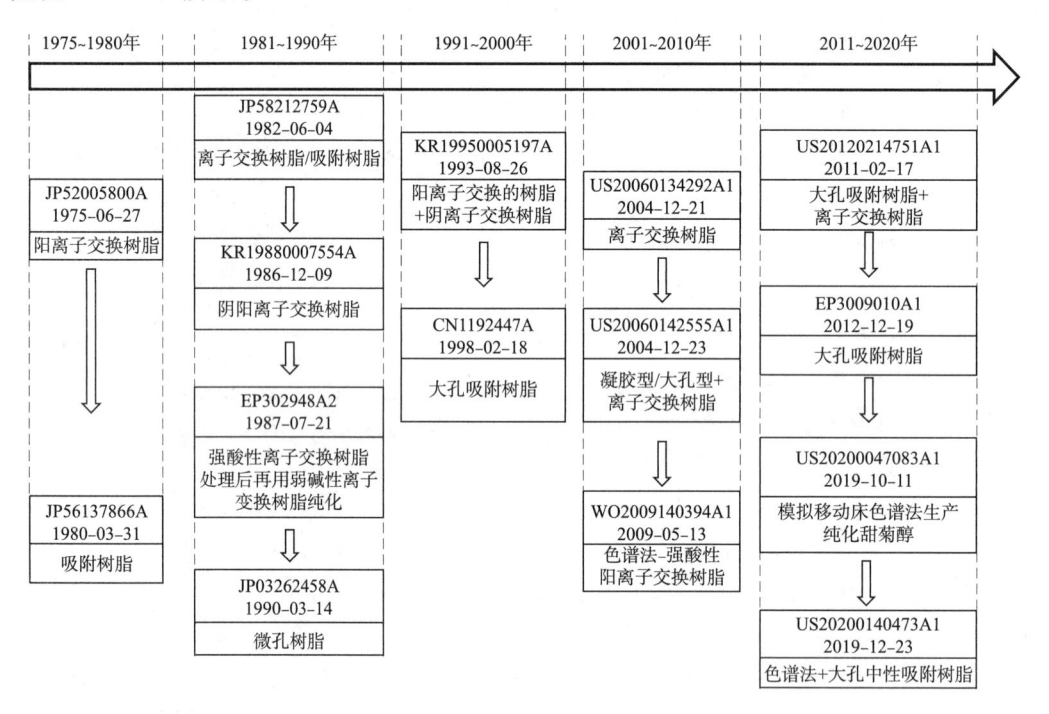

图6-2-5 甜菊糖制备用吸附分离树脂专利技术发展路线

20世纪70年代，利用吸附分离树脂对甜菊糖进行分离提纯技术开始出现。1975年，山阳国策造纸株式会社（后来与十条制纸合并形成日本制纸株式会社，即Nippon Paper Industries Co., Ltd）首次申请保护一种通过用阳离子交换树脂处理甜菊糖苷的方法，其中甜菊糖苷从甜叶菊的叶子中获得（JP52005800A）。随后，东洋精糖株式会社在1980年申请保护一种吸附树脂去除甜菊苷中苦味成分的工艺（JP56137866A）。

20世纪80年代，日韩市场上一吨甜菊糖有效成分莱鲍迪苷（RA40）的市场售价高达60万元。受高利润驱动，包括中国在内的多个国家蜂拥介入甜菊糖产业，建立了一批甜菊糖加工厂，由此掀起甜菊糖产业发展的第一波高潮。同时，随着树脂种类的不断增加，吸附分离树脂用于甜菊糖纯化技术进一步发展。1982年，一种离子交换树脂或吸附树脂纯化甜菊糖的优化工艺被提交专利申请（JP58212759A）。随后谱赛科公司在韩国申请保护一种利用Amberite XAD-7大孔树脂、强酸性阳离子交换树脂DIAION SK1B、强碱性阴离子交换树脂Amberite IRA 904来进行甜菊糖纯化的工艺（KR19880007554A）。1987年，利用强酸性离子交换树脂和弱碱性离子交换树脂联合纯化甜菊糖技术出现（EP302948A2）。1990年，一种利用微孔树脂纯化甜菊糖的方法（JP03262458A）被提出，该技术是利用甜叶菊提取物与环糊精和特定酶反应形成加和物，微孔树脂吸附该种加和物，从而实现纯化目的。

20世纪90年代至21世纪前10年，离子交换树脂和吸附树脂纯化甜菊糖工艺不断优化、提升。近10年，GLG生命科技集团、嘉吉公司、可口可乐公司、百事可乐公司、联合利华公司等大型跨国食品企业集团一直积极推广应用甜菊糖，甜菊糖在食品、饮料、医疗保健品等市场规模不断扩大，直接推动了吸附分离树脂在纯化甜菊糖工艺的技术进步，专利申请数量急剧增加。例如，2011年GLG生命科技集团申请保护一种包含甜菊糖苷提取物的天然甜味剂组合物，其中甜菊糖苷提取利用了吸附分离树脂（CA2857085A1）；同年，谱赛科公司申请了一种以大孔吸附树脂脱色、离子交换树脂脱盐的甜菊糖制备工艺（US20120214751A1）；2012年谱赛科公司申请了一种通过包括吸附树脂的柱系统提纯甜菊醇糖苷溶液的工艺（EP3009010A1）；2019年嘉吉公司申请保护一种使用具有大孔中性吸附树脂的吸附-解析色谱法富集衍生自甜叶菊的糖苷组合物中的莱鲍迪苷B和/或莱鲍迪苷D的方法（US20200140473A1）。

值得注意的是，近年来模拟移动床和逆流离子交换色谱系统作为更加高效节能的分离技术被广泛应用于化工和医药产物以及天然物等精细分离场景，甜菊糖的制备也不例外。2019年，奥罗克姆技术股份有限公司（Orochem Technologies Inc）申请保护使用模拟移动床色谱法生产纯化的甜菊醇技术（US20200047083A1）。我国高校和企业也在开展相关研究，例如，2012年，中国科学院烟台海岸带研究所使用连续逆流提取和纳滤膜结合的方法从干菊芋中制备菊粉（CN103044579B）；2014年，辽宁千千生物科技有限公司利用模拟移动床纯化莱鲍迪A苷。除了模拟移动床和连续逆流色谱技术，近年来吸附分离树脂在甜菊糖制备方面的创新主要表现为分离设备的集成化和分离工艺的优化。

6.2.5 重点专利解读

从专利申请的被引频次、权利要求数量、同族数量及申请人重要程度等方面筛选出甜菊糖制备用吸附分离树脂技术中近20年的重点专利，见表6-2-2。

表 6-2-2 甜菊糖制备用吸附分离树脂技术重点专利

序号	公开号	申请人	申请日	同族国家/地区	被引次数	法律状态
1	US20060142555A1	印度科工研所	2004-12-23	US	122	失效
2	CN102060892B	青岛润浩甜菊糖高科有限公司（GLG生命科技集团子公司）	2010-12-30	US、WO、CA、CN	27	有效
3	EP2675909B1	谱赛科公司	2011-04-25	BR、IN、WO、EP、MX、US	0	有效
4	CN102786566B	谱赛科（江西）生物技术有限公司	2012-09-07	CN	0	有效
5	EP3009010B1	可口可乐公司和谱赛科公司	2012-12-19	RS、RU、PT、JP、DK、LT、CL、EP、CN、MX、HU、ES、BR、AU、SI、CY、WO、PH、PL、CA、TR	0	有效
6	CN110290867A	三菱化学株式会社	2018-02-21	US、CN、JP、WO	0	审中
7	US20200140473A1	嘉吉公司	2019-12-23	US	0	审中

（1）US20060142555A1

专利名称："从甜叶菊中生产甜菊糖苷的方法"，申请日为2004年12月23日，专利权人为印度科工研所。该专利被引用122次，权利要求数量为17项。该专利已失效，可以充分加以利用。

该专利的技术方案：该方法包括干燥甜叶菊材料，然后将其粉碎至20~400目大小，在加热下的由软化水组成的溶剂中萃取该甜叶菊粉，过滤加热的甜叶菊材料以获得水提取物，用碱性盐处理水提取物以形成澄清沉淀物，分离沉淀物，用离子交换树脂处理分离的澄清滤液，然后干燥处理的滤液以获得含有甜菊糖苷的产品，甜菊糖苷的含量为40%~70%。

该发明的离子交换树脂具有生态友好、无毒、可重复使用的优点，工艺经济效益好，所得产品得率高、甜度高。该发明对高品质甜菊糖批量化生产具有重要的意义。

（2）CN102060892B

专利名称："甜菊糖甙RD的提纯方法"，申请日为2010年12月30日，原始专利申请人为青岛润浩甜菊糖高科有限公司，现转让至安徽润海生物科技股份有限公司，转让人和受让人均为加拿大GLG生命科技集团子公司。该专利被引用27次，权利要求数量为 8 项。

该专利的技术方案：一种甜菊糖甙 RD 的提纯方法，将母液糖通过大孔吸附树脂吸附洗脱，经过收集、浓缩、干燥，得到粗制甜菊糖甙；将粗制甜菊糖甙溶于乙醇+甲醇的混合液中，经过加热、静置、降温、静置等步骤，进行固液分离，得到固体为精制的甜菊糖甙 RD。

该发明提供了一种甜菊糖甙 RD 的提纯方法，填补了现有技术空白，打破了市面上以 RA 和 STV 为主的市场格局，满足消费者日益多样化的市场需求。

（3）EP2675909B1

专利名称："一种制备高度纯化的葡糖基甜菊组合物的方法"，申请日为 2011 年 4 月 25 日，专利权人为谱赛科公司。该专利权利要求数量为 11 项，在 6 个国家或地区进行了同族专利申请，说明该专利市场应用范围广。

该专利所述的制备方法包括：将淀粉加入水中以形成淀粉悬浮液；将 α－淀粉酶和 CGTase 的混合物加入淀粉悬浮液中并在 75～80℃下孵育 0.5～2 小时，形成液化淀粉悬浮液；通过低 pH 热处理使 α－淀粉酶失活；冷却液化的淀粉悬浮液并将 pH 调节至 5.5～7.0；将甜菊糖苷加入液化的淀粉悬浮液中，形成反应混合物；将第二批 CGTase 添加至反应混合物中，并在 55～75℃下孵育 12～48 小时；在反应混合物中加入 β－淀粉酶并在 35～55℃下孵育 12～24 小时；通过热处理使反应混合物中的酶失活，使反应混合物脱色；将脱色后的反应混合物与大孔吸附树脂接触，并随后用乙醇水溶液洗脱吸附的二萜糖苷，除去非二萜化合物，得到含糖苷的乙醇水溶液洗脱液；用离子交换树脂对含糖苷的乙醇水溶液洗脱液进行脱盐；从乙醇洗脱液中除去乙醇，得到含水洗脱液，浓缩并干燥该含水洗脱液，得到高纯度的葡糖基甜菊组合物。其中，高度纯化的葡糖基甜菊组合物包含具有 4 个或更少 a－1，4－葡糖基残基的短链甜菊糖苷衍生物和未修饰的甜菊糖苷。

该发明克服现有甜叶菊甜味剂中包含较多无功能或不佳口感组分的缺点，制备出高甜度低热量的甜味剂。

（4）CN102786566B

专利名称："多柱二次树脂串联吸附提纯甜菊糖甙的方法"，申请日为 2012 年 9 月 7 日，专利权人为谱赛科（江西）生物技术有限公司。

该专利所述的制备方法如下：(a) 预处理：将粉碎的甜叶菊叶与 50～55℃软化水混合，连续逆流萃取，使甜叶菊叶的糖甙萃取率达到 99.99% 以上，制成甜菊糖甙萃取液，萃取液经过絮凝沉淀和板框压滤两道工序后，进入下一道工序；(b) 脱盐：将上述滤液用离子交换树脂脱盐，得透光率≥65%、电导率≤6700us/cm 的脱盐滤液，脱盐滤液进入下一道工序；(c) 一次吸附及解析：采用树脂吸附上述脱盐滤液中甜菊糖甙有效成分，到树脂出甜时止；用氢氧化钠稀溶液、盐酸稀溶液、纯水洗树脂，至流出液 pH 达到 7 时止；用浓度为 52% 的乙醇溶液对树脂进行分柱解析，得含甙量在 82%～86%、比吸光度≤0.50 的解析液，解析液进入下一道工序；(d) 脱色：将活性炭置入解析液中混合搅拌，板框过滤，过滤得含甙量在 83%～87%、比吸光度≤

0.20 的脱色液，脱色液进入下一道工序；（e）一次离子交换：脱色液依次通过阳离子交换树脂和阴离子交换树脂除杂后，蒸发浓缩，得到含甙量在 84%～88%、比吸光度 ≤0.10 的浓缩液，浓缩液进入下一道工序；（f）二次吸附除杂：用 LX－18 吸附树脂三柱串联过饱和吸附上述浓缩液除杂，流出甜菊糖甙溶液，得到含甙量≥95%、比吸光度≤0.03 的甜菊糖甙流出液，流出液进入下一道工序；（g）二次离子交换：将流出液再次进入待用状态的阳离子交换树脂和阴离子交换树脂进行深度除杂，纳滤膜浓缩得到含甙量≥95%、比吸光度≤0.03 的浓缩液，再经过除菌滤膜除菌过滤，浓缩液进入下一道工序；（h）喷雾干燥：将除菌过滤后的浓缩液喷雾干燥，得到含甙量≥95%、比吸光度≤0.03 的甜菊糖甙产品。

该发明利用 TH－3 吸附树脂对甜菊糖甙中的杂质进行吸附，从而提高流出液中的甜菊糖甙含量，达到提纯甜菊糖甙的目的，最后所得甜菊糖甙产品含甙量达到 95% 以上，比吸光度≤0.03。

（5）EP3009010B1

专利名称："甜菊糖苷的纯化方法及其用途"，申请日为 2012 年 12 月 19 日，专利权人为可口可乐公司和谱赛科公司。该专利权利要求数量为 22 项，在 21 个国家/地区进行了同族专利申请，说明该专利市场应用范围广。

该专利的技术方案：纯化甜叶菊醇糖苷的方法包括以下步骤：（a）使甜叶菊醇糖苷的溶液通过包括多个填充吸附树脂的柱的多柱系统，以提供至少一个吸附了甜叶菊醇糖苷的柱；以及（b）从至少一个吸附了甜叶菊醇糖苷的柱洗脱具有低 Reb X 含量的级分，以提供洗脱的包含甜叶菊醇糖苷的溶液。该发明通过甜菊糖苷组分提纯，进一步提升甜味口感。

（6）CN110290867A

专利名称："分离剂、该分离剂的应用及使用该分离剂的甜菊糖苷的分离方法以及使用该分离方法的甜菊糖苷的制造方法"，申请日为 2018 年 2 月 21 日，专利权人为三菱化学株式会社。该专利权利要求数量为 19 项，目前处于审中状态。

该专利的技术方案：一种分离剂及其用于分离甜菊糖苷的方法，其中，分离剂是具有交联结构和羟基的（甲基）丙烯酸系高分子的多孔性粒子，其中，粒子及孔道表面固定有聚乙烯亚胺；甜菊糖苷的分离方法包括：利用表面固定有聚乙烯亚胺的多孔性粒子作为分离剂，将待分离的甜菊糖苷混合物溶液通过分离剂填充柱液相色谱，得到甜菊糖分离产物，其中，溶剂为醇与水的混合物。

该发明的目的在于提供对特定甜菊糖苷的选择性高且分离效率良好的分离剂和分离方法。

（7）US20200140473A1

专利名称："带有大孔中性吸附树脂的吸附－解吸色谱法富集衍生自甜菊的糖苷组合物中的莱鲍迪苷 B 和/或莱鲍迪苷 D 的方法"，申请日为 2019 年 12 月 23 日，专利权人为嘉吉公司。该专利权利要求数量为 6 项，目前处于审中状态。

该专利的技术方案：一种制备包含莱鲍迪甙 D 的富集组合物的方法，该方法包括以下步骤：（a）使微孔中性吸附树脂与糖苷溶液接触，该溶液的 pH 为 4~6，并且包含莱鲍迪苷 D 和至少一种其他甜菊醇糖苷，使得该糖苷溶液中的至少一部分糖苷被吸附到大孔中性吸附树脂上；和（b）使该大孔中性吸附树脂与至少一种洗脱溶剂接触，该洗脱溶剂经配制包含 10%~40% 的乙醇和 60%~90% 的水，以从吸附剂中选择性洗脱并富集莱鲍迪苷 D。该发明利用大孔中性吸附树脂获得甜味剂组合物中的理想组分。

6.2.6 主要申请人

关于甜菊糖制备用吸附分离树脂技术专利申请排名前列的申请人如图 6-2-6（见文前彩色插图第 3 页）所示。其中，来自马来西亚的谱赛科公司，相关专利申请量为 88 件，远超其他申请人。瑞士的埃沃尔瓦公司，相关专利申请量为 31 件。中国的晨光生物科技集团股份有限公司（以下简称"晨光生物公司"）申请了 21 件相关专利，研发重点为吸附分离树脂用于甜菊糖的纯化工艺以及生产过程中废水的处理。此外，加拿大 GLG 生命科技集团，中国江南大学、蚌埠市华东生物科技有限公司等专利申请数量在 20 件以下。以上申请人中谱赛科公司和 GLG 生命科技集团是集选育、种植、生产加工、出口销售于一体的大型公司，拥有综合优势，在行业中占据优势地位。

对甜菊糖制备用吸附分离树脂技术专利申请主要国家/地区的前三位申请人进行分析，结果如图 6-2-7 所示。从图中可以看出，在美国，谱赛科公司、埃沃尔瓦公司、

	主要申请人	主要申请人技术集中度	主要申请人代表性技术
美国	谱赛科公司 埃沃尔瓦公司 GLG生命科技集团	累计数量67件 占该领域专利数量 4%	甜菊糖精细组分分离 甜菊糖微生物法制备及其产物分离 甜菊糖精细组分及其分离
中国	晨光生物公司 江南大学 GLG生命科技集团	累计数量50件 占该领域专利数量 3%	甜菊糖深加工+组分分离+应用 甜菊糖及其衍生物组分分离 甜菊糖深加工+精细组分分离+应用
日本	埃沃尔瓦公司 泰特公司 山阳国策造纸株式会社	累计数量18件 占该领域专利数量 1%	甜菊糖微生物法制备及其产物分离 甜菊糖精细组分及其分离 甜菊糖组分分离
韩国	埃沃尔瓦公司 大平公司 科纳根公司	累计数量13件 占该领域专利数量 小于1%	甜菊糖微生物法制备及其产物分离 甜菊糖精细组分及其延伸物制备与分离
世界知识产权组织	谱赛科公司 埃沃尔瓦公司 嘉吉公司	累计数量52件 占该领域专利数量 3%	甜菊糖精细组分分离 甜菊糖微生物法制备及其产物分离 甜菊糖精细组分分离

图 6-2-7 甜菊糖制备用吸附分离树脂技术主要国家/地区专利申请人

注：主要申请人只选取专利申请量排名前三位的机构。

GLG生命科技集团申请专利数量较多，累计67件，占该领域专利申请数量的4%，其代表性技术主要涉及甜菊糖精细组分分离、甜菊糖微生物法制备及其产物分离；在中国，晨光生物公司、江南大学、GLG生命科技集团申请专利数量较多，累计50件，占该领域专利申请数量的3%，其代表性技术主要涉及甜菊糖深加工、组分分离及其应用等；在日本和韩国，各申请人专利申请数量相对较少，代表性技术方向主要为甜菊糖组分及其精细组分、甜菊糖微生物法制备及其产物分离；此外，谱赛科公司、埃沃尔瓦公司和嘉吉公司通过世界知识产权组织进行了一定数量的专利申请，约占该领域专利申请数量的3%。整体上，该领域知名企业专利申请相对活跃，主要申请人技术集中度低，甜菊糖相关产品是专利保护的重点之一。

6.2.7 国外在华布局

关于甜菊糖制备用吸附分离树脂技术国外在华布局情况如图6-2-8所示。由图可知，共有8个国家的国外申请人在华进行相关专利布局。其中，美国申请人在华申请相关专利的数量最多，为18件，占国外申请人在华相关专利申请总量的62%，其他申请来源国申请的专利量非常少。

关于甜菊糖制备用吸附分离树脂技术在华进行专利申请的代表性国外申请人如图6-2-9所示。由图可知，国外申请人主要围绕甜菊糖深加工及其精细组分分离技术进行布局，这些申请人大部分是本领域知名公司，例如，美国企业嘉吉公司、谱赛科公司、可口可乐公司，瑞士埃沃尔瓦公司和日本三菱公司等。需要说明的是，加拿大GLG生命科技集团在中国的专利申请均是以其在华子公司申请，没有列入图6-2-9中。

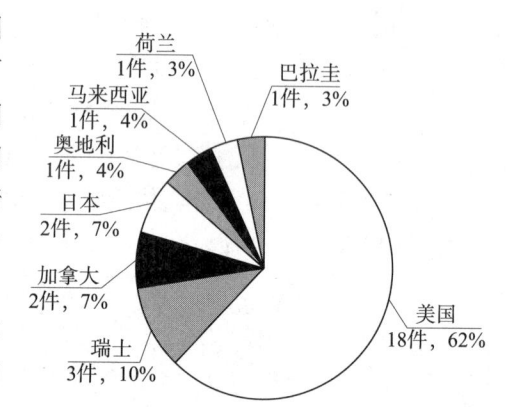

图6-2-8 甜菊糖制备用吸附分离树脂技术国外在华布局

甜菊糖深加工及其精细组分分离
•埃沃尔瓦公司【瑞士】CN105051195B
嘉吉公司【美国】CN103314000B
•三菱公司【日本】CN110290867A
•埃沃尔瓦公司【瑞士】CN110100006A
•谱赛科公司【美国】CN107105733A
•可口可乐公司、谱赛科公司【美国】CN110105414A
•甜美绿色田野有限责任公司【美国】CN109890220A

图6-2-9 甜菊糖制备用吸附分离树脂技术在华代表性国外专利申请人

6.2.8 中国申请人海外布局

关于甜菊糖制备用吸附分离树脂技术的中国专利申请人海外布局国家/地区如图6-2-10所示。由图可知，中国申请人主要通过世界知识产权组织进行海外专利申请，申请量为39件，占比高达70%。除此之外，在美国、日本进行了少量相关专利布局。

为更好地展示中国专利申请人关于甜菊糖制备用吸附分离树脂技术进行海外专利布局的情况，根据其海外相关专利申请量对主要申请人进行了梳理，代表性申请人有江南大学、东台市浩瑞生物科技有限公司、晨光生物公司、伊比西（北京）植物药物技术有限公司，这些申请人海外布局的方向为甜菊糖精细组分及其衍生物制备与分离，如图6-2-11所示。

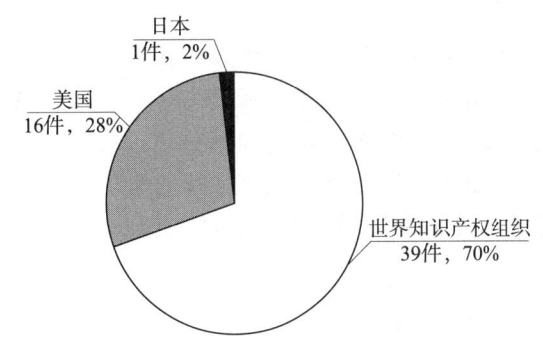

图6-2-10 甜菊糖制备用吸附分离树脂技术中国专利申请人海外布局国家/地区

甜菊糖精细组分及其衍生物制备与分离
• 江南大学+东台市浩瑞生物科技有限公司 　US20190352688A1、WO2020082754A1、WO2020113926A1
• 邦泰生物（深圳）有限公司 　US20200140836A1
• 晨光生物公司 　WO2020063892A1、WO2020063894A1
• 伊比西（北京）植物药物技术有限公司 　US20200093165A1

图6-2-11 甜菊糖制备用吸附分离树脂技术代表性中国专利申请人海外布局

6.3 小　　结

（1）吸附分离树脂在食品领域的应用始于20世纪30年代。中国、美国和日本既是该领域的主要市场国，也是主要技术来源国。虽然相对其他领域而言，该领域的专利申请活跃度不高，但是对国际化知名企业具有较强吸引力，陶氏杜邦公司、大赛璐株式会社和奥加诺株式会社都具有一定程度的技术积累和市场规模。相比而言，中国的创新主体以高校为主，市场竞争力较差。

（2）吸附分离树脂在食品领域以离子交换树脂和吸附树脂相关技术研究居多，目前主要聚焦在树脂改性及生产工艺的改进方面。随着本领域市场需求的不断提升，设备类技术研发逐渐成为主要突破点，值得业内创新主体关注。

（3）甜菊糖制备用吸附分离树脂技术近5年增长较快，全球专利申请呈现明显增长趋势。随着全球饮食健康理念提升，低糖无糖食品市场需求将不断扩大，甜菊糖产业及相应制备提纯技术创新动力强劲。该领域目前及未来的研发重点围绕甜菊糖的深加工及其精细组分分离，包括分离过程中使用的高性能树脂、不同类型树脂联用、分离工艺的优化以及树脂与其他技术的联用等。谱赛科公司和GLG生命科技集团是该领域的上游龙头企业，其发展方向值得该领域人员重点关注。

第 7 章 均粒树脂关键技术

均粒树脂的聚合物颗粒粒径均匀，分布较窄。均粒树脂形成的分离柱有效空隙大，液体通过分离柱时压力降低、动力性能好，从而具备分离性能好、树脂损失少等优点。均粒树脂在超纯水制备、食品、医药、制糖、生物化学制品制备等特定分离场景中是不可或缺的、关键性的分离材料。均粒树脂是一种高品质树脂产品，具有极高的技术壁垒。目前，全球具有均粒树脂研发和量产能力的企业较少，均粒树脂市场主要由国外大型企业垄断，近年来我国企业也具备了均粒树脂生产能力，但相关专利布局仍然羸弱。❶

7.1 专利申请趋势

均粒树脂关键技术起源于 19 世纪 50 年代，在早期萌芽阶段，均粒树脂关键技术专利申请主要集中在英国、美国和德国等国家。在 1980 年以前相关专利申请较少，处于技术萌芽期；1981 年至今，该技术有了较大的发展，专利申请量开始增长，如图 7-1-1 所示。

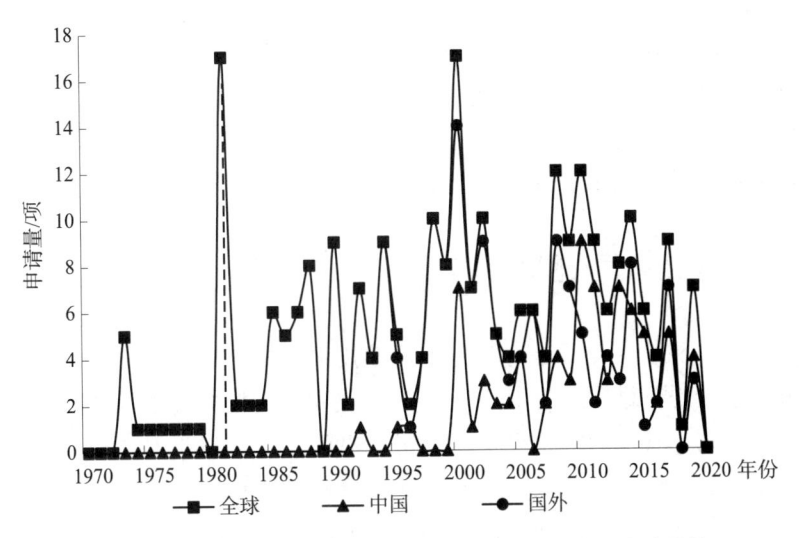

图 7-1-1 均粒树脂关键技术全球/中国/国外专利申请趋势

---

❶ 见附录 4 和附录 5。

(1) 萌芽期（1980年及以前）

1980年及以前均粒树脂关键技术相关专利很少，最早制备较窄粒径分布的树脂微球专利申请出现在1952年，即英国漂莱特公司（GB728508A）通过种子聚合的方法制备了苯乙烯/二乙烯苯聚合物树脂微球。1962年，最早的振动射流法出现（FR1330250A），利用液体射流的瑞利（Rayleigh）不稳定性而自动断裂成为液滴的现象，通过对喷射流体施加振动力制备粒径均匀可控的液滴技术。1973年，美国罗门哈斯公司利用同轴喷射装置制备出均粒树脂（US3922255A）。1976年，陶氏杜邦公司（原陶氏公司）将振动射流技术应用于均粒树脂制备（ZA8107188A），并在随后进行了大量的专利布局。1976年，拜耳公司发明了微包胶技术，该技术通过将单体液滴封包到壳层内形成微胶囊随后再聚合制备均粒树脂（ZA8105792A），随后该公司开始对该技术进行持续的技术投入和专利申请。

在萌芽期，均粒树脂关键技术专利申请主要集中在英国、美国和德国等国家。少数企业较早掌握了该项技术，一般首先在本国进行专利申请布局，随着技术的成熟，进而在国际市场进行专利布局。

(2) 发展期（1981年至今）

1981年至今，均粒树脂关键技术专利数量进入稳步增长阶段。1981~1990年，关于种子聚合、微包胶、振动射流三项技术均在持续研发和申请专利，其中，振动射流技术申请最多，且不断有新申请人出现，例如，1982年，日本钟渊化学工业公司开始涉足射流法制备均匀液滴技术领域。2000年左右，膜乳化法制备均粒树脂技术问世，随后漂莱特公司和朗盛公司分别在该技术分支获得突破，并进行了专利布局。

在发展期，早期掌握该技术的公司开始国际专利布局。以陶氏杜邦公司（原陶氏公司）为例，其针对射流法在20世纪80年代开始在日本进行专利布局。随后日本的三菱公司和钟渊化学工业公司也开始该项技术的研发和布局。20世纪90年代，在中国的均粒树脂专利申请也始于陶氏杜邦公司，之后中国科学院化学研究所、拜耳公司、中国科学院生态环境研究中心等单位进行了相关申请。

7.2 专利申请目标国/地区

如表7-2-1所示，美国是均粒树脂关键技术最主要的专利申请目标国，其专利申请量占全球总量份额最大，为15%。业内企业和研究机构都十分关注美国市场，例如，德国拜耳公司、日本钟渊化学工业公司、西班牙赛维利亚大学等都在美国进行了专利申请；中国也是该技术领域申请布局的重点国家，除中国申请人以外，拜耳公司、陶氏杜邦公司、朗盛公司等国外申请人也都在中国进行相应专利申请，并且占领中国市场；日本的情况与中国类似，跨国大公司也是日本专利申请的重要贡献者。进一步对比2000年前后该技术领域专利申请目标国/地区分布情况，可以发现，中国是近年来最大的专利申请目标国，同时，在韩国和印度的相关申请占比也在增加，一定程度上展示出亚洲地区良好的市场环境和经济发展的态势。

表 7-2-1　均粒树脂关键技术全部及阶段年份专利申请目标国/地区

全部年份			2000 年及以前			2000 年以后		
专利申请目标国/地区	数量/件	占比	专利申请目标国/地区	数量/件	占比	专利申请目标国/地区	数量/件	占比
美国	93	15%	美国	44	14%	中国	70	22%
中国	80	13%	日本	43	13%	美国	49	16%
日本	76	12%	德国	37	11%	日本	33	11%
欧洲专利局	59	9%	加拿大	32	10%	欧洲专利局	31	10%
德国	56	9%	欧洲专利局	28	9%	世界知识产权组织	22	7%
加拿大	48	8%	奥地利	21	7%	德国	19	6%
世界知识产权组织	30	5%	澳大利亚	14	4%	韩国	15	5%
奥地利	27	4%	西班牙	12	4%	印度	14	4%
其他	168	26%	其他	92	28%	其他	61	19%

7.3　技术来源国

图 7-3-1 为均粒树脂关键技术全球及主要国家/地区技术来源分布情况。从饼图中可以看出，德国为该技术主要的输出国，申请量为 163 项，占全球申请总量的 28%；其次是美国，申请量为 146 项，占比 25%；之后是日本、中国和西班牙，申请量分别为 70 项、52 项和 40 项，占比分别为 12%、9% 和 7%；英国、法国、印度和加拿大等国的申请量占比均在 5% 以下。以上数据在一定程度上说明，美国和德国在该技术领域具有较强的技术实力和较多的专利申请。

针对美国、中国、日本等主要的专利申请目标国家/地区，进一步分析其技术来源。从柱状图中可以看出，美国的主要专利来源于本国，德国、西班牙和日本也较为重视美国市场；对于中国，除了本国申请人以外，德国和美国较为看重中国市场；对于日本，除了本国申请以外，德国、美国和西班牙较为重视日本市场；对于世界知识产权组织，德国、美国和日本更倾向于通过该渠道进行专利申请；对于德国，除本国以外，日本、美国、法国、瑞士都有一定数量的专利布局；对于加拿大，美国、德国、日本、西班牙等国均进行了一定布局。整体上，美国、德国、日本等国较为重视全球布局，其次是西班牙、法国和瑞士，印度和中国的全球布局意识较差，尤其是中国申请人，绝大多数仅限于国内申请。

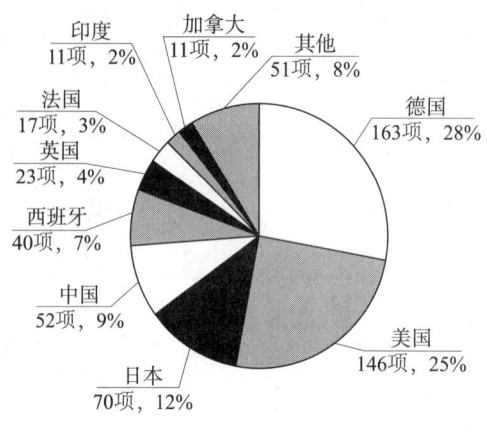

(a) 全球整体分布

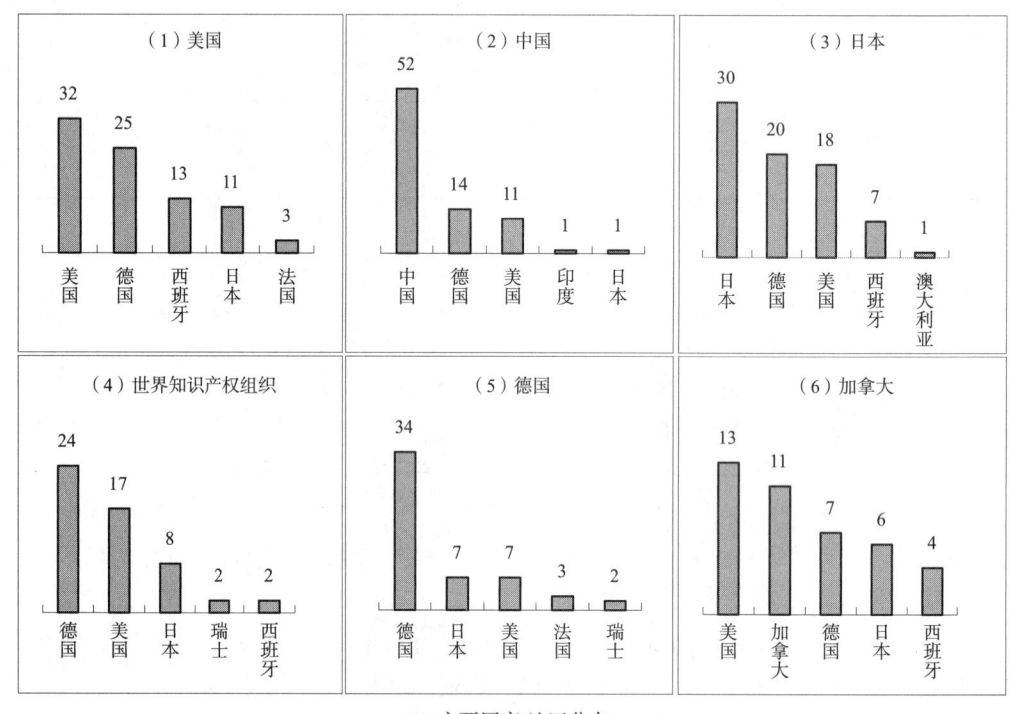

- 印度 11项, 2%
- 加拿大 11项, 2%
- 其他 51项, 8%
- 德国 163项, 28%
- 法国 17项, 3%
- 英国 23项, 4%
- 西班牙 40项, 7%
- 中国 52项, 9%
- 日本 70项, 12%
- 美国 146项, 25%

(1) 美国：美国 32、德国 25、西班牙 13、日本 11、法国 3

(2) 中国：中国 52、德国 14、美国 11、印度 1、日本 1

(3) 日本：日本 30、德国 20、美国 18、西班牙 7、澳大利亚 1

(4) 世界知识产权组织：德国 24、美国 17、日本 8、瑞士 2、西班牙 2

(5) 德国：德国 34、日本 7、美国 7、法国 3、瑞士 2

(6) 加拿大：美国 13、加拿大 11、德国 7、日本 6、西班牙 4

(b) 主要国家/地区分布

图 7-3-1 均粒树脂关键技术全球及主要国家/地区专利技术来源

注：图中数字表示申请量，柱状图单位为项。

7.4 技术构成

均粒树脂技术流派主要有传统聚合、射流法、种子聚合、膜乳化、微包胶等。对本章检索得到 584 项专利进行人工标引，得到制备工艺和设备相关专利 227 项，其余

357项为均粒树脂的应用。进一步对227项专利标引，其中，微包胶相关专利82项，射流法相关专利58项，种子聚合相关专利39项，膜乳化法相关专利19项，传统聚合相关专利18项，如图7-4-1所示。射流法是目前的主流技术，也是专利申请量较多的技术；膜乳化技术是近年来发展起来的新兴技术，相比于射流法具有更高的生产能力和更高的效率，因此膜乳化法是近年来专利申请布局的热点方向；种子聚合和微包胶法，虽然制备工艺步骤较多，但其在特定的树脂制备上具有一定优势。传统聚合则由于粒径可控性较差，逐渐被其他技术代替。

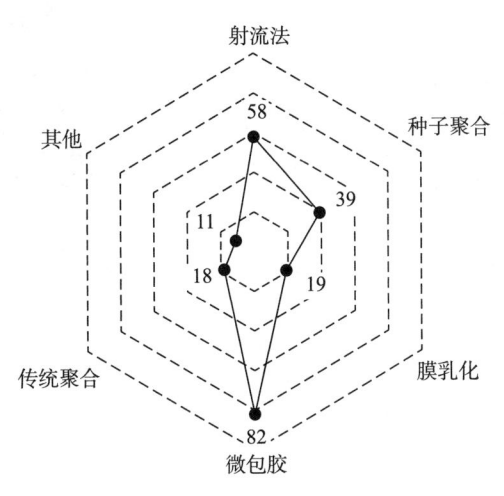

图7-4-1 均粒树脂关键技术的技术构成

注：图中数字表示申请量，单位为项。

7.5 主要申请人

对均粒树脂关键技术领域专利申请人进行梳理，其中，专利申请量最多的是美国陶氏杜邦公司，其申请量为51项。陶氏杜邦公司包括陶氏公司、罗门哈斯公司和杜邦公司，其中，陶氏公司在射流法方向的专利布局较多，在种子聚合和膜乳化法方向也有涉猎；罗门哈斯公司在种子聚合和射流法方向的专利申请较多，针对膜乳化法也有申请；杜邦公司均粒树脂技术领域的投入较少，仅有1项专利申请，如图7-5-1所示。排在第二、三位的为德国的拜耳公司和朗盛公司，拜耳公司和朗盛公司以微包胶和种子聚合技术为主。值得注意的是，拜耳公司和朗盛公司的微包胶技术是在射流法制备均匀液滴的基础上，进一步包覆了壳层胶囊，虽然这两家公司没有申请射流法相关专利，但实际上其也掌握了射流法技术。

日本的钟渊化学工业公司、三菱公司、积水化学工业株式会社和英国的漂莱特公司关于均粒树脂关键技术也有少量专利布局，其中，钟渊化学工业公司以传统聚合为主，射流法也有少量涉及；三菱公司在传统聚合和射流法发展较为均衡；积水化学工业株式会社以种子聚合和射流法为主；漂莱特公司以膜乳化法为主，少量涉及种子聚合。以上公司均是该领域的领先企业。

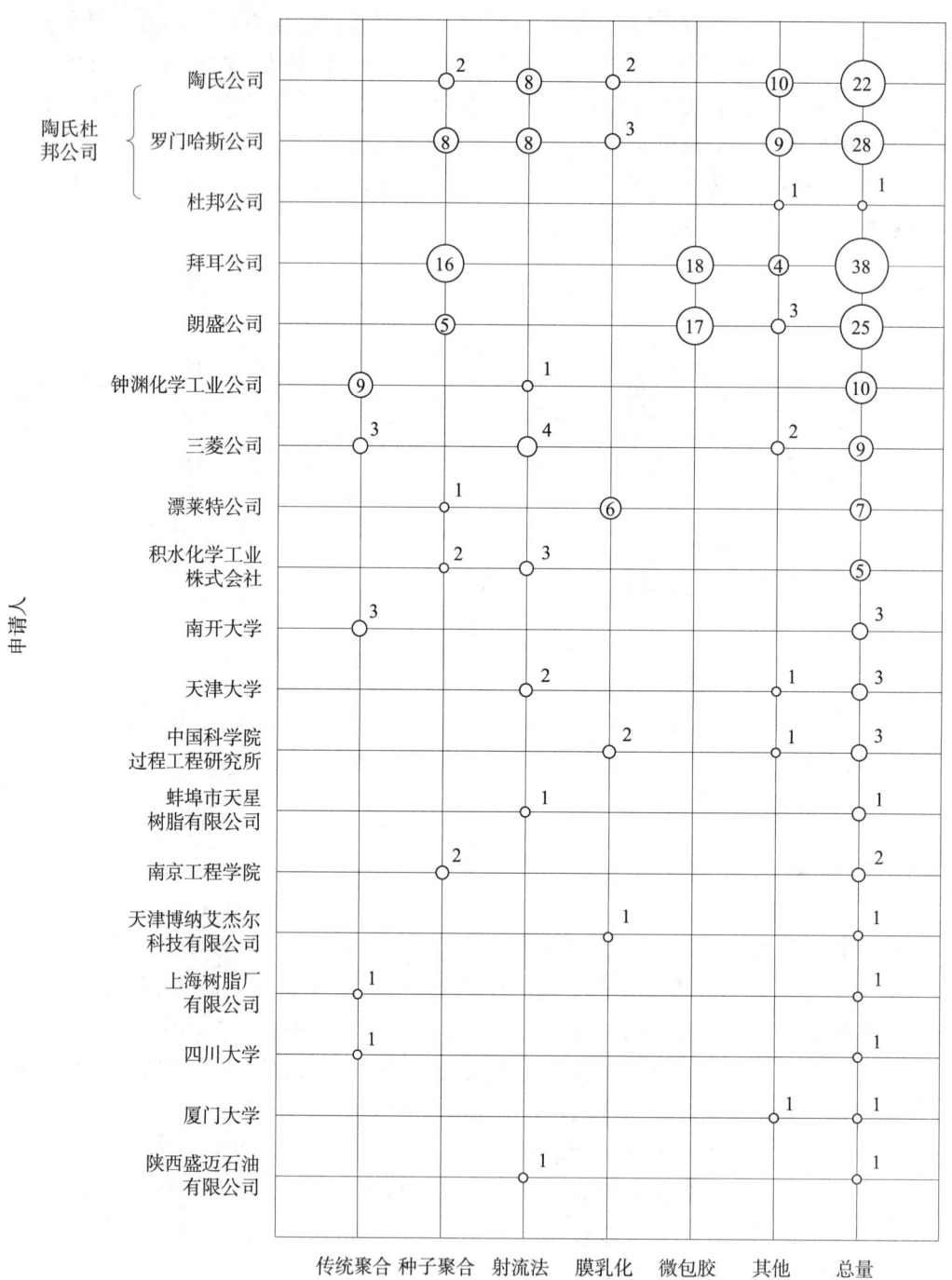

申请人	传统聚合	种子聚合	射流法	膜乳化	微包胶	其他	总量
陶氏公司		2	8	2		10	22
罗门哈斯公司		8	8	3		9	28
杜邦公司						1	1
拜耳公司		16		18		4	38
朗盛公司		5		17		3	25
钟渊化学工业公司	9		1				10
三菱公司	3		4			2	9
漂莱特公司		1		6			7
积水化学工业株式会社		2	3				5
南开大学	3						3
天津大学			2		1		3
中国科学院过程工程研究所				2	1		3
蚌埠市天星树脂有限公司			1				1
南京工程学院		2					2
天津博纳艾杰尔科技有限公司				1			1
上海树脂厂有限公司	1						1
四川大学	1						1
厦门大学					1		1
陕西盛迈石油有限公司			1				1

技术领域

图 7-5-1 均粒树脂关键技术代表性专利申请人及其技术构成

注：图中数字表示申请量，单位为项。

中国申请人在均粒树脂技术领域的专利布局相对较少，且主要来自高校和研究机构。其中，天津大学具有射流法均粒树脂制备方法及设备相关专利，南开大学在传统聚合法制备均粒树脂方向申请了专利，中国科学院过程工程研究所在膜乳化法制备均粒树脂的方法上申请了专利。此外，中国其他的申请人也有零星的专利申请，例如，上海树脂厂有限公司和四川大学在传统聚合法制备均粒树脂方向有1项专利申请，南京工程学院在种子聚合法制备均粒树脂方向有2项专利申请，蚌埠市天星树脂有限公司在射流法制备均粒树脂方向有1项专利申请，陕西盛迈石油有限公司在射流法制备均粒树脂方向有1项专利申请，厦门大学有1项利用微流控技术制备均粒树脂的专利申请。

对以上代表性申请人专利申请目标国/地域进行分析，如表7－5－1所示。陶氏公司和罗门哈斯公司就均粒树脂关键技术分别申请相关专利57件和75件，专利申请目标国/地区涉及美国、欧洲、日本等20个国家和地区；杜邦公司就该技术仅申请1件专利，申请地域为美国。拜耳公司就该技术申请相关专利103件，专利申请目标地域涉及德国、日本、美国等19个国家和地区。朗盛公司就该技术申请相关专利55件，专利申请目标地域涉及欧洲、德国和日本等13个国家和地区。漂莱特公司就该技术申请专利20件，涉及美国、中国、欧洲等9个国家和地区。钟渊化学工业有限公司就该技术申请相关专利23件，涉及欧洲、美国、澳大利亚等6个国家和地区。三菱公司就该技术申请相关专利14件，涉及日本、德国和欧洲等9个国家和地区，积水化学工业株式会社就该技术申请相关专利11件，涉及日本、中国、美国8个国家和地区。相比而言，中国申请人就该技术专利申请均在3件及以下，保护地域仅限于中国。可见，中国该技术实力十分薄弱，美国和德国在该技术上具有压倒性优势，日本在该技术上也有一定的实力，但与美国和德国存在差距。

表7－5－1 均粒树脂关键技术国外主要申请人专利申请目标国/地区

申请人	专利申请目标国/地区及数量		专利申请量/件	专利申请总量/件
陶氏公司【美国】	涉及20个国家和地区机构	美国	8	57
		欧洲专利局	7	
		日本	5	
		中国	4	
		加拿大	4	
		其他	29	
罗门哈斯公司【美国】	涉及20个国家和地区机构	美国	12	75
		欧洲专利局	10	
		日本	9	
		中国	8	
		印度	7	
		其他	29	

续表

申请人	专利申请目标国/地区及数量		专利申请量/件	专利申请总量/件
杜邦公司【美国】	涉及美国	美国	1	1
拜耳公司【德国】	涉及19个国家和地区机构	德国	22	103
		日本	12	
		美国	11	
		墨西哥	10	
		欧洲专利局	9	
		其他	39	
朗盛公司【德国】	涉及13个国家和地区机构	欧洲专利局	13	55
		德国	9	
		日本	6	
		世界知识产权组织	5	
		美国	5	
		其他	17	
漂莱特公司【英国】	涉及9个国家和地区机构	美国	4	20
		中国	4	
		欧洲专利局	3	
		世界知识产权组织	3	
		加拿大	2	
		其他	4	
钟渊化学工业有限公司【日本】	涉及6个国家和地区机构	欧洲专利局	6	23
		美国	5	
		澳大利亚	4	
		德国	4	
		加拿大	2	
		日本	2	
三菱公司【日本】	涉及9个国家和地区机构	日本	5	14
		德国	2	
		欧洲专利局	2	
		匈牙利	2	
		美国	1	
		其他	2	

续表

申请人	专利申请目标国/地区及数量		专利申请量/件	专利申请总量/件
积水化学工业株式会社【日本】	涉及8个国家和地区机构	日本	4	11
		中国	2	
		美国	1	
		韩国	1	
		德国	1	
		其他	2	

7.6 主要技术路线

种子聚合、微包胶法、射流法和膜乳化法等技术是目前较为先进的均粒树脂制备技术。本节主要就这四种技术进行全面梳理和深入解读。

20世纪50年代，研究人员通过种子聚合方法可以得到粒径分布较优的树脂颗粒。但是种子聚合需要首先制备粒度均匀的聚合物种子，然后通过种子溶胀进一步聚合成大颗粒均粒树脂。与传统聚合方法相比，种子聚合方法制备的树脂颗粒粒径均匀性大幅提升，但是制备步骤增多，工艺相对复杂。经过几十年的发展，该方法已经十分成熟，技术壁垒较低，但生产的树脂颗粒均一性与其他先进方法相比较差。

20世纪60年代，少数企业和研究机构发现利用瑞利不稳定性可以将流体分裂成液滴。随后，陶氏杜邦公司掌握了通过对喷射流体施加振动力制备粒径均匀可控的液滴技术，即射流法。经过几十年的研发，该项技术现已比较成熟。

在射流法的基础上又衍生出微包胶技术。该项技术是将单体液滴封包到壳层内，形成微胶囊，随后再进行聚合，其中单体液滴一般是通过射流法得到。微包胶技术虽然涉及工艺步骤较多，对壳层原料也有限制，但是由于其在生物医药等领域的适用性，该项技术仍处于持续研发和使用中。

20世纪80年代，出现了膜乳化法制备均匀液滴技术，通过膜和分散相、连续相的相对运动，形成均匀液滴。与射流法相比，膜乳化法设备简单，生产效率更高。

其他生产均匀液滴的技术还有雾化法，即在常压或高压环境下，将单体雾化成液滴之后，进行聚合得到均粒树脂。

7.6.1 种子聚合

如图7-6-1所示，种子聚合获得均粒树脂的方法，大致有以下几种：①通过将单体加入具有相同组成的颗粒水悬浮液中，来生长苯乙烯或乙烯聚合物颗粒的方法；②用液体单体溶胀预成型的苯乙烯类聚合物或共聚物，然后悬浮聚合溶胀颗粒；③通过在悬浮液中吸入单体溶胀微小的低分子量乳液颗粒。

种子聚合制备均粒树脂的专利技术，最早可追溯到1952年（GB728508A），漂莱特公司通过种子聚合方法得到苯乙烯和二乙烯苯共聚物颗粒，所获得的颗粒粒径较均匀。

1982年，罗门哈斯公司通过向保持在聚合条件下的种子颗粒悬浮液中逐渐加入单体，制备了具有高机械强度和优选窄粒径分布的交联共聚物（US4419245A）。与现有技术相比，该专利技术不仅省去了珠粒筛选步骤，而且制备的树脂物理稳定性能增强，例如提升了抗脆性、耐渗透冲击性等。

1991年，拜耳·恩斯特（Bayer Ernst）等人通过种子聚合方式制备了聚合物珠粒直径在0.5~50微米范围内的单分散微球（US5292814A），用于固定蛋白质和细胞、合成肽以及催化剂载体等。

2000年，拜耳公司通过种子聚合方法获得软质、单分散的甲基丙烯酸酯聚合物珠粒（DE10061544A1），珠粒粒径范围为2~100微米，可以用于色谱、离子交换树脂、生物活性或催化剂载体等的制备。与现有技术中硬质聚合物珠粒相比，该种微球柔软、富有弹性，具有较好的亲水性。

2005年，波兹恩·沃尔夫冈（Podszun Wolfgang）等人制备了粒径范围在10~500微米的单分散、多孔离子交换树脂微球（US20080096987A1）。与现有技术相比，该专利技术方法简单，所得微球的单分散性和交换性能进一步增强。该项技术已于2006年转让至朗盛公司。

2017年，生命科技公司（Life Technologies As）申请了亚微米级单分散交联聚合物颗粒相关专利（US10017586B2），该种聚合物颗粒通过Ugelstad两步溶胀法获得，所得聚合物颗粒的平均粒径小于1微米，其平均粒径分布为50~200纳米，颗粒可以是固体的或多孔的，也可以是磁性材料制成的。该种微球表面光滑，使得附着在其上的抗体或其他配体能够与溶液中存在的结合配体相互作用，增强测定的灵敏度和可再现性。而粗糙的聚合物颗粒表面则会降低测定的灵敏度和再现性。

2017年，宁夏大学的杨帆博士发明了一种单分散表面多孔的核壳型聚合物色谱介质及其制备方法（CN107163170A）。该色谱介质具有无孔的聚合物内核和多孔的聚合物壳层，并且可以实现聚合物壳层孔结构的可控性。与现有技术相比，该色谱介质可以同时减小轴向和纵向扩散，以更短的柱长和较高的流速达到快速、高效的分离目的，实现超高效液相色谱的分离效果。

2019年，南京亘闪生物科技有限公司发明了一种粒径单分散的HbA1C离子交换色谱填料合成方法（CN110314664A）。通过溶胶与油相乳液制备载体油相，并采用聚合物种子溶胀法获单分散HbA1C离子交换色谱填料，该专利具有优秀的稳定性、结合性以及可控性，解决了常规通过后修饰法制备离子交换色谱填料时，离子交换容量难以控制的缺点，显著降低色谱填料对糖化血红蛋白的非特异性吸附作用；并且该制备方法简单、整体可控性强，有助于实现规模化、批量化的生产。

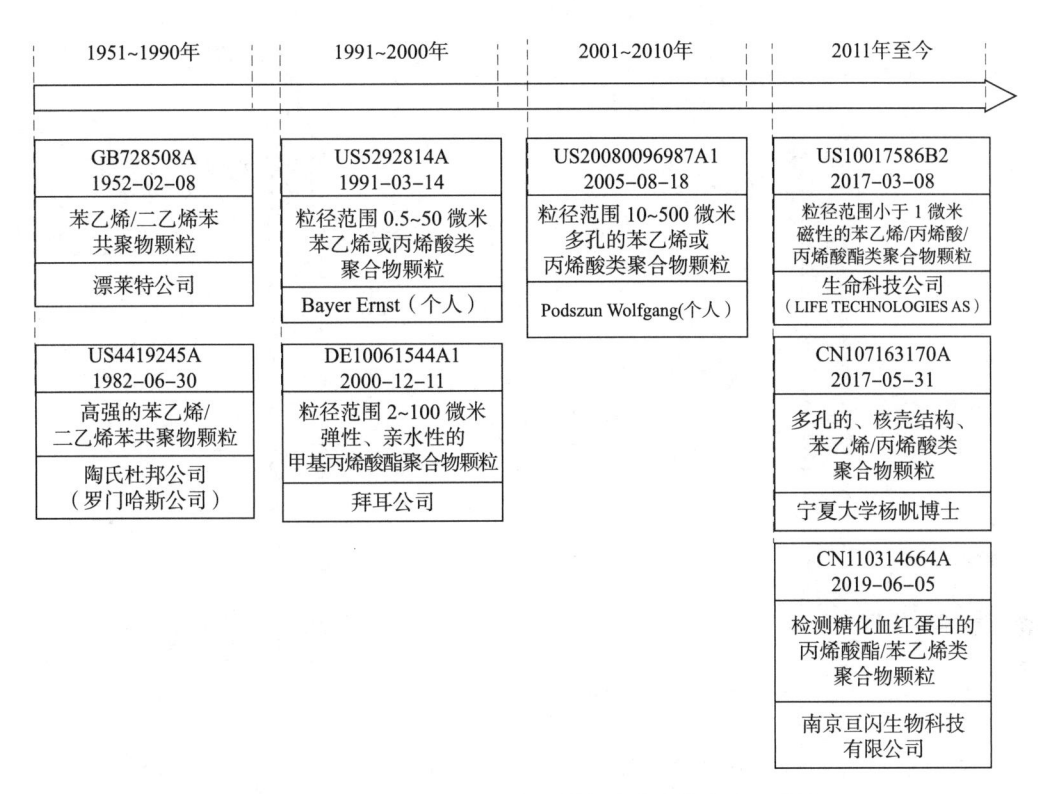

```
1951~1990年          1991~2000年          2001~2010年          2011年至今
─────────────────────────────────────────────────────────────────────────→

GB728508A            US5292814A           US20080096987A1      US10017586B2
1952-02-08           1991-03-14           2005-08-18           2017-03-08

苯乙烯/二乙烯苯       粒径范围0.5~50微米    粒径范围10~500微米    粒径范围小于1微米
共聚物颗粒           苯乙烯或丙烯酸类      多孔的苯乙烯或        磁性的苯乙烯/丙烯酸/
                    聚合物颗粒           丙烯酸类聚合物颗粒    丙烯酸酯类聚合物颗粒

漂莱特公司           Bayer Ernst（个人）   Podszun Wolfgang(个人) 生命科技公司
                                                              （LIFE TECHNOLOGIES AS）

US4419245A           DE10061544A1                              CN107163170A
1982-06-30           2000-12-11                                2017-05-31

高强的苯乙烯/         粒径范围2~100微米                          多孔的、核壳结构、
二乙烯苯共聚物颗粒    弹性、亲水性的                             苯乙烯/丙烯酸类
                    甲基丙烯酸酯聚合物颗粒                      聚合物颗粒

陶氏杜邦公司         拜耳公司                                  宁夏大学杨帆博士
（罗门哈斯公司）

                                                              CN110314664A
                                                              2019-06-05

                                                              检测糖化血红蛋白的
                                                              丙烯酸酯/苯乙烯类
                                                              聚合物颗粒

                                                              南京亘闪生物科技
                                                              有限公司
```

图7-6-1 种子聚合法制备均粒树脂专利技术发展路线

7.6.2 射流法

液体射流由于其表面张力的存在而出现瑞利不稳定，进而分裂成液滴。利用这一原理，通过射流或振动方式在液体上施加作用（即，振动喷射法或自然喷射法），液体分裂形成均匀液滴，均匀液滴随后聚合形成树脂颗粒。这是目前制备均粒树脂的主要方法之一。

1962年，法国原子能委员会申请了一种喷射式脉冲塔专利（FR1330250A、FR1330251A）。这种塔具有喷射器、喷射器开口以及振动装置（参见图7-6-2和图7-6-3），能够产生均匀液滴，通过控制振动装置的振幅，使得液滴在分散相分散并进行传送。振动频率可以根据液体性质和环境参数（如压力、温度等）进行设定，以便有利于与连续相结合。喷射器可以放置塔顶或塔底，液滴传送方式可以根据喷射器位置、分散相和连续相密度进行调整。该专利较早记载了喷射法制备均匀液滴的技术。

1967年，格雷斯公司（Grace W R Co.）通过声波振动使得含有金属的盐溶液或胶体氧化物在进料时破碎形成液滴，经过溶胶凝胶、脱水干燥等过程，制备了粒径均匀、用作核燃料的锕系金属氧化物或碳化物微球（US3617584A），如图7-6-4所示。

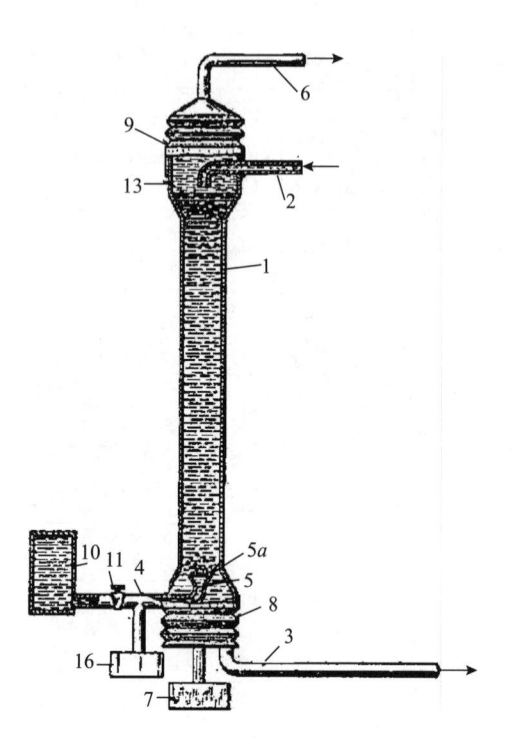

图 7-6-2　FR1330250A 技术方案示意
1—柱；5—喷射器；7—振动器；
8—波纹管；10—加压进料罐

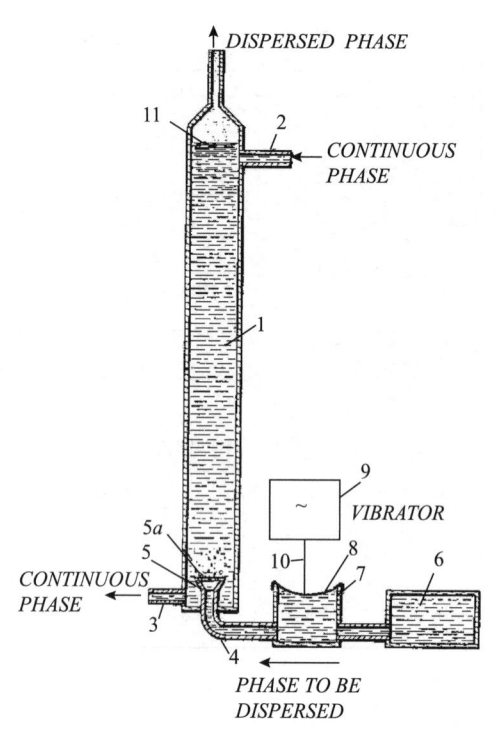

图 7-6-3　FR1330251A 技术方案示意
1—柱；5—喷射器；7—压力罐；
8—膜片；9—振荡器；10—杆

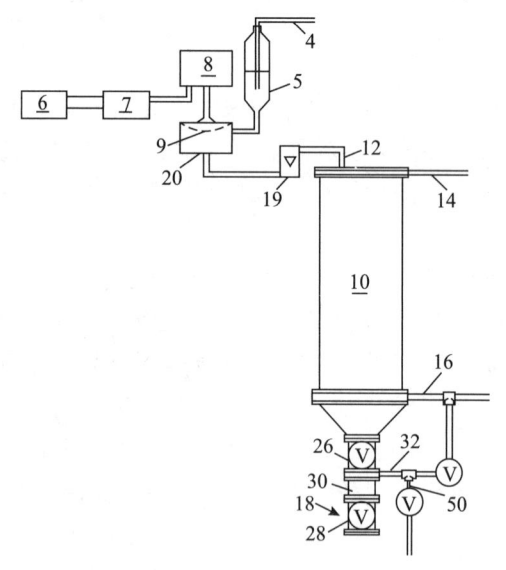

图 7-6-4　US3617584A 技术方案示意
5—储存器；6—振动发生器；7—振动放大器；
8—振动器；9—隔膜；10—塔；12—进料管；20—储液器

1973年，海湾石油公司（Gulf Oil Corporation）通过同轴喷射装置（参见图7-6-5），由含水液体溶胶原料制备了尺寸均匀的固体微球（US3933679A），用于核燃料材料制备。在该方法中，液体原料由同轴喷射口内口喷射，被喷射的液体原料流产生均匀的周期性脉冲；同轴喷射口外口喷射惰性流体，惰性流体同轴包覆液体原料，同样产生均匀的、周期性断裂，形成均匀的球形液滴，并随后固化。

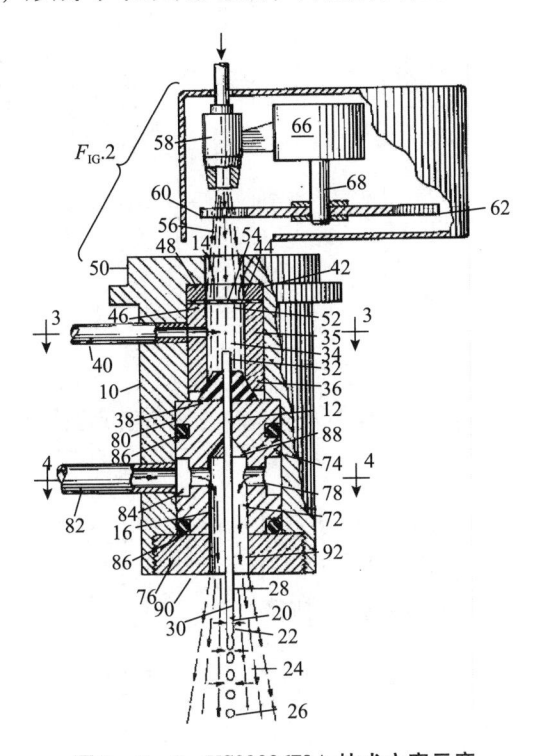

图7-6-5　US3933679A技术方案示意

10—液滴发生器；26—球形液滴；28—毛细管；35—圆柱形壳体；
38—弹性垫圈；58—喷嘴；60—旋转闸板；66—马达；68—安装轴

1973年，罗门哈斯公司发明了在不混溶的水性介质中进行悬浮聚合，并同时形成尺寸均匀可控的固体聚合物珠粒的方法（US3922255A）。单体混合物包含一种或多种乙烯基单体和/或聚乙烯基单体、引发剂、悬浮聚合稳定剂，通过毛细孔喷射单体混合物在水相中形成液滴。与典型的悬浮聚合方法（US2694700A、US2715118A）相比，该申请所述方法形成的聚合物颗粒具有较窄的尺寸分布。该方法奠定了喷射法制备离子交换树脂的产业化基础。该申请描述了喷射装置的结构以及液滴尺寸影响因素，如图7-6-6所示，进料槽7的单体通过多个孔引入塔9的底部，这些孔的直径一般为0.004~0.015英寸，其中一个优化的方式，孔装置是一个或多个多孔盘，孔以不干扰所形成液滴均匀性的方式间隔开（图7-6-6未示出孔装置）。形成液滴的尺寸取决于：（1）孔的直径；（2）通过孔的单体流速；（3）物理性质的差异，例如，单体和连续相的黏度、密度和表面张力等；（4）形成孔的材料。孔口可以是金属、玻璃、塑料或橡胶等，值得注意的是，孔口材料的表面张力影响通过孔口时的射流速度。

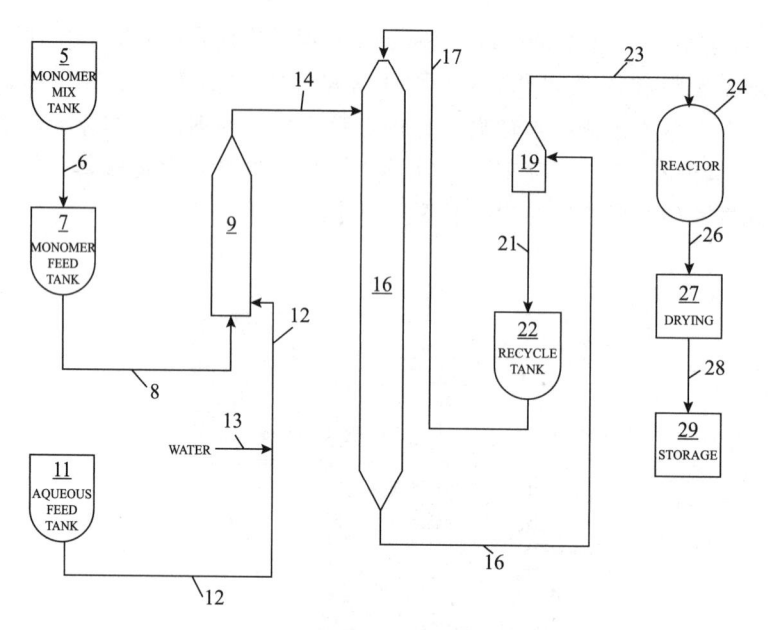

图 7-6-6　US3922255A 技术方案示意

7—进料槽；11—进料罐；12—导管；16—凝胶化塔；19—分离器；24—反应器；27—脱水装置；29—储存器

1976 年，陶氏杜邦公司在南非申请了制备均粒聚合物珠粒的工艺及设备相关专利（ZA8107188A）。该工艺对喷嘴喷出的单体流施加机械振动，形成单分散液滴；随后将悬浮的单体液滴转移到聚合反应容器中进行聚合。根据单体相和悬浮介质的相对密度，单体液滴通过柱向上或向下移动。液滴通过悬浮介质继续上升或下降出塔并进入聚合容器。对于该项技术，陶氏公司在全球 10 多个国家和地区进行保护，申请专利 20 余件，其中，均粒聚合物珠粒制备工艺和设备（US4444961A）被引用频次高达 366 次，为该领域技术发展作出贡献。

如图 7-6-7 所示，该专利（US4444961A）记载了一种制备球状聚合物珠粒的装置，包括：(1) 一个含有可聚合单体的单体相储存器；(2) 包含与可聚合单体或单体相不混溶的悬浮液连续相和悬浮剂的柱子；(3) 射流形成装置，其与包含可聚合单体和连续液相的单体相紧密接触，并具有将单体储存器与

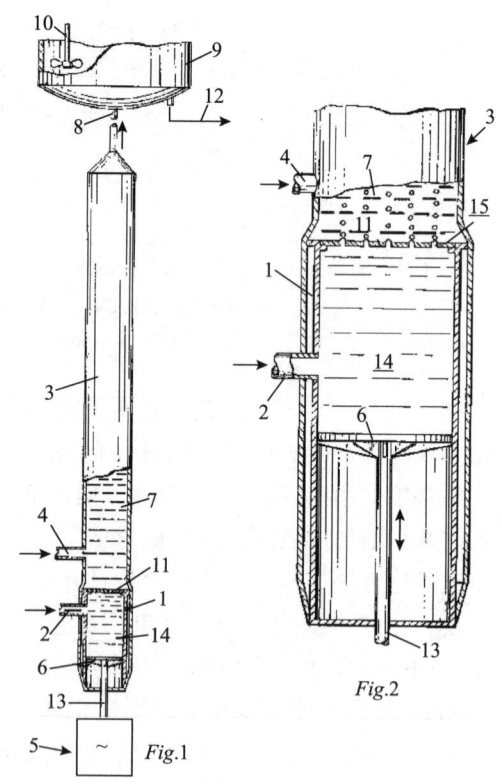

图 7-6-7　US4444961A 技术方案示意

1—单体储存器；2—进料管道；3—收集室；5—振动器；6—活塞；9—反应器；11—孔板组件

包含连续相的柱连接的通道,使得单体相能够作为具有层流结构的射流流动;通过其进入连续相的流动特性,(4) 能够激发单体射流的振动激发器,从而射流被破碎成液滴,和 (5) 用于在悬浮液中不发生液滴的显著聚结或附加分散的条件下聚合单体的装置。

通过该装置制备的单体液滴方差系数小于 0.05。而常规悬浮聚合技术,只有不到 30 体积%~40 体积%的珠粒具有均匀尺寸,但是,通过该方法制备的球状聚合物珠粒表现出多方面的优异性能,例如,在随后离子交换树脂的制备中不会过度开裂或剥落。上述离子交换树脂用于从葡萄糖中分离果糖时,效率显著提升。

1979 年,罗门哈斯公司申请保护一种通过在线静态混合器在含水悬浮液中形成颗粒尺寸分布可控的单体液滴及其聚合方法(CA1127791A1),如图 7-6-8 所示。该方法特别适合于制备聚合物珠粒相对尺寸较小的、窄分布的含水介质聚合物。该混合器具有多个相邻的波纹板固定挡板元件和同心进口孔,以形成可聚合的均粒液滴。但该申请及后续申请未详细介绍在线静态混合器结构,尤其是挡板元件及同心进口孔的结构设计。

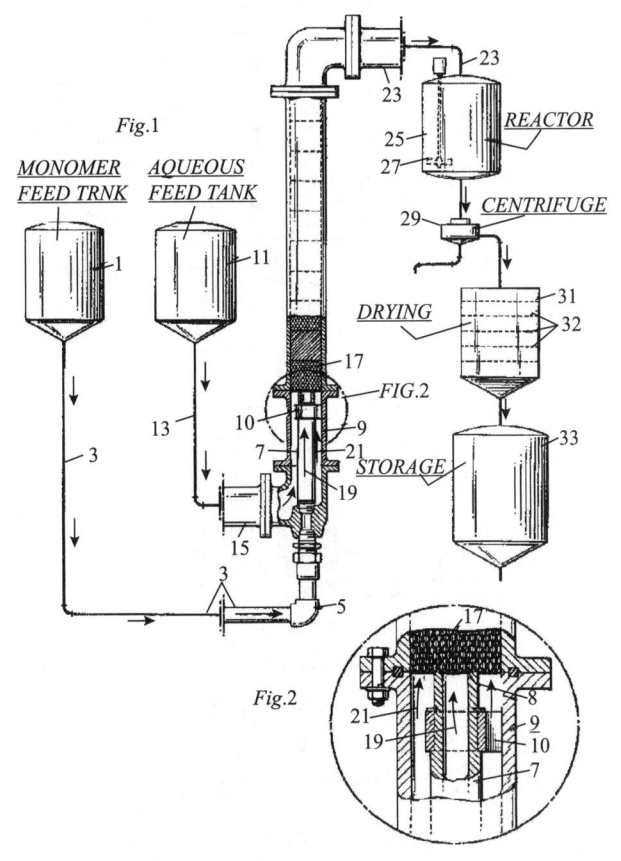

图 7-6-8 CA1127791A1 技术方案示意
1—单体储存器;2—管道;3—塔;5—振动器;6—活塞;9—反应器

1984 年，陶氏公司申请了通过振动激发单体在气体或液体流中悬浮聚合制备均匀尺寸聚合物颗粒的方法（US4623706A），如图 7-6-9 所示，申请被引 161 次。在该专利中，发明人利用液体的斯特劳哈尔数和雷诺数，通过振动喷射制备了粒径分布范围在 5~500 微米的聚合物珠粒。与 US4444961A 相比，该项技术具有更窄的粒径分布，至少 90% 以上（最优 95%）的珠粒显示出均匀的粒径，具有 0.9~1.05 倍珠粒粒径分布。

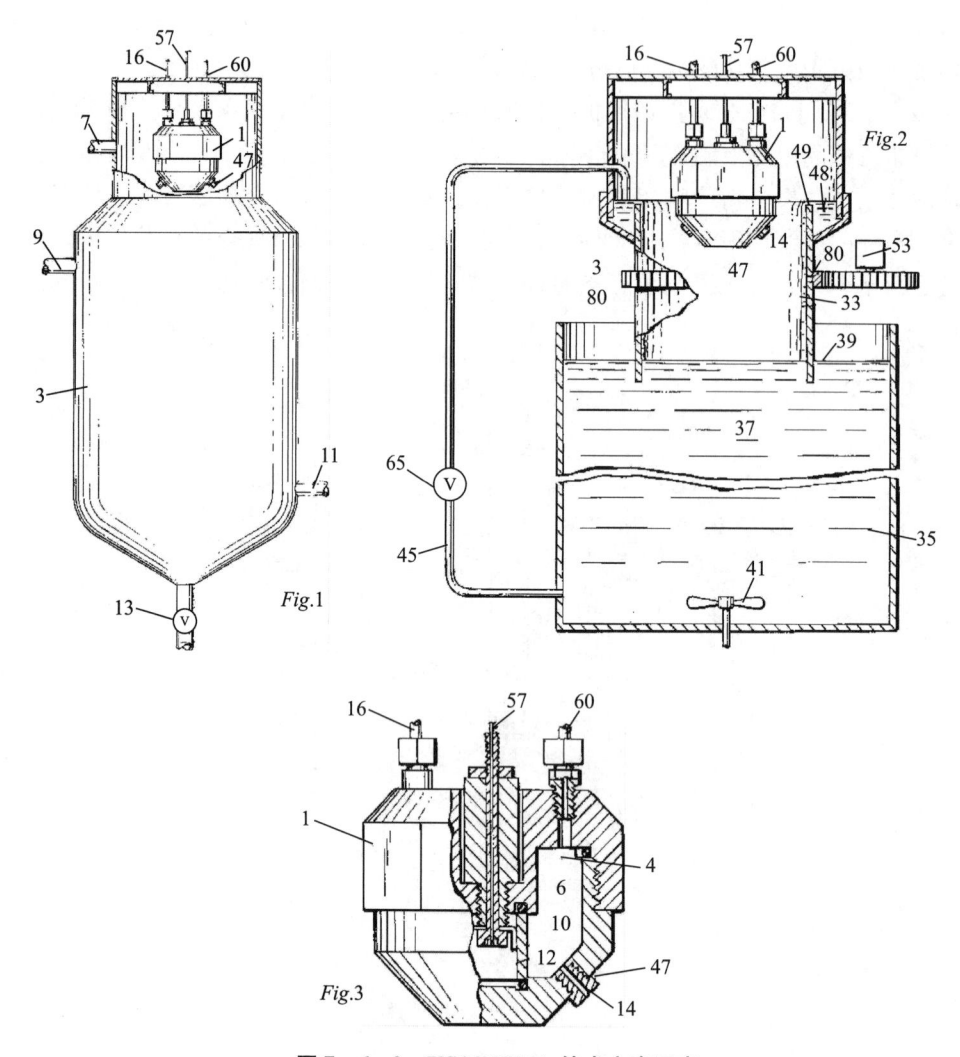

图 7-6-9　US4623706A 技术方案示意

1—分散器单元；3—塔；11—气体出口；13—聚合物出口；14—孔口；35—悬浮聚合容器；41—搅拌装置；47—孔口组件；48—储存器；65—泵送装置

1985 年，陶氏公司对 US4444961A 进行延续申请，发明了一种具有更大生产能力的均匀聚合物珠粒的方法及装置（US4666673A），如图 7-6-10 所示，该专利被引用 76 次。

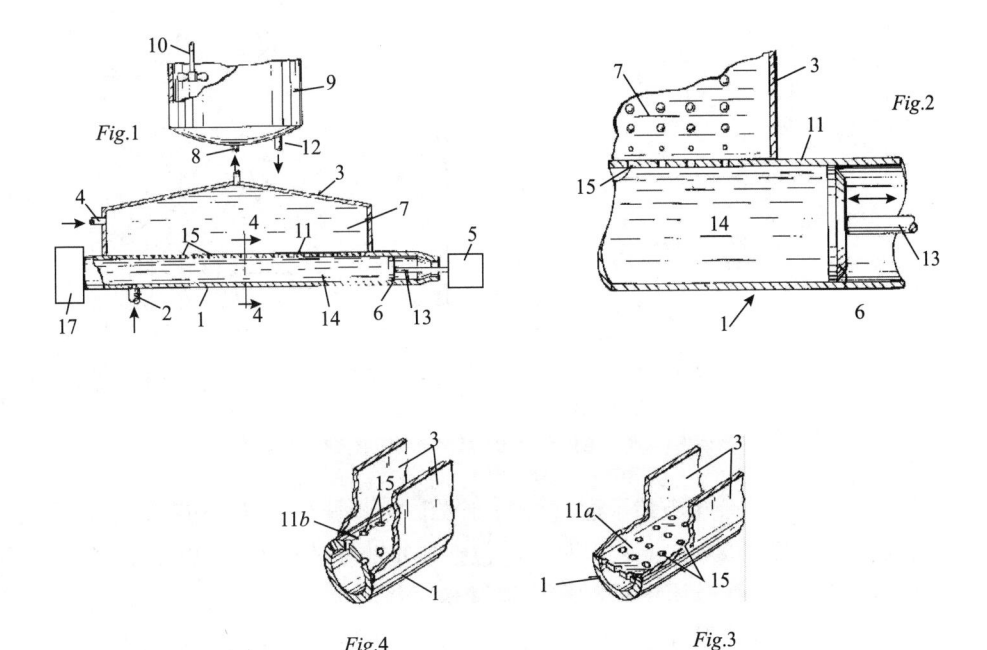

图 7-6-10 US4666673A 技术方案示意
1—单体储存器；2—管道；3—收集室；5—振动器；6—活塞；9—反应器；
10—搅拌器；11—孔板组件；12—管线；14—单体相

1985 年，日本钟渊化学工业公司申请了一种液滴制备方法（US4680320A）。该方法通过将不溶于水或微溶于水的分散相以层流的形式通过孔口注入含水连续相中，调节两相之间的黏度比，以特定喷射速度下产生直径均匀的液滴。该发明利用了液体界面泰勒（Taylor）波来形成均匀液滴，而不依赖振动或特殊孔口，所得液滴的直径由泰勒波的波长确定，并且约为孔口直径的两倍。随后通过固化液滴，得到直径均匀的球形颗粒，如图 7-6-11 所示。

1989 年，日本钟渊化学工业公司在前期工作的基础上，通过在喷射溶液上施加电压，从而防止液滴之间碰撞融合（US5021201A），如图 7-6-12 所示。该方法制备的颗粒具有更小的粒径和更大的比表面积，为常规球形颗粒表面积的 2~6 倍。

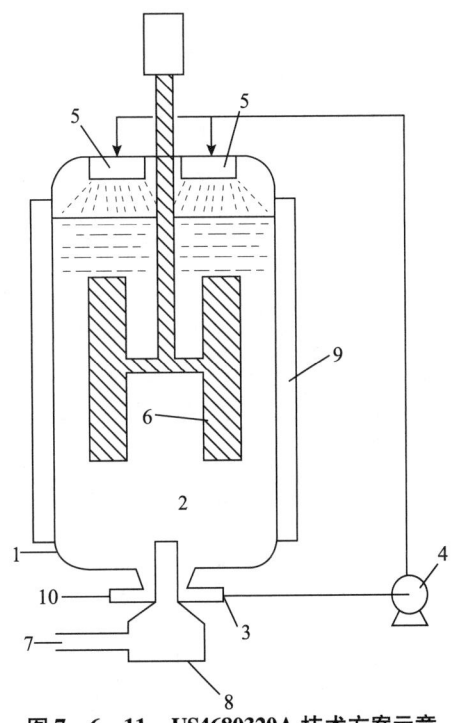

图 7-6-11 US4680320A 技术方案示意
1—反应器；2—孔板；4—泵；6—搅拌器；
7—单体入口；8—液滴形成装置；
9—夹套；10—淤浆出口

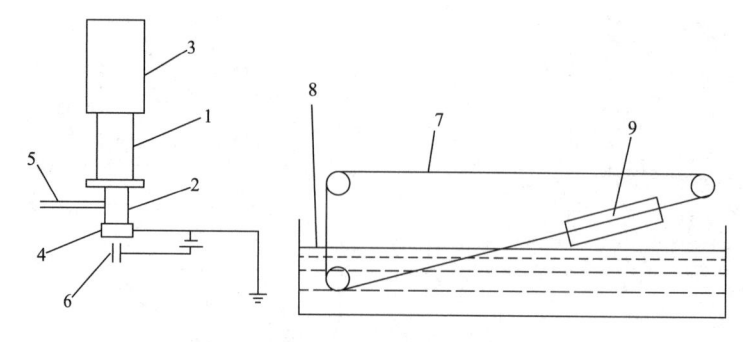

图 7-6-12　US5021201A 技术方案示意

1—形成均匀液滴的装置；2—圆筒；3—振动发生器；4—喷嘴；
5—液体入口；6—电极；7—皮带；8—凝固液；9—干燥器

1999 年，日本三菱公司申请了通过均匀分散油-水型液滴制备均粒聚合物珠粒的聚合方法专利（EP432508B1）。该发明方法包括比重小于水性介质的疏水性液体，其向含有分散稳定剂的水性介质中喷射形成连续相，并向上移动，通过具有能够向上喷射疏水性液体的多个穿孔环形排列的喷嘴板，在水性介质中形成疏水性液滴，其中，该喷嘴板包含多个喷射孔。该申请中所用的液滴分散和聚合装置如图 7-6-13 所示。

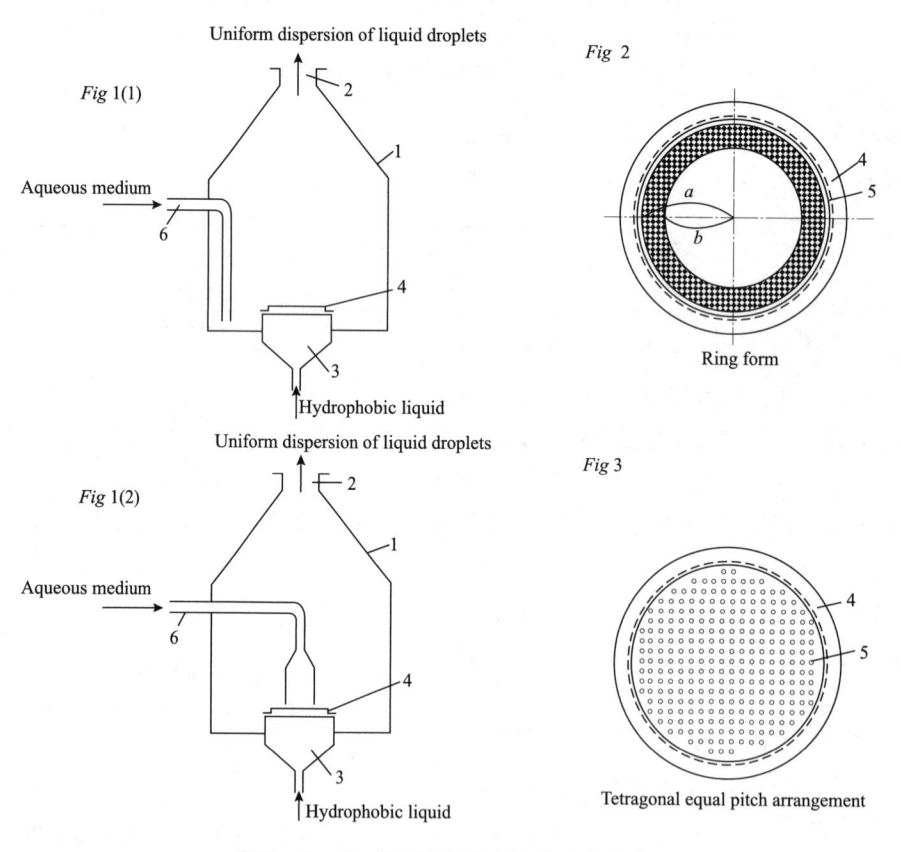

图 7-6-13　EP432508B1 技术方案示意

1—罐；2—出口；3—单体入口；4—喷嘴板；5—穿孔；6—入口

2009年，罗门哈斯公司申请了制备单分散交联的珠粒聚合物的方法专利（CN101481431B）。该方法包括：通过孔将调和平均粒度为50~1500微米，且包含至少一种单体、至少一种交联剂和自由基聚合引发剂的液滴引入水性介质中，制得液体体积分数为35%~64%的液滴水性悬浮体；其中液滴未被包覆，使液滴的水性悬浮体沿着向下的方向在管子内流动，同时温度保持在至少比聚合引发剂的半衰期为1小时的温度低20℃，液滴在反应器中聚合。与现有技术相比，该方法采用注射法，向下流入反应器中聚合，通过控制液相组分，分散液滴不发生碰撞融合，而不采用以往的部分聚合或包覆的步骤防止液滴聚集融合。该法制备的聚合物均一性系数为1.04。

同年，莱柯制药股份有限公司（LEK Pharmaceuticals）公司利用振动喷嘴射流方法制备了纳米级均匀颗粒（EP2254560B1）。该聚合物纳米颗粒体系具有控制负载药物的释放和保护其不被降解的能力。

2010年，天津大学申请了一种均粒离子交换树脂聚合物珠体生产设备及方法专利（CN102086240B）。该申请中所述设备包括高位槽（1）、油相储罐（2）、振动发生装置（4）、喷头（6）、流态化聚合反应器（8）、水相流体分布器（9）、熟化罐（10）和水相循环泵（11）（参见图7-6-14）。该设备生产的离子交换树脂聚合物珠体的粒径均匀。2014年，天津大学对该技术进行延续保护（CN104193853B），获得粒径在1~3.5毫米范围内的凝胶型或大孔型离子交换树脂，该树脂具有良好的单分散性。

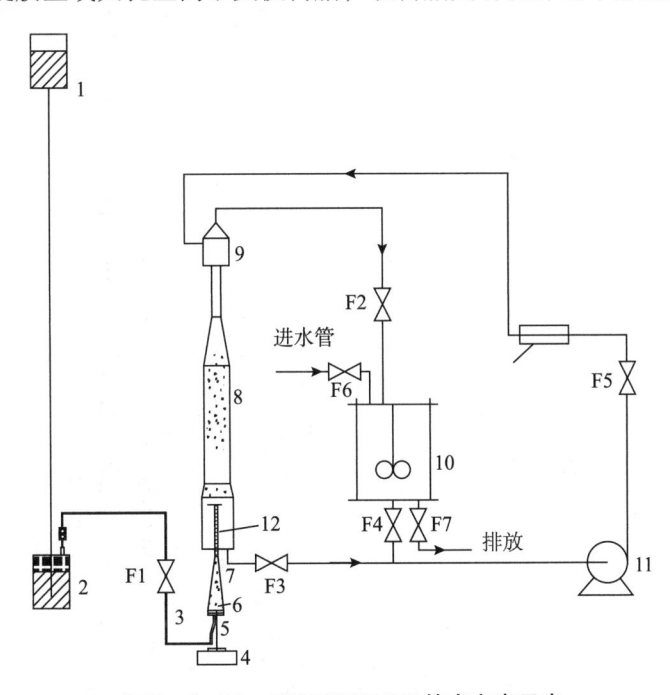

图7-6-14 CN102086240B技术方案示意

2013年，罗门哈斯公司通过喷射法将水溶性丙烯酸类单体喷入连续相中，制备了均匀的球形丙烯酸类聚合物珠粒（CN104185508B）。在该申请中，通过在连续相中添加一定量的水溶性丙烯酸类单体，可以形成均匀的亲水性共聚物珠粒，而无须加入盐等对连续相产生负效应的助剂。

2013年，特迈斯有限公司申请了一种通过悬浮聚合制备均一粒径聚合物珠粒的方法和设备相关专利（CN103665232B）。该发明的制备方法包括，在不同的流速和压力下，设备的反应容器（参见图7-6-15）通过高度不同的小孔或孔洞，以脉动方式分别使单体液滴流与单体不混溶，并且含有悬浮稳定剂的液体溶液流同向向上喷射，使溶液中的单体液滴在流速差、压差和单体与溶液之间的密度差所施加的动力下，以受控且平稳的方式上升，并使单体液滴于50～60℃下部分聚合而稳定化；溶液中的单体液滴由反应容器水平地流入位于较高位置的聚合反应器中，并在80～85℃聚合；将聚合物微珠在80～100℃干燥并筛分。与现有技术相比，该发明容易实施，可以降低能耗和设备组装时间，具有较好的成本效益。

同年，陕西盛迈石油有限公司申请了一种离子交换树脂中聚合物微球的制备装置专利（CN203577787U）。该装置包括筒体、聚合反应器，在筒体内依次设有塔、连续器、单体储液器、活塞、活塞杆和与活塞上的活塞杆相连的振动激发器（参见图7-6-16）。

综上，射流法制备均粒树脂专利技术发展路线如图7-6-17所示。

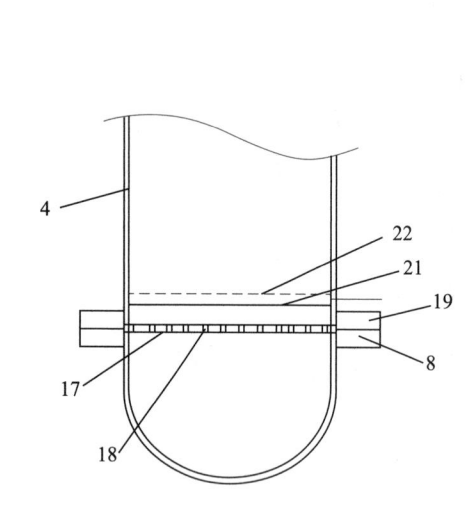

图7-6-15　CN103665232B技术方案示意
4—第一透明部；8—法兰；
17—孔板；18—孔；19—法兰；
21—中空管状环；22—孔洞

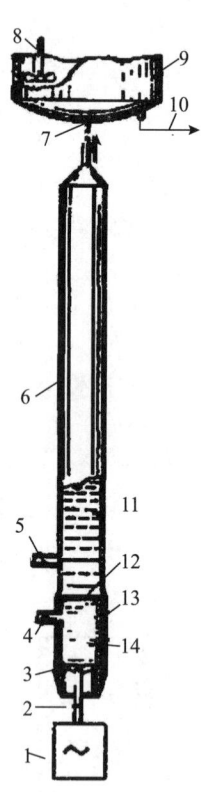

图7-6-16　CN203577787U技术方案示意
1—振动激发器；2—活塞杆；3—活塞；
4—单体相进口导管；5—连续相进口管；
6—塔；7—均匀微粒排出管；
8—搅拌桨；9—聚合反应器；
10—聚合物微粒排出管；11—连续器；
12—孔板；13—单体储液器；14—单体相

1961~1970年	1971~1980年	1981~1990年	1991年至今
FR1330250A 1962-05-09 喷射式脉冲塔，具有喷射器、喷射器开口以及振动装置 法国原子能委员会	US3933679A 1973-05-08 同轴喷射口形成均匀液滴 海湾石油公司	US4444961A 1982-07-14 ZA8107188A延续申请 陶氏杜邦公司（陶氏公司）	CN101481431B 2009-01-08 改进方法，采用注射法，液滴向下流入反应器中，不采用部分聚合或包覆 陶氏杜邦公司（罗门哈斯公司）
FR1330251A 1962-05-09 喷射式脉冲塔，第一第二液体位置不同 法国原子能委员会	US3922255A 1974-06-03 多孔盘喷射制备均粒液滴 陶氏杜邦公司（罗门哈斯公司）	US4623706A 1984-08-23 振动喷射制备5~500微米聚合物珠粒，90%以上珠粒具有0.9~1.05倍粒径分布 陶氏杜邦公司（陶氏公司）	EP2254560B1 2009-01-29 振动喷嘴射流方法制备纳米级均匀颗粒 莱柯制药股份有限公司
US3617584A 1967-07-26 声波振动形成均粒液滴 格雷斯公司	ZA8107188A 1976-11-30 喷嘴液流施加机械振动，形成单分散液滴 陶氏杜邦公司（陶氏公司）	US4666673A 1985-05-13 US4444961A延续申请，更大生产能力方法及装置 陶氏杜邦公司（陶氏公司）	CN104185508B 2013-03-27 喷射法制备水溶性丙烯酸类单体液滴 陶氏杜邦公司（罗门哈斯公司）
	CA1127791A1 1979-05-07 在线静态混合器、具有波纹板固定挡板元件和同心喷口 陶氏杜邦公司（罗门哈斯公司）	US4680320A 1985-12-06 调节两相之间的黏度比，利用液体界面Taylor波以特定喷射速度来形成均匀液滴，不依赖振动或特殊孔口 日本钟渊化学工业公司	CN103665232B 2013-09-18 向上脉动喷射器 特迈斯有限公司
		US5021201A 1989-11-09 喷射溶液施加电压，防止液滴融合，粒径更小 日本钟渊化学工业公司	

图 7-6-17 射流法制备均粒树脂专利技术发展路线

7.6.3 膜乳化法

膜乳化法制备均粒聚合物颗粒技术可追溯至 1998 年，即安玛西亚生物技术公司公开了一种生产具有均匀尺寸聚合物颗粒的方法（WO9919370A1）专利。该专利通过使用膜乳化技术生产多孔色谱填料颗粒，获得的颗粒具有尺寸均匀、柱性能增强和压力损失降低等优点。

2000 年，英国利兹大学申请的旋转膜专利（WO0145830A1）保护了一种可以产生均匀液滴的旋转膜装置，包括一个反应容器用于容纳一个第一相，和至少一个膜用于容纳第二相，该膜于第二相内转动，从而产生离心力使第二相可控地分散到第一相。该专利可以控制液滴分布尺寸，可用于大规模生产，如图 7-6-18 所示。

2005年，苏黎世食品科学研究所食品加工工程实验室申请保护一种具有窄粒径分布的微/纳米乳液制备方法及装置（US8267572B2）。该专利中液滴在膜或滤布表面上产生，由于膜或滤布在第一不混溶液相中的运动，将液滴从膜或滤布表面分离。剪切流组分和拉伸流组分促进膜表面上液体有效的、保护性的分离；该发明同时保护一种乳化膜装置，该装置具有隔膜或过滤单元，该隔膜或过滤单元被定位成在具有间隙的壳体中移动，特别是能够旋转，间隙可以朝向壳体的内壁偏心和/或设置有产生拉伸流动部件的流动挡板，如图7-6-19所示。

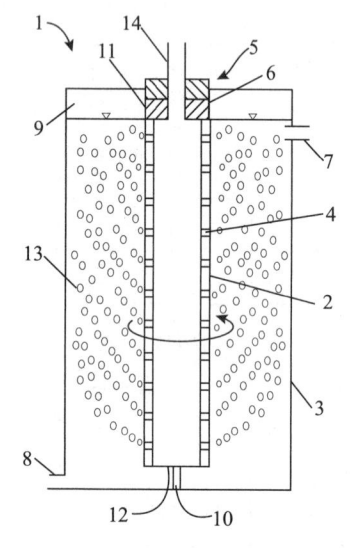

图7-6-18　WO0145830A1
技术方案示意
2—膜；3—反应容器；
4—单体相进口导管；7—出口；
8—入口；9—盖子；10—底板；
11—机械振动单元；13—液滴

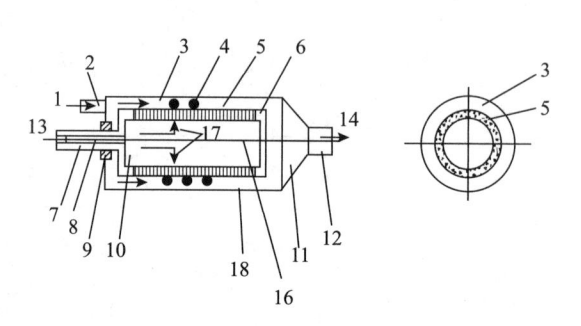

图7-6-19　US8267572B2技术方案示意
1—液相连续；2—连接器；3—间隙；4—分散的液滴；
5—滤布单元；6—缸体，膜缸；7—转轴；8—钻孔；
9—旋转机械密封；10—内腔；11—部件，圆锥形；
12—出口；13—分散的液相；14—乳化液；
15—屋脊；16—纵轴；17—双箭头；18—壳体

2006年，英国微孔技术有限公司（Micropore Technologies Ltd）申请保护一种生产均匀乳液液滴的装置和方法（GB2444035A）。该装置（100）和方法提供一种可以相对振荡运动的膜（107），膜上具有多个孔（130），第一相（110）通过孔（130）进入第二相（111），第一相和第二相之间通过膜隔离，其中，膜相对运动的方向垂直于第一相出口方向。利用膜和第二相之间的相对振荡运动，第一相乳液液滴分散在第二相中。

2012年，漂莱特公司申请保护一种制备各种尺寸的均匀聚合物珠粒的方法（US9415530B2）。该专利中，球形单分散可聚合单体液滴通过横流膜剪切力形成，剪切力在可聚合单体相进入水相的出口点产生，剪切方向基本上垂直于单体相的出口方向。聚合形成的珠粒粒径分布在10～180微米，具有均匀粒径，如图7-6-20所示。

2013年，漂莱特公司延续申请了一种不同尺寸的均粒树脂制备方法（US9028730B2）。该专利克服了US9415530B2专利中横流膜生产率低的问题，提供了一种双壁圆柱形横流膜，通过该种双壁膜形成尺寸均匀的单体液滴聚合到水相，来制备具有均匀尺寸的周期性聚合物珠粒，生产的聚合物珠粒具有 10~200 微米的均匀直径，如图 7-6-21 所示。

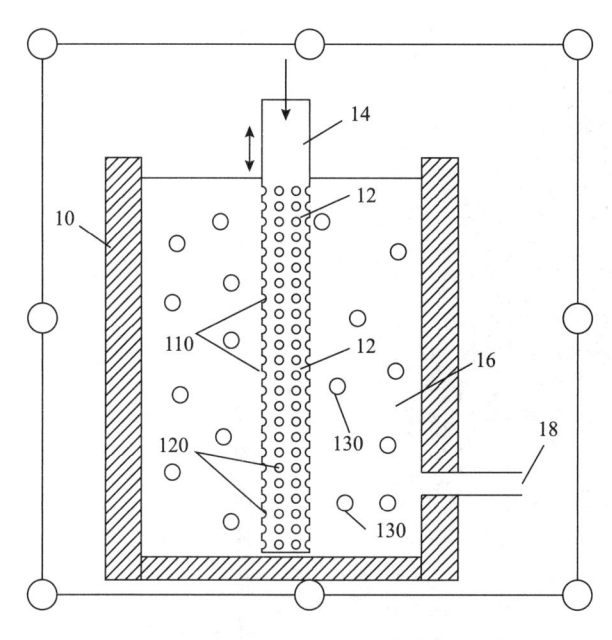

图 7-6-20　US9415530B2 技术方案示意
14—导管；16—悬浮相；18—流体连通；
110—膜；120—振动膜；130—液滴

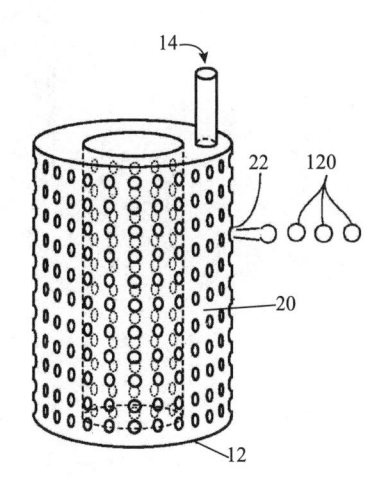

图 7-6-21　US9028730B2 技术方案示意
12—膜；14—进料管；
20—环；22—孔

2014 年，罗门哈斯公司申请了旋刮式膜乳化（CN105246580B）专利。该专利提供了一种使用旋转膜装置（10）制备乳液的方法，装置包括：i) 圆柱形多孔表面（14）的膜组件（12），多孔表面封闭设置，并且同轴（X 轴）地安置于腔室内部（16）；ii) 包括多个轮叶（20）的轮叶组件（18），轮叶沿膜组件（12）多孔表面（14）的轴向延伸，其中轮叶（20）包含位于多孔表面（14）1 毫米内的剪切表面（24）；及 iii) 封闭膜组件和轮叶组件（12，18）的容器（22）。具体使用步骤：在轮叶组件（18）或膜组件（12）中的至少一个关于轴（X）相对于另一个旋转时，将可分散液相（26）移动至通过多孔表面（14）进入连续液相（28）中，以使得剪切表面（24）对穿过多孔表面（14）的可分散液相（26）施加剪切力，从而在连续液相（28）内形成大小 1~500 微米的分散液相液滴（30），如图 7-6-22 所示。

2015 年，天津博纳艾杰尔科技有限公司利用膜乳化反应器制备了单分散共聚微球并申请相关专利（CN105037603B）。该发明提供了一种粒径均匀且尺寸可控的单分散共聚微球的制备方法，通过使用膜乳化法，将油相和水相制备成稳定乳液，然后以液滴为核进行聚合反应，制成单分散共聚微球。该发明通过调节膜的孔径和施加压力，可控制最终得到的微球粒径，使得产物的形态和性能易于控制，同时增加产物颗粒大小分布的均匀性和产率，操作简单、能耗低、吸附能力和样品容量较高，适用样品的 pH 范围广，作为固相萃取填料在化合物的提取、富集和纯化方面有广泛的应用前景。

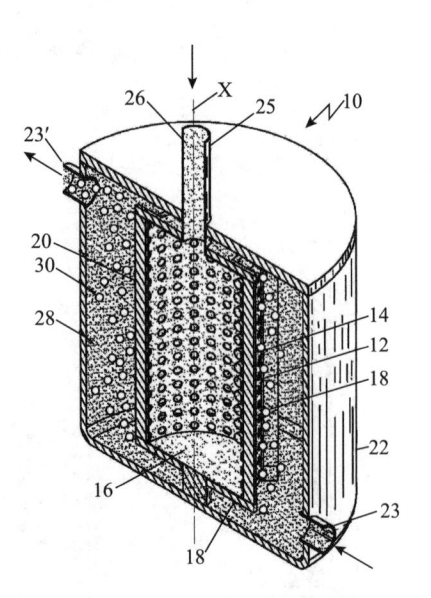

**图 7-6-22　CN105246580B
技术方案示意**

12—膜组件；14—多孔表面；16—内部腔室；
18—轮叶组件；20—轮叶；22—容器；
23—流体入口；28—连续液相

2017 年，漂莱特公司又延续申请了超疏水乳化膜专利（US10526710B2）。与现有技术相比，该超疏水涂层膜具有更长的使用寿命，并且能够提供更均匀的聚合物珠粒，如图 7-6-23 所示。

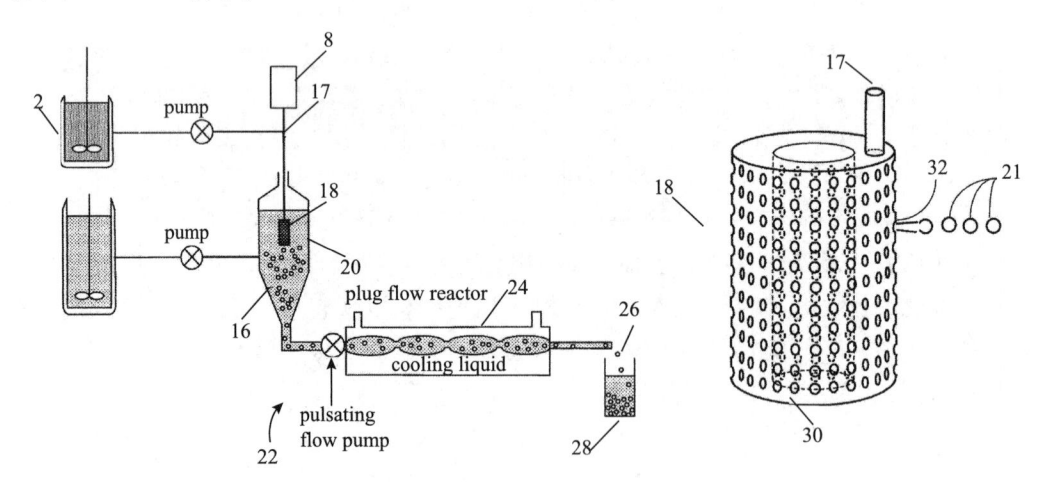

图 7-6-23　US10526710B2 技术方案示意

8—振动器；16—液相；17—进料管；18—射流形成膜；20—反应器单元；
26—硬化珠粒；28—收集容器；32—孔

综上，膜乳化法制备均粒树脂技术发展路线如图 7-6-24 所示。

第7章 均粒树脂关键技术

```
1981~2000年          2001~2010年          2011至今
─────────────────────────────────────────────────→
```

1981~2000年	2001~2010年	2011至今
WO9919370A1 1998-10-15 膜乳化技术制备多孔色谱填料颗粒 通用电气医疗生物科学有限公司 （安玛西亚生物技术公司）	US8267572B2 2005-08-19 制备均匀微/纳米乳液的膜或滤布 苏黎世食品科学研究所	US9415530B2 2012-01-06 横流膜，可以制备10~180微米聚合物颗粒 漂莱特公司
WO0145830A1 2000-12-21 产生均匀液滴的旋转膜装置 英国利兹大学	GB2444035A 2006-11-25 振荡运动膜 美国微孔技术有限公司	US9028730B2 2013-03-15 双壁圆柱形横流膜，效率更高 漂莱特公司
		CN105246580B 2014-01-27 旋刮式膜乳化，产生1~500微米的均匀液滴 陶氏杜邦公司（罗门哈斯公司）
		CN105037603B 2015-09-08 通过膜乳化法制备均粒色谱填料颗粒用于固相萃取 天津博纳艾杰尔科技有限公司
		US10526710B2 2017-12-06 超疏水乳化膜具有更长使用寿命，提供更均匀液滴 漂莱特公司

图7-6-24 膜乳化法制备均粒树脂技术发展路线

7.6.4 微包胶法

微包胶是将液滴封装在微胶囊中，被封装的均匀液滴随后进行聚合，得到均匀尺寸的聚合物颗粒。封装过程中关键步骤是产生保护液体的外壳，即形成微胶囊。微胶囊形成过程可以是物理作用或化学作用。一般物理作用是通过相分离等手段产生不稳定的保护层，例如，通过降低温度令液滴的外包层固化；化学作用则涉及化学键合或反应，产生凝聚物或络合物等外壳。封装之后的液滴进行聚合后除去保护壳层，可以得到均粒树脂。

1953年申请的美国专利 US2800458A 是较早介绍微包胶技术的专利。该专利通过在油滴外层界面上带有不同粒子电荷的溶胶发生凝聚，形成可含油胶囊。可选的胶囊材料包括明胶、蛋白、藻酸盐、酪蛋白、琼脂、淀粉、果胶、羧甲基纤维素、爱尔兰苔藓和阿拉伯树胶，硫酸钠或硫酸铵可以使胶囊材料凝聚。随后，美国多件专利（US3429827A、US3577515A、US3784491A）均对微包胶技术进行保护，保护点聚焦于界面缩聚形成微胶囊和水溶性凝聚层包覆技术。

拜耳公司较早地将微包胶技术应用于均粒分离吸附树脂制备。1976年，在 ZA8105792A 专利中，记载保护了制备均匀尺寸聚合物珠粒的方法。该方法包括：(a)通过将单体或聚合混合物喷入基本上不混溶的液体（连续相）中，由待聚合的单体或聚合混合物制备具有均匀颗粒尺寸的液滴；(b)用在聚合条件下稳定的壳包封这些均匀尺寸的液滴；并且(c)在液滴生产和包封液滴的工艺步骤中保持一定的特殊条件。随后拜耳公司一直持续使用且改进微包胶技术。该专利同时公开了包封装置示意图，如图7-6-25所示，该装置包括：反应塔(1)以及反应塔的喷淋区(6)、封装区(7)、硬化区(8)，喷嘴(2)喷入聚合混合物，连续相从进料管(3)流出，被喷射后的聚合混合物在连续相中形成液滴，封装、硬化后通过导管(9)进入反应器(10)完成聚合，形成均粒聚合物颗粒，其中喷淋区(6)、封装区(7)、硬化区(8)温度可以彼此独立地控制。

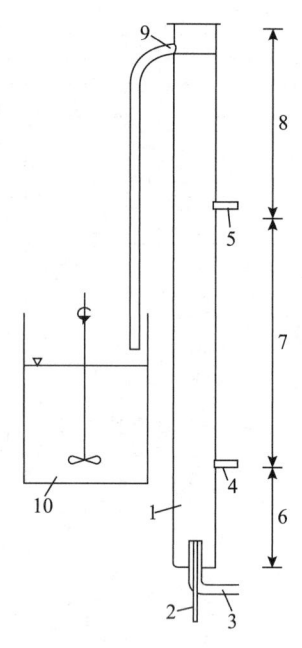

图7-6-25　ZA8105792A 技术方案示意
1—反应塔；2—喷嘴；
3—进料管；6—喷淋区；
7—封装区；8—硬化区；
9—导管；10—反应器

2003年，拜耳公司申请的 DE10339569A1 中记载了通过微包胶技术制备非微囊化的单分散珠状聚合物。该种方法制备的阴离子交换剂可以用于混合床。

朗盛公司是微包胶技术申请专利量较多的又一个代表。1999年朗盛公司利用微包胶技术将乙烯基单体封装后形成交联珠状聚合物，随后进行酰胺基甲基化、聚合以及烷基化反应（DE19954393A1）。随后，朗盛公司不断利用微包胶技术制备均粒树脂，例如，EP1078690B1、WO2007088010A1、EP2025387B1、US20090057231A1、US9834653B2。2014年，朗盛公司申请保护的单分散酰胺甲基化乙烯基芳族珠粒聚合物可以用于除去水溶液或气体中的重金属和贵金属，该珠粒聚合物可以通过微包胶技术制备得到。

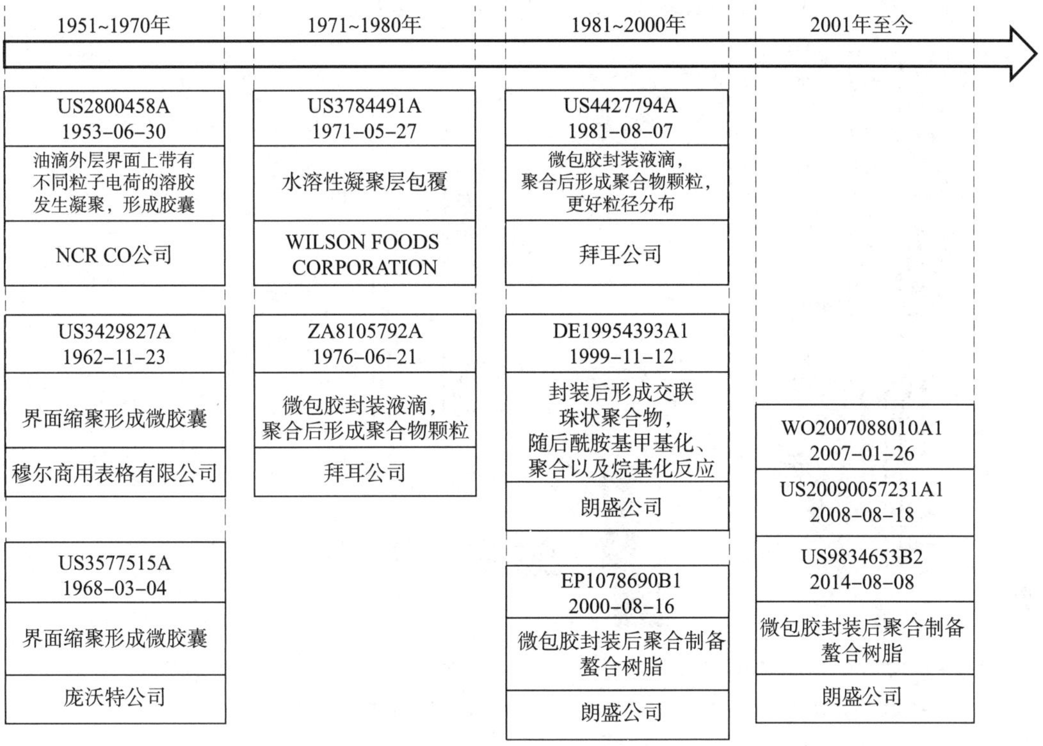

```
1951~1970年        1971~1980年        1981~2000年        2001年至今
```

US2800458A 1953-06-30 油滴外层界面上带有不同粒子电荷的溶胶发生凝聚，形成胶囊 NCR CO公司	US3784491A 1971-05-27 水溶性凝聚层包覆 WILSON FOODS CORPORATION	US4427794A 1981-08-07 微包胶封装液滴，聚合后形成聚合物颗粒，更好粒径分布 拜耳公司	
US3429827A 1962-11-23 界面缩聚形成微胶囊 穆尔商用表格有限公司	ZA8105792A 1976-06-21 微包胶封装液滴，聚合后形成聚合物颗粒 拜耳公司	DE19954393A1 1999-11-12 封装后形成交联珠状聚合物，随后酰胺基甲基化、聚合以及烷基化反应 朗盛公司	WO2007088010A1 2007-01-26 US20090057231A1 2008-08-18
US3577515A 1968-03-04 界面缩聚形成微胶囊 庞沃特公司		EP1078690B1 2000-08-16 微包胶封装后聚合制备螯合树脂 朗盛公司	US9834653B2 2014-08-08 微包胶封装后聚合制备螯合树脂 朗盛公司

图 7-6-26 微包胶法制备均粒树脂专利技术发展路线

7.6.5 雾化法

1989 年，日本钟渊化学工业公司申请了一种均粒聚合物颗粒制备方法专利（US5015423A）。该专利公开了一种将聚合物液滴喷射到气体气氛中，随后液滴通过撞击凝胶液体表面凝结，形成具有三维网络结构的球形均匀聚合物颗粒。其中聚合物颗粒制备方法包括：（1）形成聚合物溶液；（2）使聚合物溶液经受循环湍流，该湍流具有 1000~40000Hz 的基本恒定的频率，足以机械地形成具有基本相同符号电荷的均匀液滴；（3）以基本恒定流速将这些液滴从孔口喷射到气体气氛中，使液滴通过气体气氛；（4）将液滴撞击在凝结液体的表面上，凝结液体是非聚合物溶剂，可与溶剂混溶，并具有足以自发地润湿液滴的表面张力；其中，孔口和凝结液体的表面之间的距离使得液滴基本上不会由于它们与凝结液体的表面碰撞而变形。该专利同时公开了生成该种聚合物液滴的装置，如图 7-6-27 所示。

2002 年，诺华化学公司（Nova Chemical Inc）发明了一种高压雾化非牛顿流体产生均粒液滴的方法，将该种液滴悬浮聚合后生成均粒聚合物颗粒（US6610798B1）。该方法的特点是通过对分散相施加高压形成雾化液滴，无须在连续液体中机械搅拌，也不需要使用同轴环形喷射头。与现有技术相比（例如，陶氏公司的振动射流法，US4444961A、US4666673A 和 US4623706A），该方法首次实现了非牛顿流体的均匀雾

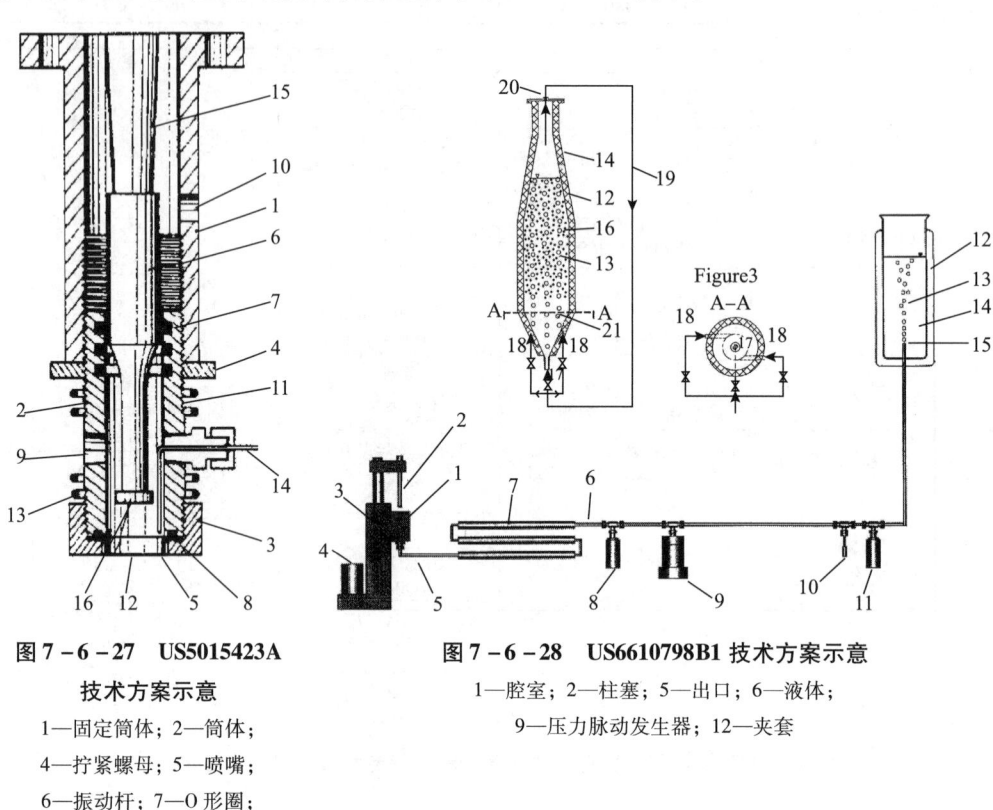

化，而且产生的雾化相具有极高的流速，如图 7-6-28 所示。

图 7-6-27　US5015423A 技术方案示意

1—固定筒体；2—筒体；
4—拧紧螺母；5—喷嘴；
6—振动杆；7—O 形圈；
11—螺钉；12—入口；
14—温度传感器；15—振动传递部

图 7-6-28　US6610798B1 技术方案示意

1—腔室；2—柱塞；5—出口；6—液体；
9—压力脉动发生器；12—夹套

7.7　国外在华布局

均粒树脂是吸附分离树脂领域中的高端产品，均粒树脂的制备工艺及相关设备仅被少数企业掌握，国外先进企业较早进入该领域并进行了专利布局。部分企业针对均粒树脂制备技术在中国也进行了专利保护，设置专利壁垒，包括振动射流法和膜乳化法制备方法和设备，以及均粒树脂产品等。据统计，截至 2020 年 8 月 31 日，国外申请人在华对于均粒树脂技术的相关专利有 8 件处于授权维持状态，2 件处于审中状态。

8 件处于授权维持状态的专利，保护范围涉及振动射流法、膜乳化法和微包胶法制备均粒树脂的工艺和/或装置和/或产品。具体为：（1）就振动射流法而言，共 4 件相关专利，分别为印度特迈斯公司（CN103665232B）保护通过悬浮聚合制备均一粒径的聚合物珠粒的方法和设备、日本积水化学工业株式会社（CN1269847C）保护制备方法和均粒树脂产品以及制备装置、美国罗门哈斯公司（CN101481431B）保护制备单分散交联珠粒聚合物的方法和亲水性均粒树脂制备方法和产品（CN104185508B）。（2）就膜乳化法而言，共 3 件相关专利，分别为美国陶氏公司（CN105246580B）保护旋转膜装置制备均粒乳液的方法、英国漂莱特公司单壁式圆筒膜（CN103502323B）和双圆筒形双臂式错流膜（CN105073843B）制备均粒液滴并聚合成均粒树脂颗粒的方法。（3）就微包胶法而言，共计1件相关专利，为德国朗盛公司利用微包胶技术制备的单分散螯合树脂生产方法（CN101352670B）。

2件处于审中状态的专利，为陶氏和罗门哈斯公司的均粒聚合物珠粒集合体（CN109890849A）和该种集合体制备方法（CN109923131A）。该2件专利申请文件的独立权利要求保护范围较宽，分别限定了粒径小于75微米的均粒聚合物珠粒集合体和均一系数小于1.3的聚合物珠粒集合体的制备方法。

尽管均粒树脂关键技术领域目前尚未发生专利侵权纠纷事件，但广大研发工作者在工作过程中应注意他人专利壁垒，降低侵权风险。值得一提的是，射流法相关专利尽管在我国还有4件专利保护期限未届满，但全球范围而言，早期的专利保护期限已届满，研发工作者可以充分借鉴这些技术成果，避免重复研发。

7.8 中国申请人布局

中国申请人关于均粒树脂关键技术共申请专利59件，其中，发明专利57件，实用新型专利2件，如图7-8-1所示。以上专利中，52件在中国申请，7件在国外申请（参见图7-8-2），这7件专利是漂莱特中国公司关于疏水膜乳化法制备均粒树脂技术的专利布局。中国申请人产出专利中54%来自高校，27%来自企业，17%来自科研院所（参见图7-8-3）。在57件发明专利中，有效专利13件，审中专利11件，失效专利35件（参见图7-8-4），其中，有效和审中专利涉及保护方向为均粒白球及功能性微球均粒树脂的制备工艺及设备。

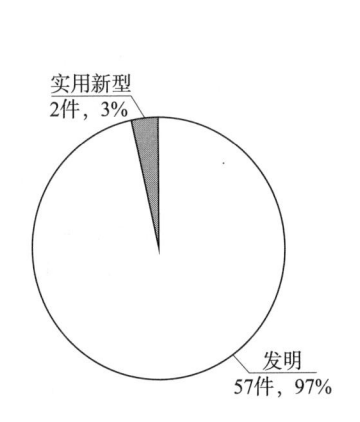

图7-8-1 均粒树脂关键技术中国申请人专利类型

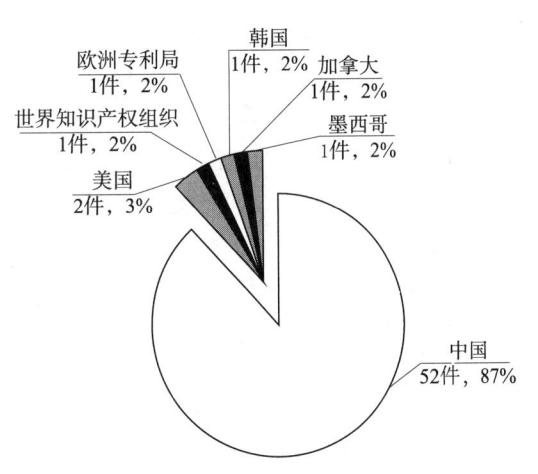

图7-8-2 均粒树脂关键技术中国申请人布局国家/地区

图7-8-3 均粒树脂关键技术中国申请人类型
（科研院所 9件，17%；个人 1件，2%；高校 28件，54%；企业 14件，27%）

图7-8-4 均粒树脂关键技术中国申请人专利法律状态
（有效 13件，22%；审中 11件，19%；失效 35件，59%）

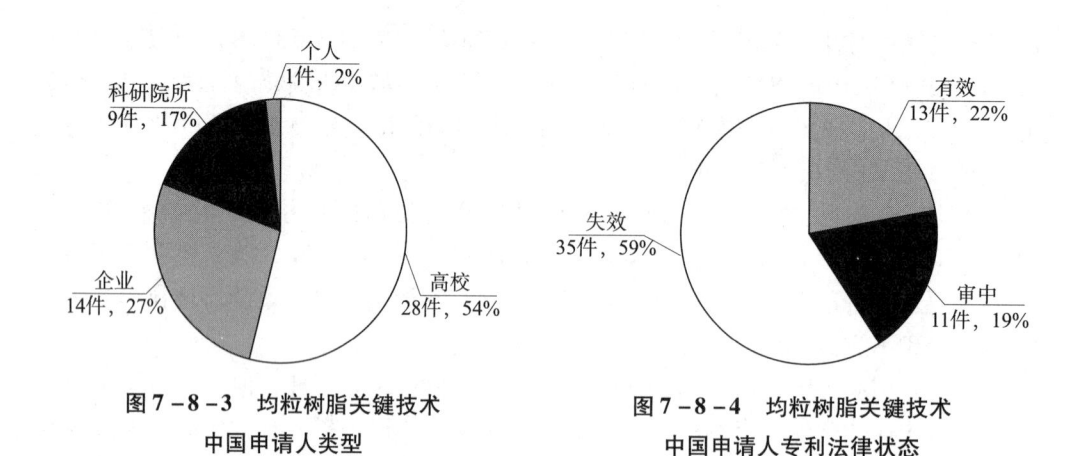

中国申请人针对均粒树脂关键技术的专利布局十分稀松，虽然已涉及传统聚合法、种子聚合法、射流法、膜乳化法、微流控法五种主流技术路线，但申请数量极少，尚未形成明显的产业实施转化效果。在这些技术路线中，代表性专利列举如下：上海树脂厂有限公司和上海交通大学联合申请了单分散性聚苯乙烯白球的制备方法专利（CN101445573B），通过添加表面活性剂和改进聚合工艺，该技术使树脂均一性大大提高。四川大学利用分步悬浮聚合法制备均粒离子交换树脂（CN108102019B），该技术提高了白球收率和粒径均匀度。南京工程学院通过种子聚合法制备均粒树脂（CN110358033A），并以均粒树脂为母体进行单分散复合磁性微球制备（CN105854746B）。天津大学范江洋教授团队申请了基于振动射流法的均粒树脂生产设备和方法专利（CN104193853B、CN102086240B），该种设备和方法可以制备凝胶型或大孔型粒径离子交换树脂，且制备的离子交换树脂粒径均一，具有单分散属性。蚌埠市天星树脂有限公司在射流法制备均粒树脂方向的专利申请（CN103145904B、CN203174013U），涉及一种粒子交换树脂颗粒均一性生产设备，该设备能够改善离子交换树脂颗粒的直径均一性，提高产品得球率，降低成本，提高生产效率。陕西盛迈石油有限公司也申请了一种离子交换树脂中聚合物微球的制备装置专利（CN203577787U），目前该专利因未缴年费专利权终止。天津博纳艾杰尔科技有限公司利用膜乳化法制备了单分散共聚微球（CN105037603B），该种微球粒径均匀且尺寸可控，吸附能力和样品容量较高，适用样品的pH范围广，可作为固相萃取填料。此外，部分国内企业也具备均粒树脂生产能力（见附录4），但课题组未查到上述企业的相关专利申请，推测其可能采取技术秘密方式进行的保护。

7.9 小 结

（1）专利趋势分析结论

① 均粒树脂关键技术处于发展期，技术壁垒高，长期被少数企业垄断。本章专利和市场调研数据显示，均粒树脂制备工艺和设备相关专利总量220余项，属于高端且

小众的技术分支。国外大型跨国企业是该技术的发起者和垄断者，具有雄厚的研发实力和技术储备，以及前瞻性的专利布局意识，占据了极大的市场份额并获得丰厚的利润，例如德国拜耳公司和朗盛公司、美国陶氏杜邦公司、英国漂莱特公司、日本钟渊化学工业公司和三菱公司等。在这些企业中，德国拜耳公司和朗盛公司、美国陶氏杜邦公司实力最为强劲。

② 中国均粒树脂关键技术根基羸弱，发展迟缓，个别企业虽然单点突围打破垄断格局，但国内关键设备短板明显，产业不闭环。均粒树脂制备技术在我国起步较晚，技术难度大，关键技术投入和专利布局稀疏。近年来，部分国内企业也具备均粒树脂生产能力，打破外国企业长期独占市场的局面。但国内均粒树脂制造设备研发和生产能力严重不足，短板明显，产业上中下游分散，产业循环发展受阻。

(2) 技术发展建议

针对宏观层面，汇聚各方力量，摸家底、找优势、强弱项、补短板。针对实施层面，第一点，从国家、行业视角，联合高校、科研院所、企业研发力量，以问题为导向，构建完整产业链结构，实现国内产业内循环。针对均粒树脂制造关键设备集中研发攻关，摆脱"卡脖子"困境。第二点，各单位立足自身优势，聚焦国内产业弱项和短板，合力攻克技术难题。例如，蚌埠市天星树脂有限责任公司（CN103145904B）、天津大学范江洋教授团队（CN104193853B、CN102086240B）、天津博纳艾杰尔科技有限公司（CN105037603B）等单位可以合作研发高性能均粒树脂生产设备。第三点，借技术许可转让"他山之石"，筑产业发展高速路。技术许可转让或者企业间并购，也是技术创新的一种重要途径，许多跨国公司的发展壮大或多或少都借助了外部力量，技术或者专利的许可转让不失为一种"弯道超车"的发展策略，值得中国企业参考学习。第四点，从战略视角优选技术路线。针对射流法成熟技术路线，充分利用公知技术，避免重复研发；针对膜乳化法新兴技术路线，充分研究和深度挖掘技术空白点，快速切入竞争市场；针对其他前沿技术路线，充分尝试和探索技术应用和产业化潜能，积极尝试借用其他领域技术，如喷雾造粒法。

(3) 专利保护建议

协同技术、产业和市场因素，进行前瞻性和支撑性专利布局。针对射流法成熟技术路线，以技术发展节点为指导进行支撑性专利布局；针对膜乳化法新兴技术路线，以空白点为指引进行前瞻性或支撑性专利布局；针对其他前沿技术路线，紧密配合技术研发进度进行专利布局。此外，鉴于该技术具有较高的技术壁垒特性，通过专利结合技术秘密的方式，进行协同保护，不失为一种科学有效的手段。

第 8 章 固相合成关键技术

固相合成，又称为固相有机合成，基本原理是将反应物键合在不溶性高分子聚合物载体上，随后被键合的反应物进一步与溶液中可溶性反应物反应生成目标产物，最后选用适当的裂解剂将目标产物从不溶性高分子聚合物载体上释放出来。固相合成最初是由美国化学家梅里菲尔德（R. Bruce Merrifield）利用氯系树脂为载体合成了肽。该技术颠覆了传统液相合成理念，极大简化了反应操作步骤，具有较高的收率和产物纯度的优势，一经问世便引起药物研究和开发机构的关注，极大推动了多肽、核酸、寡糖、蛋白质等生物分子合成，促进了生命科学的深入发展。迄今，固相合成技术仍然被认为是生命科学领域中最基础的、最关键的合成方法之一，其中，吸附分离树脂作为一种最主要的载体被广泛使用。

8.1 专利申请趋势

固相合成用吸附分离树脂技术始于 20 世纪 60 年代，因为其在生物医药领域的重要地位，因此将该技术作为关键技术进行研究，在本章中该技术被统一命名为固相合成用吸附分离树脂关键技术。根据全球固相合成用吸附分离树脂关键技术专利申请趋势，可将该技术的发展划分为 3 个阶段，即萌芽期、稳定发展期及高速发展期，如图 8-1-1 所示。

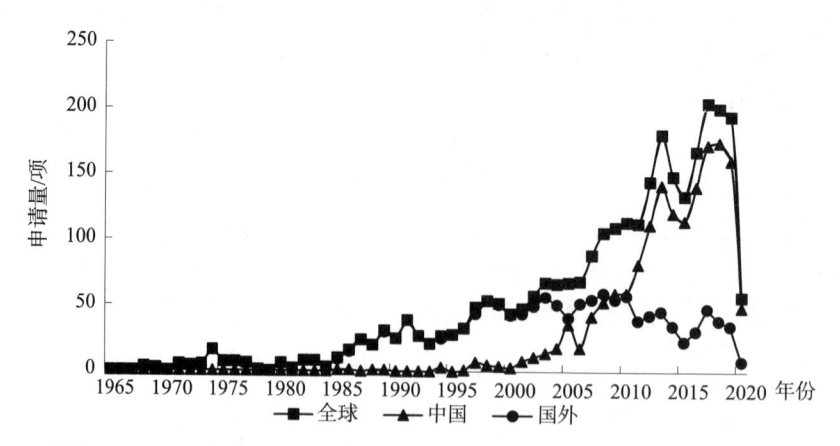

图 8-1-1　固相合成用吸附分离树脂关键技术全球/中国/国外申请趋势

（1）萌芽期（1985 年以前）

1985 年以前，固相合成用吸附分离树脂关键技术相关专利很少，处于技术萌芽期。

相关专利技术最早出现在1968年，美国礼来公司提出一种利用苯乙烯系树脂合成多肽的方法（DE1795714A1）。1968～1984年近20年，全球相关专利申请总量为80余项，年均申请量不足5项，相关专利申请量维持在较低水平。其中，1974年集中出现了一批活性肽药物专利，涉及二苯甲胺树脂、氯甲基化树脂、聚苯乙烯-苯二乙烯交联树脂等在实现药物活性的多肽合成中的应用。在该时期内，最活跃的是美国家用产品公司（American Home Prod），申请相关专利12项。

（2）稳定发展期（1986～2005年）

1986年之后，固相合成用吸附分离树脂关键技术进入稳定发展阶段，年均申请量保持在30项左右。这一阶段的主力军是美国、德国、日本大型企业以及部分美国高校，1986～1995年，德国赫斯特（Hoechst）公司、美国凯龙（Chiron）公司（2006年被诺华收购）布局了利用吸附分离树脂作为载体固相合成苷氨酸类物质的方法；1995～2005年，龙沙公司、罗氏公司等行业巨头开始布局用于多肽合成的吸附分离树脂产品，包括一些改性的Wang树脂、M树脂。

（3）高速发展期（2006年至今）

2006年之后，国外申请人提交的相关专利申请数量出现略微下降趋势，但由于中国申请人开始就固相合成用吸附分离树脂关键技术进行大量布局，该技术全球相关专利申请量显著攀升。2015年，固相合成用吸附分离树脂关键技术相关专利的年申请量虽然出现短暂的下滑，但仍超过130项，相比2005年翻了一番。在该时期，深圳翰宇药业股份有限公司、日东电工公司、诺华公司等创新主体增加相关专利布局，主要涉及固相合成用树脂产品及其配套设备，应用领域包括合成多肽、核酸、蛋白质等多种物质。

8.2 专利申请目标国/地区

如表8-2-1所示，中国是固相合成用吸附分离树脂关键技术最受关注的专利申请目标国，在中国公开的相关专利数量占全球相关专利申请总量的38%，达到了1600余件，其中大多数来源于本土申请人。但在2000年以前，中国市场并没有被广泛关注，相关专利申请累计不足30件；占比38%的中国专利申请于2000年以后，可见近年来中国市场才迅速发展为全球最受关注的市场。美国是除中国外最大的专利申请目标国，在美国公开的专利数量达到776件，占全球相关专利申请总量的18%，其中大多数来源于美国企业和高校以及日本企业。分阶段来看，2000年以前，日本和美国是最受关注的市场，两国相关专利申请分别占比21%和16%，早在1974年，美国少数企业针对固相合成用吸附分离树脂关键技术在本国形成了一定规模的专利申请；在日本，1990年以后出现成规模的相关专利申请，主要来源于一些本国企业，例如武田制药、日东电工公司、三菱公司等。2000年以后，中国成为最受关注的市场，在中国的相关专利申请占全球相关专利申请总量的49%。与此同时，世界知识产权组织和欧洲专利局受理的专利申请也同步增长，说明该技术全球化趋势更加显著。

表 8-2-1　固相合成用吸附分离树脂关键技术全部及阶段年份专利申请目标国/地区

全部年份			2000 年及以前			2000 年以后		
专利申请目标国/地区	数量/件	占比	专利申请目标国/地区	数量/件	占比	专利申请目标国/地区	数量/件	占比
中国	1637	38%	美国	223	21%	中国	1608	49%
美国	776	18%	日本	178	16%	美国	553	17%
世界知识产权组织	441	10%	世界知识产权组织	129	12%	世界知识产权组织	312	10%
日本	348	8%	欧洲专利局	87	8%	日本	170	5%
欧洲专利局	216	5%	德国	73	7%	欧洲专利局	129	4%
韩国	123	3%	澳大利亚	43	4%	韩国	98	3%
德国	101	2%	英国	35	3%	印度	73	2%
澳大利亚	83	2%	加拿大	33	3%	加拿大	45	1%
其他	627	14%	其他	285	26%	其他	290	9%

8.3　技术来源国

图 8-3-1 示出了固相合成用吸附分离树脂关键技术专利申请全球技术来源。从图中可以看出，中国为固相合成用吸附分离树脂关键技术的主要技术输出国，总量达到 1541 项，占全球相关技术申请总量的 52%；其次是美国、日本和英国，分别占总量的 20%、7% 和 3%；来自美国、中国和日本三国的相关专利申请数量之和约占全球申请总量的 80%，这三国既是主要的市场国，也是主要的技术输出国。

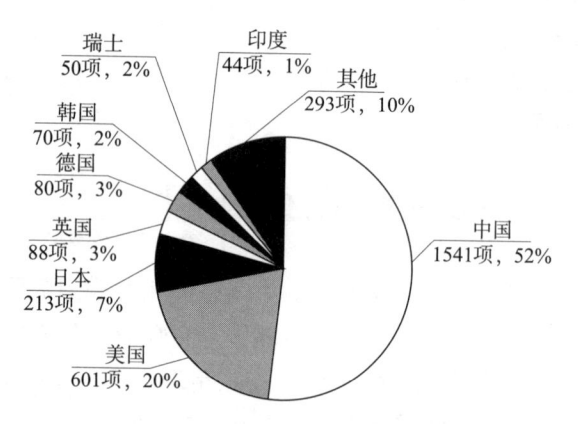

图 8-3-1　固相合成用吸附分离树脂关键技术全球技术来源

图 8-3-2 为固相合成用吸附分离树脂关键技术主要国家/地区技术来源。在中国申请的相关专利来源于本国申请人为 1526 件，约占中国相关专利总量的 94%，美国、瑞士、日本等国外申请人在中国申请相关专利较少。美国的情况与中国相似，美国申请人在本国申请相关专利 496 件，占比 64%，日本、英国、德国等国申请人就该技术也在美国形成了一定规模的专利布局。相比中国而言，美国市场更具吸引力，国外申请人在美国申请专利约为美国相关专利总量的 36%，而中国的国外申请人占比仅为 6%。在日本的相关专利中，来源于本国申请人的为 161 件，占日本相关专利总量的

46%，同时，美国申请人非常重视日本市场，在日本的相关专利申请为 111 件，占日本相关专利申请总量的 32%。韩国的情况与日本类似，本国申请人的相关专利申请为 54 件，数量上没有形成绝对优势，美国申请人在韩国的专利申请为 29 件，占韩国相关专利申请总量的 24%。

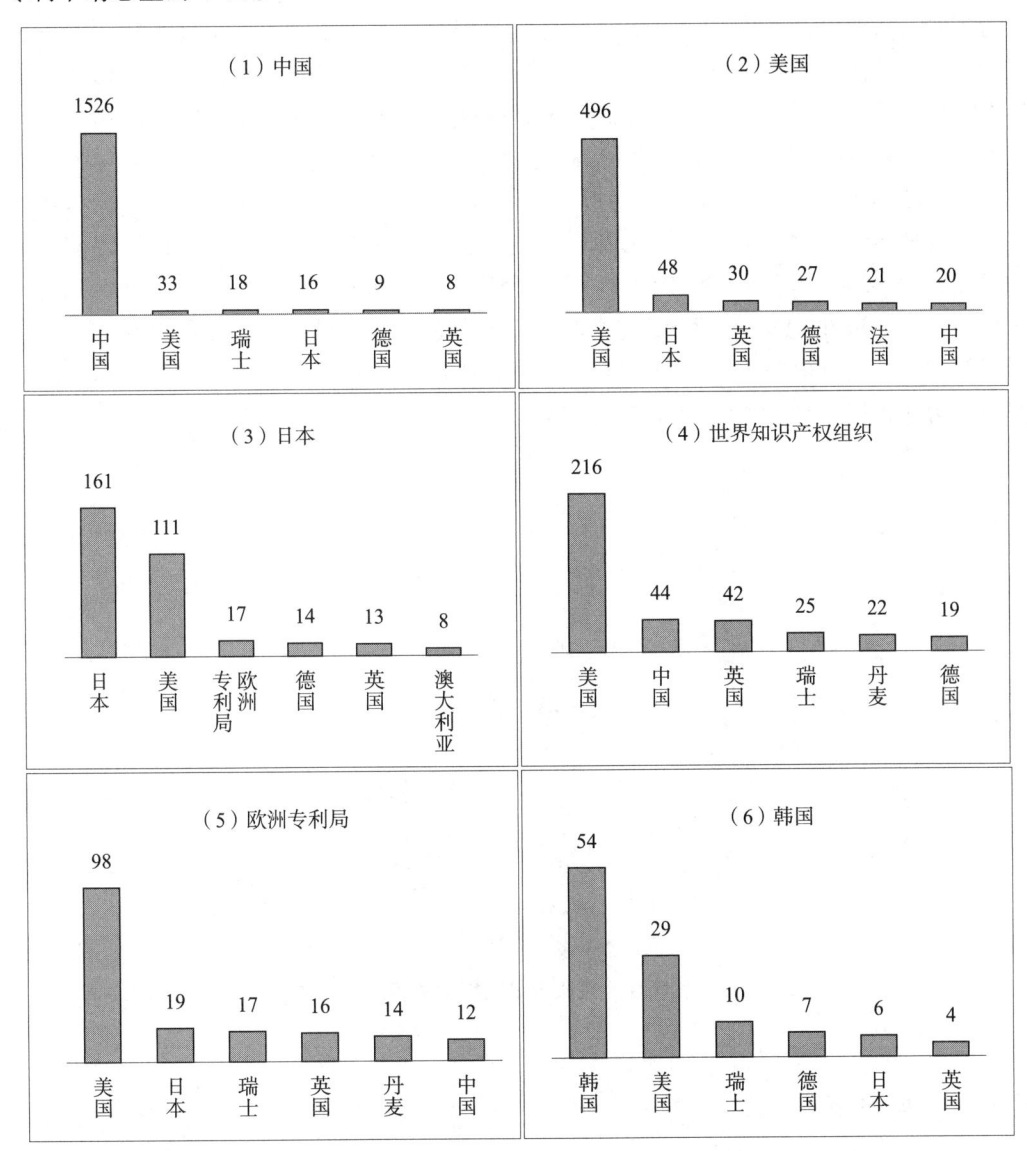

图 8-3-2　固相合成用吸附分离树脂关键技术主要国家/地区技术来源

注：图中数字表示申请量，单位为件。

从世界知识产权组织和欧洲专利局受理的专利数量来看，美国是全球专利布局步伐最快的国家。该国创新主体海外专利储备数量最多，技术输出力度最大，其中罗氏公司、麻省理工学院、因美纳公司、凯龙公司（2006 年被诺华收购）等大型企业和高校是主力军，日本、韩国、中国等医疗用品大国是其关注的重点市场。

8.4 技术构成

1963年,梅里菲尔德首次提出了固相合成方法。由于其独特的优势,该方法迅速成为多肽合成的首选方法,带来了多肽有机合成上的一次革命,并由此形成了一支独立的学科——固相有机合成。1968年,出现了第一件利用吸附分离树脂合成肽的专利(DE1795714A1),随后吸附分离树脂合成的目标产物从肽拓展到氨基酸、核酸、核苷酸等。从专利数据来看,吸附分离树脂在固相合成中的应用主要包括肽、氨基酸、核酸和核苷酸的合成和纯化。由图8-4-1可知,涉及吸附分离树脂在肽的合成应用上的专利数量最多,为1280项,占吸附分离树脂在固相合成应用相关专利总量的44%左右。20世纪90年代以前,固相合成用吸附分离树脂关键技术主要集中用于肽和氨基酸药物的合成。20世纪90年代出现了将吸附分离树脂用于核酸和核苷酸的合成和纯化的专利技术。虽然目前关于核酸和核苷酸的合成和纯化的专利数量占比不高,但近年来其数量增速较快,是该领域最新出现的热点技术之一。

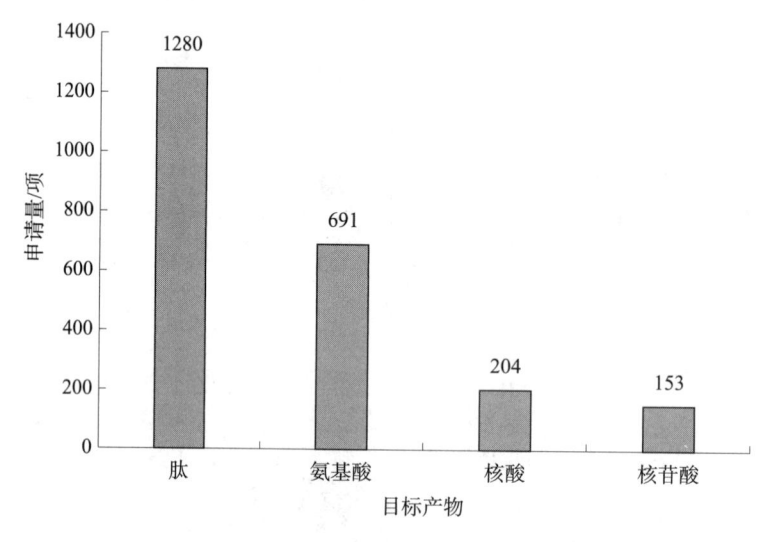

图8-4-1 固相合成用吸附分离树脂关键技术的技术构成

8.5 主要申请人

固相合成用吸附分离树脂关键技术全球专利主要申请人如图8-5-1所示。其中,排名第一的是中国的深圳翰宇药业股份有限公司,相关专利申请量达到77项,主要涉及吸附分离树脂用于肽类药物的合成方法,全部专利均申请于2007年之后,是中国在该领域的新生力量;排名第二和第三的申请人分别为瑞士的罗氏公司和法国的塞诺菲公司。罗氏公司涉足该领域较早,早在1971年就开始提交相关专利申请,直到2011年都连续保持一定数量的专利产出;2012~2019年,罗氏公司中断了该技术方向的专利申请，直到 2020 年又重新聚焦该技术，并提交了一件涉及吸附分离树脂用于肽类合成的 PCT 申请。塞诺菲公司关于固相合成用吸附分离树脂关键技术相关专利申请大部分集中在 1985～2000 年，2001～2016 年放慢了该技术的研发步伐，2017 年之后又开始继续在日本、美国、印度等国布局，主要涉及肽类、氨基酸类药物及其固相合成方法。

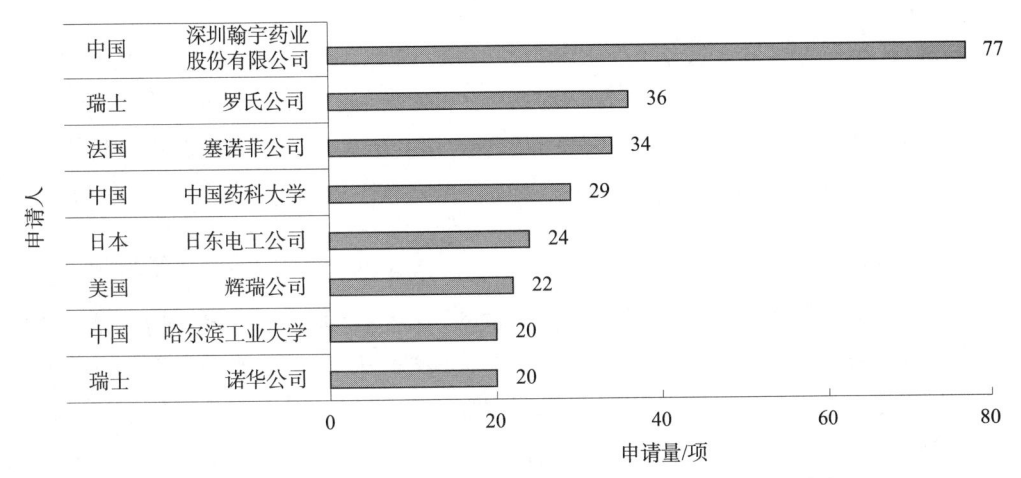

国家	申请人	申请量/项
中国	深圳翰宇药业股份有限公司	77
瑞士	罗氏公司	36
法国	塞诺菲公司	34
中国	中国药科大学	29
日本	日东电工公司	24
美国	辉瑞公司	22
中国	哈尔滨工业大学	20
瑞士	诺华公司	20

图 8-5-1　固相合成用吸附分离树脂关键技术全球主要申请人

注：申请人只选取专利申请量在 20 项以上的机构。

值得注意的是，日东电工公司在吸附分离树脂用于核酸和核苷酸的合成与纯化这一新兴热点技术方向上形成了规模化布局。从 2007 年开始布局至今，其在日本、中国、欧洲、印度等 8 个国家和地区共申请 16 项相关专利，保护的具体技术内容包括核酸合成用载体及其制备（例如，多孔树脂珠、具有羟基的多孔树脂粒子）、带有通用接头的核酸合成用载体、吸附分离树脂作为载体用于核酸合成的方法。日东电工公司非常重视核酸药物，在 2011 年 2 月通过其全资子公司日东美国公司（Nitto Americas, Inc.）收购了核酸药物生产和开发服务领域的领先企业阿维西亚生物技术公司（Avecia Biotechnology, Inc.）。目前，日东电工公司的产品涉及从临床前到商业发售阶段的各种散装核酸药物，包括：反义 RNA、siRNA、核酸适体、免疫增强剂、miRNA 和诱饵分子，其已成为全球第一大核酸原料药生产公司。

除日东电工公司外，其他生物医药公司也积极就吸附分离树脂用于核酸和核苷酸的合成与纯化技术进行布局，但其技术实力与日东电工公司差距较大，短期内无法与日东电工公司抗衡，例如生命技术公司（Life Technologies AS）和核酸有限公司（Nuclera Nucleics Ltd）也掌握固相合成核酸技术。

中国申请人开展固相合成核酸技术研究较少。代表性的专利技术有一种核酸/多肽固相合成载体（骨架为交联聚丙烯腈或交联聚甲基丙烯腈，功能基为羟基或氨基的多孔树脂粒子），由南开大学、中国人民解放军军事医学科学院放射与辐射医学研究所与杭州天龙药业有限公司共同申请；艾吉泰康生物科技（北京）有限公司申请保护一种用于核酸原位合成的固相载体及其制备方法。其余大部分申请人在固相合成核酸、核苷酸方面的研究主要集中在肽核酸的制备方法上，大多采用传统的控孔玻璃珠（CPG）作为载体。

从整体情况来看，该技术专利来源较为集中，代表性申请人均为各国的大型企业和高校。国外申请人较早涉足该技术领域，中国申请人则在2000年之后才逐渐起步。值得注意的是，2010年以后，该领域申请人更加活跃，一定程度上说明该技术进入新一轮的研发热潮，近年来正处于新成果产出期，部分企业开始新的全球专利布局动作。

8.6 主要技术路线

用于肽、氨基酸、核酸和核苷酸的固相合成方法是通过使用固相合成载体作为反应支架，逐一结合氨基酸或核苷酸单元，从而获得具有序列结构的目标产物的方法。

8.6.1 固相合成核酸和核苷酸

核酸和核苷酸的组成结构单元为核苷和磷酸，核酸的进一步分解产物为碱基和戊糖，核酸和核苷酸合成是羟基和磷酸亚胺的缩合增链。核酸和核苷酸的固相合成基本原理是将所要合成核酸链的末端核苷酸先固定在不溶性高分子聚合物载体上，然后再从该末端开始将其他核苷酸按顺序逐一接长，每接长一个核苷酸残基都经历相同的操作步骤。由于接长的核酸链始终被固定在树脂上，而溶液中过量的未反应物或反应副产物可以通过过滤或洗涤除去。合成至所需长度的核酸链可以从树脂上切割下来并脱去各种保护基，再经过纯化即可得到最终目标产物。目前亚磷酸酰胺的固相合成法是主流技术路线，通常合成步骤包括：首先，末端核苷酸的3′-OH与树脂键合，5′-OH被保护，下一个核苷酸的5′-OH也同样被保护，3′-OH上的磷酸基上有$-N(C_3H_7)_2$和$-OCH_3$两个基团，每延伸一个核苷酸需要：（1）末端核苷酸脱去保护基游离出5′-OH；（2）新生5′-OH与下一个核苷3′-磷酸亚胺单体缩合增链；（3）未缩合的5′-OH活性盖帽封闭，防止错误延伸；（4）新增核苷酸链中的三价磷被氧化成五价，重复以上步骤进行接长。接长到所需长度后的核苷酸链需要经过切割、脱保护、纯化等步骤，即可得到最终目标产物。虽然该方法与传统液相合成法具有较大优势，但依然存在工艺复杂的问题。因此，基于此工艺，后续出现了核苷酸修饰与设计通用接头和通用载体的方法来进行技术优化。

核酸和核苷酸的固相合成技术路线演进过程中代表性专利如图8-6-1所示。1981年，美国应用生物系统公司（Applied Biosystems，LLC）提供了一种核苷酸制备方法（US4401796A），即向树脂载体中加入单核苷酸、二核苷酸和三核苷酸的改进方法。以这种方式可以容易并有效地形成具有任何所需核苷酸数目的多核苷酸。该方法选择氯甲基聚苯乙烯作为初始材料，二甲氨基吡啶作为缩合剂。

1985年，美国威斯康星医学院公司将核苷酸DNA结合到亲和素-琼脂糖柱上，通过切割生物素酰化核苷酸的连接链从柱中回收特异核苷酸DNA（US4772691A），从而得到靶大分子。

1993年，贝克曼公司（Bechman Instruments Inc）提出了一种固相合成中间体用于化学合成的寡脱氧核糖核苷酸和寡核糖核苷酸，以及通过该种固相合成中间体合成脱

```
| 1981~2000年 | 2001~2010年 | 2011年至今 |
|---|---|---|
| US4401796A<br>1981-04-30<br>固相合成法制备核苷酸<br>美国应用生物系统公司 | JP5097506B2<br>2007-11-05<br>用于合成高纯度的核酸的多孔树脂粒子<br>日东电工株式会社 | EP2620444B1<br>2013-01-29<br>用于核酸固相合成的通用接头<br>日东电工株式会社 |
| US4772691A<br>1985-06-05<br>亲和素-琼脂糖柱键合、切割和回收核苷酸DNA<br>威斯康星医学院公司 | | CN104693333B<br>2014-12-03<br>利用多孔树脂珠固相合成核酸的方法<br>日东电工株式会社 |
| WO9401446A2<br>1993-06-29<br>一种固相合成中间体用于化学合成的寡脱氧核糖核苷酸和寡核糖核苷酸<br>贝克曼公司 | | JP2019013173A<br>2017-07-05<br>固相核酸合成方法的脱保护步骤中代替甲苯的新型溶剂<br>日东电工株式会社 |
```

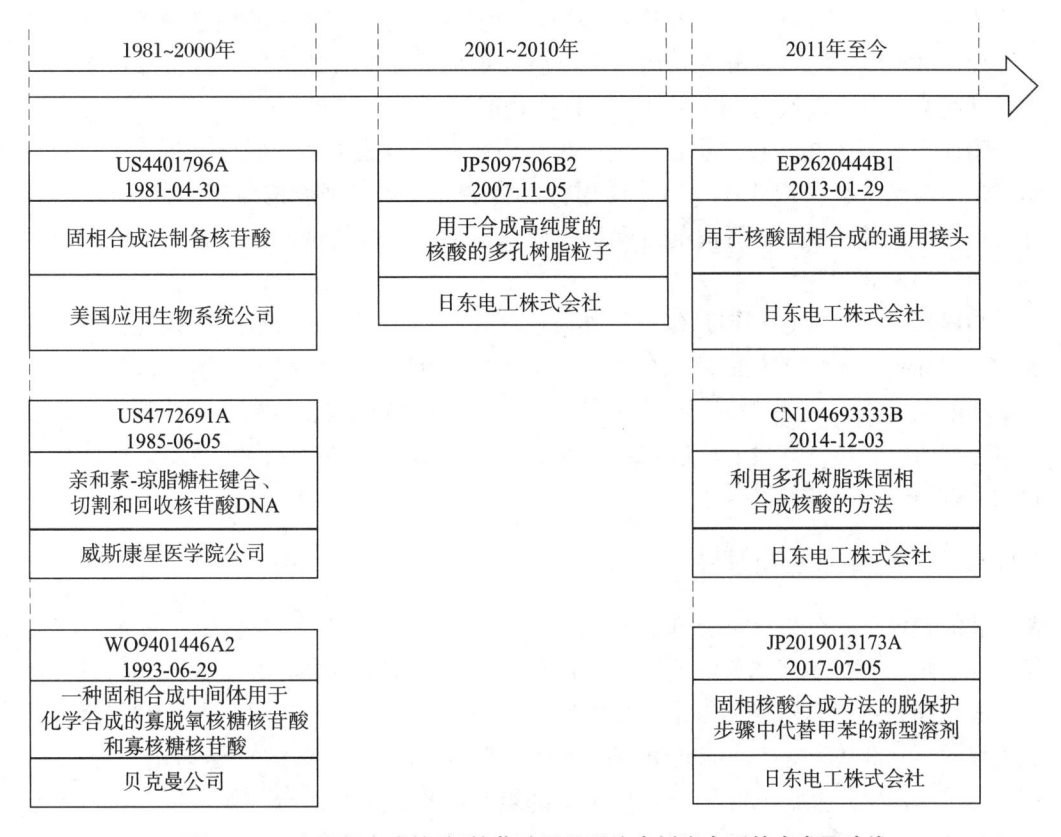

图8-6-1 固相合成核酸/核苷酸用吸附分离树脂专利技术发展路线

氧寡核苷酸的方法（WO9401446A2）。这种载体包含多孔聚合物的颗粒，多孔聚合物的主链包含任选取代的丙烯酸酯或甲基丙烯酸酯部分；多孔聚合物优选甲基丙烯酸酯-亚乙烯基共聚物。

1999年，一种确定靶多核苷酸序列的方法和装置被提出专利申请（WO0006770A1）。该方法既提供了一种将多核苷酸固定在载体阵列的技术方案，还提供了用于确定靶多核苷酸序列的装置系统。

2007年，日东电工株式会社提出了一种具有羟基的多孔树脂粒子的制备方法，该多孔树脂粒子用作固相合成用载体并能以高产率合成具有高纯度的核酸（JP5097506B2）。合成方法包括：①在有机溶剂中溶解单体混合物以及聚合引发剂，以获得含单体混合物和聚合引发剂的溶液，单体混合物通常选自芳香族乙烯基化合物、芳香族二乙烯基化合物和在其分子中具有一个羟基的（甲基）丙烯酸酯；②在分散稳定剂存在的情况下在水中进行悬浮共聚，从而得到该种多孔树脂粒子。

2013年，日东电工株式会社申请保护一种用于核酸固相合成的通用接头（EP2620444B1），替代目前为止通常使用的核苷-琥珀酰接头，该通用接头体更适合于在3末端具有羟基的核酸自动合成。此外，与常规方法不同，使用该通用接头用于核酸合成的生产方法不需要在合成核酸的3末端单独引入羟基。

2014年，日东电工株式会社申请保护一种多孔树脂珠和通过使用它制备核酸的方法（CN104693333B）。该种多孔树脂珠可以大量地填充在合成柱中，且合成溶剂对其溶胀性能小，可以改进每个合成柱的目标产物产量。

2017年，日东电工株式会社提出一种在固相核酸合成方法的脱保护步骤中代替甲苯的新型溶剂（JP2019013173A）。使用将乙腈溶剂和规定强度的酸组合而成的溶液，能进行使保护基从核苷上脱离的脱保护反应。新型溶剂的使用解决了常规溶剂甲苯对环境的危害性等问题。

2017年，因美纳公司申请保护一种通过可切割连接基团与可检测标记连接的核苷酸和确定固定化靶多核苷酸序列的方法（US10519496B2），可用于使用标记的核苷或核苷酸的技术中，例如测序反应、多核苷酸合成、核酸扩增、核酸杂交分析、单核苷酸多态性研究，以及其他使用诸如聚合酶、逆转录酶、末端转移酶的技术，使用标记过的dNTPs的技术等。

8.6.2 固相合成肽和氨基酸

肽的合成是一个重复添加氨基酸的过程，合成一般从C端（羧基端）向N端（氨基端）合成。在梅里菲尔德发明固相合成技术以前，肽的合成是在溶液中进行的。固相合成肽则是在固体树脂上依次完成氨基酸的添加，其基本原理是：首先对待反应的氨基酸的α-氨基和侧链功能基团进行保护，然后将所要合成肽链的羟末端氨基酸的羟基键合到树脂上，然后以此结合在树脂上的氨基酸作为氨基组分，经过脱去氨基保护基团并同过量的活化羧基组分反应，接长肽链。重复上述步骤，当肽链达到所要长度时，将其从树脂上裂解下来，经过纯化等处理，即可得到目标产物肽。其中，α-氨基用Boc（叔丁氧羰基）保护的成为Boc合成法，α-氨基用Fmoc（9-芴甲氧羰基）保护的成为Fmoc合成法。Boc合成法需要反复用酸来脱保护以便进行下一步接长肽链，容易引入副反应，例如，肽从树脂上切除下来，或者氨基酸侧链在酸性条件下发生副反应。Fmoc合成法是在Boc合成法基础上发展起来的，具有反应条件温和、副反应少、产率高等优点，同时Fmoc基团有特征性紫外吸收，易于监控反应进行。因此，目前Fmoc合成法成为主流技术，逐渐取代了Boc合成法。

氨基酸的合成目前使用较多的是液相合成法及其衍生的合成方法，如以聚乙二醇为载体的液相合成法。液相合成方法的显著特点是合成过程中不涉及载体或载体的空间位阻小（如线性聚乙二醇的使用），合成速度较快，但缺点是后续分离过程复杂以及产物收率低。因此基于操作简易和产物纯度的考虑，某些氨基酸或者氨基酸类药物也会采用固相合成法，大致的原理与肽的合成类似（除去接长肽链的过程），在此不再赘述。

最早的固相合成多肽相关专利技术出现在1968年，美国礼来公司提出一种利用苯乙烯系树脂合成多肽的方法（DE1795714A1），鉴于其结构特性，可以与苄氧羰基一起作用。肽的C-末端的氨基酸与树脂化合物反应，以使树脂在羧酸官能团上与氨基酸的氨基结合，形成肽键，并通过与氨基酸的连续反应来合成肽。

1968年，英国施瓦茨生物研究所利用固相载体合成肽的方法（GB1210279A），选择氯甲基聚苯乙烯作为初始材料，Boc作为α-氨基的保护基，使负载的肽或氨基酸与羟基取代的化合物、其硝基或氯取代的衍生物接触，以便从载体中释放肽或氨基酸。

1974年，美国卫生与公众服务部提出了一种利用α，β-不饱和氨基酸、酰基和N-酰基衍生物作为连接剂固相合成肽，并相应产生羧基末端酰胺的方法（US3988307A）。可优选不饱和氨基酸是脱氢丙氨酸和脱氢丁酰胺。该专利同样是选择Boc作为α-氨基的保护基，苯乙烯系树脂作为合成基础。

1974年，美国碧迪公司提出了一种肽的合成方法（US3987014A），选择二苯甲酰胺树脂作为初始材料，Boc作为α-氨基的保护基，利用施瓦茨/曼恩公司（Schwarz/Mann）销售的自动肽合成器的肽反应器中生产猪分泌素和［6-TYR］分泌素的新中间体，中间体由用于制备猪分泌素和［6-TYR］分泌素的氨基酸部分组成。

1977年，罗氏公司申请了一种利用Fmoc方法合成了肽的方法专利（US4108846A）。因为消除了酸处理，该方法防止了在每个脱保护循环期间肽从载体中的损失，并且在每个步骤中消除了大量的洗涤循环。自此之后，Fmoc合成法因为其操作简单、减少肽从载体中洗脱的损失、合成效率高等优点逐渐被广泛运用。

1987年，勃林格殷格翰公司子公司（Bio Mega Inc）提供了一种用于肽合成的固体载体（CA1312991C）。其保护的氨基酸被逐步偶联到固体载体上，随后通过光解将肽或保护肽从固体载体上切割下来，光解裂解是通过将肽-固体载体溶解或悬浮在溶剂中而容易地完成的，溶液或悬浮液优选在350纳米的波长下在-10~25℃的温度下照射4~24小时。

1999年，美国强生公司（Ortho McNeil Pharmaceutical Inc）公司提供了一种环肽制备方法（US6228986B1），由树脂结合的赖氨酸残基制备14元大环。A-氮的还原烷基化，然后用Fmoc-氨基酸酰化，提供了受保护的二肽前体。去除Fmoc基团，用琥珀酸酐酰化，去除甲基三苯甲基和大环化，在三氟乙酸裂解后以优异的产率和纯度提供所需的大环肽。该方法选择聚酰胺树脂作为初始材料，Fmoc作为α-氨基的保护基。

2007年，CEM公司提供了一种用于通过固相法加速肽合成的仪器（EP1923396A2）。该仪器包括：微波腔；与微波腔连通的微波源；在空腔中由对微波辐射透明的材料形成的柱；柱中的固相肽支持树脂；各过滤器，用于将固相载体树脂保持在柱中。树脂类型包括但不限于Wang树脂、三苯甲基树脂，Fmoc和Boc合成方法都适用。

2011年，中国人民解放军第四军医大学提供了一种利用固相多肽合成四肽异构体的方法（CN102558298A）。以三苯氯甲基型树脂的任何一种为起始原料，按照固相合成的方法依次连接具有芴甲氧羰基保护的氨基酸，获得四肽异构体树脂。原辅材料来源方便、工艺稳定、生产周期短、生产成本低、收率高、纯度好、质量稳定。

2017年，中南民族大学提供了一种可组装成高度有序纳米纤维的小分子肽及组装构建高度有序纳米纤维的方法（CN108070021A）。该方法也是利用 Fmoc 作为氨基酸保护基团，将小分子肽组装成纳米纤维。

2018 年，深圳翰宇药业股份有限公司提供了一种包含脯氨酸的首尾环肽的合成方法（CN110551178B）。该方法首先在树脂上连接 Fmoc – 3 – 羧基 – Pro – OAll；其次按肽序偶联其他氨基酸残基；偶联完毕后，固相脱除 All，紧接着固相成环；最后环肽粗肽脱羧得到含脯氨酸的首尾环肽。该方法新颖，合成条件温和、工艺简单且稳定，其初始材料选择 Wang 树脂或 2 – 氯树脂，Fmoc 作为 α – 氨基的保护基，偶联剂选自 1 – 羟基苯并三氮唑（HOBt）、4 – 二甲氨基吡啶（DMAP）一种或多种的组合物。

2019 年，日本的大和科学株式会社提出一种固相合成装置（JP6607653B1）。在该固相合成装置中，将树脂（颗粒）和作为合成反应用物质的各种药液投入反应容器内进行反应。在投放树脂的同时，还可以选择性供应各种药液。此外，该装置具有气体流量控制单元，当药液输送结束后，反应器内的气体被置换为惰性气体，使得药液质量提高。

8.7　国外在华布局

从图 8 – 7 – 1 来看，国外申请人就固相合成用吸附分离树脂关键技术在华专利布局总量不多，且失效专利占比 61%，这些失效专利中有相当一部分是早期申请，其专利保护期届满；目前维持有效的相关专利占比为 24%；审中专利占比为 15%。可见，国外申请人虽然关注中国市场，但在中国没有形成大规模的专利布局，中国国内企业仍是国内专利申请的主力军。

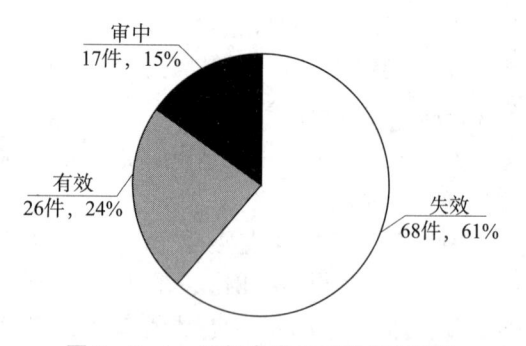

图 8 – 7 – 1　固相合成用吸附分离树脂关键技术国外申请人在华专利法律状态

固相合成用吸附分离树脂关键技术在华主要国外申请人如图 8 – 7 – 2 所示。其中，来自日本、瑞士和德国的申请人各占据 2 席，美国、澳大利亚和法国申请人各占据 1 席。排名首位的是日本企业日东电工，在华专利申请量为 9 件，主要涉及核酸提取合成方法和树脂载体制备方法，其中 8 件专利申请于 2014 年之前，此后在华相关专利布局速度放缓，2018 年再一次围绕核酸合成方法提交了新申请。排名第二、三的申请人分别是来自瑞士的龙沙公司和罗氏公司。龙沙公司的相关专利申请主要涉及多肽的合成方法，主要申请于 2005 年，2007 年后没有在中国开展进一步的专利布局；罗氏公司与龙沙公司情况相似，技术方案涉及多肽的合成方法，主要申请于 2005 年，2009 年后没有在华开展进一步的相关专利布局。

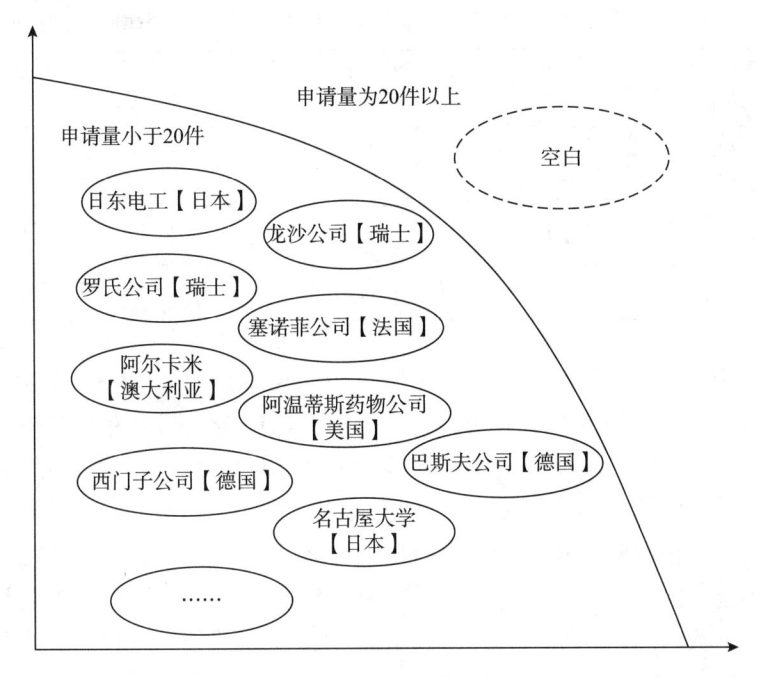

图 8-7-2　固相合成用吸附分离树脂关键技术在华主要国外申请人

从整体情况来看，日本创新主体最关注中国市场，相关专利储备较多，专利布局时间相对持续，而其他国家的相关专利大多申请于 2005 年及以前。另外，美国的高校也在中国有一定的相关专利布局。但目前国外申请人在华形成的专利壁垒主要来源于日本和瑞士的大型企业。

8.8　中国申请人布局

关于固相合成用吸附分离树脂关键技术，中国申请人专利申请中发明专利有 1589 件，占比 99%；实用新型专利有 24 件，占比 1%，如图 8-8-1 所示。其中，发明专利保护内容以药物制备方法为主，实用新型专利涉及制备、分离和纯化等设备。值得注意的是，专利数据显示近年来国外一些大型企业开始重视肽类合成设备的研发，例如瑞士的诺华公司、日本的大和科学株式会社，而中国企业在该方面成果较少。

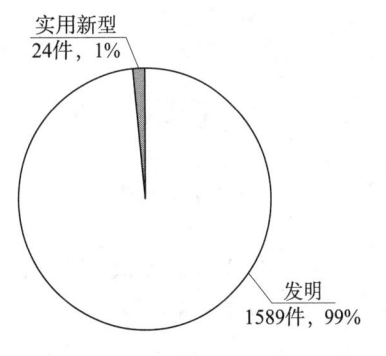

图 8-8-1　固相合成用吸附分离树脂关键技术中国申请人专利类型

关于固相合成用吸附分离树脂关键技术，中国申请人的专利布局国家/地区如表 8-8-1 所示。中国申请人主要在本国进行相关专利布局，中国以外的目标国/地区的数量仅占 6%，共计 89 件，主要通过世界知识产权组织途径进行海外布局。

表 8-8-1 固相合成用吸附分离树脂关键技术中国申请人布局国家/地区

专利申请目标国/地区	数量/件	占比
中国	1526	94%
世界知识产权组织	44	3%
美国	21	1%
欧洲专利局	11	1%
日本	6	<1%
其他	7	<1%

固相合成用吸附分离树脂关键技术中国申请人类型如图 8-8-2 所示，企业和大专院校是中国在该技术领域专利申请的主力军。中国申请人相关专利申请总量的 42% 来自企业，43% 来自大专院校。独立科研单位的专利申请约占 9%，个人申请占比非常小，与该领域较高的技术门槛有关。

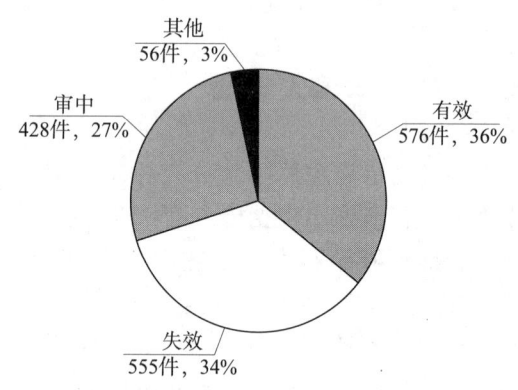

关于固相合成用吸附分离树脂关键技术，中国申请人专利法律状态如图 8-8-3 所示。中国申请人的相关专利仅有 36% 处于有效状态，处于审中状态的数量约占 27%，处于失效状态的数量约占 34%，还有一些其他状态（如部分专利权利要求失效）占比 3%。中国申请人针对该技术的专利申请呈以下特点：第一，中国申请人的相关专利大部分申请于 2005 年之后，失效专利中大多数是原于主动撤回、放弃或者驳回，整体专利质量偏低，维持时间长、有价值的专利数量不多；第二，中国申请人的相关专利申请近年来仍然保持快速增长趋势，处于审中状态的专利占比较多，未来有效专利也将持续增长。

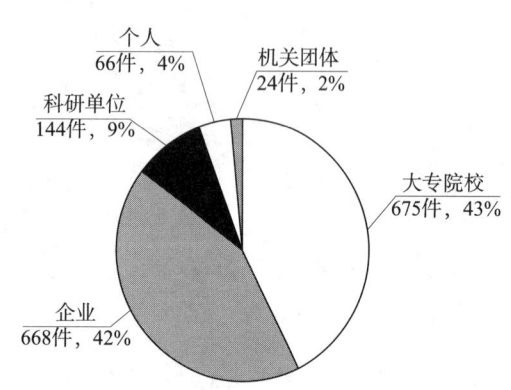

图 8-8-2 固相合成用吸附分离树脂关键技术中国申请人类型

图 8-8-3 固相合成用吸附分离树脂关键技术中国申请人专利法律状态

8.9 专利运用及保护情况

关于固相合成用吸附分离树脂关键技术，全球相关专利中涉及诉讼 6 件，转让 779 件，许可 14 件，无效宣告 2 件，如图 8-9-1 所示。对于诉讼案件，包括 4 件美国专利、1 件日本专利和 1 件中国专利，主要涉及吸附分离树脂用于肽、核酸的合成。涉及转让的案件量最多，达到 779 件，主要涉及各国申请人本国内部转让，其次是技术出口的相关案件。其中，中国申请人之间转让案件 145 件；美国申请人之间的转让案件 358 件，美国申请人转让至其他国家申请人 35 件；日本申请人转让案件 57 件；其他国家申请人转让案件 184 件。不难看出，中国和美国申请人对持有的专利运营较为活跃，美国申请人在该领域持有专利 1300 件，开展运营工作的案件占比接近 30%；而中国申请人虽持有更多相关专利，但运营数量远少于美国，运营占比不足 10%。

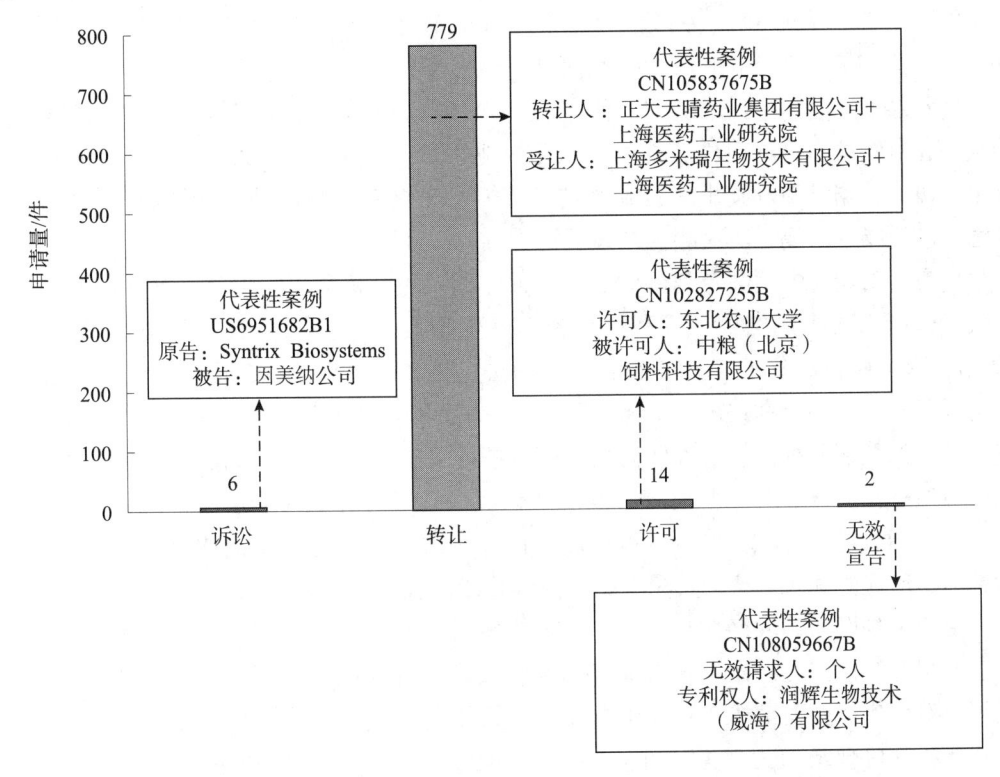

图 8-9-1　固相合成用吸附分离树脂关键技术专利运用及保护

许可备案的 14 件专利中有 13 件来自中国申请人，1 件来自美国申请人，均针对本国企业进行许可。许可案件中大部分涉及吸附分离树脂用于肽类药物的合成，例如曲肽和环肽类。中国专利无效宣告案件 2 件，主要涉及两家公司拥有的吸附分离树脂用于兰瑞肽和香兰素合成专利。

代表性诉讼案例有专利名称为"带有配体阵列的多孔涂层及其用途"（US6951682B1）涉及的侵权诉讼，原告安密诺普特凌公司（Syntrix Biosystems，Inc.）主张被告因美纳公司制造、使用、销售其专利产品，初审原告胜诉，获得赔偿超过 1 亿美元。该专利公开了一种多孔涂层与通过固相合成制备的配体阵列相容，在配体-受体结合或固相化学合成过程中基本上不溶胀或扭曲，并且不需要流通装置，提升配体阵列的经济性和快速实现成像。该方案相对于现有技术的改进主要有四点：（1）多孔涂层提供了有效的底物，用于使用固相合成产生小分子候选药物的阵列；（2）配体表面密度足以使用来自各个阵列元件的配体进行功能分析；（3）配体表面密度足以使用具有低至中等结合亲和力的配体进行功能分析；（4）小分子的多孔阵列为鉴定药物结构和药物结合之间的关系提供了有效的系统。

代表性转让案例专利名称为"一组阳离子抗菌肽及其制备方法"（CN105837675B），涉及一起专利申请权转让，共同申请的权利人正大天晴药业集团股份有限公司和上海医药工业研究院将专利申请权转让给上海多米瑞生物技术有限公司、上海医药工业研究院。该专利技术采用固相化学合成技术制备多肽。依据该方法制备的阳离子抗菌肽可应用于制备抗大肠杆菌、铜绿假单胞菌、金黄色葡萄球菌、枯草芽孢杆菌、白色念球菌、耐药鲍曼不动杆菌和耐药铜绿假单胞菌的药物。

代表性许可案例专利名称为"一种抗菌肽GW13及其制备方法和应用"（CN102827255B），涉及一起专利独占许可案件，许可人东北农业大学，被许可人中粮（北京）饲料科技有限公司。依据该专利技术所得到的抗菌肽GW13具有较强的抑菌活性和较弱的溶血活性，治疗指数最高，具有很大的发展潜力。

代表性无效宣告案例专利名称为"一种兰瑞肽的固相合成方法"（CN108059667B），无效宣告请求人为周红梅，专利权人为润辉生物技术（威海）有限公司，案件标号4W108672，权利要求1-7因不符合《专利法》第22条第3款关于创造性的规定被宣告全部无效。涉案专利技术以Fmoc氨基树脂为固相合成的载体，依次缩合8个保护氨基酸，得到兰瑞肽的前体线性肽树脂，然后进行二硫键环化反应，得到兰瑞肽肽树脂，采用固相氧化的方式进行形成二硫键的环化反应，最后将肽树脂裂解，脱去侧链保护基，得兰瑞肽粗品，纯化得兰瑞肽纯品。该专利解决了现有技术液相合成方法反应步骤繁琐、反应时间长、溶剂用量大、分离纯化难的技术问题。

由于生物医药领域存在临床实验、上市审批等繁杂手续，相关专利技术规模化生产进度相对缓慢，此外该领域制备工艺专利较多，侵权取证难度较大，因此，固相合成用吸附分离树脂关键技术专利中涉及侵权诉讼的案例并不多；但上市产品涉及的专利转让和许可现象较为常见。可见，该技术相关企业仍然需要关注目标技术、产品、市场的专利壁垒，合理运用和保护相关专利权属，利用专利杠杆推动自身发展。

8.10 中国产业分布

如图8-10-1所示，关于固相合成用吸附分离树脂关键技术，江苏、上海、广东、北京、浙江五个地区的专利数量约占中国各地区相关专利申请总量的51%，与该技术产业调研情况基本一致，可见该技术产业分布相对集中。

江苏的申请人最活跃，所持专利数量占总量的14%，其中来源于企业的相关专利数量约占49%，高校和企业所持专利数量相当。以中国药科大学和江苏诺泰澳赛诺生物制药股份有限公司为代表，二者大多的相关专利均涉及吸附分离树脂用于肽类药物的合成，且在合成方法上都偏向于Fmoc。上海、北京和浙江三个省市的情况与江苏相似，企业专利占比接近50%，大多数专利方案仍然停留在试验阶段，产业化应用占比不高。

来源于广东申请人的专利数量约占总量的11%，其中近70%的相关专利来源于企业。结合背景调研情况来看，广东地区科技型企业相对集中，产业化程度较高。以深圳翰宇药业股份有限公司和深圳市健元医药科技有限公司为代表，前者专利大多涉及吸附分离树脂用于肽类药物合成方法和装置，且其专利数量占广东地区企业相关专利申请总量的58%左右，专利储备优势显著；后者专利主要涉及吸附分离树脂用于各种肽类药物的合成方法，不涉及设备。

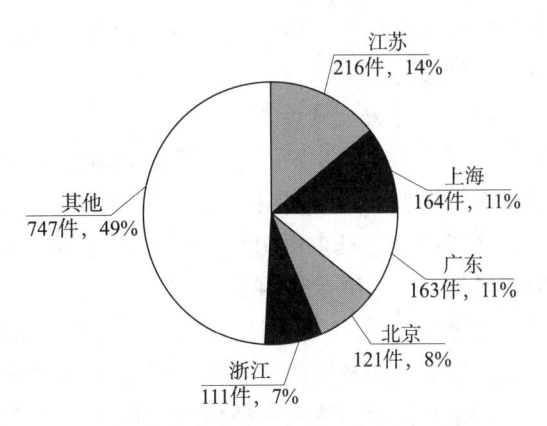

图8-10-1　固相合成用吸附分离树脂关键技术中国产业地域分布

上述主要地区专利申请人中企业不占优势，广东企业专利占比为70%左右，是全国各地区中企业申请人最为活跃的（图8-8-2显示该技术全国来自企业的专利占比为42%），其他地区的企业专利占比均不高于50%。可见，我国该技术相关专利主要掌握在科研单位和大专院校，且大部分处于试验阶段，产业化程度相对较低。

8.11　小　　结

（1）专利趋势分析结论

① 固相合成用吸附分离树脂关键技术目前处于高速发展期。在中国申请公开的专利数量最多，中国逐渐成为全球最受关注的市场；从世界知识产权组织和欧洲专利局受理的专利数量统计来看，美国是全球专利布局步伐最快的国家，申请人海外专利储备数量最多，技术输出力度最大。其中罗氏美国公司、麻省理工学院、因美纳公司、凯龙公司等大型企业和高校是主力军，其最关注的目标国家是日本、中国、韩国等医疗用品大国。

② 在固相合成领域中，固相合成肽类的专利出现时间最早，数量最多，占该技术专利申请总量的44%左右，且研发热度持续，目前仍然是固相合成领域最热门的细分技术。20世纪90年代之后固相合成核酸/核苷酸类物质的专利出现，虽然该细分技术专利申请总量占比不高，但增长速度显著，是该领域最新出现的热点技术之一。

③ 从中国专利技术来源来看，日本申请人最关注中国市场，专利储备较多，且近年来持续布局；其他国家在中国的专利申请布局年份不连续，尤其2005年之后断层明显。另外，日本和美国的高校也在中国有较多的专利布局，其在中国设置的技术壁垒和专利壁垒不容忽视。

④ 固相合成用吸附分离树脂关键技术的运用和保护值得关注。专利的许可和转让

是规避技术壁垒和专利壁垒的一种策略，该技术涉及的专利许可、转让案例可为企业发展提供参考。

（2）技术发展建议

与国外相比，我国固相合成用吸附分离树脂关键技术差距明显，没有高质量的专利支撑市场竞争。以固相合成肽和核酸药物为例，国内申请人没有足够的专利储备实力和创新能力，日东电工旗下的 Nitto Denko Avecia 公司在核酸药物制造领域拥有最大的市场份额，品牌优势明显。

① 针对技术发展方向。第一，固相合成肽是该领域中技术、产业和市场相对成熟的细分技术，涉及的树脂载体、树脂载体与反应物的链接设计、合成工艺路线等都在不断优化，而我国该细分领域创新性、基础性和支撑性技术环节薄弱，企业可采取技术创新与技术借鉴相结合的方式实现技术赶超；第二，注重产业结构和技术类别均衡发展和产业链闭环，固相合成设备的研发空白点较多，因此建议国内创新主体迅速布局；第三，针对热点技术快速布局，固相合成核酸和核苷酸是近年来的前沿方向，建议及时跟进，抢占市场先机。

② 针对技术实施路径方向。第一，我国固相合成技术产业发展可以走改进型创新路线，对标现有市场占有率较高的产品，优化树脂载体类型和工艺路线，形成二次开发创新，逐步缩小与先进国家的技术差距，例如，利拉鲁肽是重磅的糖尿病治疗药物，在我国具有良好的市场接受度，我国企业可进行仿制研发；第二，我国固相合成技术产业发展可以走合作研发、技术引进路线，产学研合作、专利技术的转让和许可、技术并购等也是快速突破技术瓶颈的可选方式。

（3）专利保护建议

① 保护自有知识产权与尊重他人知识产权并重。第一，我国创新主体在科研立项、研发、采购、产品上市等过程中要注重知识产权风险排查，尽可能规避潜在风险。尤其针对仿制药研发，要摸清原研药基础型和改进型专利的权利保护范围、保护地域和保护时限，避免盲目研发，侵犯他人合法权益。第二，我国创新主体在研发、产品宣传和上市等环节要注意及时做好知识产权保护，针对生物医药技术到产品转化期限长、技术壁垒高的特点，把握好技术或产品公开内容尺度，保护好自身利益。

② 我国创新主体根据自身发展进行海外专利布局。从本章专利数据分析来看，美国创新主体侧重全球性专利布局，而中国创新主体绝大部分仅在国内布局。由于全球生物制药领域的蓬勃发展，固相合成药物成为各国高度重视的战略性新兴产业，中国企业要想增强国际市场竞争力，必须进一步加强海外专利布局。

第9章 代表性创新主体分析

9.1 代表性创新主体综合评价

代表性创新主体的确定综合考量了市场竞争情况、应用领域技术差异性、专利布局特点、创新主体国别等四个因素。其中，市场竞争情况重点参照代表性产品及其市场份额，从产品的应用范围和市场占有率来判断创新主体的发展阶段，旨在筛选出代表不同发展阶段、不同应用市场的国内外优势企业。最终筛选出的代表性企业包括覆盖全产业链主要环节的全球领先代表——美国陶氏杜邦公司和日本三菱公司，它们也是吸附分离领域新应用的引领者；法国诺华赛公司是吸附分离树脂设备研发的代表性企业；德国朗盛公司和英国漂莱特公司在新型吸附分离树脂开发方面具有代表性；韩国艾美科健株式会社（以下简称"艾美科健公司"）是具有较强药用吸附分离树脂产品研发能力的新进入者代表。本章对上述代表性创新主体进行深入分析，以期对我国吸附分离树脂领域发展提供参考。

9.2 陶氏杜邦公司

陶氏杜邦公司经历多次重组，在2019年最后一次拆分重组后，其专利并未发生大规模的权利转移。因此，本书中陶氏杜邦公司以2019年拆分前的主体（陶氏杜邦公司）进行统计，其包括陶氏公司、杜邦公司、罗门哈斯公司。

9.2.1 全球专利布局

9.2.1.1 申请趋势

图9-2-1是陶氏杜邦公司在吸附分离树脂领域全球专利申请趋势。整体看，陶氏杜邦公司在吸附分离树脂领域的全球专利申请趋势可以分为四个阶段。

（1）第一发展期（1939~1956年），是陶氏杜邦公司吸附分离树脂技术起步阶段，累计申请相关专利250余项，年平均申请量不到10项。陶氏、杜邦和罗门哈斯公司都处于吸附分离树脂技术起步阶段，原陶氏公司专利主要保护方向为苯乙烯系阴离子交换树脂及其磺化树脂、弱碱性树脂、螯合树脂，以及吸附分离树脂材料用于葡萄糖/果糖分离、溶液中金属离子去除以及连续分离工艺等；罗门哈斯公司专利保护的侧重点在于阳离子交换树脂以及其磺化工艺、吸附分离树脂在制糖/链霉素纯化/氨基酸分离中的应用，该阶段除硼树脂也被研发成功；杜邦公司专利保护重点在于过氧化氢溶液制备和蛋白质分离。

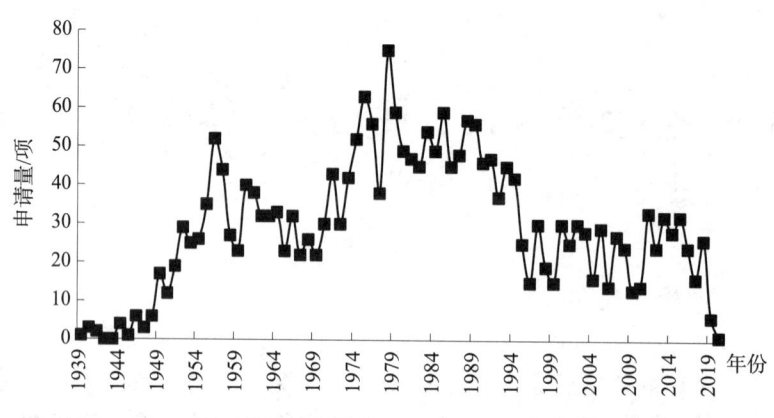

图 9-2-1 陶氏杜邦公司吸附分离树脂技术全球专利申请趋势

(2) 第二发展期 (1957~1978 年), 陶氏杜邦公司累计申请相关专利 880 余项, 年平均申请量约 40 项, 专利申请目标国达到 30 以上。在该阶段, 陶氏公司专利保护的重点是螯合树脂, 同时, 高流速离子交换树脂、凝胶渗透色谱以及自动定量分析系统、盐湖提锂、均粒树脂制备工艺和设备也有涉及; 罗门哈斯公司保护的主要技术有离子交换树脂的再生和均粒树脂; 杜邦公司专利保护重点在于利用离子交换树脂分离氨基酸、除硼树脂, 其次是连续床、大孔树脂以及树脂的再生技术。

(3) 第一调整期 (1979~1994 年), 陶氏杜邦公司累计申请相关专利 800 余项, 年平均申请量 50 余项, 该阶段陶氏杜邦公司的专利申请目标国和地区扩大到了 40 个以上。在该时期, 陶氏公司保护方向包括高性能离子交换树脂 (例如, 高强、高交换位点密度、高流速等)、螯合树脂、吸附树脂、混合床、移动床、均粒树脂等, 陶氏公司吸附分离树脂的应用领域包括化工合成产物分离提纯、金属尤其是锂的提取分离、生物医药的合成、糖类果汁等食品品质提升以及离子交换树脂作为催化剂的应用等。罗门哈斯公司的专利申请量很少, 主要为分离工艺, 解决流速、交换能力、树脂柱床堵塞等问题。杜邦公司的申请专利数量较少, 主要在于酶和血液的分离净化、金属离子的提取、催化剂等方向。

(4) 第二调整期 (1995 年至今), 陶氏杜邦公司累计申请相关专利 600 余项, 年平均申请量 20 余项, 全球布局地域有所收缩, 布局国家/地区调整为 30 多个。陶氏公司在该阶段专利申请集中于水处理应用、高性能离子交换树脂、金属离子的提取、逆流式离子交换系统、生物医药应用以及树脂催化剂等。罗门哈斯公司专利保护方向涉及混合床、吸附树脂、螯合树脂、树脂催化剂、除砷树脂、水处理系统、食品应用等。杜邦公司专利申请重心逐渐转向树脂催化剂。

9.2.1.2 专利申请目标国/地区

图 9-2-2 为陶氏杜邦公司在吸附分离树脂领域的全球专利申请目标国/地区。从全部年份专利申请目标国/地区来看, 美国是陶氏杜邦公司最主要的专利布局地, 其次是英国、德国和日本, 分别以专利申请数量占比 10%、8% 和 7% 成为陶氏杜邦公司重要的海外市场。在第一发展期 (1939~1956 年), 英国是陶氏杜邦公司首要的专利申请

目标国,其次是美国和德国,该时期陶氏杜邦公司专利布局仅限于几个国家;在第二发展期(1957~1978年),英国、美国、德国作为专利申请目标国的排名没有变化,但申请专利数量占比下降,在该阶段,陶氏杜邦公司的专利数量和全球布局规模都在扩大,布局国家达到30以上;第一调整期(1979~1994年),陶氏杜邦公司开始重视日本、加拿大等国家,在英国的布局开始收缩;第二调整期(1995年至今),中国、日本、韩国等国家成为重要的专利申请目标国,可见亚洲市场对于陶氏杜邦公司意义重大。

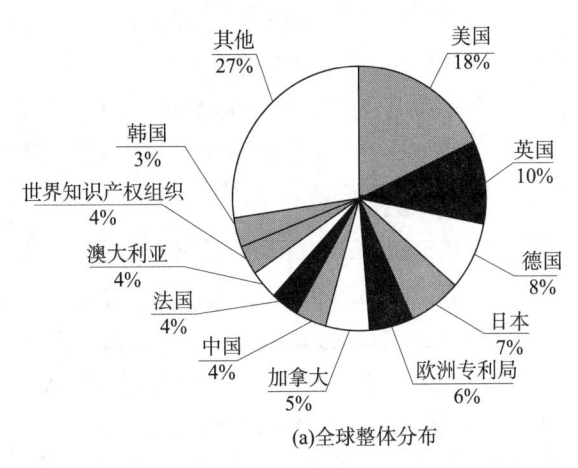

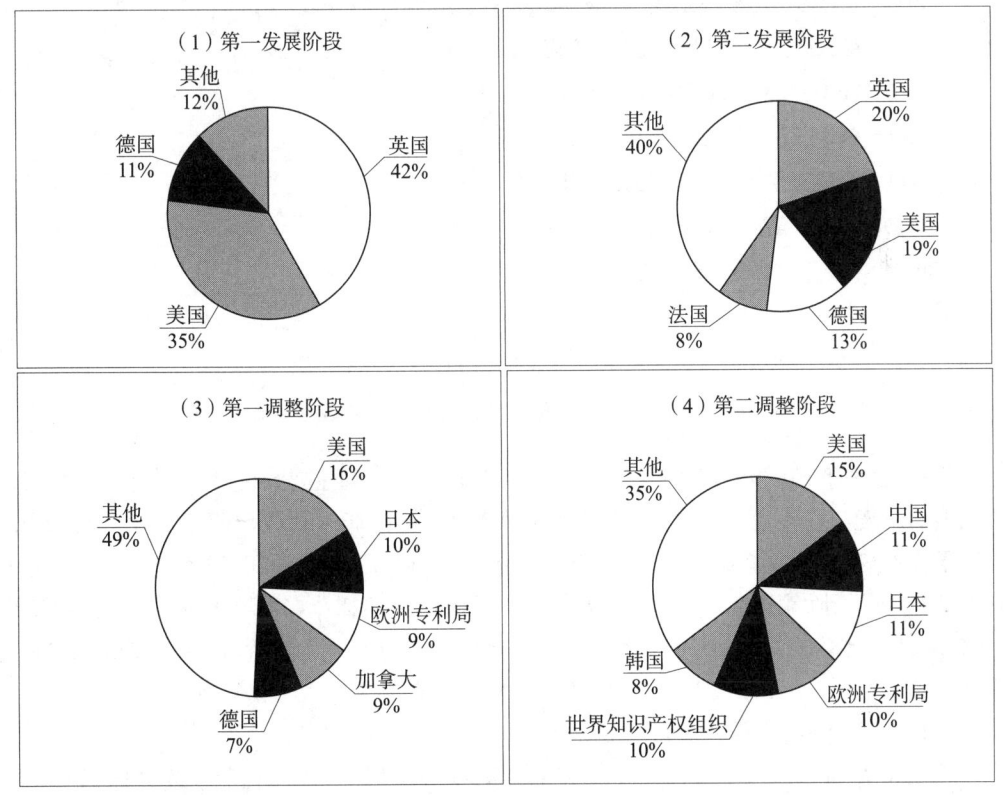

图9-2-2 陶氏杜邦公司全部及阶段年份吸附分离树脂技术专利申请目标国/地区

9.2.1.3 技术构成

参阅图 9-2-3，陶氏杜邦公司在吸附分离树脂领域申请专利的 IPC 大组主要集中在 B01J 41（阴离子交换；作为阴离子交换剂材料的使用；用于改进阴离子交换性能的材料的处理）、C08F 8（用后处理进行化学改性）、B01J 39（阳离子交换；作为阳离子交换剂材料的使用；用于改进阳离子交换性能的材料处理）、B01D 15（包含有用固体吸附剂处理液体的分离方法；及其所用设备）、B01D 53（气体或蒸气的分离等）、B01J 47（一般的离子交换方法；其设备）、B01J 20（固体吸附剂组合物或过滤助剂组合物；用于色谱的吸附剂；用于制备、再生或再活化的方法）、C02F 1（水、废水或污水的处理）、C08J 5（含有高分子物质的制品或成形材料的制造）、C08J 9（高分子物质加工成多孔或蜂窝状制品或材料；它们的后处理）、C08F 2（聚合工艺过程）、B01J 49（离子交换剂的再生或再活化；其设备）。

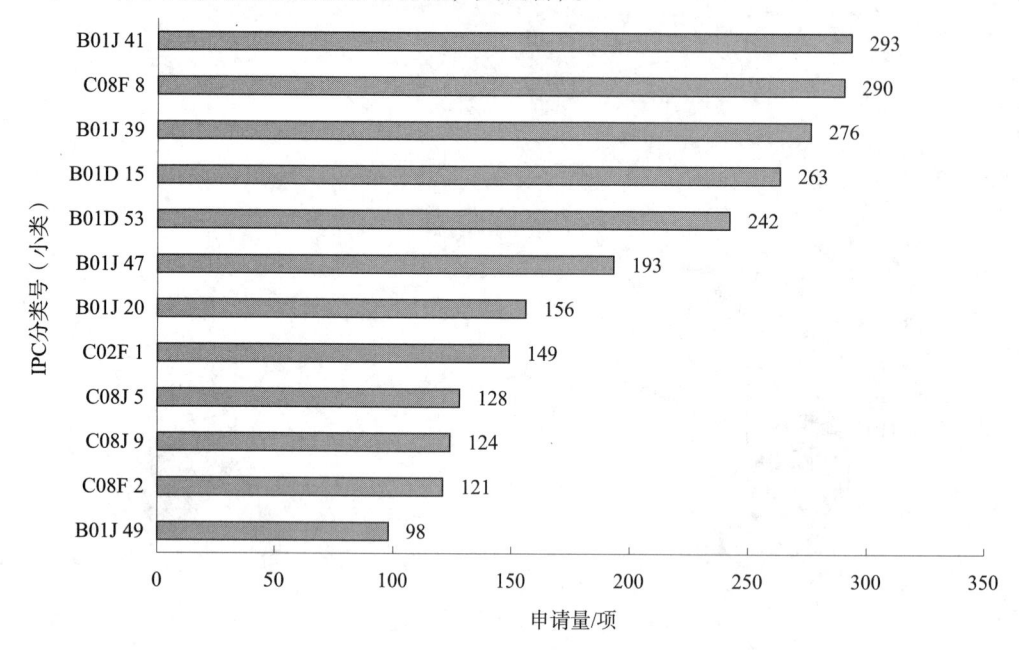

图 9-2-3 陶氏杜邦公司吸附分离树脂技术全球专利技术构成

第一发展期（1939~1956年），陶氏杜邦公司保护方向主要集中在基础树脂类型和树脂功能的研发与应用尝试，包括苯乙烯系阴离子交换树脂（US2466675A、GB659775A）、阳离子交换树脂以及其磺化工艺（US2453687A）、碱型树脂（GB679852A）、螯合树脂（GB727482A）、除硼树脂（US2813838A），以及吸附分离树脂树脂在制糖（US3044905A、US2635061）、溶液中金属离子去除（US2980607A）、过氧化氢溶液制备（GB659211A）、连续分离工艺（GB736276A）、生物医药领域如链霉素纯化（US2541420A）、氨基酸分离（CH286274A）、蛋白质分离（GB659211A）等中的应用。

第二发展期（1957~1978年），高性能吸附分离树脂、吸附树脂、连续床以及树脂的再生技术是主要方向，例如，高流速离子交换树脂、凝胶渗透色谱以及自动定量分析系统（US3897213A）、锂镁提取分离树脂（US4116856A、AU524101B2）、均粒树脂制备工艺和设备（ZA8107188A、US3922255A）、氨基酸分离工艺（GB810535A）、除硼树脂（GB956391A）、连续床（US3075830A）、大孔树脂（CA1087593A1）以及树脂的再生（ZA8002915A）等。

第一调整期（1979～1994年），高性能吸附分离树脂、吸附树脂、螯合树脂依然是陶氏杜邦公司的重点方向，吸附分离树脂在化工合成、生物医药、食品以及树脂催化剂等应用领域不断拓展，均粒树脂、混合床、移动床、柱床堵塞等方向也有延续。

第二调整期（1995年至今），陶氏杜邦公司专利申请方向涉及水处理、高性能离子交换树脂、金属离子的提取、逆流式离子交换系统、生物医药以及树脂催化剂等，其中，树脂催化剂专利在该阶段逐渐增多。

9.2.1.4 专利类型

陶氏杜邦公司的专利申请类型主要包括发明专利和实用新型专利，其中发明专利6069件，实用新型专利6件。其中，在美国、英国和日本的专利全部为发明专利，分别为1126件、623件和415件；在德国布局发明专利511件，实用新型专利1件。

9.2.2 在华专利布局

9.2.2.1 申请趋势

如图9-2-4所示，陶氏杜邦公司1985年开始在中国市场进行专利布局，截至2020年8月31日，陶氏杜邦公司关于吸附分离树脂技术在中国申请专利总量238件。2002年中国加入世界贸易组织（WTO）后，陶氏杜邦公司在华专利申请量有所上升，但是，上升幅度不大，年最高申请量不超过15件。整体看，陶氏杜邦公司近年来在中国市场的布局处于平稳发展状态。

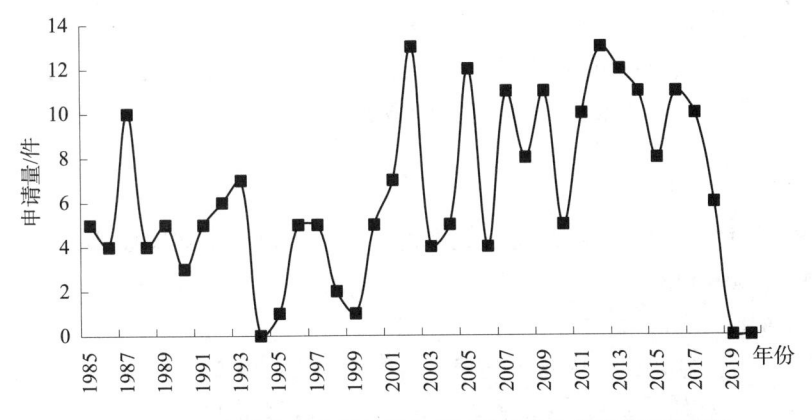

图9-2-4 陶氏杜邦公司吸附分离树脂技术在华专利申请趋势

9.2.2.2 技术构成

陶氏杜邦公司关于吸附分离树脂在中国申请专利保护的方向主要有离子交换树脂、螯合树脂、吸附树脂、均粒树脂，混合床、逆流式离子交换系统等设备，以及吸附分离树脂在金属离子提取、制糖、水处理、化工合成产物处理以及树脂催化剂方面的应用。

9.2.2.3 专利类型

陶氏杜邦公司在中国的专利申请包括发明专利和实用新型专利,其中发明专利236件,实用新型专利2件,参见图9-2-5。

9.2.2.4 法律状态

目前,陶氏杜邦公司关于吸附分离树脂技术在中国申请的专利如图9-2-6所示。其中,有效专利65件,占比27%;审中专利23件,占比10%;失效专利150件,占比63%,包括驳回10件,期限届满7件,未缴年费64件,撤回61件,放弃7件,申请终止1件。未缴年费、撤回专利数量之和高达失效专利总量的83%。

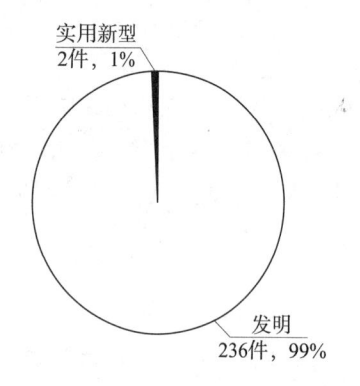

图9-2-5 陶氏杜邦公司吸附分离树脂技术在华专利类型

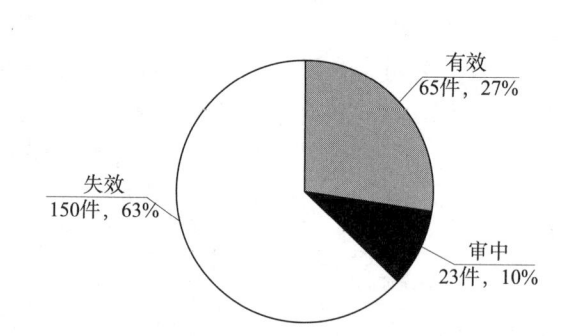

图9-2-6 陶氏杜邦公司吸附分离树脂技术在华专利申请法律状态

通过进一步核实未缴年费专利的维持年限,可以看出,陶氏杜邦公司对自身专利进行有效监控管理,根据技术更替情况和市场销售重点,有选择地对自有专利进行权利放弃。但总体来看,陶氏杜邦公司在该领域的未缴年费失效专利的平均维持年限超过10年。另外,通过查看专利撤回原因,发现在其专利申请过程中会通过评估审查员的审查意见,有针对性地通过主动放弃进入实质审查阶段等手段提前放弃权利。

9.2.3 重点专利解读

根据被引频次、同族数量、权利要求数量等方面筛选出陶氏杜邦公司在吸附分离树脂领域的重点专利。

(1) US4382124A

专利名称为"制备大孔树脂、共聚物的方法及其产物",申请日为1980年6月3日,被引用195次,简单同族数量为17,权利要求数量为22项。

该专利保护一种制备大孔树脂、共聚物的方法及其产物,采用如下制备方法:在水性介质中悬浮共聚含有多个非共轭的烯属不饱和基团的聚亚乙烯基单体和单乙烯基芳烃单体,水性介质中含有直链烷醇和支链烷醇,控制单体和烷醇的浓度,形成具有高比表面的网状交联共聚物珠粒。该珠粒具有更小的表观密度、更好的物理应力抗性、更多的交换位点。水性介质中的烷醇是形成该种网状交联共聚物珠粒的关键因素。

(2) US4564644A

专利名称为"连续单体加成法制备离子交换树脂",申请日为 1983 年 6 月 22 日,被引用 129 次,简单同族数量为 18,权利要求数量为 20 项。

该专利保护一种连续单体加成法制备具有核/壳形态的交联球状凝胶型共聚物珠粒的离子交换树脂,该离子交换树脂具有改善的渗透和机械性能。具体的制备方法包括:(a)在连续水相中形成交联或非交联聚合物颗粒的悬浮液;然后(b)用包含单烯键式不饱和单体、聚烯键式不饱和单体和足够量基本不溶于水的自由基引发剂的第一单体混合物使聚合物颗粒溶胀,其中,自由基引发剂用于引发第一单体混合物和第二单体混合物聚合;(c)使第一单体混合物在聚合物颗粒内聚合,直到 40wt%~95wt% 的单体转化为聚合物;然后(d)继续向悬浮液中添加第二单体混合物,第二单体混合物在聚合物颗粒中的聚合由第一单体混合物中包含的自由基引发剂引发。

(3) US4871779A

专利名称为"含有具有离子交换或螯合能力的致密星形聚合物离子交换/螯合树脂",申请日为 1985 年 12 月 23 日,被引用 244 次,简单同族数量为 1,权利要求数量为 22 项。

该专利保护一种含有具有离子交换或螯合能力的致密星形聚合物离子交换/螯合树脂。在离子交换树脂/螯合树脂骨架基质上沉积或化学键合致密星形聚合物,该致密星形聚合物具有至少一个树枝状支链,每个树枝状支链具有至少两个末端离子交换部分。该种致密星形聚合物离子交换/螯合树脂显示出高动力学。

(4) US5221478A

专利名称为"离子交换树脂色谱分离方法",申请日为 1992 年 9 月 9 日,被引用 122 次,简单同族数量为 1,权利要求数量为 26 项。

该专利保护一种离子交换树脂色谱分离方法,用于将含有至少第一组分和第二组分的流体混合物色谱分离成富含第一组分的可回收流和富含第二组分的另一可回收流的方法,其中第一和第二组分中的至少一种是糖,包括(a)使流体混合物与离子交换树脂床接触,离子交换树脂床的表观交联密度至少为实际交联密度的 1.1 倍,并具有保水能力,在完全功能化的基础上,其保水能力至少为 40%,离子交换树脂是通过将凝胶型共聚物官能化而制备的,凝胶型共聚物是通过使用种子共聚物颗粒的多阶段聚合方法制备的;(b)控制流体混合物通过树脂床的速率,使第一组分通过速率比第二组分的通过速率延迟;和(c)回收富含第一组分的产物流和富含第二组分的另一产物流。该发明的流体混合物的色谱分离方法,通过将混合物与离子交换树脂接触,在使混合物的一种组分通过树脂床的速度相对于混合物的第二组分的通过速度延迟的条件下通过树脂洗脱,并回收富含第一组分的第一产物流和富含第二组分的第二产物流,提供了快速的分离动力学,并提高了分离的整体速度和效率,特别适用于高果糖玉米糖浆制备中的果糖/葡萄糖分离。

(5) US5804606A

专利名称为"螯合树脂",申请日为 1997 年 4 月 21 日,被引用 35 次,简单同族数量为14，权利要求数量为16项。

该专利保护一种大孔螯合树脂，该树脂包含共聚物。该共聚物包含单乙烯基芳族单体单元、二乙烯基芳族单体单元和含氧交联剂单元，该聚合物是在相扩展剂存在下通过单体混合物的聚合反应制备的，其中，该共聚物用氨基烷基膦酸基或亚氨基二酸基官能化。该发明认为使用交联剂和相拓展剂可以调节聚合物形态结构，形成大孔螯合树脂。该大孔、氨基烷基膦酸或亚氨基二乙酸螯合树脂，在从盐水中除去阳离子（例如钙、镁、钡和锶）和从废液中除去金属（例如镍、铜和锌）方面具有改进的稳定性和能力。

（6）US5460725A

专利名称为"具有增强吸附容量和动力学的聚合物吸附剂及其制造方法"，申请日为1995年10月24日，被引用77次，简单同族数量为1，权利要求数量为6项。

该专利保护一种具有增强吸附容量和动力学的聚合物吸附剂及其制造方法，该聚合物吸附剂具有大孔、中孔和微孔结构，具有高的交换容量和快速动力学性能。其制备方法为利用含量足够高的聚乙烯基芳香族交联单体在共聚物中产生孔结构，再利用亚烷基交联聚合从而固定/强化孔结构。

（7）US6664340B1

专利名称为"磺化聚合物树脂及其制备方法"，申请日为2002年5月28日，被引用33次，简单同族数量为14，权利要求数量为60项。

该专利保护一种磺化聚合物树脂及其制备方法。该磺化聚合物树脂为颗粒形式的磺化链烯基芳族聚合物树脂，是通过在聚合物颗粒的壳层中用气态三氧化硫磺化未溶胀的链烯基芳族聚合物颗粒而制备，其中仅聚合物颗粒的壳层被磺化。当磺化产物在后处理阶段被稀释时，这种部分磺化的颗粒（每个苯环少于一个砜基团）不会断裂。该树脂比具有相同交联度的常规凝胶树脂溶胀小，具有更好的抗氧化条件稳定性、热稳定性、抗渗透冲击性、抗压缩性和更高的填充度。在使用和加工过程中，该树脂不易破裂，具有比用硫酸磺化的常规树脂更好的活性。

（8）US6784213B2

专利名称为"一种强酸阳离子交换树脂的制备方法"，申请日为2002年5月30日，被引用143次，简单同族数量为2，权利要求数量为10项。

该专利保护一种强酸阳离子交换树脂的制备方法，将交联的聚乙烯基芳族共聚物脱水至选定的3%～35%的残余水分水平，然后进行非溶剂磺化，以提供具有增强的物理稳定性且不含氯化溶剂污染物的强酸阳离子交换树脂。具体为：（a）将通过悬浮聚合制备的交联聚乙烯基芳族共聚物脱水，以提供残余水分含量为3%～35%重量的脱水共聚物；以及（b）在95%～105%硫酸存在且基本上不存在有机溶胀溶剂的情况下，在105～140℃的温度下磺化脱水的共聚物20分钟至20小时，获得具有增强的物理稳定性的强酸性阳离子交换树脂。

（9）EP2564925A1

专利名称为"壳官能化离子交换树脂"，申请日为2012年7月25日，被引用4

次，简单同族数量为4，权利要求数量为7项。

该专利保护一种壳官能化离子交换树脂，改进壳官能化离子交换树脂的方法如下：(a)制备原位自由基基质；(b)原位自由基基质与包含至少一种单体的单体和自由基催化剂聚合形成核/壳形态共聚物珠粒。该种核/壳形态共聚物珠粒具有高度交联的核和具有轻微交联梯度的中间相，核和壳界面是逐渐过渡的，因此具有较高的树脂强度。珠粒不易破裂和碎裂，可以用于层析、催化剂、超纯水（冲洗）等。

（10）EP2586530A1

专利名称为"混合床离子交换的树脂与改性阳离子交换树脂"，申请日为2012年10月10日，被引用2次，简单同族数量为11，权利要求数量为5项。

该专利保护一种混合床离子交换的树脂与改性阳离子交换树脂，通过用含特定季胺结构的水溶性阳离子聚合物电解质预处理阳离子交换树脂，然后与未进行表面处理的阴离子交换树脂混合，形成混合床离子交换树脂。该混合床体系离子交换树脂对单价离子和多价离子保持高交换速度，特别是能有效防止因为团聚而出现的表面污染，对阴离子聚合物和其他阴离子成分具有高吸附能力、高处理容量、防止团聚等特性。

（11）WO2014204686A1

专利名称为"用于制造包括脂族氨基官能团的阴离子交换和螯合树脂的方法"，申请日为2014年6月9日，简单同族数量为11，权利要求数量为5项。

该专利保护一种用于制造包括脂族氨基官能团的阴离子交换和螯合树脂的方法。制备阴离子交换树脂或螯合树脂的方法如下：i）使乙烯基芳族聚合物与硝基化合物反应以形成具有重复单元的聚合物，重复单元包括被硝基取代的芳环，其中硝基化合物包含1~12个碳原子，和ii）还原硝基以形成脂族氨基。该方法省略氯甲基化步骤，制备方法简单，制备的树脂可用于包括水软化和采矿在内的各种应用中。

（12）WO2017095685A1

专利名称为"使用强碱阴离子交换树脂层析分离丙酸"，申请日为2016年11月22日，简单同族数量为7，权利要求数量为6项。

该专利保护使用强碱阴离子交换树脂色谱分离丙酸的方法，通过使液体进料混合物通过包括强碱阴离子交换树脂的床而从包括丙酸和碳水化合物的液体进料混合物中色谱分离丙酸，避免传统的蒸馏和溶剂提取方法带来的不利效果。其中阴离子交换树脂包括由至少一种单乙烯基单体和多乙烯基芳族交联单体反应得到的交联共聚物基质。

9.2.4 小 结

陶氏杜邦公司作为全球领先的化工公司，专利技术与市场根植于全球，在吸附分离树脂领域特点如下：

（1）从申请趋势看，陶氏杜邦公司在吸附分离树脂的专利布局始于1939年，在20世纪50年代和70年代经历了两次申请高峰，在20世纪70年代和90年代后又分别进入调整期。目前专利申请处于平稳阶段。

（2）从地域布局看，美国、英国、德国和日本是陶氏杜邦公司重点布局的国家；

近年来，该公司较为重视亚洲市场，除美国本国以外，中国、日本、韩国是其重要的布局国家。

（3）从专利技术构成看，陶氏杜邦公司涉及技术细分领域较多，从基础树脂的合成工艺、树脂产品、设备到应用领域几乎全面覆盖。近年来，该公司在吸附分离树脂领域的专利布局处于技术转型阶段，已经完成基础技术的积累和应用，目前在高端技术或应用市场上进行补充布局，例如均粒树脂制备工艺和装置、逆流离子交换系统、高性能树脂等，并不断向树脂催化剂方向拓展。

（4）陶氏杜邦公司在中国的专利申请量和规模上基本处于平稳状态，与其全球布局技术分布策略一致，主要涉及离子交换树脂、螯合树脂、吸附树脂、均粒树脂、混合床、逆流式离子交换系统等设备，以及吸附分离树脂在金属离子提取、制糖、水处理、化工合成产物处理以及树脂催化剂方面的应用。

9.3 三菱公司

9.3.1 全球专利布局

9.3.1.1 申请趋势

如图9-3-1所示，日本三菱公司在吸附分离树脂领域的专利布局始于1962年。从整体上看，该公司的全球相关专利申请趋势可以分为四个阶段。

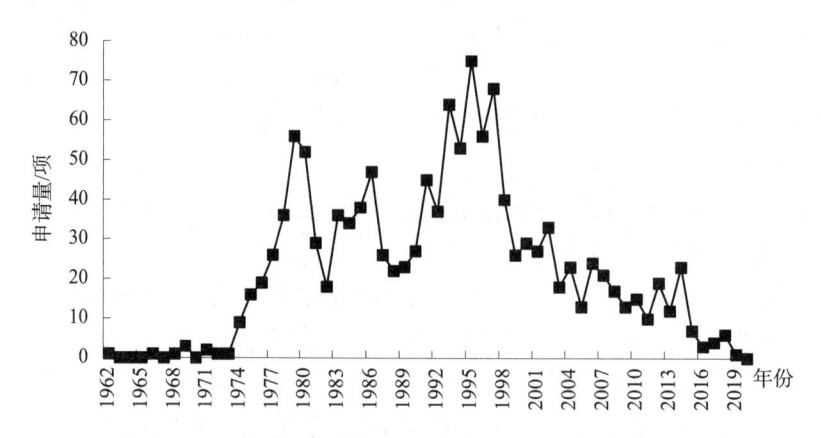

图9-3-1 三菱公司吸附分离树脂技术全球专利申请趋势

（1）缓慢发展期（1962~1973年），三菱公司在吸附分离树脂领域的相关专利很少，处于起步阶段。该阶段其专利保护方向涉及吸附分离树脂的应用和制备，应用主要集中于催化合成及产物的分离提纯，制备涉及多孔交联离子交换树脂的制备，此外，还涉及用于金属离子分离。

（2）第一快速发展期（1974~1988年），三菱公司的相关专利申请量迅猛增长，在1979年达到第一个申请高峰，当年有50余项专利申请。15年累计申请相关专利460余项，年平均申请量30余项，专利申请目标国达到近20个。该阶段三菱公司在吸附分离树脂领域重点保护的技术方向在于多种离子交换树脂及其制备方法、催化合成及产物的分离提纯、离子交换树脂的再生、酶载体树脂及酶（尤其是葡萄糖异构酶）的制备、金属离子的分离回收、除硼树脂及除硼方法、食品用树脂及应用、水处理方法、离子交换设备等。此外，还涉及离子交换树脂聚合物基体的制备、冷冻式污泥处理装置、放射性离子交换树脂的处理等。

（3）第二快速发展期（1989～1999年），三菱公司的相关专利申请量再上一个台阶，进入第二个申请高峰期，并在1995年达到历史最高，当年有70余项专利申请。11年累计申请相关专利460余项，年平均申请量达40余项。该阶段三菱公司在吸附分离树脂领域重点保护的技术方向更加集中，主要在于催化合成及产物的分离提纯、各种离子交换树脂及其制备方法、水尤其是电子级超纯水的制备。此外，还涉及半导体清洗用水溶液的纯化、赤藓糖醇的纯化制备、药物制备、放射性废水处理与放射性离子交换树脂等。进一步地，关于催化合成及产物的分离提纯，包括双酚A的制备、α，β-不饱和缩醛的制备、纯化单烯基苯/双酚制备树脂、硅氧烷聚合物的制备等；关于各种离子交换树脂及其制备方法，包括多孔树脂、强碱性阴离子交换树脂、弱碱性阴离子交换树脂等一般性树脂，以及用于生产超纯水的交联的阴离子交换剂、用于净化糖溶液的交联的阴离子交换剂、脱色树脂、二氧化硅去除树脂、脂蛋白分离用树脂等特殊应用的树脂；关于水制备技术，主要聚焦于半导体超纯水的制备和净水器。

（4）调整期（2000年至今），三菱公司的相关专利申请数量呈明显的下降趋势，20年累计申请相关专利300余项，年平均申请量约15项。该阶段三菱公司重点保护的技术方向仍主要在于催化合成及产物的分离提纯（例如双酚、双酚A、甲基丙烯酸酯等的制备）、各种离子交换树脂及其制备方法（例如双酚化合催化剂树脂、脂蛋白分离分离用离子交换剂、超纯水用离子交换树脂、强酸放射性离子交换树脂等），以及水处理和纯水的制备（例如电子级超纯水的制备、放射性废水的处理等）。此外，还涉及色谱分离（例如液相色谱柱填料、糖链色谱分离、类胡萝卜素色谱分离）等。

从整体上看，三菱公司在吸附分离树脂领域经历过两次申请高峰期后，目前申请量呈现明显的下降趋势。近年来，催化合成及产物的分离提纯、各种离子交换树脂及其制备方法以及水处理和纯水的制备的是日本三菱公司重点保护的技术方向。

9.3.1.2 专利申请目标国/地区

图9-3-2为三菱公司在吸附分离树脂领域的全球专利申请目标国/地区。从全部年份专利申请目标国/地区来看，三菱公司就吸附分离树脂领域的相关专利共布局30余个国家或地区，但绝大多数专利布局在日本本国，占比达73%；其次是美国、德国、欧洲专利局、中国和韩国，在这几个国家、地区或组织的专利申请量相当，都在3%～5%；整体上看三菱公司专利布局以国内为主。

从阶段年份专利申请目标国/地区来看，在缓慢发展期（1962～1973年），三菱公司布局国家不到10个，其中，在美国、德国和英国的申请量分别以占比29%、25%和21%居于前列，而在日本本国的申请数量仅占4%，可见三菱公司在起始阶段主要是以海外市场为主；在第一快速发展期（1974～1988年），布局国家或地区增加到近20个，

(a) 全球整体分布

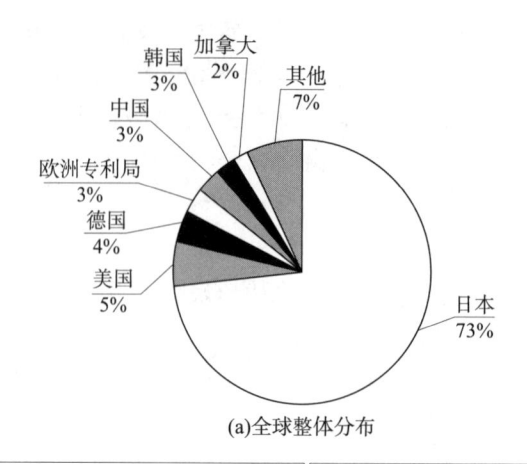

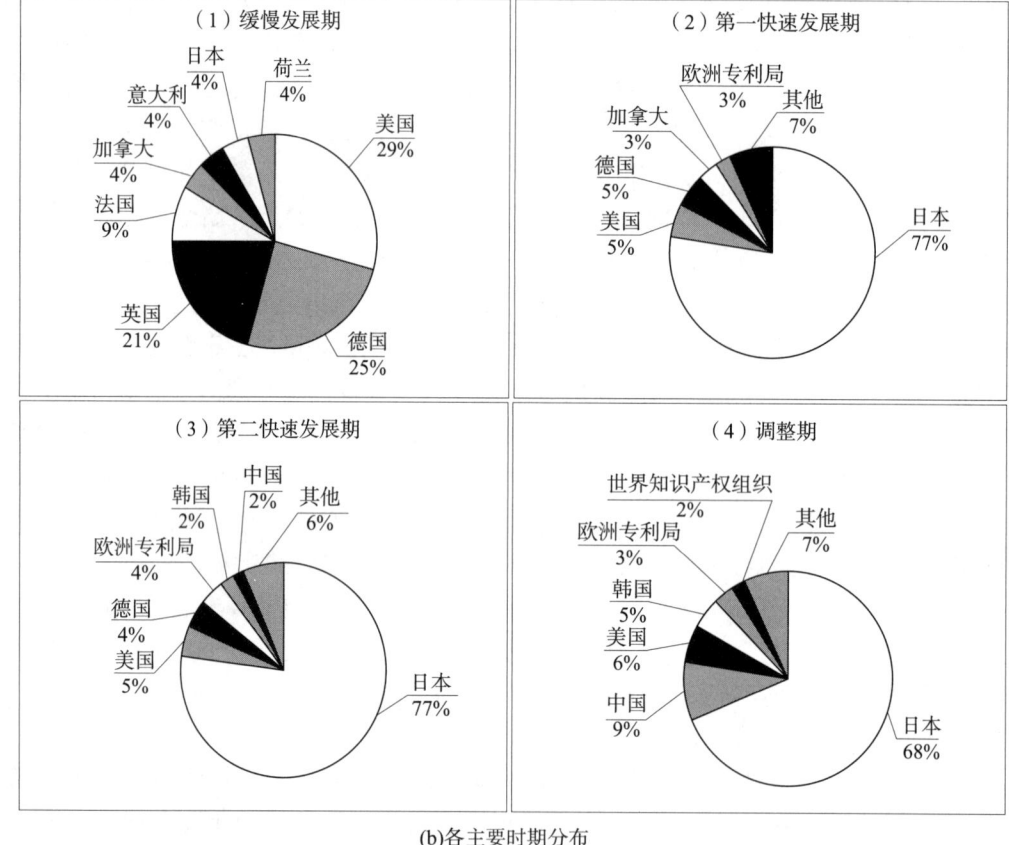

- 日本 73%
- 其他 7%
- 美国 5%
- 德国 4%
- 欧洲专利局 3%
- 中国 3%
- 韩国 3%
- 加拿大 2%

(1) 缓慢发展期
- 美国 29%
- 德国 25%
- 英国 21%
- 法国 9%
- 加拿大 4%
- 意大利 4%
- 日本 4%
- 荷兰 4%

(2) 第一快速发展期
- 日本 77%
- 其他 7%
- 美国 5%
- 德国 5%
- 加拿大 3%
- 欧洲专利局 3%

(3) 第二快速发展期
- 日本 77%
- 其他 6%
- 美国 5%
- 德国 4%
- 欧洲专利局 4%
- 韩国 2%
- 中国 2%

(4) 调整期
- 日本 68%
- 中国 9%
- 其他 7%
- 美国 6%
- 韩国 5%
- 欧洲专利局 3%
- 世界知识产权组织 2%

(b) 各主要时期分布

图 9-3-2 三菱公司全部及阶段年份吸附分离树脂技术专利申请目标国/地区

在日本以专利申请量占比 77% 开始成为其重点布局市场，其次是在美国、德国、欧专局和加拿大，可见三菱公司将目光从海外市场转向本国市场；在第二快速发展期（1989～1999 年），三菱公司的专利布局国家或地区变化不大，仍以本国布局为主，但该时期开始在中国进行布局；在调整期（2000 年至今），日本本国仍然是最重要的布局地，其次是中国、美国和韩国，可见中国市场逐渐受到重视。

9.3.1.3 技术构成

如图9-3-3所示，三菱公司在吸附分离树脂领域的专利技术类别主要为B（作业；运输）和C（化学；冶金）。IPC主分类号最集中的大组是C02F 1（水、废水或污水的处理），共151项专利；其次是B01J 41（阴离子交换；作为阴离子交换剂材料的使用；用于改进阴离子交换性能的材料的处理）和G21F 9（处理放射性污染材料；及其去污装置），分别有60项和59项专利。此外还有C08F 8（用后处理进行化学改性）、C01B 15（过氧化物；过氧水合物；过氧酸或其盐；超氧化物；臭氧化物）、B01J 31（包含氢化物、配位配合物或有机化合物的催化剂）、B01J 47（一般的离子交换方法；其设备）、B01J 39（阳离子交换；作为阳离子交换剂材料的使用；用于改进阳离子交换性能的材料处理）、C07C 69（羧酸酯；碳酸酯或卤甲酸酯）、B01D 15（包含有用固体吸附剂处理液体的分离方法；及其所用设备）等。

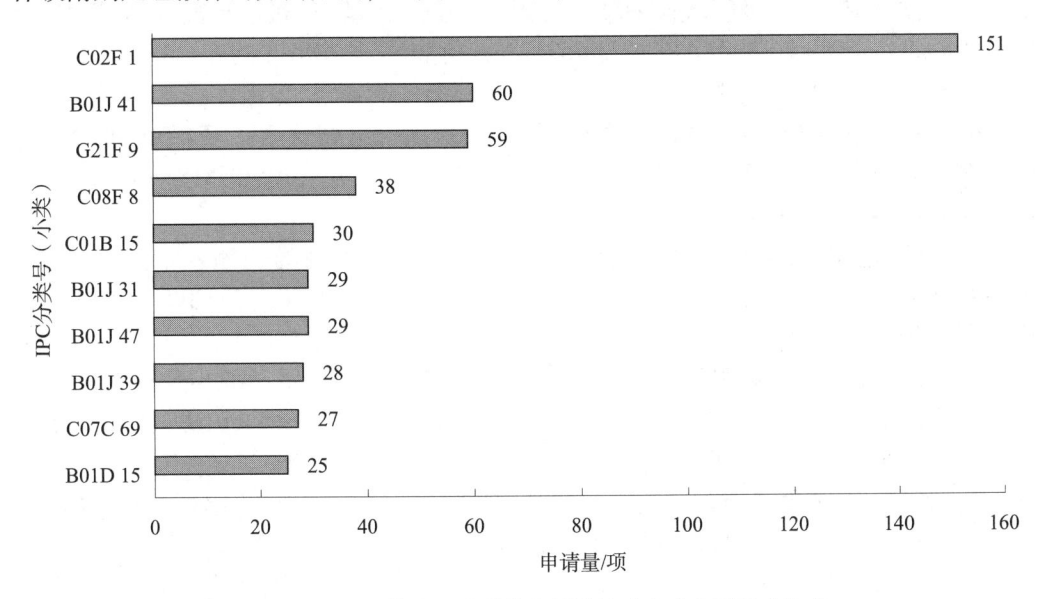

IPC分类号（小类）	申请量/项
C02F 1	151
B01J 41	60
G21F 9	59
C08F 8	38
C01B 15	30
B01J 31	29
B01J 47	29
B01J 39	28
C07C 69	27
B01D 15	25

图9-3-3 三菱公司吸附分离树脂技术全球专利技术构成

结合在前述申请趋势中的分析，日本三菱公司重点保护的技术方向包括水处理方法与设备、催化合成及产物的分离提纯、各种离子交换树脂及其制备方法、离子交换树脂的再生、酶载体树脂其及应用、金属离子的分离回收、除硼树脂及除硼方法、食品用树脂及应用、色谱分离等。其中代表性专利技术梳理如下。

关于水处理方法与设备，相关专利有生活废水处理的方法（JP53067957A）、处置核电厂含硼酸废液的方法（JP54158598A）、处理废水中的氟方法（JP62030596A）、半导体超纯水的制备（JP05096277A、US5954965A、US5292439A）、净水器（JP07060246A、JP07204631A、JP09099284A）。

关于催化合成及产物的分离提纯，相关专利有双酚的制备（JP56077235A、JP56142227A、US4478956A、JP2001335522A）、双酚A的制备（JP08319248A、JP08333290A、JP11246458A、JP2007224020A）、叔丁醇的制备（FR2245591B1、JP60051451B）、甲基丙烯酸

纯化（JP64007064B）、异丁烯纯化（JP1283645C）、α，β-不饱和缩醛的制备（JP04178344A）、纯化单烯基苯（JP07041437A）、硅氧烷聚合物的制备（JP10298289A）、脂肪酸酯的制备（JP2007297611A）、双酚化合催化剂树脂（JP2010247010A）。

关于各种离子交换树脂及其制备方法，相关专利有两性离子交换树脂（JP53113886A）、弱酸性阳离子交换树脂（JP61039848B）、弱碱性阴离子交换树脂（JP03034375B、JP06145216A）、强酸性阳离子交换树脂（JP58187405A）、强碱性阴离子交换树脂（JP05192592A）、热再生离子交换树脂（JP61002415B）、表面官能型阴离子交换树脂（US4495250A）、多孔树脂（EP496405A1）等一般性树脂，以及用于分离硼同位素的阴离子交换树脂（JP04068980B）、杀菌离子交换树脂（JP62043431A）、超纯水用离子交换树脂（JP05049949A、CN101663094B）、用于净化糖溶液的交联的阴离子交换剂（JP05049951A）、双酚制备催化树脂（JP10314595A）、脱色树脂（JP07289920A）、二氧化硅去除树脂（JP07289924A）、放射性废水处理与放射性离子交换树脂（JP07289922A、JP09026499A、JP2003307593A）、脂蛋白分离用树脂（JP09012629A、JP2004083561A）等特定应用的树脂。

关于离子交换树脂的再生，相关专利有混合离子交换树脂再生（JP54021965A）、阳离子交换树脂再生（JP56130236A）、合成吸附树脂的再生（JP54078388A）、硼选择性吸附树脂的再生（JP1779787C）等。

关于酶载体树脂及其应用，主要集中在不溶性葡萄糖异构酶（GB1496201A、JP54044093A、US4205127A），此外，还有固定化酶或微生物的制备（JP57105189A）、核糖核酸酶的制备（JP57152886A）等。

关于金属离子的分离回收，相关专利有连续分离离子的过程（DE1442432A1）、分离和浓缩铀同位素的方法（JP52070300A）、除铬离子的方法（EP17681B1）、去除砷的方法（JP60051398B）、锆的吸附分离（JP57038322A）等。

关于除硼树脂及除硼方法，相关专利有硼吸附处理（JP04019904B）、用于分离硼同位素的阴离子交换树脂（JP1778803C）、硼同位素浓缩（JP1850212C）等。

关于食品用树脂及应用，相关专利有离子交换树脂对原糖溶液脱色（PH13023A）、甜菊甙纯化（JP54041898A）、制备大豆乳饮料（JP05013609B）、分离和回收赤藓糖醇（JP01215293A）、赤藓糖醇的纯化制备（JP11290089A）等。

关于色谱分离，相关专利有色谱分离器（JP62042048A）、液相色谱柱填料（JP2003194792A）、糖链色谱分离（JP2010169691A）、类胡萝卜素色谱分离（JP2010043052A）等。

此外，三菱公司保护的技术还包括用于制备离子交换树脂的聚合物的制备（JP58051005B、JP1827781C）、冷冻式污泥处理装置（JP61026439B、JP55157396A）、放射性离子交换树脂的处理（JP61254899A、JP63040900A）、半导体清洗用氧化氢水溶液的纯化（JP07041308A、JP08231207A）、药物制备（JP07097330A）等。

9.3.2 在华专利布局

9.3.2.1 申请趋势

如图9-3-4所示，三菱公司在吸附分离树脂领域的中国专利申请始于1992年，目前共申请相关专利45件。1992~1998年，在三菱公司全球申请出现第二次申请高峰期间，中国的申请量呈现上升趋势；1999~2003年，每年保持1件申请；2003年至今，在三菱公司全球申请量明显处于下滑期间，中国的申请量分别于2004年和2013年先后出现两次高峰，可见其近年来对中国市场重视程度。

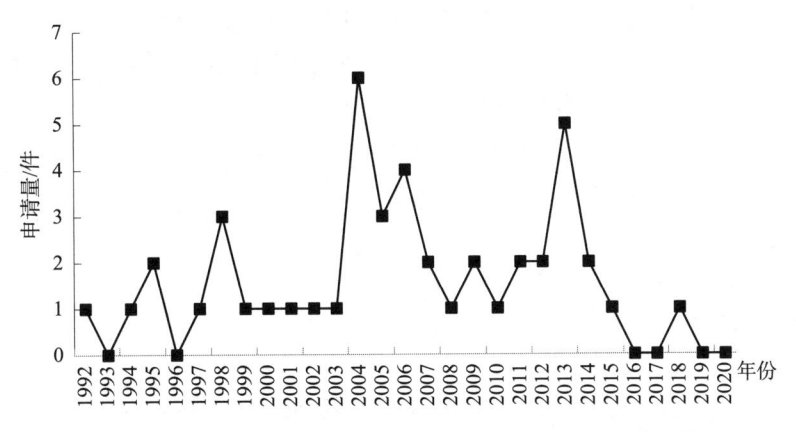

图9-3-4 三菱公司吸附分离树脂技术在华专利申请趋势

9.3.2.2 技术构成

三菱公司关于吸附分离树脂在中国专利申请的主要方向在于催化合成及产物的分离提纯，尤其是双酚A的制备（CN100582069C）和叔丁醇的制备（CN101124188B）；此外，还涉及离子交换树脂及其制备（CN101663094B）、水处理方法与设备（CN102099300B、CN1463253A）、药物组分（CN1069518C）、有机酸纯化（CN100572354C）等。

9.3.2.3 法律状态

如图9-3-5所示，目前，三菱公司关于吸附分离树脂技术在中国申请的专利中，有效专利22件，占比49%；审中专利2件，占比4%；失效专利21件，占比47%，包括驳回2件，期限届满5件，未缴年费10件，撤回2件，放弃1件，避重放弃1件。审中专利仅占比4%，一定程度上说明日本三菱公司放缓了在华布局脚步。

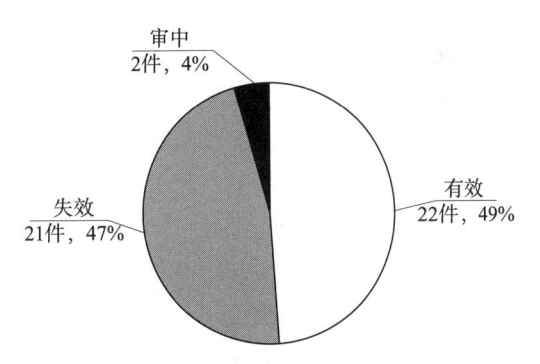

图9-3-5 三菱公司吸附分离树脂技术在华专利申请法律状态

9.3.3 重点专利解读

从被引频次、同族数量、权利要求数量等方面筛选出三菱公司在吸附分离树脂领域的重点专利。

（1）US4332623A

专利名称为"吸附分离方法及其装置"，申请日为1979年11月1日，被引用51次，简单同族数量10，权利要求数量为14项。

该专利保护一种分离含有至少一种易吸附组分和至少一种难吸附组分的起始流体的方法。该方法使用一种吸附分离器，该吸附分离器包括填充床和连接填充床的前端和后端以使流体能够循环的流体通道，在填充床中填充吸附剂。该吸附分离方法包括以下步骤：①将起始流体供给至填充床的中间部分，同时从分离器中取出富含任一组分的流体，任一组分的量等于从供给口下游位置供给起始流体的量；②停止向分离器供给流体和从分离器抽出流体，并向下移动分离器中剩余的流体；③将解吸流体供给分离器，同时从解吸供给口下游的位置从分离器中取出富含与供给解吸流体相同量的任一组分的流体，从分离器中分别取出至少两个不同位置的流体。从而实现将起始流体中两种类型组分有效地分离。

（2）JP04349941A

专利名称为"阴离子交换剂"，申请日为1991年2月21日，被引用26次，简单同族数量9，权利要求数量为1项。

该专利保护一种阴离子交换剂，通过一个含有特定季铵基团的结构单元和一种含有不饱和烃基团的交联单体形成交联的阴离子交换剂，达到提高交换剂耐热性的效果。

（3）US5292439A

专利名称为"一种超纯水的制备方法"，申请日为1991年11月22日，被引用35次，简单同族数量2，权利要求数量为49项。

该专利保护一种超纯水的制备方法。该方法通过离子交换除去包括无机盐、有机物质、细颗粒和微生物在内的杂质，离子交换处理使用的离子交换树脂以多乙烯基化合物和单乙烯基芳族化合物的共聚物为基体，还包括至少一种再生型离子交换树脂。通过该方法，混合离子交换床基本上不会与从离子交换树脂洗脱的物质一起污染水。

（4）JP09295941A

专利名称为"高磷血症预防和/或治疗剂"，申请日为1997年3月4日，被引用18次，简单同族数量15，权利要求数量为13项。

该专利保护一种高磷血症预防和/或治疗剂，包含药学上可接受的阴离子交换树脂作为活性成分。这种药学上可接受的阴离子交换树脂最好是选自2-甲基咪唑-表氯醇共聚物、消胆胺树脂和初乳酚，特别是2-甲基咪唑-表氯醇共聚物；治疗剂的作用基于减少血液中磷含量和尿液中磷排放量，可用于预防和/或治疗由肾脏功能障碍疾病引起的高磷血症，可以口服施用。

（5）JP2002035607A

专利名称为"阴离子交换树脂"，申请日为2001年5月17日，被引用20次，简单同族数量2，权利要求数量为46项。

该专利保护一种阴离子交换树脂，该阴离子子交换树脂由桥接共聚物组成，该桥连共聚物含有作为主要结构单元的如图9-3-6所示通式（2）表示的结构单元，其中，A为3~8C亚

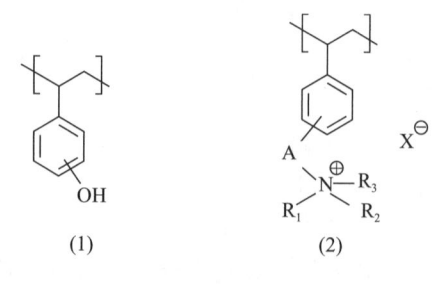

图9-3-6 桥连共聚物结构单元的通式

烷基基团；$R_1 \sim R_3$ 为氢原子、1~4C 烷基或 1~4C 链烷醇基；X 为与铵基配位的抗衡离子，$R_1 \sim R_3$ 不同时为氢原子，且通式（1）表示的构成单元有特定的特性，从而得到在外观、物理强度、杂质的洗脱性能等方面改善的耐热性阴离子交换树脂。

(6) CN100572354C

专利名称为"纯化（甲基）丙烯酸的方法和制备（甲基）丙烯酸酯的方法"，申请日为 2004 年 10 月 4 日，简单同族数量 18，权利要求数量为 5 项。

该专利保护一种通过从包含过渡金属成分作为杂质的粗制（甲基）丙烯酸中有效除去过渡金属成分来纯化（甲基）丙烯酸的方法。当使包含过渡金属成分作为杂质的粗制（甲基）丙烯酸与阳离子交换树脂接触，以从中除去过渡金属成分时，在使粗制（甲基）丙烯酸与阳离子交换树脂接触前，预先向粗制（甲基）丙烯酸中加入水。该改进方法能防止酯化反应中使用的酸催化剂的失活，并能确保长时间的（甲基）烯酸酯稳定制备。

(7) CN101663094B

专利名称为"阴离子交换树脂的制造方法、阴离子交换树脂、阳离子交换树脂的制造方法、阳离子交换树脂、混床树脂和电子部件和/或材料清洗用超纯水的制造方法"，申请日为 2013 年 3 月 13 日，简单同族数量 15，权利要求数量为 19 项。

该专利保护一种阴离子交换树脂的制造方法、阴离子交换树脂、阳离子交换树脂的制造方法、阳离子交换树脂、混床树脂和电子部件和/或材料清洗用超纯水的制造方法。阴离子交换树脂通过对单乙烯基芳香族单体和交联性芳香族单体共聚得到的交联共聚物在特定条件下进行卤烷基化而得到，阳离子交换树脂通过对单乙烯基芳香族单体和交联性芳香族单体共聚得到的交联共聚物在特定条件下进行磺化而得到。该发明能够达到抑制杂质的残存和分解物的产生、溶出物少、不易使硅晶片表面的平坦度恶化的目的。

9.3.4 小　结

日本三菱公司具有多项关于吸附分离树脂的合成及应用技术，其在吸附分离树脂领域的专利布局情况如下：

（1）从申请趋势看，三菱公司在吸附分离树脂领域的全球专利布局始于 1962 年，在经历两次申请高峰期后，目前申请量呈现下降趋势。

（2）从地域布局看，日本本国是三菱公司最重要的专利布局地，其次是美国和德国，近些年开始重视中国市场。

（3）从专利技术构成看，三菱公司重点保护方向包括水处理方法与设备、催化合成及产物的分离提纯、各种离子交换树脂及其制备方法、离子交换树脂的再生、酶载体树脂及酶尤其是葡萄糖异构酶的制备、金属离子的分离回收、除硼树脂及除硼方法、食品用树脂及应用、色谱分离等，近年来更集中在催化合成及产物的分离提纯、各种离子交换树脂及其制备方法以及水处理方法与设备。

(4) 三菱公司在中国的专利申请始于 1992 年，在经历两次申请高峰期后，目前申请量呈现下降趋势；在中国保护的技术方向主要在于催化合成及产物的分离提纯，此外，还涉及离子交换树脂及其制备、水处理方法与设备、药物组分等。

9.4 诺华赛公司

法国诺华赛公司（Novasep）属于吸附分离设备制造型企业。2003 年，诺华赛公司进入中国，其在设备领域的技术创新值得关注。

9.4.1 全球专利布局

9.4.1.1 申请趋势

如图 9-4-1 所示，诺华赛公司于 1994 年开始在吸附分离树脂领域进行专利布局。除 1997 年和 2011 年外，该公司每年专利申请量不超过 10 项，整体上呈现出在波动中增长的趋势。

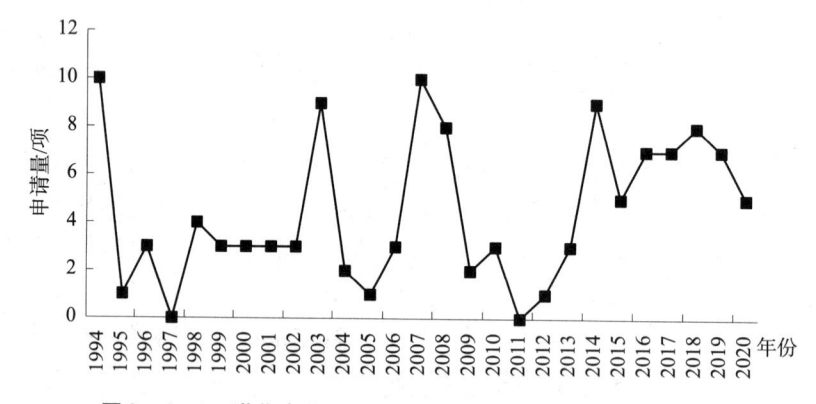

图 9-4-1 诺华赛公司吸附分离树脂技术全球专利申请趋势

1994 年，诺华赛公司申请相关专利 10 项，涉及糖类制造，例如由蔗糖汁或甜菜汁等水性糖汁制造冰糖、精制原糖等，具体包括色谱分离与切向流式微滤/超滤或纳滤相结合的分离技术、离子交换树脂脱色脱盐、色谱分离纯化、离子交换树脂再生等。

诺华赛公司在吸附分离树脂领域的相关专利申请可以分为第一稳定期、波动期和第二稳定期。

（1）第一稳定期（1995~2002 年），诺华赛公司每年申请相关专利的数量基本持平，大多年份申请 2~4 项。该阶段诺华赛公司在糖类制造方向进行技术改进与专利布局，例如利用离子交换树脂进行脱盐的糖汁软化工艺、基于色谱分离的糖精制工艺等。模拟移动床是该阶段专利保护的重点，包括模拟移动床分离系统压力控制、模拟移动床中光学异构体的富集方法、具有可变长度色谱区的分离方法和装置、动态轴向压缩色谱柱中色谱床的保护、逆流色谱技术等，应用领域主要用于分离药物领域的芳烃或光学异构体。

（2）波动期（2003~2014年），诺华赛公司年申请相关专利的数量波动较大，在年申请量（2~4项）基本与第一稳定期的年申请量持平的基础上，每隔几年出现一次申请高峰，2003年、2007年和2014年的申请量接近或达到10项。在此期间，诺华赛公司对色谱分离技术的应用范围逐步扩大，从糖类制备扩大到多价阳离子/多价无机阴离子的水性溶液的纯化、乳清等水溶液脱钙、离子金属衍生物的分离、有机酸纯化、芳族氨基酸的纯化、乙二醇的纯化等。此外，诺华赛公司对色谱分离工艺与分离装置持续进行技术改进与专利布局，例如色谱多柱按序列分离工艺、梯度洗脱多柱分离方法、包含浓缩步骤的色谱方法及装置、模块化色谱装置等。

（3）第二稳定期（2015年至今），诺华赛公司在吸附分离树脂领域相关专利的年申请量为5~8项，呈现相对稳定的趋势。在此期间，重点保护的技术方向除有机酸的纯化、色谱方法产生高纯度的多不饱和脂肪酸、脂肪酸的纯化、用作水合物抑制剂的乙二醇的纯化等之外，又拓展了新的应用领域，例如2-羟基-4-（甲基硫代）丁酸、大麻素、生物分子、果糖等的纯化制备。此外，诺华赛公司同时对其色谱分离技术进一步改进，通过在线检测纯度或收率的分离混合物的方法、色谱柱的流体分配单元、多柱色谱分离设备与方法等色谱分离方法与设备进行专利布局保护。

从整体上看，诺华赛公司基于其色谱分离技术，逐渐扩大色谱分离的应用领域，并对色谱分离方法与色谱分离设备进行持续改进与专利布局。

9.4.1.2 专利申请目标国/地区

图9-4-2为诺华赛公司在吸附分离树脂领域的全球专利申请目标国/地区。从全部年份专利申请目标国/地区来看，美国、世界知识产权组织、欧洲专利局和法国等国家或地区的专利申请量位居前列，分别占全球申请量的15%、13%、11%和10%。可见，除法国本国外，美国和欧洲其他国家是诺华赛公司的主要专利申请目标国。另外，诺华赛公司在中国、印度、德国和加拿大的专利申请量分别占其全球专利申请量的8%、5%、4%和4%，可见这些国家也是诺华赛公司专利布局较多的海外市场。

从阶段年份专利申请目标国/地区来看，在开始专利布局当年（1994年），诺华赛公司在近20个国家进行相关专利布局，其中，在奥地利、澳大利亚和德国的专利申请量均以占比10%居于前列，在巴西、加拿大、中国等国家的专利申请量占比均达6%~7%，此外，该时期诺华赛公司并没有在法国本国进行布局。可见，诺华赛公司早期主要是定位于海外市场，但具体国家或地区的专利布局数量没有明显差别，处于市场探索阶段。在第一稳定期（1995~2002年），美国成为诺华赛公司在吸附分离树脂领域的重点布局国家，美国专利申请量约占其公司申请总量的22%，其次，法国、欧洲专利局和德国也是诺华赛公司专利申请的重要国家或地区，占比分别为19%、13%和12%，可见，该时期诺华赛公司的专利布局以美国市场为主，表现出明显的倾向性。在波动期（2003~2014年），诺华赛公司调整了全球专利布局策略，其专利布局国家或地区增加到近30个，且削弱了在美国的专利申请量占比，由上阶段的22%下降到该阶段的17%，但美国仍是诺华赛公司最大的专利申请目标国。在第二稳定期（2015年至今），

(a) 全球整体分布

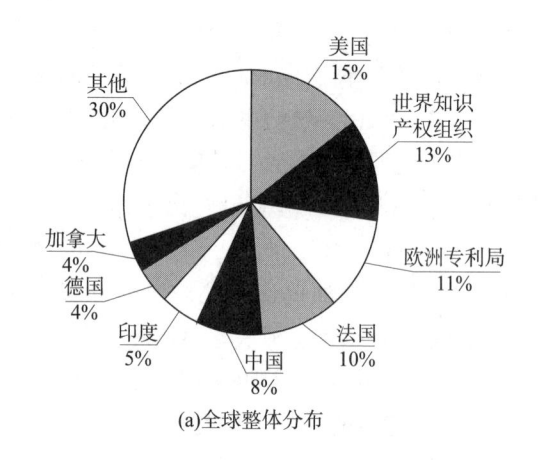

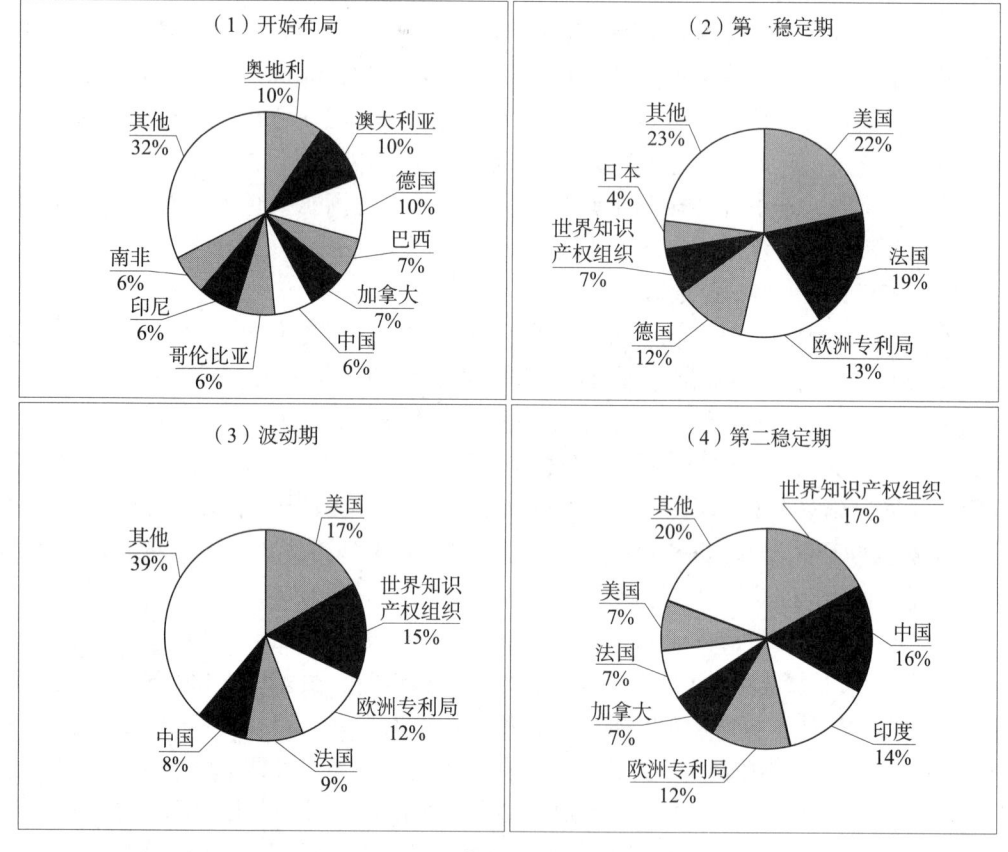

(1) 开始布局

(2) 第一稳定期

(3) 波动期

(4) 第二稳定期

(b) 各主要时期分布

图 9-4-2 诺华赛公司全部及阶段年份吸附分离树脂技术专利申请目标国/地区

诺华赛公司对其专利布局国家和地区进行了较大的调整,数量上大幅缩减至 15 个以下,其中,通过世界知识产权组织进行布局的占比最大,其次是在中国、印度和欧洲专利局,可见诺华赛公司开始重视亚洲市场,尤其是中国和印度市场。

9.4.1.3 技术构成

如图9-4-3所示,诺华赛公司在吸附分离树脂领域的专利技术类别主要为B(作业;运输)和C(化学;冶金)。相关专利的IPC大组主要集中在B01D 15(包含有用固体吸附剂处理液体的分离方法;及其所用设备)、G01N 30(利用吸附作用、吸收作用或类似现象,或者利用离子交换,例如色谱法将材料分离成各个组分,来测试或分析材料)、C13B 20(蔗糖汁的净化)、C13K 11(果糖)、C07C 51(羧酸或它们的盐、卤化物或酐的制备)、C13K 1(葡萄糖)、B01D 61(利用半透膜分离的方法,例如渗析、渗透、超滤;其专用设备、辅助设备或辅助操作)、C13B 30(结晶装置;从母液中分离晶体)、A23C 9(奶配制品;奶粉或奶粉的配制品)、C07C 57(有羧基连接在非环碳原子上的不饱和化合物)、C13B 35(从糖蜜中提炼蔗糖)等。

IPC分类号(小类)	申请量/项
B01D 15	66
G01N 30	18
C13B 20	17
C13K 11	13
C07C 51	12
C13K 1	12
B01D 61	7
C13B 30	7
A23C 9	6
C07C 57	6

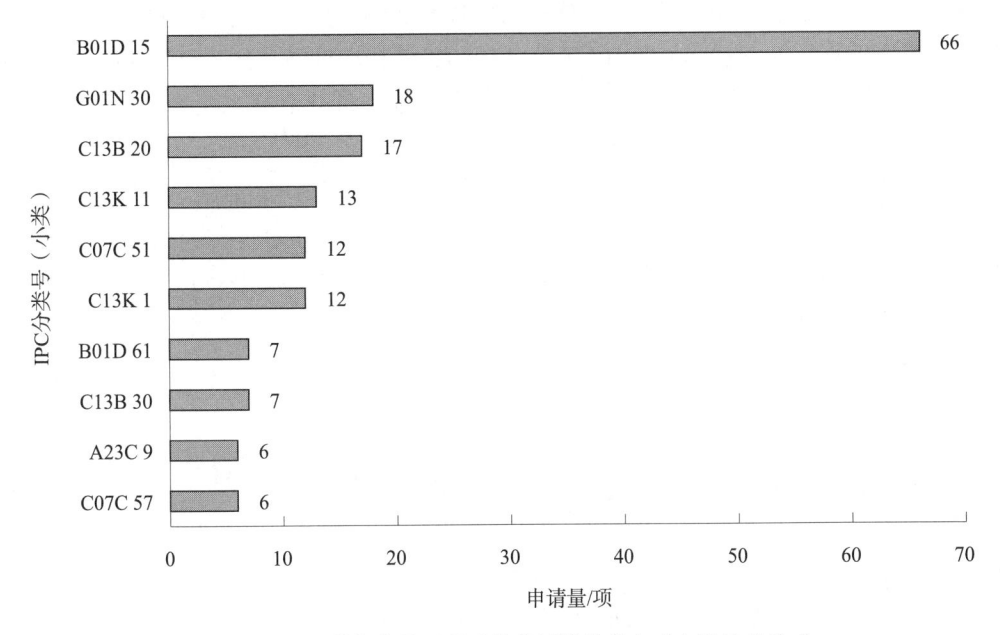

图9-4-3 诺华赛公司吸附分离树脂技术全球专利技术构成

结合在前述申请趋势中的分析,诺华赛公司重点保护的技术方向包括色谱分离纯化的特定应用、色谱分离方法与装置、糖类的制备等。其中代表性专利技术梳理如下:

关于色谱分离纯化的特定应用,相关专利有芳烃或光学异构体的药物分离(US6413419B1、JP4436467B2、FR2846252B1)、含糖/多价阳离子/多价无机阴离子的水性溶液的纯化(FR2848877B1、DK1540020T3)、乳清等水溶液脱钙(US8501252B2、SI1538920T1)、离子金属衍生物的分离(CA2709912、ZA201004751A)、有机酸的纯化(CN101600491B、US9233906B2、US10279282B2)、脂肪酸的纯化(EP3079787B1、EP3473318B1、CL2016001397A1、IN330112A1、IN201617023191A)、高纯度不饱和脂肪酸的制备(EP2801604B1、US61820459P0、US8802880B1、CN105873893B、US9428711B2、JP2020090680A、IN10609DELNP2015A、IN201617019912A、IN201918036283A)、芳族氨基酸的纯化(BRPI1615718A2、JP6303017B2、ES2774750T3、ES2774754T3)、用作水合物抑

制剂的乙二醇的纯化（FR3024142B1、AU2015293891B2、IN201747001965A）、2-羟基-4-（甲基硫代）丁酸的纯化（CN108623504B）、通过多柱色谱设备进行生物分子的纯化（WO2020074453A1）等。

关于色谱分离方法与装置，相关专利有模拟移动床（FR2754730B1、JP4426658B2、EP1178308A4）、模拟移动床系统分离混合物组分方法（JP4426658B2、JP4880134B2）、具有可变长度色谱区的分离方法和装置（DK1128881T3、CA2348719C、US6712973B2）、离散逆流色谱技术（DE69631903T2）、具有闭环循环的高效液相色谱（DE69825744T2）、动态轴向压缩色谱柱中色谱床的保护装置（US7132053B2、AU2002307984A1）、色谱多柱按序列分离工艺（US8465649B2）、梯度洗脱多柱分离方法（US8752417B2、IN296200A1）、包含浓缩步骤的色谱方法及装置（DE60304727T2、EP1558355A1）、模块化色谱装置（US20100163490A1、IN1896MUMNP2008A）、用在线检测器检测纯度或收率的分离混合物的方法（EP3710129A1、IN202017019390A）、用于色谱柱的流体分配单元（CN106457067A、IN201617040712A）、多柱色谱分离设备与方法（CN206262156U、CN111629802A、IN202017019403A）等。

关于糖类的制备，相关专利有糖类制备过程涉及离子型交换树脂脱色脱矿（ZA945133A）、利用离子交换树脂进行脱矿的糖汁软化工艺（GR3030118T3）、精制糖工艺（FR2838751B1）、果糖的纯化制备（WO2019206841A1、WO2019206843A1）等。

9.4.1.4 专利类型

如图9-4-4所示，诺华赛公司在吸附分离树脂领域全球范围内的专利申请类型包括发明专利、实用新型专利和外观设计专利，其中发明专利364件、实用新型专利1件、外观设计专利5件，且外观设计专利均为色谱设备。此外，诺华赛公司在法国本国及其重要海外市场的专利申请主要为发明专利。其中，在美国、世界知识产权组织、欧洲专利局和法国的专利申请全部为发明专利。

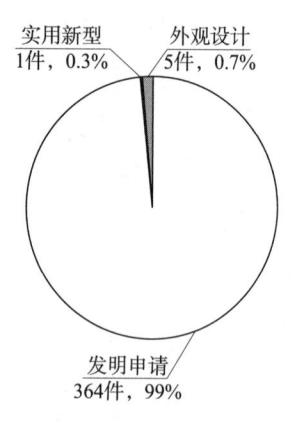

图9-4-4 诺华赛公司吸附分离树脂技术全球专利类型

9.4.2 在华专利布局

9.4.2.1 申请趋势

图9-4-5为诺华赛公司在吸附分离树脂领域的中国专利申请趋势。从整体上看，其在中国的专利布局同样呈现出在波动中增长的趋势。诺华赛公司1994年就在中国市场进行了专利布局；1995~2000年，没有进行新的布局；2001~2009年，除2002年和2005年外，诺华赛公司每年均在中国进行专利申请，但是年申请量不超过3件；2013~2020年，诺华赛公司在中国申请专利2~6件。截至2020年8月31日，诺华赛公司在中国申请专利数量总计32件。

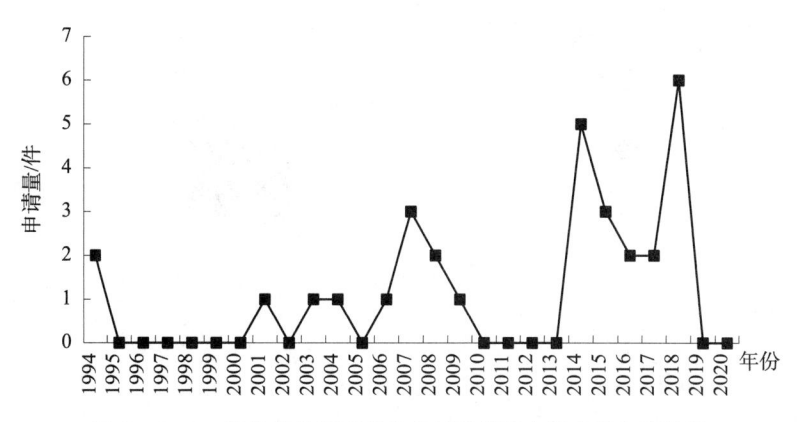

图9-4-5 诺华赛公司吸附分离树脂技术在华专利申请趋势

9.4.2.2 技术构成

诺华赛公司关于吸附分离树脂在中国申请保护的技术方向主要有糖类制备工艺、色谱纯化、色谱分离方法、色谱设备等。

关于糖类制备工艺，相关专利有由葡萄糖生产果糖的方法（CN110387391A）、从糖汁中制造精制糖的方法和装置（CN1451766A）、从诸如甘蔗汁或甜菜汁的糖汁水溶液中制取结晶糖的方法（CN1105705A）；关于色谱纯化，相关专利有果糖的纯化（CN110387442A）、脂肪酸的纯化（CN105848747B、CN105848748B）、生产多不饱和脂肪酸（CN109679768A）、用作抗水合物剂的乙二醇的纯化方法（CN106536465A）、2-羟基-4-（甲基硫代）丁酸的纯化（CN108623504B）、芳香族氨基酸的纯化（CN104761423A）、使用低粒度树脂的纯化方法（CN110062657A）；关于色谱分离方法，相关专利有包括多个色谱柱的系统中分离混合物的方法（CN111629802A、CN101879381A）、用在线检测器检测纯度或收率的分离混合物的方法（CN111565812A）、梯度洗脱多柱分离方法（CN102026695B）、用于分离离子金属衍生物的多柱按序列的分离法（CN101945690B）；关于色谱设备，相关专利有多柱色谱设备（CN206262156U、CN304145889S）、用于色谱柱的流体分配单元（CN106457067A）、组装的色谱设备（CN101395468A）。

9.4.2.3 专利类型

如图9-4-6所示，诺华赛公司在吸附分离树脂领域内的中国的专利申请包括发明专利30件、实用新型专利1件以及外观设计专利1件。其中，外观设计专利涉及色谱设备。

9.4.2.4 法律状态

如图9-4-7所示，目前，诺华赛公司关于吸附分离树脂技术在中国申请的专利中，有效专利11件，占比34%；审中专利13件，占比41%；失效专利8件，占比25%，包括未缴年费2件和撤回6件。从有效专利、审中专利与因缴年费和撤回而失效的专利占比来看，诺华赛公司重视在中国的持续专利布局，并且结合专利运用策略，使专利价值达到最大化。

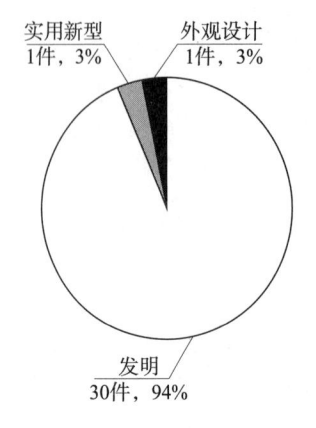

图 9-4-6 诺华赛公司吸附分离树脂技术在华专利申请类型

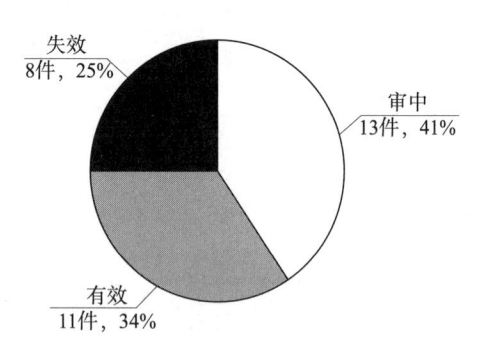

图 9-4-7 诺华赛公司吸附分离树脂技术在华专利申请法律状态

9.4.3 重点专利解读

根据被引频次、同族数量、权利要求数量等方面筛选出诺华赛公司在吸附分离树脂领域的重点专利。

(1) CN1105705A

专利名称为"从诸如甘蔗汁或甜菜汁的糖汁水溶液中制取结晶糖的方法",申请日为1994年11月11日,被引用4次,简单同族数量19,权利要求数量为8项。

该专利保护一种从诸如甘蔗汁或甜菜汁的糖汁水溶液中制取结晶糖的方法。从含糖和包括 Ca^{2+} 和/或 Mg^{2+} 的有机和矿物杂质在内的糖汁水溶液中制取结晶糖包括以下操作:(a)浓缩该糖汁以得到糖浆;(b)使该糖浆结晶以得到结晶糖和糖蜜;(c)切向流式微滤、切向流式超滤或切向流式纳诺过滤,并在操作(a)前实施。通过微滤、超滤或纳诺过滤去除胶体物质,以及通过软化去除 Ca^{2+} 和/或 Mg^{2+},极大地限制了蒸发和结晶设备的结垢,从而增加了能量收益,而且加快了结晶操作并减少(通常约20%)了再循环的糖膏的量,因此极大节省了能量(约达15%),并且提高了糖的提取率,使得首次结晶产品的效益高达65%。

(2) US5630943A

专利名称为"间歇式逆流色谱方法和装置",申请日为1995年11月30日,被引用156次,简单同族数量9,权利要求数量为9项。

该专利保护一种间歇式逆流色谱方法和装置,在基本稳定的状态下:(a)在两个色谱柱之间建立8字形循环色谱分布;(b)将包含至少两种组分的样品不连续地和周期性地注入循环曲线的内部;(c)从循环曲线中不连续地和周期性地收集至少两种富集级分;和(d)通过第一溶剂泵,在一个循环中将溶剂作为流动相基本上连续地泵入色谱柱之一中。该专利还可包括通过第二溶剂泵将溶剂泵入柱中,以便在收集样品注入之后的一个循环中发生的级分期间防止色谱图的停滞。该专利提供经济有效的高效液相色谱方法,使用第二溶剂泵,其在收集某些级分期间防止色谱图停滞,该特征大大提高了工艺的生产率。流动相泵可以在注射过程中关闭，防止了新鲜样品与部分已分离的样品的混合，并实现显著改善的分离。

(3) US6413419B1

专利名称为"可变长度色谱分离方法和装置"，申请日为2000年9月27日，被引用97次，简单同族数量16，权利要求数量为7项。

该专利保护一种可变长度色谱分离方法和装置，通过不同时移动流体的入口和出口的位置，获得改善的分离效果。更具体地，从混合物中分离至少一种组分的可变长度色谱分离装置包括：包含有吸附剂并串联布置在一个闭环回路中的色谱柱或色谱柱段，闭环回路包括至少一个原料注入点、一个提余液排放点、一个洗脱液注入点和一个提取物排放点，在注入点和排放点之间确定色谱区，反之亦然。使用时，在给定时间段结束时，所有注入点和引出点在给定方向上移动相同数量的柱或柱段，给定方向相对于在回路中循环的主流体的流动方向被限定。在此期间，至少一个柱或柱段的不同注入点和引出点的移动在不同的时间进行，使得由不同点限定的区域的长度是可变的，从而提高提取物和萃余液的纯度。

(4) FR2848877A1

专利名称为"包含多价离子的糖溶液（特别是乳清，乳清渗透液或糖汁）的纯化，包括在纳滤之前进行阳离子和/或阴离子交换"，申请日为2004年1月28日，被引用17次，简单同族数量2，权利要求数量为10项。

该专利保护一种包含多价离子的糖溶液（特别是乳清、乳清渗透液或糖汁）的纯化，包括：阳离子和阴离子交换，以单价阳离子和阴离子取代多价阳离子和阴离子；纳滤，以产生富含糖的渗余物；阳离子和阴离子交换，用氢离子和氢氧根离子取代截留物中的残留阳离子和阴离子；并用具有与上述相同的一价离子的酸和碱再生离子交换树脂。通过对离子组合物进行改性，而无须进行脱矿质处理，从而改善了要处理的水溶液的去除杂质的效果。

(5) US20060003052A1

专利名称为"使水溶液特别是乳汁或乳汁超滤渗透液脱钙的方法"，申请日为2006年1月5日，被引用4次，简单同族数量15，权利要求数量为14项。

该专利保护一种使水溶液特别是乳汁或乳汁超滤渗透液脱钙的方法，包括以下操作：（a）用不能与多价阳离子形成络合物的一价阴离子（例如 Cl^-）置换至少一部分能够与多价阳离子形成络合物的阴离子；（b）用一价金属阳离子（例如 Na^+ 和/或 K^+）置换水溶液的所述多价阳离子的至少一部分；操作（b）与操作（a）同时进行，或者对经过操作（a）的水溶液进行，达到脱钙收率大大提高的技术效果。

(6) WO2014180654A1

专利名称为"用于生产高度纯化的多不饱和脂肪酸的色谱方法"，申请日为2014年4月23日，被引用1次，简单同族数量11，权利要求数量为30项。

该专利保护一种用于生产高度纯化的多不饱和脂肪酸的色谱方法，从进料混合物中回收第一多不饱和脂肪酸，其中，进料混合物除第一多不饱和脂肪酸外还包含至少一种第二脂肪酸。回收方法包括：（a）使用含水有机洗脱液进行色谱分离的主要步骤，由此收集富含第一多不饱和脂肪酸的第一洗脱液流和富含第二脂肪酸的第二洗脱液流；（b）使第二洗脱液流经历浓缩步骤，一方面获得浓缩脂肪酸流，另一方面获得耗尽的第二洗脱液流，其中耗尽的第二洗脱液流的水－有机相比低于第二洗脱液流的水－有机相比；（c）将至少部分耗尽的第二洗脱液流再循环以用于色谱分离的主要步骤，达到用有限的溶剂消耗将不饱和脂肪酸纯化至较高纯度的效果。

（7）FR3058999B1

专利名称为"小粒径树脂提纯方法"，申请日为 2016 年 11 月 24 日，被引用 0 次，简单同族数量 10，权利要求数量为 20 项。

该专利保护一种小粒径树脂提纯方法，包括：通过将离子交换树脂悬浮在待纯化的溶液中，使待纯化的溶液与离子交换树脂接触，离子交换树脂为粒径小于或等于一定尺寸的颗粒；还包括使至少一种再生溶液通过负载树脂的致密床来再生负载树脂，从而达到更有效地纯化溶液，和在没有过度消耗再生溶液的情况下再生树脂的技术效果。

9.4.4 小　　结

法国诺华赛公司在吸附分离树脂领域的专利布局情况如下：

（1）从申请趋势看，诺华赛公司在吸附分离树脂的专利布局始于 1994 年。从整体上看，呈现在波动中上升的趋势。

（2）从地域布局看，美国、世界知识产权组织、欧洲专利局和法国等国家或地区为诺华赛公司重要的专利布局国家和地区。近几年，诺华赛公司较为重视亚洲市场，尤其是中国和印度。

（3）从专利技术构成看，诺华赛公司基于其色谱技术，在模拟移动床、色谱方法与装置、色谱分离纯化的应用（如糖类制备）等方面持续进行技术改进与专利布局。

（4）诺华赛公司在中国的专利申请，整体上看，同样呈现出在波动中增长的趋势，布局的技术方向基本与其全球布局策略一致。

9.5　朗盛公司

朗盛公司是从拜耳集团剥离出来的化学品和聚合物研发型企业，在水处理领域深耕多年。

9.5.1　全球专利布局

9.5.1.1　申请趋势

如图 9－5－1 所示，朗盛公司在吸附分离树脂领域的第一件专利申请始于 1989 年，保护主题为"一种从氢化丁腈橡胶中除去含铑催化剂残留物的方法"（US4985540A）。该方法使用离子交换树脂从含铑小于 10ppm 的黏性橡胶溶液中除去铑。朗盛公司在吸

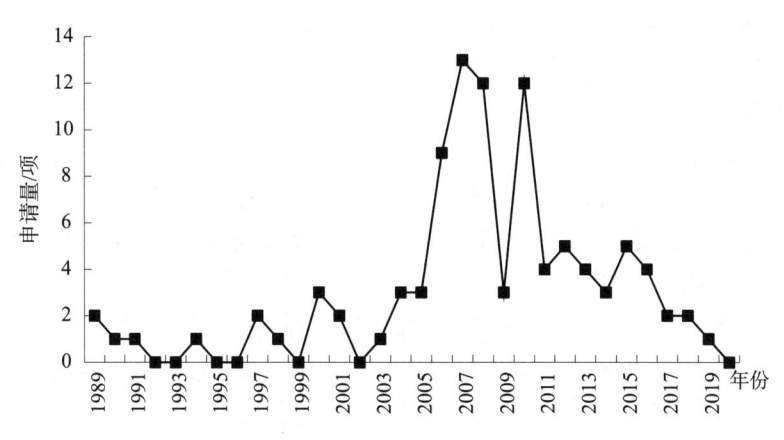

附分离树脂领域专利布局大致分为三个阶段。

图 9-5-1 朗盛公司吸附分离树脂技术全球专利申请趋势

（1）缓慢发展期（1989~2004年），朗盛公司的专利是从拜耳公司内部转让获得，专利方向涉及单分散离子交换剂及其制备、具有特殊官能团的离子交换树脂、强/弱酸阳离子交换树脂的制备、聚合物珠粒的制备、离子交换剂掺铁、螯合树脂等。具体应用涉及从氢化丁腈橡胶中除去含铑/铁等的催化剂残留物、从水合肼中除去杂质、使用单分散离子交换剂脱色果汁、净化被有机/无机/生物污染物污染的水、除去干扰的重金属或提取有价值金属等。

（2）快速发展期（2005~2010年），朗盛公司在吸附分离树脂领域的相关专利申请量大幅上升，累计申请相关专利50余项。在2007年、2008年和2010年达到峰值，分别为13项、12项和12项。在此期间，朗盛公司重点保护螯合树脂、除盐脱矿树脂、大孔树脂。此外，具有特殊官能团的离子交换树脂、聚合物珠粒的制备、提取有价值金属的离子交换剂、铁掺杂离子交换剂、吸附放射性金属元素吸附树脂、甘油的纯化、吡咯胺树脂等特定应用树脂也是重要的保护方向。该时期，朗盛公司吸附分离树脂主要用于水处理，例如饮用水净化、湿法冶金和电镀的工艺水处理、水溶液中去除含氧阴离子、核电厂产生的水溶液中放射性金属元素的吸附、水溶液中去除微生物等。此外，朗盛公司还拓展了应用领域，例如利用离子交换树脂将压裂液添加剂输送到油气井的应用。

2006年末，朗盛公司从其合资伙伴企业陶氏化学公司手中收购了南非铬矿国际公司（CISA）剩余的50%的股份；2007年12月，朗盛公司宣布并购巴西合成橡胶制造商Petroflex S. A；2009年6月，朗盛公司以8240万欧元的价格从印度公司Gwalior化学工业有限公司手中购得其制造业资产，同时收购了中国江苏波力奥化工有限公司的生产设施和所有业务。朗盛公司的业务并购，也扩大了其专利保护与布局的规模。

（3）发展调整期（2011年至今），朗盛公司的相关专利申请量回落，并呈现缓慢下降趋势。朗盛公司在该阶段重点保护的技术主要涉及螯合树脂和珠粒聚合物的制备，尤其是对用于从水中除去氟化物的铝掺杂含亚氨基乙酸基团的螯合树脂进行了重点布局。对利用离子交换树脂将压裂液添加剂输送到油气井的应用继续进行布局保护，此外,还拓展了应用领域,例如通过螯合树脂制备碳酸锂。

从整体上看,朗盛公司对螯合树脂和珠粒聚合物技术持续进行改进与专利布局,并逐渐扩大其吸附分离树脂产品的应用领域。

9.5.1.2 专利申请目标国/地区

图9-5-2示出了朗盛公司在吸附分离树脂领域的全球专利申请目标国/地区。从全部年份专利申请目标国/地区来看,在美国的相关专利申请量占比22%,美国是朗盛公司最主要的专利布局地;其次是在欧洲专利局和中国,专利申请量占比分别为15%和12%;在德国、印度和世界知识产权组织紧随其后,专利申请量占比分别为11%、10%和10%。由此可见,美国、欧洲专利局和中国是朗盛公司三个最重要的海外市场,德国本国、印度和世界知识产权组织也是专利布局较多的国家或地区。

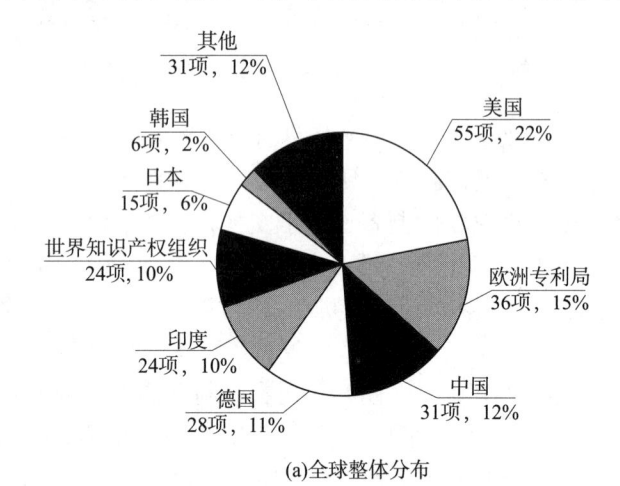

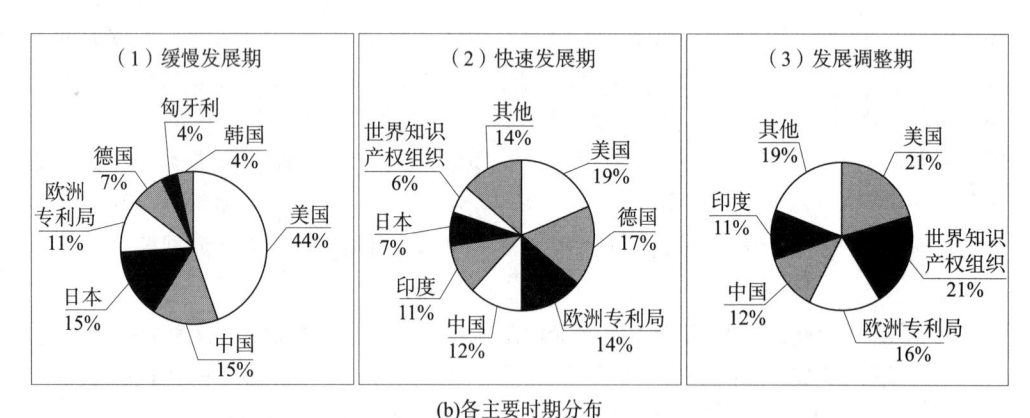

(a)全球整体分布

(b)各主要时期分布

图9-5-2 朗盛公司全部及阶段年份吸附分离树脂技术专利申请目标国/地区

从阶段年份专利申请目标国/地区来看,在缓慢发展期(1989~2004年),朗盛公司就相关专利共在7个国家或地区进行布局,其中,在美国的专利申请量以占比44%遥遥领先,其次是在中国和日本,可见朗盛公司一开始就重视美国和亚洲市场。在快速发展期(2005~2010年),朗盛公司就相关专利进行布局的国家增加到20个,美国仍是首要的专利申请目标国,其次是德国、欧洲专利局、中国和印度,从申请量占比看,朗盛公司降低了在美国的专利申请比例,增加了在亚洲和欧洲专利局的布局规模。发展调整期(2011年至今),朗盛公司布局国家或地区的占比排名依次为美国、世界知识产权组织、欧洲专利局、中国和印度。可见,美国一直以来都是朗盛公司最重要的专利布局地,亚洲(尤其是中国)以及欧洲,一直以来也是朗盛公司相关专利申请的目标国或地区。

9.5.1.3 技术构成

参见图9-5-3,朗盛公司在吸附分离树脂领域的专利技术类别主要为B(作业;运输)和C(化学;冶金)。相关专利主分类号最集中的大组是B01J 45(形成配合物或螯合物的离子交换;作为形成配合物或螯合物的离子交换剂的材料的使用;用于改进形成离子交换性能的配合物或螯合物的材料的处理),共11项专利;其次,C08F 8(用后处理进行化学改性)和B01J 39(阳离子交换;作为阳离子交换剂材料的使用;用于改进阳离子交换性能的材料处理)分别有10项和7项专利;B01J 41(阴离子交换;作为阴离子交换剂材料的使用;用于改进阴离子交换性能的材料的处理)和C02F 1(水、废水或污水的处理)分别有6项和5项;其余大组专利都在3项以下。

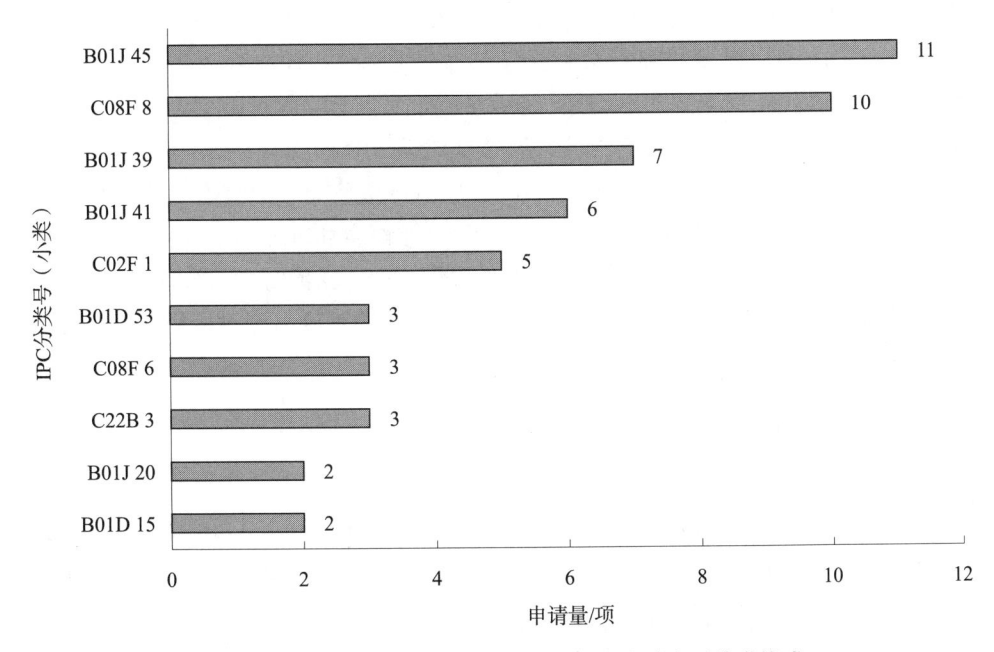

图9-5-3 朗盛公司吸附分离树脂技术全球专利技术构成

结合在前述申请趋势中的分析,朗盛公司重点保护的技术方向包括螯合树脂、珠粒聚合物、除盐脱矿树脂、大孔树脂、具有特殊官能团的离子交换树脂等。应用领域主要涉及水处理(例如饮用水净化、工艺水处理、核电站水处理)、有价金属的提取、脱色果汁、放射性金属元素的吸附、碳酸锂的制备,以及利用离子交换树脂将压裂液添加剂输送到油气井的应用等。

朗盛公司对螯合树脂和珠粒聚合物技术进行持续改进与专利布局,在缓慢发展期

（1989～2004年），相关专利有螯合交换剂（US7462286B2）、制备含银聚合物珠粒的方法（DE102004052720A1）等；在快速发展期（2005～2010年），相关专利有亚甲基氨基乙磺酸螯合树脂（CN102712713B）、用于材料保护的含银螯合树脂（WO2007054227A）、单分散螯合树脂的生产方法（CN101352670B）、含二氧化硅聚合物珠粒的制备方法（US20050245664A1）、含银聚合物珠粒的制备方法（US20060094812A1）等；在发展调整期（2011年至今），相关专利有亚甲基氨基乙基磺酸螯合树脂（IN302090A1）、含亚氨基二乙酸基团的新型铝掺杂螯合树脂（EP3102328B1）、磺化的氨甲基化的螯合树脂（CN106573238B）、用于从水中除去氟化物的铝掺杂的含亚氨基乙酸基团的螯合树脂（IN201817001639A、CN107849179B、ZA201800404A）、制备氨甲基化珠粒聚合物的方法（US10294313B2）、从N羧酸酰亚胺酯氨基甲基化珠状聚合物的制造方法（IN201717020916A）等。

关于除盐脱矿树脂，相关专利有用于水的脱矿物质的方法和装置（US7422691B2）、不结块混合床离子交换剂（CN101125303B）、使用铁掺杂离子交换剂处理水的装置（US20060157416A1）；关于大孔树脂，相关专利有弱酸阳离子大孔树脂（EP1757652B1）、单分散大孔阴离子交换树脂（BRPI0703116A）；关于具有特殊官能团的离子交换树脂，相关专利有具有特殊官能团的大孔离子交换树脂（JP5408989B2、EP2072532A1）；有关吸附分离树脂的特定应用，相关专利有从氢化丁腈橡胶中除去含铑/铁等的催化剂残留物（US6646059B2）、使用单分散离子交换剂脱色果汁（KR100806507B1）、饮用水净化（UA102810C2）、湿法冶金和电镀的工艺水处理（CN102015107B）、水溶液中去除含氧阴离子（CN102010093A）、核电厂产生的水溶液中放射性金属元素的吸附（SI2040266T1）、水溶液中去除微生物（US20060094812A1）、吸附放射性金属元素（US20090218289A1）、甘油的纯化（IN269434A1）、利用离子交换树脂将压裂液添加剂输送到油气井（US8087462B2）、通过螯合树脂制备碳酸锂（WO2020126974A1）、用于除去氰化物的离子交换树脂（WO2018068065A）。

9.5.2 在华专利布局

9.5.2.1 申请趋势

如图9-5-4所示，朗盛公司在中国的专利申请趋势大体上与其全球申请趋势一致。朗盛公司早期在中国的专利布局实际上是拜耳公司在中国的专利布局，2004年成立之后，继续延续了母公司的布局策略；2005～2010年，在中国进行了一定的数量的专利申请；在此之后有所回落，2017年开始再一次暂停布局。可见，朗盛公司在中国的专利布局呈现阶段性特点。截至2020年8月31日，朗盛公司在中国的专利申请总量为31件。

9.5.2.2 技术构成

朗盛公司关于吸附分离树脂在中国申请保护的技术方向主要有螯合树脂、珠粒聚合物的制备、具有特殊官能团的离子交换树脂等。

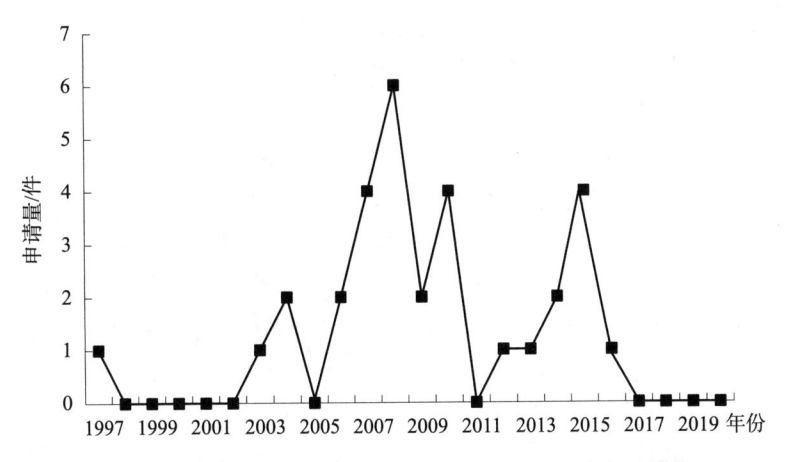

图 9-5-4 朗盛公司吸附分离树脂技术在华申请专利趋势

关于螯合树脂，相关专利有单分散螯合树脂的生产方法（CN101352670B），亚甲基氨基乙磺酸螯合树脂（CN102712713B），磺化的氨甲基化的螯合树脂（CN106573238B）、新颖的铝掺杂的、含亚氨基乙酸基团的螯合树脂（CN107849179B）；关于珠粒聚合物的制备，相关专利有用于制备氨甲基化的珠状聚合物的方法（CN105524200B）、未微囊密封的单分散珠状聚合物的制备方法（CN1597707A）；关于具有特殊官能团的离子交换树脂，相关专利有从任选氢化的丁腈橡胶中除去铁残留物、含铑和含钌催化剂残留物的方法（CN101463097A）。此外，还有一些特定树脂，例如氨甲基吡啶树脂（CN101977689B、CN102015107B）。

9.5.2.3 法律状态

如图 9-5-5 所示，目前，朗盛公司关于吸附分离树脂技术在中国申请的专利中，有效专利 13 件，占比 42%；失效专利 18 件，占比 58%，包括驳回 1 件，期限届满 1 件，未缴年费 4 件，撤回 11 件，放弃 1 件。没有审中专利，一定程度上说明朗盛公司在华布局积极性不高。

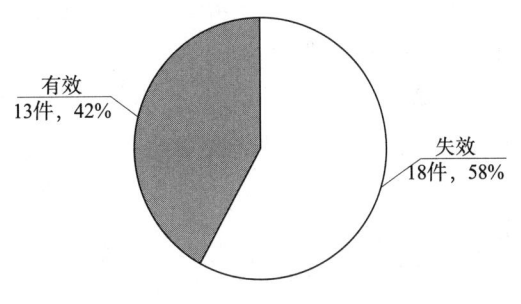

图 9-5-5 朗盛公司吸附分离树脂技术在华专利申请法律状态

9.5.3 重点专利解读

根据被引频次、同族数量、权利要求数量等方面筛选出朗盛公司在吸附分离树脂领域的重点专利。

（1）US6646017B1

专利名称为"低渗漏阳离子交换剂的制备方法"，申请日为 1997 年 10 月 21 日，被引用 10 次，简单同族数量 12，权利要求数量为 7 项。

该专利保护一种低渗漏阳离子交换剂的制备方法，通过在高温和/或无氧条件下进行非官能化聚合物的磺化，获得具有改进性能的强酸性阳离子交换剂。制备的强酸性阳离子交换剂具有降低将杂质释放到环境中的趋势。

（2）US20010006159A1

专利名称为"基于不饱和脂族腈的交联离子交换剂的制备方法"，申请日为2000年12月14日，被引用9次，简单同族数量10，权利要求数量为12项。

该专利保护一种基于不饱和脂族腈的交联离子交换剂的制备方法，包括如下步骤：(a)在保护性胶体存在下，以二醚或聚乙烯醚为交联剂，在引发剂作用下，聚合不饱和脂肪族亚硝酸酯以形成珠状聚合物；以及(b)官能化得到的珠状聚合物，得到离子交换剂，实现在成膜保护胶体存在下，制备具有基于不饱和脂族亚硝酸酯的均匀网络结构的交联离子交换剂。

（3）US20020120071A1

专利名称为"从氢化丁腈橡胶中除去含铁和铑催化剂残余物的方法"，申请日为2001年11月2日，被引用3次，简单同族数量10，权利要求数量为11项。

该专利保护一种从氢化丁腈橡胶中除去含铁和铑催化剂残余物的方法，采用含有硫脲官能团的均相分散的大孔交联的苯乙烯－二乙烯基苯共聚物树脂处理氢化丁腈橡胶溶液，去除含铑、铁催化剂残余物。

（4）US20160108199A1

专利名称为"氨甲基化珠粒聚合物的制备方法"，申请日为2015年10月21日，被引用2次，简单同族数量7，权利要求数量为19项。

该专利保护一种氨甲基化珠粒聚合物的制备方法，使用1，3－二氯丙烷作为溶剂和溶胀剂，具体为：a）将由包含至少一种单烯键式不饱和芳族化合物、至少一种多烯键式不饱和化合物和至少一种引发剂的混合物组成的单体液滴转化成珠状聚合物；b）在溶胀剂、包含1，3－二氯丙烷的溶剂和质子酸存在下，得到邻苯二甲酰亚胺甲基化珠粒聚合物；c）水解邻苯二甲酰亚胺基甲基化珠粒聚合物以制备氨甲基化珠粒聚合物。通过使用1，3－二氯丙烷作为溶剂和溶胀剂，获得更高产率的氨甲基化珠粒聚合物。

（5）CN101352670A

专利名称为"单分散螯合树脂的制备方法"，申请日为2008年7月23日，被引用7次，简单同族数量10，权利要求数量为11项。

该专利保护一种单分散螯合树脂的制备方法，通过邻苯二甲酰亚胺法制备以氨甲基基团和/或氨甲基氮杂环基团作为官能团的单分散螯合树脂。其中，氨甲基基团和/或氨甲基氮杂环基团的单分散螯合交换剂采用以下步骤制备：（a）使至少一种单乙烯基芳香族化合物、至少一种聚乙烯基芳香族化合物和一种引发剂或一种引发剂组合以及可选的一种致孔剂的单体液滴进行反应以得到单分散交联聚合物珠粒；（b）用邻苯二甲酰亚胺衍生物使这些单分散交联聚合物珠粒酰胺甲基化；（c）将这些酰胺甲基化的聚合物珠粒转化为氨甲基化的聚合物珠粒；并且（d）将氨甲基化的聚合物珠粒与卤甲基氮杂环进行反应，生成以氨甲基基团和/或氨甲基氮杂环基团作为阴离子交换基团的螯合交换剂而未发生后交联,使 pH 维持在 4~9 范围内。该专利提供高度功能化的高容量的螯合树脂,在较低 pH 稳定存在,甚至铁离子存在下,能有效吸收酸性溶液中有价值金属。

9.5.4 小 结

朗盛公司在吸附分离树脂领域专利布局情况总结如下:

(1) 从申请趋势来看,朗盛公司在吸附分离树脂领域的专利布局始于 1989 年,2005~2010 年为朗盛公司的集中布局期。

(2) 从专利地域布局来看,美国是朗盛公司最重要的专利布局国家,其次是欧洲专利局和中国,德国、印度和世界知识产权组织紧随其后。朗盛公司一直以来都非常重视亚洲市场,尤其是中国市场。

(3) 从专利技术构成来看,朗盛公司对螯合树脂、珠粒聚合物、阴/阳离子离子交换剂、具有特殊官能团树脂等技术进行了持续改进与专利布局,近年来还基于其拥有的多种吸附分离树脂,不断拓展应用领域。

(4) 朗盛公司在中国的相关专利申请趋势大体上与全球趋势一致;布局的技术方向也基本与其全球布局策略一致,主要涉及螯合树脂、珠状聚合物等。

9.6 漂莱特公司

漂莱特公司是专门生产离子交换树脂的研发型企业,于 1996 年成立了漂莱特(中国)独资公司。

9.6.1 全球专利布局

9.6.1.1 申请趋势

如图 9-6-1 所示,漂莱特公司在吸附分离树脂领域的相关专利申请始于 1994 年,申请量较少,呈现在波动中增长的趋势,整体看可以分为以下三个阶段。

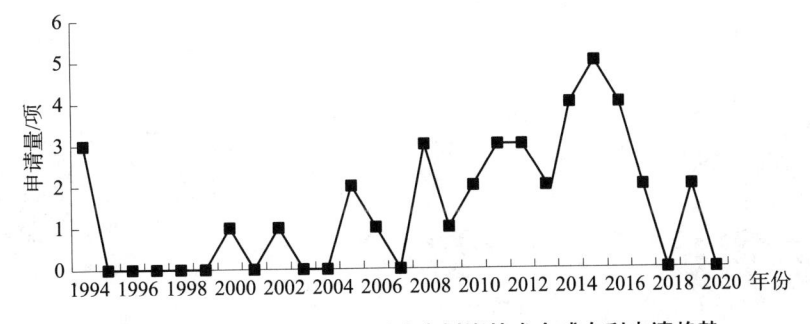

图 9-6-1 漂莱特公司吸附分离树脂技术全球专利申请趋势

(1) 缓慢发展期(1994~2004 年),漂莱特公司的相关专利申请量很少,11 年间仅申请 5 项专利;且申请不连续,在 1995~1999 年没有相关专利产出。在此期间,漂莱特公司保护的技术包括交联大孔树脂的制备、离子交换树脂与多孔过滤基质结合、色谱吸附剂和用离子交换树脂从水中选择性去除有毒离子的应用。

（2）快速发展期（2005～2015年），漂莱特公司的相关专利申请量相比前期大幅上升，11年间共申请专利26项，并且呈现出升降交替的波动式增长的特点，申请量在2015年达到峰值。该阶段漂莱特公司重点保护的技术方向为离子交换树脂的再生，其次是用于除去碘化物的酸性大孔树脂、聚合物珠粒的制备，此外还包括吸铀树脂、色谱法分离电解质、凝胶型强碱性阴离子交换树脂、磺化离子交换树脂催化剂等。

（3）调整期（2016年至今），漂莱特公司的相关专利申请量呈下降趋势。在此期间，漂莱特公司重点保护的技术方向有所转变，聚合物珠粒的制备，特别是用超疏水膜振动喷射制备均匀聚合物珠粒的方法，成为该阶段重点保护的技术。其次是强碱阴离子交换树脂的制备。此外，漂莱特公司拓展了应用领域，将大孔螯合树脂用于湿法烟道气脱硫系统中金属的去除。

从整体来看，漂莱特公司的专利布局量不大，呈现波动式上升趋势，在不同时期重点保护的技术方向不同。

9.6.1.2 专利申请目标国/地区

图9-6-2为漂莱特公司在吸附分离树脂领域的全球专利申请目标国/地区。从全

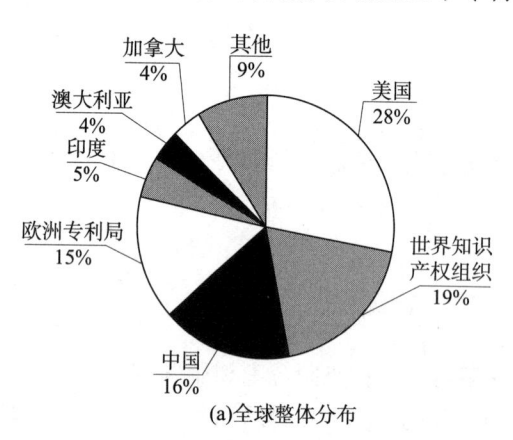

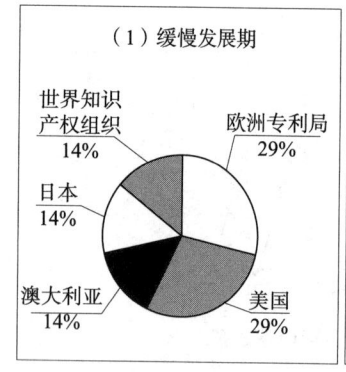

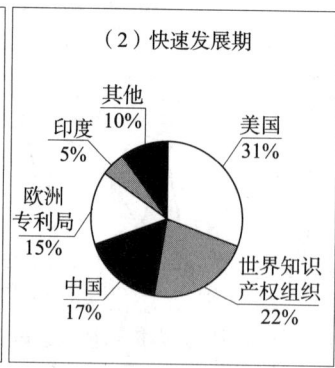

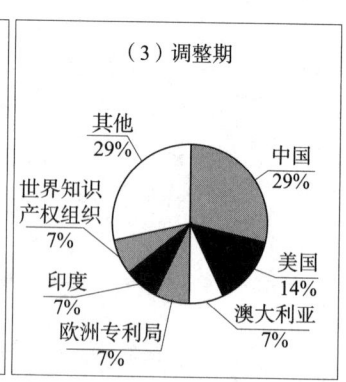

图9-6-2 漂莱特公司全部及阶段年份吸附分离树脂技术专利申请目标国/地区

部年份专利申请目标国/地区来看,漂莱特公司进行专利布局的国家或地区共计 13 个,其中,在美国的专利申请以占比 28% 居于首位,其次是在世界知识产权组织、中国和欧洲专利局,占比分别为 19%、16% 和 15%。可见,美国是漂莱特公司最重要的专利布局地与海外市场。

从阶段年份专利申请目标国/地区来看,在缓慢发展期(1994~2004 年),漂莱特公司在欧洲专利局、美国、澳大利亚、日本和世界知识产权组织这 5 个国家或地区进行了专利布局,可见,美国、欧洲专利局和世界知识产权组织一开始就是该公司的专利申请目标国/地区;在快速发展期(1995~2005 年),漂莱特公司的专利布局国家或地区增加到 9 个,美国、世界知识产权组织、欧洲专利局依然是重要的布局国家或地区,另外,该阶段漂莱特公司开始在中国进行专利布局;在调整期(2016 年至今),中国(占比 29%,超越美国)成为漂莱特公司在该阶段专利布局最多的国家。可见,漂莱特公司一直重视美国市场,近年来对中国市场较为重视。

9.6.1.3 技术构成

如图 9-6-3 所示,漂莱特公司在吸附分离树脂领域的专利技术类别主要为 B(作业;运输)和 C(化学;冶金)。相关专利 IPC 主分类号最集中的大组是 C02F 1(水、废水或污水的处理),共 7 项专利;其次是 C08F 212(具有 1 个或更多不饱和脂族基化合物的共聚物,每个不饱和脂族基只有 1 个碳-碳双键,并且至少有 1 个是以芳族碳环为终端)和 B01J 49(离子交换剂的再生或再活化;其设备),分别有 3 项专利;此外,还有 B01D 15(包含有用固体吸附剂处理液体的分离方法;及其所用设备)、C08F 257(单体接到 C08F 12/00 组所规定的芳香族单体的聚合物上聚合而得到的高分子化合物)、C08F 2(聚合工艺过程)和 B01J 47(阴离子交换;作为阴离子交换剂材料的使用;用于改进阴离子交换性能的材料的处理)等,专利数量均在 2 项及以下。

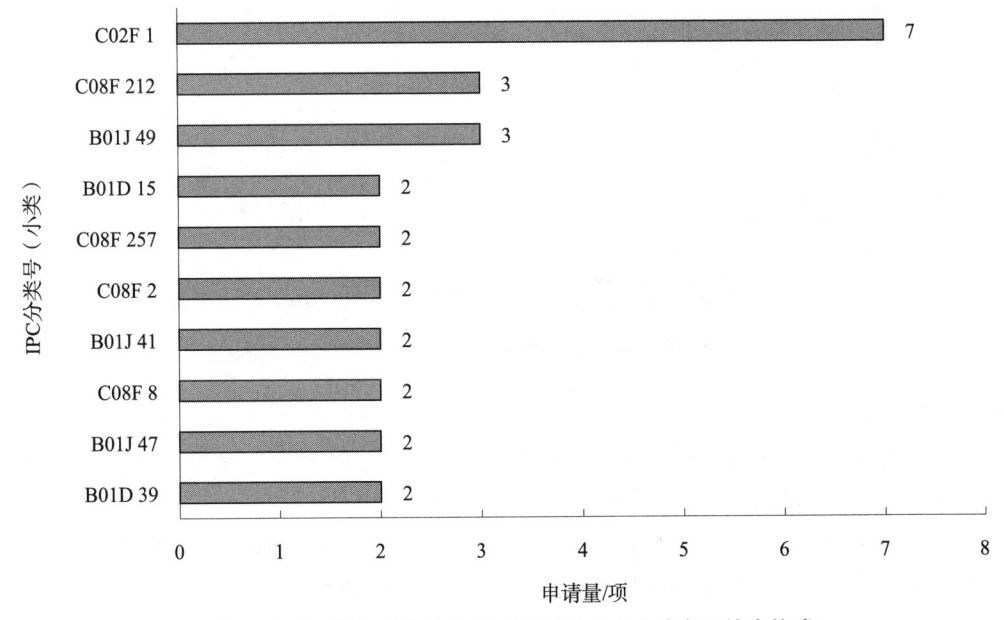

图 9-6-3 漂莱特公司吸附分离树脂技术全球专利技术构成

结合在前述申请趋势中的分析，漂莱特公司重点保护的技术方向包括离子交换树脂的再生、聚合物珠粒的制备、大孔树脂、强碱性阴离子交换树脂等。

关于离子交换树脂的再生，相关专利有水软化剂的再生（EP2393757B1）、减少有机污染物的树脂的再生（US61879499P0）、弱碱性阴离子交换树脂的再生（US62039266P0）；关于聚合物珠粒的制备，相关专利有各种尺寸的均匀聚合物珠粒的制造方法（CA2823978C）、用超疏水膜振动喷射制备均匀聚合物珠粒的方法（US62435499P0、EP3555146A1）；关于大孔树脂，相关专利有具有大孔但具有高压碎强度的大孔树脂（US6323249B1）、用于去碘化物的大孔树脂（EP2396281A4）、用于湿法烟道气脱硫系统中金属的去除的大孔螯合树脂（PL417243A1）；关于强碱性阴离子交换树脂，相关专利有凝胶型强碱性阴离子交换树脂的制备方法（CN105418819B）、一种耐高温强碱型阴离子交换树脂的制备方法（CN106179536B）。

此外，还涉及离子交换树脂与多孔过滤基质烧结结合（JP07204429A、EP659482A1）、色谱吸附分离（EP1270621A4、EP1899033A4）、吸铀树脂（CN105399888A）、催化树脂（EP2219783B1、CN110105475B）等。

9.6.2 在华专利布局

9.6.2.1 申请趋势

图9-6-4为漂莱特公司在吸附分离树脂领域的中国专利申请趋势。漂莱特公司在中国的专利布局始于2008年，布局时间较晚。2015年，在中国申请相关专利4件，达到历史最高；其余年份申请量均不超过2件，且间歇式提交申请。截至2020年8月31日，漂莱特公司在中国申请专利数量共计14件。

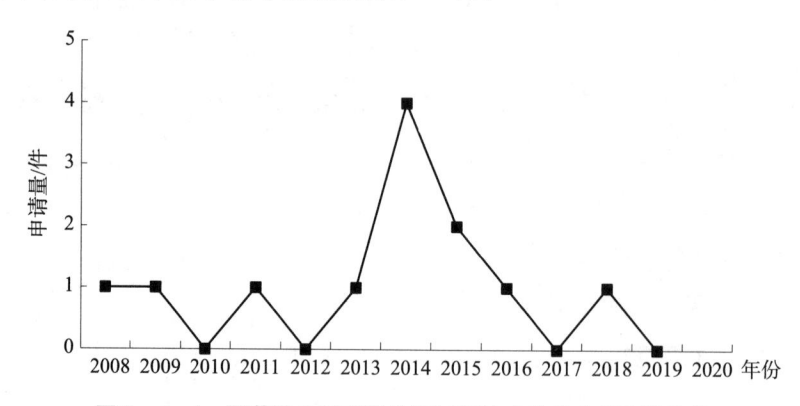

图9-6-4 漂莱特公司吸附分离树脂技术在华专利申请趋势

9.6.2.2 技术构成

漂莱特公司关于吸附分离树脂在中国保护的技术方向主要为强碱性阴离子交换树脂和聚合物珠粒的制备。

关于强碱性阴离子交换树脂，相关专利有凝胶型强碱性阴离子交换树脂（CN105367689B）、一种耐高温强碱型阴离子交换树脂的制备方法（CN106179536B）、无二氯乙烷氯甲基化工艺制备凝胶强碱阴离子交换树脂的方法（CN106188406A）；关于聚合物珠粒的制备，相关专利有生产各种尺寸的均匀聚合物珠粒的方法（CN103502323B）、使用超疏水膜通过振动喷射生产均匀的聚合物珠粒的方法（CN108203514A）。其次，涉及的技术还包括吸铀树脂（CN105399888A、CN105524202A）、除去碘化物的酸性大孔树脂（CN101797523B）、离子交换树脂的再生（CN101829610B）、高温催化树脂（CN110105475B）等。

9.6.2.3 法律状态

如图9-6-5所示，目前，漂莱特公司关于吸附分离树脂技术在中国申请的专利中，有效专利10件，占比72%；审中专利1件，占比7%；失效专利3件，占比21%，失效原因为驳回。从以上数据可以看出，漂莱特公司在华没有布局力度，优势不明显。

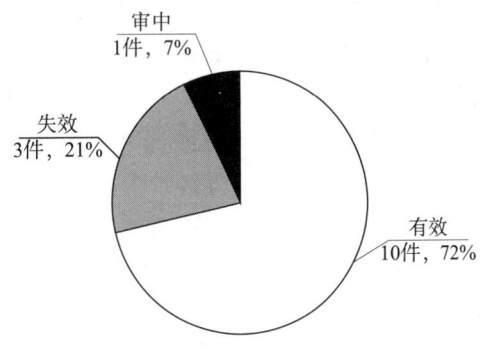

图9-6-5 漂莱特公司吸附分离树脂技术在华专利申请法律状态

9.6.3 重点专利解读

从被引频次、同族数量、权利要求数量等方面筛选出漂莱特公司在吸附分离树脂领域的重点专利。

（1）US6323249B1

专利名称为"具有大孔且具有高压碎强度的大孔树脂"，申请日为1994年8月16日，被引用56次，简单同族数量1，权利要求数量为10项。该专利已失效，可以充分利用该专利。

该专利保护一种生产具有高强度和高孔隙率的交联大孔树脂的方法。该方法包括聚合以下溶液：①单烯类单体；②聚乙烯类单体；③自由基引发剂；④聚环氧烷致孔剂或聚环氧烷致孔剂与甲苯的混合物。该方法生产的大孔树脂具有非常大的孔径，但是它们较窄的孔径分布使它们具有足够高的压碎强度。

（2）US7875186B2

专利名称为"再生和质子化弱碱性阴离子交换树脂的方法"，申请日为2005年11月23日，被引用10次，简单同族数量为2，权利要求数量为19项。

该专利保护一种用于再生和质子化的弱碱性阴离子交换树脂的方法，包括以下步骤：a. 提供一种使用过的弱碱性阴离子交换树脂。b. 通过以下步骤再生：i. 提供苛性碱再生溶液；ii. 使苛性碱再生溶液循环通过使用过的弱碱性阴离子交换树脂以中和树脂上的离子交换位点，将树脂转化为游离碱形式，并从树脂中洗脱阴离子以提供再生树脂。c. 通过以下步骤对再生树脂进行质子化：i. 提供酸性质子化溶液；ii. 使酸性质子化溶液循环通过再生树脂以将树脂还原成离子化的活性形式。该方法能够使再生所需的再生溶液和化学品的体积最小化，并可以使质子化（阴离子交换）和再生（中和）反应以很高的化学效率进行。

（3）US7588687B2

专利名称为"电解质分离方法"，申请日为2011年7月8日，被引用7次，简单同族数量为2，权利要求数量为16项。

该专利保护一种通过尺寸排阻色谱法分离电解质混合物的方法，使含有盐和碱的电解质的混合溶液通过具有选择性的尺寸和结构的材料，以便根据离子的尺寸区分离子。两种类型的吸附剂已被证明是最有前途的：孔径与水合电解质离子的直径相当的微孔非官能化的超高交联聚苯乙烯材料，以及由超高交联聚苯乙烯吸附剂珠粒热解制备的微孔活性炭。使用时，将包含超高交联聚苯乙烯吸附剂珠的色谱柱装入电解质溶液，然后用水洗脱，具有最大离子的电解质首先被洗脱，而具有最小离子的电解质最后被洗脱，分离的选择性随待分离混合物的浓度而增加。

（4）IN4894CHENP2011A

专利名称为"去碘化物的方法"，申请日为2011年7月8日，简单同族数量为11，权利要求数量为22项。

该专利保护一种降低液体中碘化物浓度的方法，包括使液体与树脂接触，树脂包括具有至少1%与银交换的酸官能团的强酸大孔树脂，特别适用于从乙酸或有机溶剂工艺中除去含碘化物。

（5）CN105073843B

专利名称为"由振动喷射生产均匀的微细的聚合物珠粒的方法"，申请日为2014年3月5日，简单同族数量为7，权利要求数量为27项。

该专利保护一种球状聚合物珠粒的制备方法，通过聚合均匀尺寸的单体液滴来制备具有均匀尺寸的聚合物珠粒。该液滴是通过将可聚合单体相在双壁圆筒形错流膜上分散入液相而形成的，在可聚合单体相进入水相的出口处提供剪切力，剪切方向基本垂直于单体相的出口方向。该制备方法简单且生产效率高。

（6）CN105073843B

专利名称为"凝胶型强碱性阴离子交换树脂"，申请日为2015年12月22日，简单同族数量为2，权利要求数量为1项。

该专利保护一种强碱性阴离子交换树脂的制备方法。该强碱性阴离子交换树脂由凝胶型聚苯乙烯–二乙烯苯白球经过氯甲基化，然后胺化反应制得，制得的薄壳型强碱性阴离子交换树脂整球率不低于90%，既可以在应用中使压降较低，又保证了树脂具有较快的再生速度。

9.6.4 小　结

漂莱特公司在吸附分离树脂领域的专利布局情况如下：

（1）从申请趋势来看，漂莱特公司在吸附分离树脂的专利布局始于1994年，整体上呈现波动式增长的趋势。

（2）从地域布局来看，美国、世界知识产权组织、中国和欧洲专利局是漂莱特公司重要的专利布局国家或地区；近几年，漂莱特公司较为重视中国市场。

(3) 从专利技术构成来看，漂莱特公司在不同时期重点保护的技术方向不同，主要包括离子交换树脂的再生、聚合物珠粒的制备、强碱性阴离子交换树脂等。

(4) 漂莱特公司在中国的专利申请始于2008年，布局时间较晚，呈现间歇式提交申请的特点。

9.7 艾美科健公司

韩国艾美科健株式会社（以下简称"艾美科健公司"）是吸附分离材料在生物医药领域应用技术的代表性企业，2015年其在中国成立分公司。

9.7.1 全球专利布局

9.7.1.1 申请趋势

如图9-7-1所示，艾美科健公司在吸附分离树脂领域的相关专利申请始于2000年，20年来在该领域布局相关专利30余项，从整体上看，呈现周期性申请的趋势。

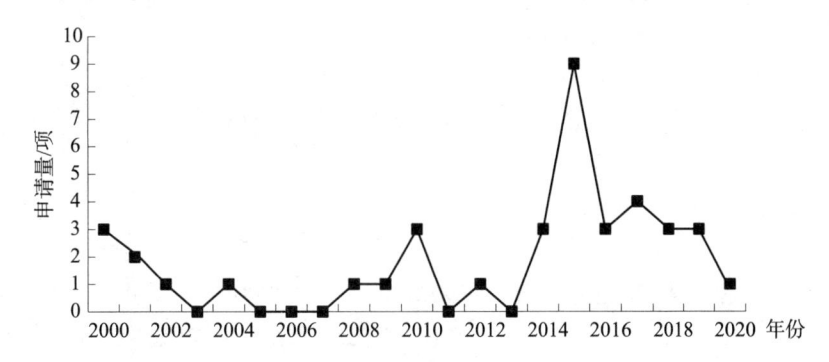

图9-7-1 艾美科健公司吸附分离树脂技术全球专利申请趋势

(1) 第一发展期（2000~2005年），韩国艾美科健公司在2000年成立当年的专利申请量最多，此后呈下降趋势，每年申请相关专利不超过3项。在此期间，艾美科健公司在吸附分离树脂领域的相关专利侧重于应用，重点保护的技术方向为手性肌醇和松醇的提取，例如从大豆、角豆糖浆、松树针等植物中提取。此外，还涉及外切几丁质酶和内切几丁质酶的纯化。

(2) 第二发展期（2006~2013年），随着艾美科健（中国）生物医药有限公司（山东鲁抗立科药业有限公司）的成立，开始了一个新的申请周期，申请数量基本与第一发展期持平，但重点保护的技术方向发生变化。该阶段的艾美科健公司重点保护的技术在于具有特定应用的吸附分离树脂及其制备，例如大孔吸附树脂、载体树脂、脱色树脂等。此外，还涉及医药中间体的制备，例如氨曲南中间体（3S-反式）-3-氨基-4-甲基-2-氧代-1-磺酸基氮杂环丁烷的制备、中间体D-7-ACA的两酶一步法制备。

(3) 第三发展期（2014年至今），随着韩国艾美科健公司于2015年收购山东鲁抗立科药业有限公司,艾美科健公司的相关专利申请数量呈现明显的上升趋势,2015 年以 9 项申请达到历史最高,其他年份也基本都在 3 项及以上。该阶段艾美科健公司重点布局的技术方向为医药酶法合成工艺、具有特定应用的吸附分离树脂和吸附分离树脂在生物医药领域的具体应用方法。关于医药酶法合成工艺,例如酶法合成阿莫西林、酶法合成头孢丙烯、酶法合成头孢美唑酸,多采用氨基环氧型载体(苯乙烯系大孔吸附树脂、丙烯酸系大孔吸附树脂中的一种或两种组合)固定合成用酶;关于具有特定应用的吸附分离树脂,侧重于对大孔吸附树脂的保护,例如适用于棒曲霉素脱除的超高交联大孔吸附树脂、一种对头孢菌素 C 具有特异性吸附的树脂;关于吸附分离树脂在生物医药领域的具体应用方法,例如,通过离子交换树脂完成对阿莫西林生产废液中 D-对羟基苯甘氨酸的浓缩和纯化,将大孔吸附树脂和层析树脂搭配使用获得葡萄籽提取物,通过大孔吸附树脂、阴离子交换树脂和阳离子交换树脂对多杀菌素发酵液进行粗提、脱色和精提。此外,该阶段保护的技术还包括基于离子交换色谱法的胶原酶的制备和胶原三肽的制备、层析介质、脱色树脂等。除了生物医药领域,艾美科健公司还与山西华晨昊环保科技有限公司合作,将交联网状结构的大孔吸附树脂应用到净化工业副产物氨气和氨水的工艺。

从整体上看,艾美科健公司在将吸附分离树脂应用于其生产工艺中的同时,还不断根据其自身特殊需求,有针对性地开发具有特定应用的吸附分离树脂,并持续进行布局保护。

9.7.1.2 专利申请目标国/地区

图 9-7-2 为艾美科健公司在吸附分离树脂领域的全球专利申请目标国/地区。从阶段年份专利申请目标国/地区来看,在第一发展期(2000~2005 年),艾美科健公司就相关技术在韩国、日本、美国和世界知识产权组织 4 个国家或地区进行专利布局,在韩国的申请量以占比 55% 居于首位,其次是在日本占比 27%,可见当时的韩国艾美科健公司主要在韩国本土进行布局;在第二发展期(2006~2013 年),艾美科健公司只在中国和世界知识产权组织有相关专利布局,中国占比 86%,这是因为该阶段申请主体以山东鲁抗立科药业有限公司为主(艾美科健(中国)生物医药有限公司的前身),其主要在中国本土申请专利;在第三发展期(2014 年至今),艾美科健公司的主要布局地为中国和韩国,可见中韩合资的艾美科健公司主要在中国和韩国本国进行专利布局。

9.7.1.3 技术构成

如图 9-7-3 所示,艾美科健公司在吸附分离树脂领域的专利技术类别主要为 C(化学;冶金)和 B(作业;运输)。相关专利 IPC 主分类号最集中的大组是 C12P 35 [5-硫杂-1-氮杂双环〔4.2.0〕辛烷环系的化合物(如头孢霉菌素)的制备],共 4 项专利;其次是 B01J 20(固体吸附剂组合物或过滤助剂组合物;用于色谱的吸附剂;用于制备、再生或再活化的方法)和 C12N 9(酶,如连接酶;酶原;其组合物),分别有 3 项专利。此外,还有 C01C1(氨;其化合物)、C07C 229(含有连接在同一碳架上的氨基和羧基的化合物)、C07H 17(含有直接连在糖化物基团的杂原子上的杂环基的化合物)、C07K 14(具有多于 20 个氨基酸的肽;促胃液素;生长激素释放抑制因

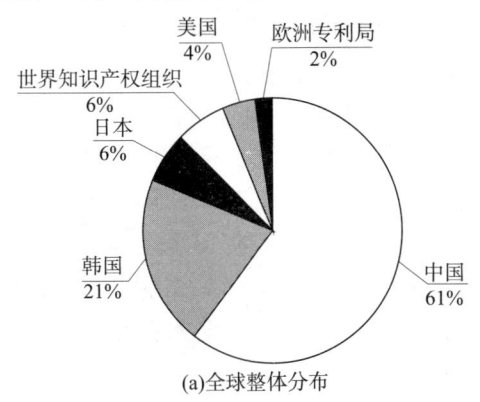

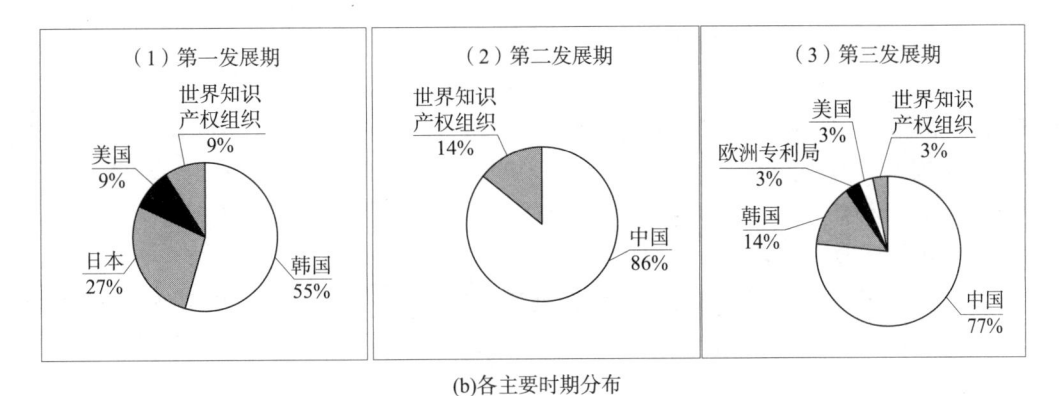

子；促黑激素；其衍生物）等，专利数量均在 2 项及以下。

(a) 全球整体分布

美国 4%
欧洲专利局 2%
世界知识产权组织 6%
日本 6%
韩国 21%
中国 61%

(b) 各主要时期分布

（1）第一发展期
世界知识产权组织 9%
美国 9%
日本 27%
韩国 55%

（2）第二发展期
世界知识产权组织 14%
中国 86%

（3）第三发展期
美国 3%
世界知识产权组织 3%
欧洲专利局 3%
韩国 14%
中国 77%

图 9-7-2　艾美科健公司全部及阶段年份吸附分离树脂技术专利申请目标国/地区

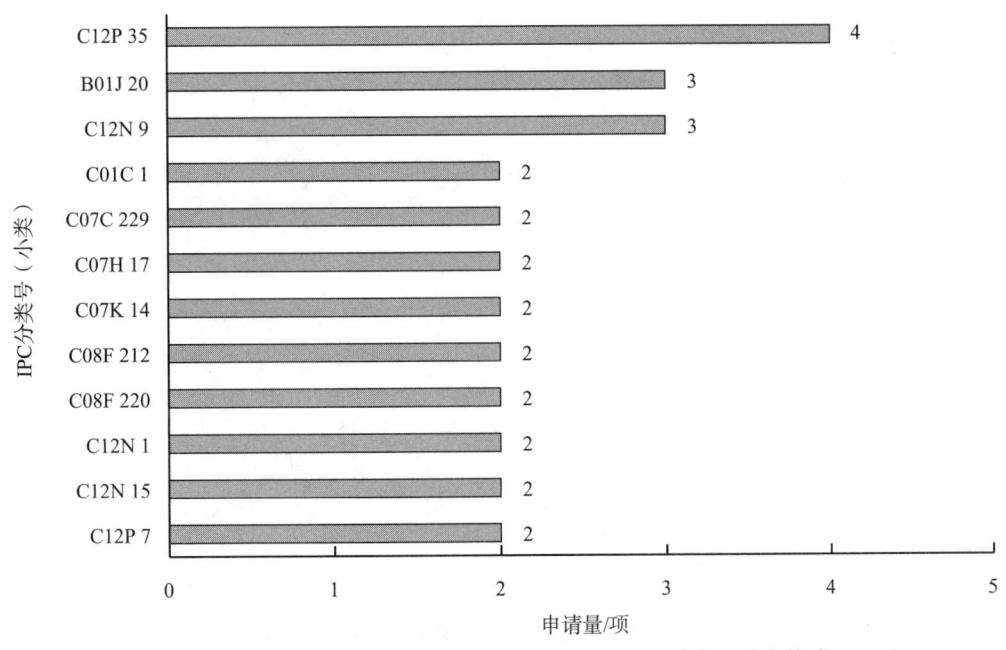

IPC分类号（小类）	申请量/项
C12P 35	4
B01J 20	3
C12N 9	3
C01C 1	2
C07C 229	2
C07H 17	2
C07K 14	2
C08F 212	2
C08F 220	2
C12N 1	2
C12N 15	2
C12P 7	2

图 9-7-3　艾美科健公司吸附分离树脂技术全球专利技术构成

结合在前述申请趋势中的分析，艾美科健公司重点保护的技术方向包括手性肌醇和松醇的提取、大孔吸附树脂及其特定应用、载体树脂、医药酶法合成工艺、吸附分离树脂生物医药领域的具体应用方法、脱色树脂等。

关于手性肌醇和松醇的提取，相关专利有从食用材料制备手性肌醇提取物的方法（KR1020010089932A）、从大豆加工副产物中回收松醇的方法（KR100620080B1）；关于大孔吸附树脂及其特定应用，相关专利有一种头孢菌素 C 提取专用大孔吸附树脂及其制备方法（CN100509142C）、一种适用于棒曲霉素脱除的超高交联大孔吸附树脂（CN103772573B）、一种含多酚羟基聚苯乙烯系大孔吸附树脂制备方法及应用（CN109589947A）；关于载体树脂，相关专利有一种大孔季铵型环氧载体树脂及其制备方法（CN101987879B）；关于医药酶法合成工艺，相关专利有一种酶法合成阿莫西林的工艺（CN104830940A）、一种酶法合成头孢丙烯的工艺（CN104928340A）、一种酶法合成头孢美唑酸的工艺（CN106319018A）；关于吸附分离树脂生物医药领域的具体应用方法，相关专利有一种回收阿莫西林生产废液中 D - 对羟基苯甘氨酸的方法（CN104628587B）、一种使用吸附树脂获得葡萄籽提取物的方法（CN104860917A）、采用树脂从刺糖多孢菌发酵液中提取分离多杀菌素的方法（CN110590883B）；关于脱色树脂，相关专利有一种丙烯酸系脱色树脂及其制备方法（CN102020745B）、一种甜菊糖皂苷脱色树脂及其制备方法与应用（CN110003373A）。

此外，艾美科健公司保护的技术还包括外切几丁质酶和内切几丁质酶的纯化（KR100664582B1）、层析介质（CN108948385B）、净化工业副产氨气和氨水（CN107416862B）等。

9.7.2 在华专利布局

9.7.2.1 申请趋势

如图 9 - 7 - 4 所示，艾美科健公司关于吸附分离树脂在中国的专利申请趋势，基本与其全球申请趋势相一致。艾美科健公司在中国的专利布局始于 2008 年，申请人主要为当时还未被收购的山东鲁抗立科药业有限公司。在山东鲁抗立科药业有限公司成立初期（2008～2013 年），每隔一年间歇式提交申请，年申请数量不超过 3 件；随着韩

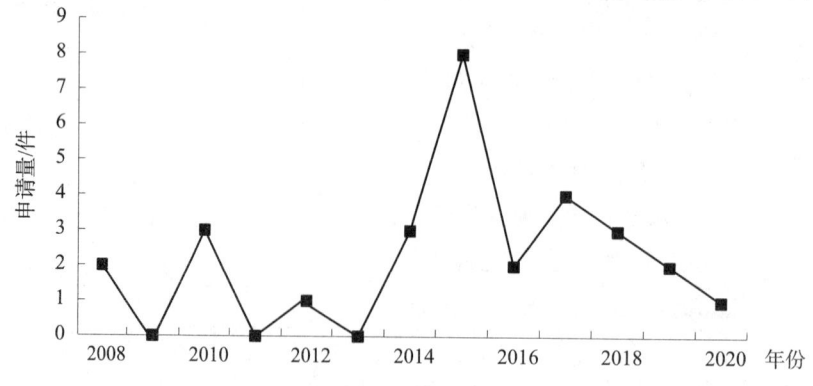

图 9 - 7 - 4　艾美科健公司吸附分离树脂技术在华专利申请趋势

国艾美科健公司对山东鲁抗立科药业有限公司的收购，艾美科健公司的中国申请在2015年达到顶峰，而2015年后申请量又回落到先前的水平。从整体上看，除个别年份外，该公司在中国的专利申请量呈现相对稳定的发展趋势。

9.7.2.2 技术构成

艾美科健公司关于吸附分离树脂在中国重点保护的技术方向基本与全球一致，主要涉及大孔吸附树脂及其制备、酶载体树脂、脱色树脂、酶法合成工艺、医药中间体制备、吸附分离树脂在生物医药领域的应用等。

9.7.2.3 法律状态

如图9-7-5所示，目前，艾美科健公司关于吸附分离树脂技术在中国申请的专利中，有效专利15件，占比52%；审中专利8件，占比27%；失效专利6件，占比21%，失效原因为驳回。从有效专利、审中专利和驳回专利占比来看，艾美科健公司持续在华布局。

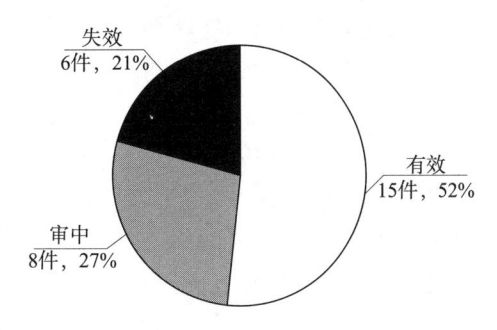

图9-7-5 艾美科健公司吸附分离树脂技术在华专利申请法律状态

9.7.3 重点专利解读

从被引频次、同族数量、权利要求数量等方面筛选出艾美科健公司在吸附分离树脂领域的重点专利。

（1）JP2004519251A

专利名称为"从大豆馏分中高收率回收松醇或手性肌醇的方法"，申请日为2001年11月20日，被引用3次，简单同族数量为4，权利要求数量为18项。

该专利保护一种从大豆馏分中高收率回收松醇或手性肌醇的方法。该方法包括培养微生物，将大豆级分中的松醇衍生物转化为松醇，从而增加大豆级分中的松醇含量，然后通过离心或过滤除去微生物、不溶性物质和其他大分子，以获得含有松醇或手性肌醇的水溶液，用活性炭柱色谱或离子交换色谱吸附松果糖醇或手性肌醇，最后通过用有机溶剂逐步或梯度洗脱来回收，从而达到高收率回收的效果。

（2）WO2009149657A1

专利名称为"一种头孢菌素C提取专用大孔吸附树脂及其制备方法"，申请日为2009年6月10日，被引用2次，简单同族数量为6，权利要求数量为10项。

该专利保护一种头孢菌素C提取专用大孔吸附树脂及其制备方法。该方法在现有技术的后交联技术的基础上，通过控制聚合物基质的交联度、使用混合致孔剂、加入一定的极性单体进行聚合等方法制备适合于头孢菌素C吸附提取的大孔吸附树脂。制备的大孔吸附树脂具有较高的比表面积、适宜的孔径分布、孔隙率和独特的表面特性，在保持较高吸附量的同时，进一步增强了对头孢菌素C的选择性，从而提高了其对目标产物和相关杂质的分离度和解析率，因而目标产物的纯度和产率均得以提高。

（3）CN101987879B

专利名称为"一种大孔季铵型环氧载体树脂及其制备方法"，申请日为2010年11月5日，简单同族数量为2，权利要求数量为4项。

该专利保护一种大孔季铵型环氧载体树脂及其制备方法。该方法用多乙烯基单体与脂肪族不饱和酯类单体、致孔剂悬浮聚合得到白球，所得白球与N，N-二甲基-1,3-丙二胺进行胺解反应，所得胺球再与环氧氯丙烷季铵化得到大孔季铵型环氧酶载体树脂。该种树脂具有机械强度高、比表面积大、环氧化条件温和比市面普通环氧型酶载体所载酶活较高等一系列优点，具有较大的社会和经济效益。

（4）CN102020745B

专利名称为"一种丙烯酸系脱色树脂及其制备方法"，申请日为2010年11月5日简单同族数量为2，权利要求数量为5项。

该专利保护一种新型丙烯酸系脱色树脂及其制备方法。该方法用乙烯吡啶单体和脂肪族不饱和酯类单体为反应单体，以多乙烯基单体为交联剂，在致孔剂存在的条件下悬浮聚合得到白球，所得白球与多乙烯多胺进行胺解反应引入胺基，所得胺球再与含有醇羟基的单体在碱性条件下反应得到丙烯酸系离子交换脱色树脂。该树脂同时具有含吡啶基团的强碱树脂以及弱碱树脂的性质，所以所得目标产物在脱色过程中较市售普通强碱或弱碱离子交换树脂，具有功能基含量高、脱色能力强、抗污染能力好、使用寿命长等优点，具有较大的社会和经济效益。

（5）CN103772573B

专利名称为"一种适用于棒曲霉素脱除的超高交联大孔吸附树脂"，申请日为2014年2月24日，简单同族数量为2，权利要求数量为4项。

该专利保护一种适用于棒曲霉素脱除的超高交联大孔吸附树脂。该方法以苯乙烯类单体为功能单体，以多乙烯基单体为交联剂，在致孔剂存在的条件下悬浮聚合得到低交联大孔聚苯乙烯白球；所得白球与氯甲醚在路易斯酸催化下反应，得氯甲基化大孔聚苯乙烯树脂；所得氯甲基化大孔聚苯乙烯树脂在溶胀剂存在下以路易斯酸为催化剂进行烷基化反应，得到了超高交联大孔吸附树脂。通过采用新型的交联剂和致孔剂体系，所得树脂具有比表面积高、孔径均匀的优点，并且孔径恰好适用于果汁中棒曲霉素的脱除，而且对其脱除效率较高，能有针对性地脱除果汁中稳定存在的棒曲霉素，解决了果汁中棒曲霉素对人类健康产生的潜在危害，具有较大的社会和经济效益。

（6）CN104928340A

专利名称为"一种反应液酶法合成头孢丙烯的工艺"，申请日为2015年6月8日，被引用13次，简单同族数量为1，权利要求数量为6项。

该专利保护一种酶法合成头孢丙烯的工艺，具体步骤如下：①采用氨基环氧型载体固定化得到固定化头孢丙烯合成酶；②将步骤①所得的固定化头孢丙烯合成酶、7-氨基-3-丙烯基-头孢烷酸、D-对羟基苯甘氨酸衍生物加入水中搅拌混合，得混合液；③用盐酸溶液和氢氧化钠溶液调节步骤②所得的混合液pH为6.5~7.5，控制混合液温度为 5~25℃，反应 60~180min，直至 7-APRA 残留浓度为 0~1mg/mL，结束反应；④取步骤③所得的混合液，通过筛网，分离出反应液和固定化酶；⑤反应液用质量分数为 30% 的盐酸溶液溶清至 pH 为一定值，再用质量分数为 20% 的氨水溶液结晶至 pH 为一定值，养晶、洗涤、干燥，即得产品头孢丙烯。整个合成过程工艺简单，操作方便，反应时间短、能耗低、污染少，所得产品质量好、收率高，是一种高效率的绿色生产工艺。

（7）US10766933B2

专利名称为"具有增强的耐碱性的突变免疫球蛋白结合蛋白"，申请日为 2019 年 1 月 4 日，简单同族数量为 9，权利要求数量为 7 项。

该专利保护一种具有增强的耐碱性的突变免疫球蛋白结合蛋白，相对于葡萄球菌蛋白 A 的 A-结构域或其功能变体，特定位点的氨基酸发生突变，从而与亲本分子相比在碱性 pH 下表现出增强的化学稳定性，并因此在多次碱性洗涤中具有增强的稳定性。

9.7.4 小　　结

艾美科健公司在吸附分离树脂领域的专利布局情况如下：

（1）从申请趋势来看，艾美科健公司在吸附分离树脂领域的相关专利申请始于 2000 年，整体上呈现周期性申请的趋势；2015 年后每年申请专利的数量大致保持在 3 项，比较稳定。

（2）从地域布局来看，艾美科健公司的专利申请集中在中国和韩国，尤其是集中在中国。

（3）从专利技术构成来看，艾美科健公司重点保护的技术主要有手性肌醇和松醇的提取、大孔吸附树脂、酶载体树脂、酶法合成工艺、吸附分离树脂生物医药领域的具体应用方法、脱色树脂等。

（4）艾美科健公司在中国的专利申请量达 60% 以上，除个别年份外，申请量呈现相对稳定的发展趋势；布局的技术方向除手性肌醇和松醇的提取外，基本与其全球布局策略一致。

第 10 章 特色专利分析方法

科技创新已成为引领全球经济发展的重要动力,专利信息能够为科技创新活动提供多维度的信息参考,专利分析是利用专利数据、结合专利保护手段去激励技术创新的工具。随着各产业创新速度的加快和产业创新规模的扩大,技术交叉融合加剧,而创新需求多样性更加普遍,"技术边界"日益模糊。这些变化给专利分析工作带来巨大挑战。本书尝试构建一种信息迭代分析方法,通过多维度信息相互验证,解决技术边界不清晰、产业问题不聚焦等问题,为基础性、支撑性产业的专利分析工作提供参考。

10.1 产业特点

(1) 产业纵深发展历史长

吸附分离树脂技术历经近百年发展历程,新旧技术垂直蔓延,产业结构庞大,细分技术边界模糊。作为最早的吸附分离树脂,离子交换树脂仍然占据主流市场,而在其基础上衍生的大孔离子交换树脂、大孔吸附树脂、螯合树脂、凝胶色谱、固相合成载体等众多细分技术相互交叉。

例如,普通离子交换树脂和螯合树脂,从分离机理看,都属于离子交换树脂,都是以离子作为交换基团实现提取或分离的功能。这两种树脂的区别在于,螯合树脂是通过螯合作用(螯合作用是指树脂表面的多个配位基团与金属离子相互配位形成啮合结构)实现对金属离子的选择性分离;而普通离子交换树脂是利用树脂表面的功能基团与金属离子的静电作用实现分离,不涉及螯合作用,其对离子的选择性也更为宽泛,不限于金属离子。相比而言,普通离子交换树脂通用性好,螯合树脂则与金属离子的结合力更强,选择性更高。因此,从分离机理或使用场景看,离子交换树脂和螯合树脂,虽有区别但也有交叉;从专利申请文件撰写或保护角度看,技术研发人员或者专利代理师为了获得最佳的权利保护范围,在关于"螯合树脂"技术主题限定时,可以使用"离子交换树脂"等上位概念技术术语,给专利检索工作带来较大的困难。但是,基于对其他维度信息的验证,我们了解到"螯合树脂"携带特殊的功能基团,在起始原料、制备工艺和应用领域上与普通离子交换树脂明显不同,因此,在实际技术范围界定时,除了使用基本概念区分外,还要充分考虑机理差别、工程化过程中面临的关键问题等因素。

(2) 产业应用领域广

作为一种基础性和支撑性的功能材料,吸附分离树脂应用领域十分广泛,同一种树脂可以用于多个分离场景,同一场景可选用多类树脂,因此,在细分技术和细分应用中进行完整的切块分析难度较大。再以离子交换树脂为例进行说明，离子交换树脂可以用于核工业，从铀矿中分离、萃取、纯化铀以及稀土元素和贵重金属；可以用于水处理，去除工业废水、高纯水中的各种离子；可以用于食品领域中糖类、果汁、酒类的制备；可以用于化工领域中酯化、水解、水合反应等。这些细分领域中有可能会使用同种类型的树脂和/或分离工艺，而且，各应用场景下个性化技术问题非常多，如何把握关键环节、化繁为简，成为本次分析工作中解决技术边界问题的关键。

10.2 分析难点

由于吸附分离树脂产业存在上述问题，因此，在研究工作开展初期，课题组反复论证，如何在有限的时间内，抓住产业现实问题、重点问题和关键问题，尽可能全面准确获取专利数据，通过专利分析手段，呈现产业发展的真实状态。然而，早期调研发现吸附分离树脂产业各维度信息间匹配度较差，而现有分析方法对如何处理多维度信息相互矛盾的现象未见报道，也没有给出有效确定"技术边界"问题的启示[1][2]。

10.3 现有分析方法局限性

现有专利分析过程是利用多种定量或定性分析手段，一方面基于统计学样本，从宏观层面对于大样本量进行整体态势分析；另一方面基于关键词和分类号进行分析，从微观层面对于专利文本进行解读分析。但是，现有分析方法对课题技术边界确定的相关研究和报道甚少。

本课题面临的确定"课题整体的技术边界和重点/关键细分领域的技术边界"的问题是专利分析工作的共性问题。通过研究摸索，课题组形成了一套信息迭代分析方法来快速确定各级技术边界，该方法在专利数据分析时也显示出快速、准确的积极效果。

10.4 信息迭代分析方法

信息迭代分析方法是构建一种迭代分析思维模式，综合利用多维度信息资源，进行"……数据检索——数据分析——数据验证……"迭代循环，直到多项信息中至少2项信息分析结论趋势一致，终止迭代。

信息迭代分析方法的关键要件包括逐级迭代和多维度信息验证两个方面。逐级迭代是指在信息分析过程中一种不断变化的旧的信息递推新的信息的过程，迭代法最初

---

[1] 杨铁军. 专利分析实务手册 [M]. 北京：知识产权出版社，2012：39.
[2] 国家知识产权局专利局审查业务管理部. 专利分析数据处理实务手册 [M]. 北京：知识产权出版社，2018：001.

来源于数值分析中通过从一个初始估计出发寻找一系列近似解来解决问题的方法[1][2]；多维度信息验证是指非专利文献、专利文献、产业信息、咨询信息、市场信息、政策信息、自然资源分布信息等之间的吻合程度，即至少 2 项信息分析结论趋势一致。

信息迭代分析方法流程如图 10-1-1（见文前彩色插图第 4 页）所示，某最小层级技术分支边界确定至少需要以下 6 个步骤：①构建多维度信息模型，将非专利文献、专利文献、产业信息、科技信息、市场信息、政策信息、自然资源分布信息等作为信息指标参数进行权重计算，得到技术分支的重要性分值；②检索要素确定，将步骤①中的信息转化为检索要素；③数据检索，对步骤②中检索要素在非专利文献、专利文献、互联网等信息入口进行检索；④数据分析，将检索数据进行集中度、相关性和准确度分析验证，初步得出相关结论；⑤数据验证，根据步骤②中技术分支的重要性分值进行优先验证，验证内容为步骤④中多项信息结论的匹配性，当至少 2 项信息结论趋势一致时，方可认为数据有效，终止检索，得到最小层级技术边界，即步骤⑥最小层级技术边界确定。以此类推，可以逐级向上确定各层级的技术边界和重点/关键技术的技术边界。上述技术边界的总和即为本课题整体的技术边界和重点/关键细分领域的技术边界。

以"螯合树脂"技术边界的确定为例，简述信息迭代分析方法工作过程。对于"螯合树脂"技术边界的确定，课题组充分利用了非专利文献和产业信息，从非专利文献中获得"螯合树脂"的技术定义、分离机理、功能基团等信息，从产业调研中整理技术起源和涉及的发明人/申请人团队，在检索过程中除了使用"螯合物""配合物""chelat*"等关键词，还拓展了与废水处理、湿法冶金相关的分类号，例如，C02F 和 C22B 及其下属的分类号。如果不采用信息迭代分析方法，在检索前不充分了解技术内涵和分离机理，就可能会遗漏螯合树脂与金属离子相互作用的特点，忽略分类号 C02F 和 C22B 相关的技术信息。

又如对于高端水处理应用领域技术边界的确定，如果仅从专利数量来看，工业废水处理相关专利 2 万件以上，占整个吸附分离树脂专利量的 10% 以上，而且工业废水处理树脂市场需求巨大，这样工业废水处理用吸附分离树脂似乎应该成为分析重点。但是经过课题组进一步的市场调研发现，工业废水处理技术门槛较低，大部分中小企业靠低价竞争生存，技术创新和利润空间狭小，而业内领先企业目前最为关注的是电子超纯水、凝结水精处理、核级水处理等蓝海市场。因此，工业废水处理用树脂并不是产业关键技术，不应作为研究重点。

当然，这种信息迭代分析方法并不是确定技术边界的唯一方法，通过大量的、深入的产业调研也可以解决上述问题。但是，在有限的时间内，信息迭代分析方法能够帮助研究人员快速了解产业技术命脉，对分析对象进行高效画像。此外，该信息迭代分析方法还可以用于专利数据分析和技术发展路线确定等过程。

---

[1] 叶传秀. 数学实验中的迭代思想 [J]. 高校实验室工作研究，2013（3）：104-106.
[2] 赵金和，黎远成，莫小梅. 迭代法在测定 CO_2 分子量中的应用 [J]. 百色学院学报，2008（3）：68-70.

10.5 信息迭代分析方法的意义

（1）快速确定分析对象

本节以吸附分离树脂在湿法冶金领域应用为例，阐述信息迭代分析方法的特点。具体以锂的提取技术分支进行说明，按照现有检索与分析方法，以关键词（锂、lithium）、分类号（C22B 26/12 锂的提取，C22B 26/00 碱金属、碱土金属或镁的提取）、重点申请人等进行组合检索，得到全球相关专利 684 件。

课题组通过信息迭代分析方法研究发现，在湿法冶金领域，自然资源分布情况对技术发展有重大影响。例如，在自然界中，锂资源主要赋存于矿石和盐湖中，固体锂矿资源经多年的开采日益枯竭，盐湖提锂已逐渐成为国际上锂资源的主要来源；而且，中国是全球盐湖锂资源大国。基于以上信息，课题组结合锂产业特点、重点市场竞争焦点、非专利文献热点等信息，对锂提取技术进行多角度迭代检索及分析，快速获得了"盐湖提锂"技术边界，并且排除了矿石锂提取技术干扰，得到高相关专利数据 1335 件，约是利用现有检索方法所得专利数据量的 2 倍，而且"盐湖提锂"技术主题分析更贴合我国产业发展需求。

（2）全面概览分析维度

信息迭代分析方法有助于开阔分析视野，进行快速高效概览式分析。继续以"盐湖提锂"技术为例，根据锂资源分布信息可知，盐湖卤水中的锂资源分布丰富的国家有玻利维亚、智利、阿根廷、中国及美国。美国是"盐湖提锂"技术研发较早的国家，因此，美国的"盐湖提锂"技术分析的重点之一，玻利维亚、智利、阿根廷等国的专利申请布局、技术来源、主要申请人也是重要的分析内容。

（3）深入追踪分析线索

信息迭代分析方法对于追踪分析和拓展分析同样大有裨益。同样以"盐湖提锂"技术为例，课题组了解到美国是盐湖锂资源富集国家，美国的申请人可以作为重点关注和追踪的对象。例如，美国的辛博尔公司和锂莱克公司在盐湖提锂技术领域专利申请数量排名靠前，其相关信息值得进一步挖掘。此外，对美国其他申请人进行拓展分析，发现全美锂公司、阿尔杰能源代替公司同样具有研究价值；如果不采用信息迭代分析方法，单靠申请人专利数量排名分析，这两家专利申请数量并不显著的公司，很可能会被忽略。

10.6 小　　结

除了涵盖庞大技术内涵的产业专利分析外，各领域技术融合逐渐成为创新主流，专利分析中面临的技术边界模糊和关键问题难聚焦可能会成为新常态。如何快速、准确确定技术问题，抓取产业关键/重点问题的技术边界，精准获取专利数据信息，值得业内工作者思考。

本书通过尝试构建信息迭代分析方法，基于大视野、广角度、深聚焦的策略，快速对技术主题进行立体扫描式分析，同时进行数据的匹配度验证，从而快速确定技术边界。当然，由于时间和项目组成员分析视野所限，该方法可能有疏漏和瑕疵，有待进一步完善。但是考虑到众多基础性和支撑性技术领域专利分析工作的相通性，确定技术边界的难题可能是专利分析人员必须面对的环节，因此，现将本方法进行总结，希望能够为广大从业者带来启示，同时欢迎业内同仁给予指正。

第 11 章 结论及建议

11.1 总体结论

（1）中国吸附分离树脂产业在技术突围中良性成长

全球吸附分离树脂产业专利申请量总体呈上升趋势，技术分布呈现地域性差异。欧洲、美国和日本等地区/国家起步较早，2008 年以前，其专利数量处于全球领导地位；2008 年以后，中国专利申请量跃居全球首位，但其专利质量和技术创新度有待提升。总体来看，中国、日本和美国是该领域主要的专利申请目标国和技术来源国，美国、日本、德国等国家的一些大型跨国企业在该领域中具有技术、市场和专利布局优势，拥有较大的话语权；中国创新主体全球专利布局能力较弱，申请人以高校和科研院所为主，但近年来国内也有一些技术创新型企业发展势头良好，正在逐渐打破高端产品国外企业垄断的局面。

（2）新兴应用领域引领吸附分离树脂产业进入新的增长极

从近年来的专利数据和市场需求数据来看，吸附分离树脂产业下游应用领域，尤其是新能源、生物医药、食品安全、化工环保等新兴细分领域的市场增长潜能巨大，正在成为带动吸附分离树脂产业发展的新的增长极。在新的需求推动下，除上游企业外，多个应用领域内的优势创新主体也不断进场，产业创新活跃度持续增长。

（3）国内创新主体对部分关键技术取得突破

欧洲、美国和日本等发达国家/地区较早进入吸附分离树脂领域，大型跨国企业凭借技术研发、资金、人才等优势，构建了技术和专利壁垒，实现了对产业链上基础性和关键性技术的垄断，获得超额利润，例如，均粒树脂和固相合成载体技术。近年来，我国一些企业坚持技术创新，在部分细分领域取得较大突破，掌握了均粒树脂制备技术，均粒树脂产品多项指标达到国际先进水平。

（4）国内市场创新主体实力有待加强

与发达国家创新主体相比，中国申请人中高校和科研院所较多，专利维持率较低，维持年限较短，成果转化率低。中国企业的平均专利产出量少，国内领先企业有不少仍处于"卡脖子"技术攻坚阶段，且专利储备不足，利用专利手段获取竞争优势的意识有待提升。

11.2 重点领域结论

（1）湿法冶金领域

① 吸附分离树脂在湿法冶金领域应用技术目前处于快速发展期。中国、美国和日

本是该领域最大的专利申请目标市场国和技术来源国。中国申请人全球布局较少，以国内市场为主。该领域专利申请与各国的金属资源储备具有一定相关性。

② 吸附分离树脂在湿法冶金领域应用技术具有较高的技术壁垒，活跃的申请人通常具有雄厚的研发实力和技术积累，例如，日本的住友公司、旭化成公司、田中贵金属工业株式会社，美国的陶氏杜邦公司、辛博尔公司、埃克森美孚公司，中国的中国科学院青海盐湖研究所、中南大学、中国科学院上海有机化学研究所。

③ 吸附分离树脂在湿法冶金领域应用技术发展和产业结构分布，与全球经济发展和市场需求密切相关。近年来，由于全球新能源锂电材料市场需求旺盛，锂的提取尤其是盐湖提锂技术成为湿法冶金领域技术研发和专利保护的重要方向，进入快速发展期。

④ 各国盐湖资源属性不同，锂提取技术通用性较差。美国凭借其资源与技术优势，起步早、发展快。中国锂提取技术起步较晚，目前处于初级发展阶段，但已涌现出一批技术创新型企业。但由于中国盐湖品质较差，镁锂比高，提取工艺复杂，企业仍面临着降低成本和提高效率的重大挑战。

（2）生物医药领域

① 吸附分离树脂在生物医药领域应用技术处于快速发展期。国外技术发展较早，跨国医药企业掌握先进技术，占据市场竞争优势。中国在2000年以后逐渐成为全球生物医药技术领域最大的技术来源国。与国际先进水平相比，中国企业技术创新和市场竞争力仍存在差距。

② 从世界知识产权组织和欧洲专利局受理的专利数量来看，美国是全球化专利布局步伐最快的国家。美国创新主体海外专利储备数量最多，技术输出力度最大，其中基因泰克公司、通用电气医疗集团等大型企业是主力军。这些跨国企业最关注的竞争市场是日本、中国、韩国等医疗用品大国。

③ 中国相关产业地域集中度较高，专利技术转化率较低。中国专利申请人中高校和科研院所专利申请数量多，企业专利储备实力不足。中国申请人大多只涉及本国专利布局，海外专利布局数量不多。

④ 肽类药物是目前生物医药领域研发热点之一。国外先进企业具有较高的技术研发能力和产品市场占有率，其技术研发和专利布局通常根植于全产业生命周期，覆盖树脂制备、肽类药物合成工艺以及肽类药物产品等产业链主要环节。中国企业大部分集中于产业链中下游，上游树脂材料及其制备技术有待提高。

（3）高端水处理领域

① 吸附分离树脂在高端水处理领域应用技术处于技术发展期。高端水处理属于小众应用领域，相关专利申请量相对较少。日本在该领域具有相对优势，引领全球技术发展。日本优势申请人主要分为综合集团类企业、垂直度较高的具体应用型企业、化工等相关领域延伸型企业，从事吸附分离树脂制备单一业务的企业较少。该应用领域技术集中于少数申请人，但各申请人实力相对均衡，差距并不明显，尚无有行业巨头出现，发展机会较多。

② 吸附分离树脂在高端水处理领域应用技术专利中，设备类专利占比相对较高，这与该领域产品盈利形式和知识产权保护类型选择的倾向性有关。

③ 电子级超纯水处理是半导体电子芯片生产用水，加强半导体电子芯片用吸附分离树脂技术研发、提升电子级超纯水水质标准，对推动我国半导体产业发展意义重大。

④ 电子级超纯水处理技术由国外部分企业所掌握，但现阶段该领域产业分布呈现出向发展中国家转移的趋势，因此，相关企业应把握机遇进行技术突破和专利布局。

（4）食品领域

① 吸附分离树脂在食品领域应用技术处于高速发展期。中国、美国和日本既是该领域的主要市场国，也是主要技术来源国。该领域对国际化知名企业具有较强吸引力，陶氏杜邦公司、大赛璐和奥加诺株式会社都具有一定程度的技术积累和市场规模。相比而言，中国在该领域的创新主体以高校为主，市场竞争力较差。

② 吸附分离树脂在食品领域以离子交换树脂和吸附树脂相关技术为主，目前主要研发方向聚焦于树脂改性及生产工艺的改进方面。随着该领域市场需求的不断提升，设备类技术研发逐渐成为研发热点。

③ 甜菊糖制备用吸附分离树脂技术是近五年发展较快的细分技术。甜菊糖的深加工以及其精细组分分离，包括分离过程中使用的高性能树脂、不同类型树脂联用、分离工艺的优化，以及树脂与其他技术的联用等，是当前以及未来技术研发和专利布局的重点。GLG生命科技集团是该领域上游龙头企业，其发展方向值得重点关注。

（5）均粒树脂关键技术

① 均粒树脂关键技术处于发展期，技术壁垒高，长期被少数企业垄断。专利和市场调研数据显示，均粒树脂制备工艺和设备属于高端且小众的技术分支。国外大型跨国企业是该技术的发起者和垄断者，具有雄厚的研发实力和技术储备，以及前瞻性的专利布局意识，占据了较大的市场份额，例如德国拜耳和朗盛公司、美国陶氏杜邦公司、英国漂莱特公司、日本钟渊化学工业公司和三菱公司等。在这些企业中，德国拜耳和朗盛公司、美国陶氏杜邦公司实力最为强劲。

② 中国均粒树脂关键技术根基羸弱，起步较晚，发展迟缓，技术研发投入和专利布局稀疏。近年来，浙江争光实业股份有限公司、江苏苏青水处理工程集团公司、西安蓝晓科技公司、淄博东大化工股份有限公司逐渐具备均粒树脂生产能力，❶ 打破了外国企业长期独占市场的局面。但是，国内均粒树脂制造设备的研发和生产能力严重不足，短板明显，产业不闭环，发展受阻。

（6）固相合成关键技术

① 固相合成用吸附分离树脂关键技术目前处于高速发展期。美国是全球专利布局步伐最快的国家，美国申请人海外专利储备数量最多，技术输出力度最大。其中，罗氏公司、麻省理工学院、因美纳、凯龙等大型企业和高校是主力军，其最关注的目标国家是日本、中国、韩国等医疗用品大国。

---

❶ 见附录4。

② 中国已成为全球最受关注的市场，日本和美国申请人对中国的市场的关注度最高，在中国专利布局较多，相应的技术壁垒和专利壁垒不容忽视。

③ 固相合成肽技术自诞生以来研发热度持续增长，目前仍然是固相合成领域最热门的细分技术。近年来，固相合成核酸/核苷酸类物质专利申请增速显著，成为该领域最新热点技术之一。

11.3 建 议

11.3.1 国家层面

在坚持加强新材料强国战略发展过程中，国家仍需强化对吸附分离树脂产业的扶持力度，重点聚焦关键技术和设备，推动产业转型升级。

吸附分离树脂和膜分离材料是现代工业领域物质分离的基础材料，对国民经济建设、国防安全、医药健康领域具有重大支撑作用。我国吸附分离树脂技术起步比发达国家晚20多年，造成了我国吸附分离树脂整体上技术落后的局面。尽管经过半个世纪的积累，我国已成为全球最大的吸附分离树脂生产国和出口国之一，但是高端产能依然不足，在前瞻性技术领域仍处于追赶对手的被动状态，产业和技术差距明显。

近年来膜分离材料在国家多项政策的扶植下，❶得到快速发展。而吸附分离树脂的政策支持力度相对较弱，分离材料领域科研基金90%以上研究围绕膜分离领域，❷在一定程度上反映了各界对吸附分离树脂的关注度的减弱。但实际工业应用中，吸附分离树脂在湿法冶金、生物医药、高端水处理等领域发挥着积极作用，具有不可替代性。树脂大国向树脂强国的转变还需要从国家战略层面进行规划和设计。

对于吸附分离树脂产业的基础性和关键性技术，尤其对于投入高、周期长的细分技术，例如，针对均粒树脂的生产设备和模拟流动床技术，可组建国家重点实验室或研究机构，汇集高校、企业和产业的力量，完善"政产学研金"融合和成果转化机制，给予资金和人才扶持，集中攻关，抓住变革的窗口期，补齐产业缺口和短板。

11.3.2 产业层面

加强行业协会、联盟以及园区等产业相关组织的引导作用。第一，产业相关组织因势利导，充分发挥协调作用，弥补我国产业发展短板，实现产业闭环，积极推动产业上下游合作共赢；第二，落实产业信息共享，搭建产业智库，全面整合政策、技术、专利、金融等信息资源，科学引导创新主体规划战略目标，选择最优技术路线；第三，加强吸附分离树脂产业国家标准和行业标准的制定，填补大孔吸附树脂、凝胶色谱、固相合成载体等相关领域标准空白，规范产业有序发展。此外，针对代表性产业给出

---

❶ 见附录6。
❷ 见附录7。

如下具体建议：

(1) 中国盐湖提锂产业

产业相关组织可以从以下方面引导创新。第一，组织国内重点研究单位和优质企业，构建技术支撑平台，培育国际化盐湖提锂品牌企业。第二，完善盐湖提锂产业标准化工作，淘汰落后产能，引导企业加强产业链互动、联动。

(2) 肽制备用吸附分离树脂产业

以深化产学研合作为主线，突出市场导向，推进多层次的产业链整合模式，包括区域创新主体联合组织、药企与吸附分离树脂企业战略合作体、独立吸附分离行业联盟等多种形式，鼓励各环节主体向外延伸，逐渐建立完整的产业协同链条。

11.3.3 研发主体层面

11.3.3.1 总体策略

(1) 跨领域合作实现关键技术突破

我国吸附分离树脂企业专利竞争优势不足，短期内无法与优势国家抗衡，而在全球经济重塑和产业格局演变中，大部分企业难以通过单兵作战快速获得竞争优势，因此，实现企业间互联互动、协同创新，对推动我国建立产业良性生态圈具有重大现实意义。例如，树脂生产企业与设备生产企业或者下游应用企业合作，实现高端细分领域的技术突破，有利于快速打破产业瓶颈、抢夺市场话语权。

(2) 发挥高校和科研院所创新潜能

高校和科研院所是我国吸附分离树脂领域技术创新的重要发源地。但是，我国高校和科研院所的专利维持率和产业转化率水平并不高。2019 年财政部发布科技成果转化新政策，明确要求国家设立中央级研究开发机构，进一步加大高等院校科技成果转化国有资产管理授权力度；2020 年初，教育部、国家知识产权局、科学技术部联合发文《关于提升高等学校专利质量 促进转化运用的若干意见》，进一步落实科技成果，盘活实施路径。高校和科研院所可以联合企业、知识产权服务机构设立吸附分离树脂领域知识产权管理和运营专项基金，通过金融手段助力成果转化。

(3) 重视海外专利布局

国外企业非常注重全球专利布局，尤其国外大型跨国企业，均在重点市场和新兴经济体设置了高质量专利屏障。相比而言，我国申请人专利布局和保护意识不强，缺乏前瞻性国际市场战略布局意识。随着国家知识产权战略的推广，我国创新主体知识产权保护意识正逐渐提升，部分企业随着市场的升级，正在积极走出国门。这些企业应当学习如何打造和运用专利武器，形成全球竞争优势。

11.3.3.2 重点技术实施策略

(1) 盐湖提锂技术

第一，持续加强新型离子交换树脂（锂吸附剂）的研发，至少包括新组分和新结构两方面。第二，优化和提升吸附分离设备。第三，优化改进分离工艺。第四，综合开发利用盐湖资源。

（2）肽制备用吸附分离树脂技术

第一，走"仿创结合"路线，合理借鉴公知技术和现有技术，二次开发。第二，充分利用外部资源，包括与国内科研单位合作、开展海外创新团队并购等。

（3）电子级超纯水用吸附分离树脂技术

第一，加强均粒树脂的研发。第二，优化提升相关领域技术研发和盈利重点——超纯水设备。

（4）甜菊糖制备用吸附分离树脂技术

研发重点围绕甜菊糖的深加工及其精细组分分离，包括分离过程中使用的高性能树脂、不同类型树脂联用、分离工艺的优化以及树脂与其他技术的联用等。

（5）均粒树脂制备关键技术

第一，各单位立足自身优势，聚焦国内产业弱项和短板，合力攻克技术难题。第二，借技术许可、转让等途径获取"他山之石"，快速填补技术空白。第三，优先突破主流成熟技术路线，同时积极尝试借用其他领域的技术手段。

（6）固相合成关键技术

第一，固相合成肽相关技术、产业和市场较为成熟，我国企业需要针对新型树脂载体、树脂载体与反应物连接设计、合成工艺路线等环节持续发力。第二，固相合成设备的研发空白点较多，应当抓紧布局。第三，固相合成核酸和核苷酸是近年来的前沿方向，中国企业应当抓紧机会抢占市场先机。

附　　录

附录1　申请人名称约定表

约定名称	申请人名称
陶氏杜邦公司	Dow Chemical Co
	Dow Global Technologies LLC
	The Dow Chemical Company
	The Dow Chemical Co
	The Dow Chemical Company
	陶氏环球技术有限公司
	E I Du Pont De Nemours And Company
	Du Pont
	E I Du Pont De Nemours And Company Inc
	E I Du Pont De Nemours Andcompany Inc
	Rohm Haas
	Rohm And Haas Company
	Rohm And Haas Electronic Materials LLC
住友公司	Sumitomo Metal Mining Co Ltd
	Sumitomo Chemical Co
	Sumitomo Metal Mining Co
	住友金属鉱山株式会社
	Sumitomo Chem Co Ltd
	Sumitomo Metal Mining Co Ltd
	Sumitomo Chemical Co Ltd
	Sumitomo Metal Ind
	Sumitomo Chemical Company Limited
	Sumitomo Kagaku Kogyo KK

续表

约定名称	申请人名称
住友公司	住友金属鑛山股份有限公司
	Sumitomo Bakelite Co
	Sumitomo Kemikap Kompani Limited（YAponiya）
	Sumitomo Osaka Cement Co Ltd
	住友化学工业株式会社
	住友金属矿山株式会社
旭化成公司	Asahi Chemical Ind
	Asahi Kasei Kogyo Kabushiki Kaisha
	Asahi Glass Co Ltd
	Asahi Kasei Kogyo KK Osaka JP
	Asahi Chem Ind Co Ltd
	Asahi Garasu KK
	Asahi Glass Engineering Co Ltd
	Asahi Kagaku Kogyo Co Ltd
	Asahi Kasei Kogyo KK
	ASAHI KINZOKU KOGYO KK
西屋电器公司	Westinghouse Electric Corp
	Westinghouse Electric Corp Amp
	Westinghouse Electric Corporation
	Westinghouse Electric Corporation
	Westinghouse Savannah River Co
	西屋电器公司
埃克森美孚公司	Mobil Oil Corp
	Mobil Oil Corporation
浦项制铁公司	浦项产业科学研究院
	Res Inst Ind Science Tech
	Research Institute Of Industrial Science Technology
	Posco
辛博尔公司	Simbol Inc
	Simbol Mining Corp
	辛博尔股份有限公司
	辛博尔矿业公司

续表

约定名称	申请人名称
雅宝公司	雅宝公司
	阿尔比马尔公司
	雅宝荷兰有限责任公司
	阿尔伯麦尔公司
	Albemarle Corporation
	Albemarle Corp
	罗克伍德锂公司
	Rockwood Lithium Inc
	Foote Mineral Co
	foote Mineral Company
	Chemetall Foote Corporation
	Cyprus Foote Mineral Company
	Foote Mineral Company
	Cyprus Foote Mineral
	Bridgestone Corp
	Chemetall Foote Corp
	Ciprus Foote Mineral Company
	Cyprus Foote Mineral Co
	Foote Mineral
	Foote Mineral Co Us
	凯梅塔尔富特公司
	凯米涛弗特公司
	开麦妥佛特公司
田中贵金属工业株式会社	田中贵金属工业株式会社
	Tanaka Kikinzoku Kogyo KK
	Tanaka Precious Metal Ind
	Tanaka Chemical Laboratory Co Ltd
	田中貴金属工業株式会社
法国原子能委员会	法国原子能委员会
	Commissariat Energie Atomique
	Commissariat a l' Energie Atomique
	Commissariat à l' Énergie Atomique et aux Énergies Alternatives

续表

约定名称	申请人名称
日本同和矿业株式会社	日本同和矿业株式会社
	Dowa Mining Co
	Dowa Mining Co Ltd
	Dowa Kogyo KK
东芝公司	东芝公司
	Toshiba Corp
	Kabushiki Kaisha Toshiba
	Toshiba Corporation3078
	Toshiba KK
	Toshiba Lighting Technology Corp
纳罗·普朗克公司	纳罗·普朗克公司
	Rhone Poulenc Chimie
	Rhone Poulenc Ind
	Rhone Poulenc Spec Chim
	Societe Rhone Poulenc Industrie
KOGYO GIJUTSUIN 公司	Kogyo Gijutsuin
	Kogyo Gijutsuin（Japan）
奥图泰公司	奥图泰公司
	Outotec（Finland）Oy
中国科学院青海盐湖研究所	中国科学院青海盐湖研究所
	Qinghai Institute Of Salt Lakes Chinese Academy Of Sciences
蓝晓科技公司	西安蓝晓科技新材料股份有限公司
	西安蓝晓科技有限公司
	Sunresin New Materials Co Ltd Xi'an
	Puri Tech Ltd
	普里泰克有限责任公司
	Inox Engineering BVBA
锂莱克解决方案公司	Lilac Solutions Inc
	Lilac Solutions，Inc.
	锂莱克解决方案公司

续表

约定名称	申请人名称
特拉锂有限责任公司	特拉锂有限责任公司
	Terralithium LLC
全美锂有限责任公司	全美锂有限责任公司
	All American Lithium LLC
阿尔杰替代能源有限责任公司	Alger Alternative Energy LLC
通用电气公司	Ge Healthcare Bio Sciences AB
	Amersham Biosciences AB
	通用电气健康护理生物科学股份公司
	General Electric Company
	Ge Healthcare Limited
	Gen Electric
	North China Pharmaceutical Group
	North China Pharmaceutical Group Corporation
	Ge Healthcare As
	Ge Ionics Inc
	Texaco Development Corp
	Texaco Development Corporation
	通用电气公司
	Amershamplc
	阿默森生物科学有限公司
默克公司	Merck Co Inc
	Merck PatentGmbH
	Merck Sharp Dohme Corp
	默克专利股份有限公司
	默克专利股份公司
	Merck Sharp Dohme
	Banyu Pharma Co Ltd
	美国默克大药厂
	麦克公司
	Merck PatentGmbH
	默克公司
	默沙东公司

续表

约定名称	申请人名称
拜耳公司	Bayer A G
	Schering A G
	Bayer Healthcare A G
	Schering Corp
	Bayer Animal HealthGmbH
	拜尔公司
	Bayer Healthcare LLC
	先灵公司
	拜耳公司
	美国拜尔公司
	舍林股份公司
	Bayer A G
	Bayer Chemicals A G
	Bayer Cropscience A G
	Bayer IpGmbH
	Bayer Schering Pharma A G
	Schering A G
	拜耳医药保健股份公司
	拜耳知识产权有限责任公司
辉瑞公司	American Home Prod
	Warner Lambert Co
	Pfizer
	Wyeth
	Pfizer Inc
	Pfizer Ltd
	辉瑞意大利有限公司
	Aventis Pharma Inc
塞诺菲公司	Hoechst A G
	Aventis Pharm Prod Inc
	Roussel Uclaf
	Sanofi

续表

约定名称	申请人名称
塞诺菲公司	Aventis Pharma GmbH
	阿温蒂斯药物公司
	阿温蒂斯药物制品公司
日本东电公司	Nitto Denko Corporation
	Nitto Denko Corp
	日东电工株式会社
	National University Corporation Nagoya University
	Avecia Ltd
	Avecia Biotechnology Inc
	Pears David Alan
诺华公司	Novartis A G
	Chiron Corp
	Auer Manfred
	Ciba Geigy A G
	Felder Eduard
	Gstach Hubert
	Marzinzik Andreas
	Horn Thomas
	Novartis Erfind VerwaltGmbH
	Roth Guenter
罗氏公司	Hoffmann La Roche
	Roche DiagnosticsGmbH
	F Hoffmann La RocheA G
	Hoffmann La Roche［Ch］
	Roche Diagnostics Operations Inc
	Roche Palo Alto LLC
龙沙公司	Lonza A G
	隆萨股份公司
	AplagenGmbH
	Casaretto Monika
	Frank Hans Georg
	Knorr Karsten
	隆萨有限公司

续表

约定名称	申请人名称
三菱公司	Mitsubishi Chemical Corporation
	Mitsubishi Chem Corp
	Nikken Chemicals Co Ltd
	Seikagaku Kogyo Co Ltd
	三菱化学株式会社
	三菱化学食品株式会社

附录2　吸附分离树脂产业调研主要企业名单

西安蓝晓科技新材料股份有限公司	万利工业进出口（深圳）有限公司
西安蓝晓科技新材料股份有限公司特种树脂工厂	山东硕霖环保科技有限公司
高陵蓝晓科技新材料有限公司	保龄生物股份有限公司
蒲城蓝晓科技新材料有限公司	浙江华康药业股份有限公司
鹤壁蓝赛环保技术有限公司	桂林莱茵生物股份有限公司
陕西蓝深特种树脂有限公司	安徽丰原发酵技术工程研究有限公司
西安蓝深环保科技有限公司	中粮生物化学（安徽）股份有限公司
旬阳领盛新材料科技有限公司	河南飞天农业开发股份有限公司
陕西领盛新材料科技有限公司	天津尖峰天然产物研究开发有限公司
陕西华禾柏生物科技有限公司	伽蓝（集团）股份有限公司
江苏金凯树脂化工有限公司	无锡济民可信山禾药业股份有限公司
苏州博杰树脂科技有限公司	浙江海正药业股份有限公司
安徽一帆新材料科技有限公司	贵州益佰制药股份有限公司
江苏金杉新材料有限公司	广东阳光药业有限公司
江争光实业股份有限公司	广东天普生化医药股份有限公司
宁波争光树脂有限公司	山东福田药业有限公司
宁波汉杰特液体分离技术有限公司	湖南华诚生物资源股份有限公司
杭州争光树脂销售有限公司	晨光生物科技集团有限公司
杭州树腾工贸有限公司	国家电网公司
凯瑞环保科技股份有限公司	中广核电力股份有限公司
凯瑞环保科技股份有限公司开发区分公司	宜宾丝丽雅集团有限公司

续表

凯瑞环保科技股份有限公司沧州分公司	山东东岳神舟新材料有限公司
安徽三星树脂科技有限公司	山东华夏神舟新材料有限公司
上海金成高分子材料有限公司	中国烟草总公司
天津南开和成科技有限公司	厦门世达膜科技有限公司
和成沧州医药科技有限公司	佛山市云米电器科技有限公司
江苏苏青水处理工程集团有限公司	山东兆光色谱分离技术有限公司
淄博东大化工股份有限公司	万华化学集团股份有限公司
西安热工研究院有限公司	中国石油化工股份有限公司
苏州纳微科技股份有限公司	中国石油天然气股份公司
深圳市纳微科技有限公司	济南新起点医药科技有限公司
博格隆（上海）生物技术有限公司	江苏康缘药业股份有限公司
江苏汉邦科技有限公司	大兴安岭林格贝寒带生物科技股份有限公司
北京创新通恒科技有限公司	大兴安岭林格贝食品有限公司
北京创新通恒色谱技术有限公司	苏州派腾生物医药科技有限公司
北京索莱宝科技有限公司	安徽皖东化工有限公司
艾美科健（中国）生物医药有限公司	中国神华能源股份有限公司
扬州金珠树脂有限公司	金川集团股份有限公司
南京浩普新材料科技有限公司	江阴逆流科技有限公司
沧州岭晖化工材料有限公司	江苏达诺尔科技股份有限公司
沧州宝恩吸附材料科技有限公司	深圳恒通环保科技有限公司
江苏色可赛思树脂有限公司	成都超纯科技有限公司
陕西热工活石能源环保科技有限公司	浙江鑫普德水处理设备有限公司
鹤壁市海格化工科技有限公司	天津允开树脂有限公司
蚌埠市天星树脂有限责任公司	天津市西金纳环保材料有限公司
格翎（上海）环境科技有限公司	苏州昱奔环保科技有限公司
厦门福美科技有限公司	河北利红生物科技有限公司
河北利江生物科技有限公司	青岛莫弗科技有限公司
北京西桥有机材料技术有限责任公司	西安朴天分离材料有限公司
陕西金沃泰新材料科技有限公司	西安色谱泰克分离技术开发有限公司
陕西金承钰生物化学有限公司	北京正天成澄清技术有限公司
陕西中网润东新材料科技有限公司	上海摩速科学器材有限公司
西安青云水处理科技有限公司	上海优誉仪器仪表有限公司
西安复泰环境工程有限公司	上海亚东核级树脂有限公司
陕西金利实业有限公司	三达膜科技（厦门）有限公司
西安启通环境科技有限公司	江苏南大环保科技有限公司

附录3 信息迭代指标参考权重分值表

指标参数	权重分值			
001 非专利文献	发表年代	1970 年以前	1971~2000 年	2000 年以后
	分值	C	B	A
	技术相关度	本领域	相近领域	其他领域
	分值	A	B	C
	被引频次	50 以上	10~50	10 以下
	分值	A	B	C
	文献类型	综述型	研究型	—
	分值	A	B	—
	文献数量	50~100	10~50	0~10
	分值	A	B	C
002 专利文献	专利数量	10000 件以上	1001~10000 件	1000 件以下
	分值	A	B	C
	技术相关度	共性技术	应用技术	其他技术
	分值	A	B	C
	申请年代	1970 年以前	1971~2000 年	2000 年以后
	分值	C	B	A
003 产业信息	发表年代	1970 年以前	1971~2000 年	2000 年以后
	分值	C	B	A
	地域	全球	发达国家	中国
	分值	A	C	B
	信息数量	10 以上	5~10	5 以下
	分值	A	B	C
004 科技信息	发布年代	1970 年以前	1971~2000 年	2000 年以后
	分值	C	B	A
	技术相关度	本领域	相近领域	其他领域
	分值	A	B	C
	信息数量	10 以上	5~10	5 以下
	分值	A	B	C

续表

指标参数	权重分值			
005 市场信息	发布年代	1970年以前	1971~2000年	2000年以后
	分值	C	B	A
	技术相关度	本领域	相近领域	其他领域
	分值	A	B	C
	地域	全球	发达国家	中国
	分值	A	C	B
	市场规模	大	中	小
	分值	A	B	C
006 政策信息	发布年代	1970年以前	1971~2000年	2000年以后
	分值	C	B	A
	地域	全球	发达国家	中国
	分值	A	C	B
	信息数量	10以上	5~10	5以下
	分值	A	B	C
007 自然资源分布信息	地域	全球	发达国家	中国
	分值	A	C	B
	资源与技术相关度	高相关	相关	—
	分值	A	B	—

附录4 国内主要均粒树脂生产厂商信息

生产厂家	产品类型	代号	均一系数	粒径	用途
浙江争光实业股份有限公司	凝胶强酸	ZGC500G	≤1.20	~500微米	主要用于纯水的制备、食品、医药、制糖、生物化学制品、湿法冶金等行业及作为催化剂
	凝胶强酸	ZGC650U	≤1.20	~700微米	既可用于单床系统,也可与阴树脂配套,用于反渗透后的混床系统,以及超纯水的抛光阶段
	凝胶强碱	ZGA500G	≤1.20	~500微米	主要用于纯水的制备、食品、医药、制糖、生物化学制品以及湿法冶金等行业

续表

生产厂家	产品类型	代号	均一系数	粒径	用途
浙江争光实业股份有限公司	凝胶强碱	ZGA550U	≤1.20	~600微米	既可用于单床系统,也可与阴树脂配套,用于反渗透后的混床系统,以及超纯水的抛光阶段
	大孔强酸	ZGC500G	≤1.20	~500微米	主要用于纯水的制备、工业废水处理、贵金属的回收处理及食品、医药、制糖、生物化学制品、湿法冶金等行业
	大孔弱酸	ZGC500W	≤1.20	~500微米	主要用于水的软化、脱碱、除盐处理,锌、镍废液的回收处理及生化制品的分离提纯等
	大孔弱碱	ZGA500W	≤1.20	~500微米	主要用于含盐量和有机物含量较高的水源中纯水、高纯水的制备,糖液和淀粉的脱色,含铬废水的回收处理及生化制品的分离提纯等
	凝胶混床	ZGMR350U	≤1.20	~350微米;~550微米	适合于超纯水抛光混床中使用
江苏苏青水处理工程集团公司	凝胶强酸	SQ-60C	≤1.20	700~900微米	用于水的软化及纯水
	凝结水精处理树脂	D003NJ	≤1.20	650~900微米	锅炉凝结水精处理
	凝结水精处理树脂	D203NJ	≤1.20	450~700微米	锅炉凝结水精处理
西安蓝晓科技公司	凝胶强酸	Seplite® Monojet TMSC770N	≤1.1	~650微米	主要用于补给水、内冷水、反应堆冷却剂(一回路)的纯化、二回路凝结水、蒸汽发生器排污水、废水的处理
	凝胶强酸	Seplite® Monojet TMSC970N	≤1.1	—	
	凝胶强酸	Seplite® Monojet TMSC990N	≤1.1	—	

续表

生产厂家	产品类型	代号	均一系数	粒径	用途
西安蓝晓科技公司	凝胶强碱	Seplite ® Monojet TMSA780N	≤1.1	~630 微米	主要用于补给水、内冷水、反应堆冷却剂（一回路）的纯化、二回路凝结水、蒸汽发生器排污水、废水的处理
	凝胶强碱	Seplite ® Monojet TMSA980N	≤1.1	~640 微米	
	凝胶混床	Seplite ® Monojet TM2170N	≤1.1	~630 微米；~650 微米	
	凝胶混床	Seplite ® Monojet TM5750N	≤1.1	~550 微米；~590 微米	
	凝胶混床	Seplite ® Monojet TM1500N	≤1.1	~630 微米；~550 微米	
	凝胶强碱	Seplite ® Monojet TMSA550CP	≤1.1	~550 微米	用于电厂凝结水精处理高流速混床
	凝胶强酸	Seplite ® Monojet TMSC650CP	≤1.1	~650 微米	
	凝胶强酸	Seplite ® Monojet TMSC750	≤1.15	~765 微米	用于混床脱盐以及电厂的凝结水精处理
	大孔强酸	Seplite ® Monojet TMMC525	≤1.1	~500 微米	
	凝胶强酸	Seplite ® Monojet TMSC1600	≤1.20	~500 微米	用于电厂凝结水精处理，树脂交量高，使用寿命长
	大孔强碱	Seplite ® Monojet TMMA9000	≤1.25	~640 微米	用于电厂凝结水精处理
	大孔强酸	Seplite ® Monojet TMMC900CP	≤1.2	~900 微米	用于电厂凝结水精制高流速混床

续表

生产厂家	产品类型	代号	均一系数	粒径	用途
西安蓝晓科技公司	大孔强碱	Seplite® Monojet TMMA600CP	≤1.2	~600微米	用于电厂凝结水精制高流速混床
	凝胶强碱	Seplite® Monojet TMSA550U	≤1.1	~550微米	超纯水阴树脂，或抛光混床
	凝胶强酸	Seplite® Monojet TMSC650U	≤1.1	~650微米	
	凝胶混床	Seplite® Monojet TM6040U	≤1.2	~630微米；~650微米	用于超纯水抛光处理阶段的混床系统（精制及抛光）
	凝胶混床	Seplite® Monojet TM6150U	≤1.25	~630微米；~650微米	用于反渗透后高纯水系统使用或抛光电子应用
淄博东大化工股份有限公司	均粒树脂	—	—	—	—

附录5 国外主要均粒树脂生产厂商信息

生产厂家	应用	类型	备注
三菱公司	色谱级树脂	Diaion UBK555	使其具有良好的动力学和机械稳定性
		Diaion UBK08	工业上优良的性能
	除尘	Diaion PK208	—
	脱色	Diaion PK21	—
	催化剂树脂	Diaion PK220	一般水处理、除尘、脱色
	水处理树脂	Diaion PK216	—
		Diaion PK228	用于冷凝水的去离子水
		Diaion WA30	—
		Diaion CRB03	—
		Diaion CRB05	—

续表

生产厂家	应用	类型	备注
三菱公司	水处理树脂	Diaion PA308	PA 系列因含水量较高，交换容量低
		Diaion PA312	尤其对有特殊要求的低浓度的硅酸的处理效果较好
		Diaion PA316	—
		Diaion PA408	—
		Diaion PA412	—
		Diaion PA418	—
	食品专用树脂	Diaion HPA25	多孔型
		Diaion HPA75（Ⅱ型）	—
	大孔吸附树脂	Diaion® HP	
		SEPABEADS	
	螯合树脂	Diaion CR11	
	湿法冶金	Diaion CR20	
		Diaion CR11	
朗盛公司	惰性树脂	Lewatit® IN42	—
	食品级软化水树脂	S1567	单分散珠粒，稳定性更高
		C249NS	符合住宅和市政水处理产业的最高标准
	螯合树脂	MonoPlus TP207	—
		Lewatit® TP208	—
		MonoPlus TP214	—
		MonoPlus TP260	吸附除重金属离子
	超纯水抛光树脂	IONAC NM60	具有高转化率和低 TOC，可满足高纯水产业最严格的标准
		IONAC NM60 SG	符合工业超纯水的严格标准而经过特殊处理以便达到高效能和低 TOC
		UltraPure 1292 MD	—
	软化除盐脱矿树脂	MonoPlus S108	具有极强的抗化学、渗透和机械应力的能力
		MonoPlus MP 68	大孔
		Lewatit® C249	—
		CNP 80 WS	提取重金属，如铜、镍和锌

附录6　吸附分离树脂领域相关政策

表6-1　吸附分离树脂领域相关政策（国内）

序号	文件名称	发布单位	发布时间	主要相关内容
1	《国家中长期科学和技术发展规划纲要（2006—2020）》	国务院	2006年2月	1. 制造业之基础原材料：包括重点研究分离材料及应用技术。 2. 前沿技术之基因操作和蛋白质工程技术：包括蛋白质规模化分离纯化技术。 3. 水和矿产资源之海水淡化：包括重点研究开发海水预处理技术，核能耦合和电水联产热法、膜法低成本淡化技术及关键材料，浓盐水综合利用技术等；开发可规模化应用的海水淡化热能设备、海水淡化装备和多联体耦合关键设备
2	《中国制造2025》	国务院	2015年5月	1. 围绕重点行业转型升级和新一代信息技术、智能制造、增材制造、新材料、生物医药等领域创新发展的重大共性需求，形成一批制造业创新中心（工业技术研究基地）。 2. 开展示范应用，建立奖励和风险补偿机制，支持核心基础零部件（元器件）、先进基础工艺、关键基础材料的首批次或跨领域应用。组织重点突破，针对重大工程和重点装备的关键技术和产品急需，支持优势企业开展政产学研用联合攻关，突破关键基础材料、核心基础零部件的工程化、产业化瓶颈。 3. 全面推进钢铁、有色、化工、建材、轻工、印染等传统制造业绿色改造，大力研发推广余热余压回收、水循环利用、重金属污染减量化、有毒有害原料替代、废渣资源化、脱硫脱硝除尘等绿色工艺技术装备，加快应用清洁高效铸造、锻压、焊接、表面处理、切削等加工工艺，实现绿色生产。 4. 瞄准新一代信息技术、高端装备、新材料、生物医药等战略重点，引导社会各类资源集聚，推动优势和战略产业快速发展。以特种金属功能材料、高性能结构材料、功能性高分子材料、特种无机非金属材料和先进复合材料为发展重点。发展针对重大疾病的化学药、中药、生物技术药物新产品，重点包括新机制和新靶点化学药、抗体药物、抗体偶联药物、全新结构蛋白及多肽药物、新型疫苗、临床优势突出的创新中药及个性化治疗药物

续表

序号	文件名称	发布单位	发布时间	主要相关内容
3	《"十三五"国家战略性新兴产业发展规划》	国务院	2016年11月	1. 大力推广应用离子交换树脂、生物滤料及填料、高效活性炭、循环冷却水处理药剂、杀菌灭藻剂、水处理消毒剂、固体废弃物处理固化剂和稳定剂等环保材料和环保药剂。扩大政府采购环保产品范围，不断提高环保产品采购比例。 2. 推动稀土、钨钼、钒钛、锂、石墨等特色资源高质化利用，加强专用工艺和技术研发，推进共伴生矿资源平衡利用，支持建立专业化的特色资源新材料回收利用基地、矿物功能材料制造基地。在特色资源新材料开采、冶炼分离、深加工各环节，推广应用智能化、绿色化生产设备与工艺。发展海洋生物来源的医学组织工程材料、生物环境材料等新材料。 3. 围绕构建可持续发展的生物医药产业体系，以抗体药物、重组蛋白药物、新型疫苗等新兴药物为重点，推动临床紧缺的重大疾病、多发疾病、罕见病、儿童疾病等药物的新药研发、产业化和质量升级，整合各类要素形成一批先进产品标准和具有国际先进水平的产业技术体系，提升关键原辅料和装备配套能力，支撑生物技术药物持续创新发展。 4. 在石化化工、钢铁、有色金属、建材、纺织、食品、医药等流程制造领域，开展智能工厂的集成创新与应用示范，提升企业在资源配置、工艺优化、过程控制、产业链管理、质量控制与溯源、节能减排及安全生产等方面的智能化水平。 5. 完善节能环保用功能性膜材料、海洋防腐材料配套标准

续表

序号	文件名称	发布单位	发布时间	主要相关内容
4	《国家重点支持的高新技术领域（2016）》	商务部	2016 年	1. 高分子材料之新型功能高分子材料的制备及应用技术：包括高分子分离膜材料制备技术。 2. 高分子材料之高分子材料制备及循环再利用技术：包括以节约树脂为目标的低碳高分子材料制备技术。 3. 高分子材料之高分子材料的新型加工和应用技术：高分子材料高性能化改性和加工技术。 4. 精细和专用化学品之精细化学品制备及应用技术：包括环境友好的新型水处理剂及其他高效水处理材料。 5. 资源勘查、高效开采与综合利用技术之提高矿产资源回收利用率的采矿、选矿技术：包括复杂难处理氧化矿中有价金属的高效低耗分离提取技术等。 6. 资源勘查、高效开采与综合利用技术之伴生有价元素的分选提取技术：伴生贵金属、稀散元素的富集提取分离技术；伴生非金属矿物的回收、提纯、深加工技术等。 7. 医药生物技术之生物大分子类药物研发技术：蛋白及多肽药物研究与产业化技术；细胞因子多肽药物开发技术；核酸及糖类药物研究与产业化技术等。 8. 医药生物技术之天然药物生物合成制备技术：包括生物活性物质的生物制备、分离提取及纯化技术等。 9. 医药生物技术之生物分离介质、试剂、装置及相关检测技术：专用高纯度、自动化、程序化、连续高效的装置、介质和生物试剂研制技术；新型专用高效分离介质及装置、新型高效膜分离组件及装置、新型发酵技术与装置开发技术；生物反应和生物分离的过程集成技术与在线检测技术等。 10. 中药、天然药物之新型天然活性单体成分提取分离纯化技术；新药材、新药用部位、新有效成分的新药研发技术；能显著改善某一疾病临床终点指标的新中药复方研发技术等

续表

序号	文件名称	发布单位	发布时间	主要相关内容
4	《国家重点支持的高新技术领域（2016）》	商务部	2016 年	11. 化学药研发技术之手性药物创制技术：手性药物的化学合成、生物合成和拆分技术；手性试剂和手性辅料的制备和质量控制技术；手性药物产业化生产中的质量控制新技术等。 12. 药物新剂型与制剂创制技术之新型给药制剂技术：包括蛋白类或多肽类等生物技术药物的特定释药载体与口服给药制剂技术。 13. 轻工和化工生物技术之高效工业酶制备与生物催化技术：包括酶纯化、酶固定化与反应器应用技术。 14. 轻工和化工生物技术之生物反应及分离技术：包括工业生物产品的大规模高效分离、分离介质和分离设备开发技术。 15. 轻工和化工生物技术之天然产物有效成份的分离提取技术：从天然动植物中提取有效成分制备高附加值精细化学品的分离提取技术；天然产物有效成分的全合成、化学改性及深加工新技术；高效分离纯化技术集成及装备的开发与生产技术；从动植物原料加工废弃物中分离提取有效成分的新技术等
5	《产业结构调整指导目录（2019 年本）》	国家发展和改革委员会	2019 年 10 月	鼓励类： 1. 冶金废液（含废水、废酸、废油等）循环利用工艺技术与设备； 2. 硫、钾、硼、锂、溴等短缺化工矿产资源勘探开发及综合利用； 3. 新型酶制剂和复合型酶制剂、多元糖醇及生物法化工多元醇、功能性发酵制品（功能性糖类、功能性红曲、发酵法抗氧化和复合功能配料、活性肽、微生态制剂）等开发、生产、应用； 4. 功能性膜材料； 5. 药物生产过程中的膜分离、超临界萃取、新型结晶、手性合成、酶促合成、连续反应、系统控制等技术开发与应用；大规模药用多肽和核酸合成；蛋白质高效分离和纯化设备、中药高效提取设备、药品连续化生产技术及装备； 6. 纳滤膜和反渗透膜纯水装备；浸没式膜生物反应器（COD 去除率 90% 以上）等污水防治技术设备

续表

序号	文件名称	发布单位	发布时间	主要相关内容
6	《产业关键共性技术发展指南（2017年)》	工业和信息化部	2017年10月	对行业有重要影响和瓶颈制约、短期内亟待解决并能够取得突破的产业关键共性技术： 1. 聚甲氧基二甲醚树脂催化剂及反应器等； 2. 生物基原材料工程菌开发及规模化生产工艺技术：采用基因工程技术、发酵工程技术、代谢工程技术、合成生物学技术、高效分离提取技术，开发氨基酸、有机酸、生物醇、生物烯烃、新型酶制剂等生物基材料相关的优良菌种；原料底物及废弃物的组分高效分离与高值化利用技术； 2. 酶-膜耦合绿色制糖工艺技术，无硫澄清工艺，蔗渣基吸附剂、多糖基絮凝剂等绿色加工新技术和化学助剂替代技术； 3. 废旧电池回收中的镍、钴、锰等高价值化学材料的定向循环技术，铁、锂等偏离元素的无害化技术
7	《绿色产业指导目录（2019年版)》	国家发展和改革委员会、工业和信息化部、自然资源部等	2019年2月	该目录明确膜制造企业所属的水污染防治装备制造属于绿色产业，电力、钢铁、有色、石油石化、煤炭、化工、造纸、纺织印染、食品加工、机械、电子等高用水行业废水处理回用装置，城镇污水再生利用装置，建筑中水利用装置，矿井水利用和净化装置，苦咸水综合利用设施，雨水收集利用与回渗装置，大型膜法反渗透海水淡化膜组件、高压泵、能量回收等关键部件和热法海水淡化核心部件，热膜耦合海水淡化装备，利用电厂余热、核能以及风能、海洋能和太阳能等可再生能源进行海水淡化的装备，浓盐水综合利用及浓缩洁净零排放装备等装备制造
8	《国务院关于加快发展节能环保产业的意见》	国务院	2013年8月	1. 提高稀贵金属精细分离提纯、塑料改性和混合废塑料高效分拣、废电池全组分回收利用等装备水平。 2. 积极发展尾矿提取有价元素、煤矸石生产超细纤维等高值化利用关键共性技术及成套装备。 3. 开发新型水处理技术装备。推动形成一批水处理技术装备产业化基地。重点发展高通量、持久耐用的膜材料和组件，大型臭氧发生器，地下水高效除氟、砷、硫酸盐技术，高浓度难降解工业废水成套处理装备，污泥减量化、无害化、资源化技术装备。 4. 示范推广膜法、热法和耦合法海水淡化技术以及电水联产海水淡化模式，完善膜组件、高压泵、能量回收装置等关键部件及系统集成技术

续表

序号	文件名称	发布单位	发布时间	主要相关内容
9	《新材料产业发展指南》	工业和信息化部、国家发展改革委员会、科学技术部、财政部	2016年12月	1. 开展重点新材料应用示范：以碳纤维复合材料、高温合金、航空铝材、宽禁带半导体材料、新型显示材料、电池材料、特种分离及过滤材料、生物材料等市场潜力巨大、产业化条件完备的新材料品种，组织开展应用示范。 2. 突破关键工艺与专用装备制约：组织新材料装备生产企业与材料生产企业开展联合攻关，加快先进熔炼、增材制造、精密成型、晶体生长、气相沉积、表面处理、等静压、高效合成、分离纯化等先进工艺技术与专用核心装备开发，实现材料生产关键工艺装备配套保障。 3. 完善新材料产业标准体系：包括完善功能性膜材料配套标准，制定离子交换树脂系列标准，双极膜、中空纤维膜及组件标准，陶瓷纳滤膜元件及生物发酵、高温烟气处理装置标准，以及膜材料试验方法等专用标准。 4. 重点任务之突破重点应用领域急需的新材料：包括生物医药及高性能医疗器械材料。 5. 发展方向之关键战略材料：包括反渗透膜、全氟离子交换膜等高性能分离膜材料，新型能源材料，生物医用材料
10	《"十三五"材料领域科技创新专项规划》	科学技术部	2017年4月	在新型功能与智能材料方向规划了高性能分离膜技术，重点研究高性能海水淡化反渗透膜、水处理膜、特种分离膜、中高温气体分离净化膜、离子交换膜等材料及其规模化生产、工程化应用技术与成套装备，制膜原材料的国产化和膜组器技术，旨在攻克高性能分离膜方向的基础科学问题以及产业化、应用集成关键技术和高效成套装备技术
11	《石化和化学工业发展规划（2016—2020年)》	工业和信息化部	2016年9月	1. 加快高含盐和含酚污水处理等技术的产业化和推广应用。 2. 开发推广煤化工、染料、农药等行业废水治理及再利用技术。 3. 发展用于水处理、传统工艺改造以及新能源用功能性膜材料。 4. 功能性膜材料重点开发面向石化化工、冶金、生物工程等领域的高性能分离膜，提高氯碱工业用离子膜膜电阻和跨膜电压等性能，达到世界先进水平

续表

序号	文件名称	发布单位	发布时间	主要相关内容
12	《稀土行业发展规划（2016—2020年）》	工业和信息化部	2016年6月	1. 重点任务之加强资源地生态保护：推广离子型稀土矿浸萃一体化、冶炼分离污染防治新技术，促进行业清洁生产。 2. 重点任务之完善行业创新体系：开展稀土金属资源高效分离提取、低成本绿色冶炼分离、高端产品制备、废旧稀土金属回收等技术与关键装备研究。 3. 重点任务之推进稀土功能机理研究：稀土基础研究重点工程包括高纯稀土材料绿色制备工艺技术、新型稀土高效提取分离新方法及关键技术、稀土制备过程物料闭路循环利用技术、超高纯稀土材料制备方法及关键技术。 4. 重点任务之推动稀土集约化发展：继续实施大集团战略，进一步推动稀土矿山开采和冶炼分离、资源综合利用的集约化生产，将矿山开采、冶炼分离及资源综合利用全部纳入六家集团管理，实现稀土集中生产、管理、工艺流程再造。 5. 重点任务之推进上游产业绿色转型：大力研发稀土资源绿色高效采选和冶炼分离新技术和重点装备，加大离子型稀土原矿绿色高效浸萃一体化、低碳低盐无氨氮分离提纯等稀土采选、冶炼分离清洁生产新工艺的推广力度，加快企业生产技术和工艺装备优化升级，进一步提高生产、环保等技术水平，降低能耗物耗，实现废水零排放和废物资源化利用，严格职业卫生防护管理。 6. 重点任务之拓展稀土绿色化应用：开发高性能高分子材料用稀土功能助剂、重金属离子吸附剂、高效水处理剂、环保颜料等，满足高端建材、污水治理、塑料、橡胶等应用需求
13	《关于加快推进环保装备制造业发展的指导意见》	工业和信息化部	2017年10月	该意见中指出，针对水污染防治研发生物强化和低能耗高效率的先进膜处理技术与组件

续表

序号	文件名称	发布单位	发布时间	主要相关内容
14	《水污染防治重点工业行业清洁生产技术推行方案》	工业和信息化部与环境保护部	2016年8月	在食品加工行业推行色谱分离技术在淀粉糖生产过程中的应用、连续离交技术在淀粉糖精制过程中的应用
15	2019年《国家先进污染防治技术目录（水污染防治领域）》	生态环境部	2020年1月	该目录中包括：兼氧膜生物反应器技术、MBR集成脱氮除磷污水处理技术、聚乙烯固定床组合式生物膜污水处理技术、基于纳滤-高压膜浓缩-蒸发-结晶高盐废水处理技术、膜法脱盐处理等
16	《"十三五"生态环境保护规划》	国务院	2016年11月	1. 推动低碳循环、治污减排、监测监控等核心环保技术工艺、成套产品、装备设备、材料药剂研发与产业化，尽快形成一批具有竞争力的主导技术和产品。 2. 推动重点行业治污减排之印染行业：实施低排水染整工艺改造及废水综合利用，强化清污分流、分质处理、分质回用，完善中段水生化处理，增加强氧化、膜处理等深度治理工艺。 3. 推动重点行业治污减排之屠宰行业：强化外排污水预处理，敏感区域执行特别排放限值，有条件的采用膜生物反应器工艺进行深度处理

注：课题组所搜集到的吸附分离树脂领域国内相关政策包括国家顶层设计类、产业发展规划类、行业发展规划类和生态环保类。其中，明确提及吸附分离树脂技术的政策包括《"十三五"国家战略性新兴产业发展规划》《国家重点支持的高新技术领域（2016）》《产业关键共性技术发展指南（2017年）》《新材料产业发展指南》和《水污染防治重点工业行业清洁生产技术推行方案》，以上政策均发布于2016~2017年。

除此之外，本表还列举了涉及以下内容的政策：①吸附分离树脂的上位概念，如分离材料、功能高分子材料、关键基础材料、制膜原材料等可能相关的材料，分离、提取、纯化等可能相关的技术，表中所列举的各项政策中的每一项至少包括上述上位概念中的一种。②吸附分离树脂应用领域，包括冶金及金属提取回收（7项）、水处理（14项）、生物医药（9项）、食品（4项）等。其中，冶金及金属提取回收领域主要涉及稀贵金属精细分离提纯、稀土/钨钼/钒钛/锂等特色资源高质化利用、稀土矿山开采和冶炼分离、稀土高效提取分离、贵金属/稀散元素的富集提取分离、废旧电池回收中的镍/钴/锰等高价值化学材料的定向循环技术等；水处理领域涉及膜法海水淡化、污水/工业废水处理与循环利用、环境友好的新型水处理剂及其他高效水处理材料、水处理膜等；生物医药领域主要涉及蛋白质/多肽/核酸/糖类大分子药物分离纯化技术、中药/天然药物活性单体成分提取分离纯化技术、手性药物等化学药的合成、抗体药物/重组蛋白药物/新型疫苗技术等；食品领域涉及酶-膜耦合绿色制糖工艺技术、色谱分离技术在淀粉糖生产过程中的应用、连续离交技术在淀粉糖精制过程中的应用、多元糖醇及生物法化工多元醇、食品加工领域的水污染防治等。③分离膜及其上位概念膜，例如离子交换膜、水处理膜、功能性膜、膜分离组件及装置（13项）等。

表 6-2 吸附分离树脂领域相关政策（国外）

序号	国家	文件名称	发布单位	发布时间	主要相关内容
1	美国	工业能源效率与可持续能源技术专项	美国能源部	2005 年	强调了吸附分离材料及工艺的重要性
2	美国	《重振美国制造业框架》	美国总统执行办公室	2009 年	通过加大美国技术创新计划（TIP）投入，支持、促进和加速国家需要的关键领域发展，包括先进制造工艺和材料
3	美国	《先进制造业国家战略计划》	美国国家科学技术委员会	2012 年	美国能源部与私人共同出资制造业示范工程，助力特定技术领域先进材料与制造工艺
4	美国	《振兴美国制造业和创新法案 2014》	美国众议院	2014 年	明确了制造业创新中的重点关注领域：生物基和先进材料
5	美国	《美国先进制造业领导力战略》	美国国家科技委员会	2018 年	开发世界领先的材料和加工技术
6	日本	《日本产业结构展望 2010》	日本政府	2010 年	确定未来产业发展主要战略领域，包括功能化学等新材料
7	日本	《第五期科学技术基本计划（2016—2020）》	内阁会议	2015 年	提出创新性结构材料和新机能材料等，通过升级各种组件来使系统形成差异化的"材料和纳米技术"
8	日本	《科技创新综合战略 2015》	—	2015 年	确定的 11 个系统的建设工作中包括综合型材料开发系统
9	日本	《第 2 期战略性创新推进计划（SIP）》	日本综合科学技术创新会议（CSTI）	2018 年	明确研发内容包括：各种材料工艺的设计技术，混合生成物的膜分离精净化技术
10	韩国	《第六次产业技术创新计划（2014—2018 年）》	韩国国家科学技术审议会	2013 年	在材料零部件产业实施交叉研究项目，以创造新市场，拓展新价值链
11	韩国	《第四期科学技术基本计划（2018—2022）》	韩国国家科学技术审议会	2018 年	明确了重点技术任务，其中包括有机功能材料技术、环保友好型生物材料技术、新型药物开发技术、水污染处理及控制技术

续表

序号	国家	文件名称	发布单位	发布时间	主要相关内容
12	欧盟	"地平线2020"计划（2014—2020年）	欧盟	2014年	使在工业技术中保持领军地位，包括材料
13	欧盟	"地平线欧洲"计划	欧盟	2018年	将先进材料和纳米技术作为六大关键使能技术之一，重点设计具有新特性和功能的材料，包括生物材料、纳米材料、二维材料、智能材料等
14	德国	《高技术战略2025》	德国联邦政府	2018年	明确了未来7年技术发展方向，包括材料研究与生物技术
15	俄罗斯	《2013—2020年俄罗斯基础研究长期计划》	俄罗斯联邦政府	2012年	优先发展方向的实验和应用专题领域，包括新材料和纳米技术——结构材料、功能材料、混合材料和融合技术、材料工艺的计算机模拟技术、材料诊断等

注：课题组搜集了美国、日本、韩国、欧盟、德国和俄罗斯6个国家/组织的吸附分离树脂领域相关政策。其中，由美国能源部支持、橡树岭国家实验室承担的能源效率与可持续能源专项中的工业技术项目强调了吸附分离材料及工艺的重要性。除此之外，本表还列举了可能与吸附分离树脂材料相关的政策，包括先进材料与制造工艺、有机功能材料等材料科技和膜分离技术，主要涉及生物医药和水处理领域。

附录7 吸附分离树脂领域和膜分离材料领域相关科技基金项目

涉及领域	时间（年）	项目类别	资助金额/万元
吸附分离树脂技术	2015～2020	青年科学基金/地区科学基金/面上项目	299
吸附分离膜技术		面上项目/联合基金项目/青年科学基金/重点项目/地区科学基金/国际（地区）合作与交流项目/优秀青年科学基金/（北京）面上项目/国家杰出青年科学基金/（华东）联合基金项目/创新研究群体项目/海外及港澳学长合作研究基金/国家重点基础研究发展计划（973）计划项目	12661.5

图索引

图 2-1-1 吸附分离树脂领域全球/中国/国外专利申请趋势 (9)

图 2-1-2 吸附分离树脂领域主要国家/地区专利申请趋势（中国以外）(14)

图 2-3-1 吸附分离树脂领域全球及主要国家/地区技术来源 (17)

图 2-4-1 吸附分离树脂领域技术分布 (18)

图 2-5-1 吸附分离树脂领域整体技术分布（彩图1）

图 2-5-2 离子交换树脂技术路线 (19)

图 2-5-3 螯合树脂技术路线 (20)

图 2-5-4 大孔吸附树脂技术路线 (21)

图 2-5-5 固相合成用吸附分离树脂技术路线 (21)

图 2-5-6 均粒树脂技术路线（彩图1）

图 2-5-7 吸附分离树脂在湿法冶金领域代表性技术 (22)

图 2-5-8 吸附分离树脂在生物医药领域代表性技术 (22)

图 2-5-9 吸附分离树脂在高端水处理领域代表性技术 (23)

图 2-5-10 吸附分离树脂在食品领域代表性技术 (23)

图 2-6-1 吸附分离树脂领域全球主要申请人 (24)

图 2-6-2 吸附分离树脂领域主要国家/地区专利申请人 (25)

图 2-7-1 吸附分离树脂领域中国专利申请人地域分布 (26)

图 2-7-2 吸附分离树脂领域中国专利申请人类型分布 (26)

图 2-7-3 吸附分离树脂领域全球产业链分布（彩图2）

图 3-1-1 吸附分离树脂在湿法冶金领域应用全球/中国/国外专利申请趋势 (28)

图 3-1-2 吸附分离树脂在湿法冶金领域应用全球及主要国家/地区技术来源 (33)

图 3-1-3 吸附分离树脂在湿法冶金领域应用的全球产业结构分布 (34)

图 3-1-4 吸附分离树脂在湿法冶金三大细分领域应用技术分布 (36)

图 3-1-5 吸附分离树脂在湿法冶金三大细分领域应用申请趋势 (37)

图 3-1-6 吸附分离树脂在湿法冶金三大细分领域应用主要技术来源 (39)

图 3-1-7 吸附分离树脂在湿法冶金三大细分领域应用主要国家/地区申请趋势 (40)

图 3-1-8 吸附分离树脂在湿法冶金领域应用全球主要申请人 (41)

图 3-1-9 吸附分离树脂在湿法冶金领域应用主要国家/地区申请人 (42)

图 3-1-10 吸附分离树脂在湿法冶金领域应用中国产业地域分布 (42)

图 3-1-11 吸附分离树脂在湿法冶金领域应用中国申请人类型分布 (43)

图 3-2-1 盐湖提锂用吸附分离树脂技术全球/中国/国外专利申请趋势 (44)

图 3-2-2 盐湖提锂用吸附分离树脂技术全球及主要国家/地区技术来源 (48)

图 3-2-3 盐湖提锂用吸附分离树脂专利技术发展路线 (50)

图 3-2-4 盐湖提锂用吸附分离树脂技术全球主要申请人 (53)

图 3-2-5 盐湖提锂用吸附分离树脂技术主要国家/地区申请人 (54)

图 3-2-6 盐湖提锂用吸附分离树脂技术中国

产业地域分布 （57）
图 3-2-7 盐湖提锂用吸附分离树脂技术中国申请人类型分布 （58）
图 3-2-8 盐湖提锂用吸附分离树脂技术国外在华布局 （59）
图 3-2-9 盐湖提锂用吸附分离树脂技术国外在华代表性专利 （59）
图 3-2-10 盐湖提锂用吸附分离树脂技术中国申请人海外布局国家/地区情况 （60）
图 4-1-1 吸附分离树脂在生物医药领域应用全球/中国/国外专利申请趋势 （63）
图 4-1-2 吸附分离树脂在生物医药领域应用全球及主要国家/地区专利技术来源 （67）
图 4-1-3 吸附分离树脂在生物医药领域应用的产业结构分布 （68）
图 4-1-4 吸附分离树脂在生物药细分领域应用代表性技术分布 （69）
图 4-1-5 吸附分离树脂在生物药细分领域应用代表性技术分布 （69）
图 4-1-6 吸附分离树脂在生物药细分领域应用代表性技术专利申请趋势 （70）
图 4-1-7 吸附分离树脂在生物药细分领域应用代表性技术主要来源 （71）
图 4-1-8 吸附分离树脂在生物药细分领域应用代表性技术主要国家/地区专利申请趋势 （72）
图 4-1-9 吸附分离树脂在化学药细分领域应用代表性技术 （73）
图 4-1-10 吸附分离树脂在化学药细分领域应用代表性技术分布 （73）
图 4-1-11 吸附分离树脂在化学药细分领域应用代表性技术专利申请趋势 （74）
图 4-1-12 吸附分离树脂在化学药细分领域应用代表性技术主要来源 （75）
图 4-1-13 吸附分离树脂在化学药细分领域应用代表性技术主要国家/地区申请趋势 （75）
图 4-1-14 吸附分离树脂在植物提取药细分领域应用技术分布 （76）
图 4-1-15 吸附分离树脂在植物提取药细分领域应用专利申请趋势 （77）
图 4-1-16 吸附分离树脂在植物提取药细分领域应用专利申请目标国/地区 （77）
图 4-1-17 吸附分离树脂在植物提取药细分领域应用全球主要技术来源 （77）
图 4-1-18 吸附分离树脂在植物提取药细分领域应用主要国家/地区专利申请趋势 （78）
图 4-1-19 吸附分离树脂在生物医药领域应用全球主要专利申请人 （79）
图 4-1-20 吸附分离树脂在生物医药领域应用主要国家/地区专利申请人 （80）
图 4-1-21 吸附分离树脂在生物医药领域应用中国产业地域分布 （81）
图 4-2-1 肽制备用吸附分离树脂技术全球/中国/国外专利申请趋势 （83）
图 4-2-2 肽制备用吸附分离树脂技术全球技术来源 （86）
图 4-2-3 肽制备用吸附分离树脂技术主要国家/地区技术来源 （87）
图 4-2-4 肽制备用吸附分离树脂专利技术发展路线 （88）
图 4-2-5 肽制备用吸附分离树脂技术全球主要申请人 （93）
图 4-2-6 肽制备用吸附分离树脂技术主要国家/地区申请人 （94）
图 4-2-7 肽制备用吸附分离树脂技术国外在华布局 （95）
图 4-2-8 肽制备用吸附分离树脂技术国外在华代表性申请人及专利技术 （96）
图 4-2-9 肽制备用吸附分离树脂技术中国申请人海外布局国家/地区 （96）
图 4-2-10 肽制备用吸附分离树脂技术中国申请人海外布局 （97）
图 5-1-1 吸附分离树脂在高端水处理领域应用全球/中国/国外专利申请趋势 （101）
图 5-1-2 吸附分离树脂在高端水处理领域应

用全球及主要国家/地区技术来源 (103)

图5-1-3 吸附分离树脂在高端水处理领域应用的产业结构分布 (104)

图5-1-4 吸附分离树脂在高端水处理三大细分领域应用专利技术分布 (104)

图5-1-5 吸附分离树脂在高端水处理三大细分领域应用专利申请趋势 (105)

图5-1-6 吸附分离树脂在高端水处理三大细分领域应用主要技术来源 (106)

图5-1-7 吸附分离树脂在高端水处理三大细分领域应用主要国家/地区专利申请趋势 (107)

图5-1-8 吸附分离树脂在高端水处理领域应用全球主要专利申请人 (108)

图5-1-9 吸附分离树脂在高端水处理领域应用主要国家/地区专利申请人 (108)

图5-1-10 吸附分离树脂在高端水处理领域应用中国产业地域分布 (109)

图5-1-11 吸附分离树脂在高端水处理领域应用中国产业专利申请人类型分布 (109)

图5-2-1 电子级超纯水处理用吸附分离树脂技术全球/中国/国外专利申请趋势 (110)

图5-2-2 电子级超纯水处理用吸附分离树脂技术全球及主要国家/地区技术来源 (112)

图5-2-3 典型超纯水制备工艺 (113)

图5-2-4 电子级超纯水处理用吸附分离树脂专利技术发展路线 (114)

图5-2-5 溶出性化合物1结构式 (115)

图5-2-6 溶出性化合物2结构式 (115)

图5-2-7 溶出性化合物3结构式 (116)

图5-2-8 溶出性化合物4结构式 (116)

图5-2-9 凝胶型树脂结构式 (116)

图5-2-10 电子级超纯水处理用吸附分离树脂技术全球主要专利申请人 (117)

图5-2-11 电子级超纯水处理用吸附分离树脂技术主要国家/地区专利申请人(彩图3)

图6-1-1 吸附分离树脂在食品领域应用全球/中国/国外专利申请趋势 (119)

图6-1-2 吸附分离树脂在食品领域应用全球及主要国家/地区专利技术来源 (122)

图6-1-3 吸附分离树脂在食品领域应用技术的产业结构分布 (123)

图6-1-4 吸附分离树脂在食品三大细分领域应用专利技术分布 (124)

图6-1-5 吸附分离树脂在食品三大细分领域应用专利申请趋势 (124)

图6-1-6 吸附分离树脂在食品三大细分领域应用主要专利技术来源 (126)

图6-1-7 吸附分离树脂在食品三大细分领域应用主要国家/地区专利申请趋势 (127)

图6-1-8 吸附分离树脂在食品领域应用全球主要专利申请人 (128)

图6-1-9 吸附分离树脂在食品领域应用主要国家/地区专利申请人 (129)

图6-1-10 吸附分离树脂在食品领域应用中国产业地域分布 (130)

图6-1-11 吸附分离树脂在食品领域应用中国专利申请人类型分布 (130)

图6-2-1 甜菊糖制备用吸附分离树脂技术全球/中国/国外专利申请趋势 (132)

图6-2-2 甜菊糖制备用吸附分离树脂技术主要国家/地区专利申请趋势(中国以外) (132)

图6-2-3 甜菊糖制备用吸附分离树脂技术全球及主要国家/地区技术来源 (134)

图6-2-4 甜菊糖制备用吸附分离树脂专利技术构成 (135)

图6-2-5 甜菊糖制备用吸附分离树脂专利技术发展路线 (136)

图6-2-6 甜菊糖制备用吸附分离树脂技术全球主要专利申请人 (彩图3)

图6-2-7 甜菊糖制备用吸附分离树脂技术主要国家/地区专利申请人 (141)

图6-2-8 甜菊糖制备用吸附分离树脂技术国

外在华布局（142）

图 6-2-9 甜菊糖制备用吸附分离树脂技术在华代表性国外专利申请人（142）

图 6-2-10 甜菊糖制备用吸附分离树脂技术中国专利申请人海外布局国家/地区（143）

图 6-2-11 甜菊糖制备用吸附分离树脂技术代表性中国专利申请人海外布局（143）

图 7-1-1 均粒树脂关键技术全球/中国/国外专利申请趋势（145）

图 7-3-1 均粒树脂关键技术全球及主要国家/地区专利技术来源（148）

图 7-4-1 均粒树脂关键技术的技术构成（149）

图 7-5-1 均粒树脂关键技术代表性专利申请人及其技术构成（150）

图 7-6-1 种子聚合法制备均粒树脂专利技术发展路线（155）

图 7-6-2 FR1330250A 技术方案示意（156）

图 7-6-3 FR1330251A 技术方案示意（156）

图 7-6-4 US3617584A 技术方案示意（156）

图 7-6-5 US3933679A 技术方案示意（157）

图 7-6-6 US3922255A 技术方案示意（158）

图 7-6-7 US4444961A 技术方案示意（158）

图 7-6-8 CA1127791A1 技术方案示意（159）

图 7-6-9 US4623706A 技术方案示意（160）

图 7-6-10 US4666673A 技术方案示意（161）

图 7-6-11 US4680320A 技术方案示意（161）

图 7-6-12 US5021201A 技术方案示意（162）

图 7-6-13 EP432508B1 技术方案示意（162）

图 7-6-14 CN102086240B 技术方案示意（163）

图 7-6-15 CN103665232B 技术方案示意（164）

图 7-6-16 CN203577787U 技术方案示意（164）

图 7-6-17 射流法制备均粒树脂专利技术发展路线（165）

图 7-6-18 WO0145830A1 技术方案示意（166）

图 7-6-19 US8267572B2 技术方案示意（166）

图 7-6-20 US9415530B2 技术方案示意（167）

图 7-6-21 US9028730B2 技术方案示意（167）

图 7-6-22 CN105246580B 技术方案示意（168）

图 7-6-23 US10526710B2 技术方案示意（168）

图 7-6-24 膜乳化法制备均粒树脂技术发展路线（169）

图 7-6-25 ZA8105792A 技术方案示意（170）

图 7-6-26 微包胶法制备均粒树脂专利技术发展路线（171）

图 7-6-27 US5015423A 技术方案示意（172）

图 7-6-28 US6610798B1 技术方案示意（172）

图 7-8-1 均粒树脂关键技术中国申请人专利类型（173）

图 7-8-2 均粒树脂关键技术中国申请人布局国家/地区（173）

图 7-8-3 均粒树脂关键技术中国申请人类型（174）

图 7-8-4 均粒树脂关键技术中国申请人专利法律状态（174）

图 8-1-1 固相合成用吸附分离树脂关键技术全球/中国/国外申请趋势（176）

图 8-3-1 固相合成用吸附分离树脂关键技术全球技术来源（178）

图 8-3-2 固相合成用吸附分离树脂关键技术主要国家/地区技术来源（179）

图 8-4-1 固相合成用吸附分离树脂关键技术的技术构成（180）

图 8-5-1 固相合成用吸附分离树脂关键技术全球主要申请人（181）

图 8-6-1 固相合成核酸/核苷酸用吸附分离树脂专利技术发展路线（183）

图 8-7-1 固相合成用吸附分离树脂关键技术国外申请人在华专利法律状态（186）

图 8-7-2 固相合成用吸附分离树脂关键技术在华主要国外申请人（187）

图 8-8-1 固相合成用吸附分离树脂关键技术中国申请人专利类型（187）

图 8-8-2 固相合成用吸附分离树脂关键技术中国申请人类型（188）

图 8-8-3 固相合成用吸附分离树脂关键技术中国申请人专利法律状态（188）

图 8-9-1 固相合成用吸附分离树脂关键技术专利运用及保护（189）

图 8-10-1 固相合成用吸附分离树脂关键技术中国产业地域分布（191）

图索引

图9-2-1 陶氏杜邦公司吸附分离树脂技术全球专利申请趋势 (194)

图9-2-2 陶氏杜邦公司全部及阶段年份吸附分离树脂技术专利申请目标国/地区 (195)

图9-2-3 陶氏杜邦公司吸附分离树脂技术全球专利技术构成 (196)

图9-2-4 陶氏杜邦公司吸附分离树脂技术在华专利申请趋势 (197)

图9-2-5 陶氏杜邦公司吸附分离树脂技术在华专利类型 (198)

图9-2-6 陶氏杜邦公司吸附分离树脂技术在华专利申请法律状态 (198)

图9-3-1 三菱公司吸附分离树脂技术全球专利申请趋势 (202)

图9-3-2 三菱公司全部及阶段年份吸附分离树脂技术专利申请目标国/地区 (204)

图9-3-3 三菱公司吸附分离树脂技术全球专利技术构成 (205)

图9-3-4 三菱公司吸附分离树脂技术在华专利申请趋势 (207)

图9-3-5 三菱公司吸附分离树脂技术在华专利申请法律状态 (207)

图9-3-6 桥连共聚物结构单元的通式 (208)

图9-4-1 诺华赛公司吸附分离树脂技术全球专利申请趋势 (210)

图9-4-2 诺华赛公司全部及阶段年份吸附分离树脂技术专利申请目标国/地区 (212)

图9-4-3 诺华赛公司吸附分离树脂技术全球专利技术构成 (213)

图9-4-4 诺华赛公司吸附分离树脂技术全球专利类型 (214)

图9-4-5 诺华赛公司吸附分离树脂技术在华专利申请趋势 (215)

图9-4-6 诺华赛公司吸附分离树脂技术在华专利申请类型 (216)

图9-4-7 诺华赛公司吸附分离树脂技术在华专利申请法律状态 (216)

图9-5-1 朗盛公司吸附分离树脂技术全球专利申请趋势 (219)

图9-5-2 朗盛公司全部及阶段年份吸附分离树脂技术专利申请目标国/地区 (220)

图9-5-3 朗盛公司吸附分离树脂技术全球专利技术构成 (221)

图9-5-4 朗盛公司吸附分离树脂技术在华申请专利趋势 (223)

图9-5-5 朗盛公司吸附分离树脂技术在华专利申请法律状态 (223)

图9-6-1 漂莱特公司吸附分离树脂技术全球专利申请趋势 (225)

图9-6-2 漂莱特公司全部及阶段年份吸附分离树脂技术专利申请目标国/地区 (226)

图9-6-3 漂莱特公司吸附分离树脂技术全球专利技术构成 (227)

图9-6-4 漂莱特公司吸附分离树脂技术在华专利申请趋势 (228)

图9-6-5 漂莱特公司吸附分离树脂技术在华专利申请法律状态 (229)

图9-7-1 艾美科健公司吸附分离树脂技术全球专利申请趋势 (231)

图9-7-2 艾美科健公司全部及阶段年份吸附分离树脂技术专利申请目标国/地区 (233)

图9-7-3 艾美科健公司吸附分离树脂技术全球专利技术构成 (233)

图9-7-4 艾美科健公司吸附分离树脂技术在华专利申请趋势 (234)

图9-7-5 艾美科健公司吸附分离树脂技术在华专利申请法律状态 (235)

图10-1-1 信息迭代分析方法流程图 (彩图4)

表 索 引

表 1-2-1 2011~2019年中国离子交换树脂产能产量以及进出口量 (3~4)

表 1-4-1 高性能吸附分离树脂技术分解 (5~6)

表 2-2-1 吸附分离树脂领域全部及阶段年份专利申请目标国/地区 (15)

表 2-7-1 吸附分离树脂领域中国部分省份专利申请人及专利申请情况 (26~27)

表 3-1-1 吸附分离树脂在湿法冶金领域应用全部及阶段年份专利申请目标国/地区 (31)

表 3-1-2 2000年以后吸附分离树脂在湿法冶金领域应用主要专利申请目标国/地区技术来源 (31~32)

表 3-1-3 吸附分离树脂在湿法冶金三大细分领域应用专利申请目标国/地区 (38)

表 3-1-4 吸附分离树脂在湿法冶金领域应用中国部分省市申请人数量及专利申请情况 (43)

表 3-2-1 盐湖提锂用吸附分离树脂技术全部及阶段年份专利申请目标国/地区 (47)

表 3-2-2 盐湖提锂用吸附分离树脂技术主要申请人专利申请目标国/地区 (55~56)

表 4-1-1 吸附分离树脂在生物医药领域应用全部及阶段年份专利申请目标国/地区 (66)

表 4-1-2 吸附分离树脂在生物药细分领域应用代表性技术专利申请目标国/地区 (70~71)

表 4-1-3 吸附分离树脂在化学药细分领域应用代表性技术专利申请目标国/地区 (74)

表 4-1-4 生物医药领域中国部分省市专利申请人数量及专利申请情况 (81~82)

表 4-2-1 肽制备用吸附分离树脂技术全部及阶段年份专利申请目标国/地区 (85)

表 5-1-1 吸附分离树脂在高端水处理领域应用全部及阶段年份专利申请目标国/地区 (102)

表 5-1-2 吸附分离树脂在高端水处理三大细分领域应用专利申请目标国/地区 (105~106)

表 5-2-1 电子级超纯水处理用吸附分离树脂技术全部及阶段年份专利申请目标国/地区 (111)

表 5-2-2 电子级超纯水处理用吸附分离树脂技术重点专利列表 (115)

表 6-1-1 吸附分离树脂在食品领域应用全部及阶段年份专利申请目标国/地区 (121)

表 6-1-2 吸附分离树脂在食品三大细分领域应用专利申请目标国/地区 (125)

表 6-2-1 甜菊糖制备用吸附分离树脂技术全部及阶段年份专利申请目标国/地区 (133)

表 6-2-2 甜菊糖制备用吸附分离树脂技术重点专利 (138)

表 7-2-1 均粒树脂关键技术全部及阶段年份专利申请目标国/地区 (147)

表 7-5-1 均粒树脂关键技术国外主要申请人专利申请目标国/地区 (151~153)

表 8-2-1 固相合成用吸附分离树脂关键技术全部及阶段年份专利申请目标国/地区 (178)

表 8-8-1 固相合成用吸附分离树脂关键技术中国申请人布局国家/地区 (188)

书号	书名	产业领域	定价	条码
9787513006910	产业专利分析报告（第1册）	薄膜太阳能电池 等离子体刻蚀机 生物芯片	50	9787513006910
9787513007306	产业专利分析报告（第2册）	基因工程多肽药物 环保农业	36	9787513007306
9787513010795	产业专利分析报告（第3册）	切削加工刀具 煤矿机械 燃煤锅炉燃烧设备	88	9787513010795
9787513010788	产业专利分析报告（第4册）	有机发光二极管 光通信网络 通信用光器件	82	9787513010788
9787513010771	产业专利分析报告（第5册）	智能手机 立体影像	42	9787513010771
9787513010764	产业专利分析报告（第6册）	乳制品生物医用 天然多糖	42	9787513010764
9787513017855	产业专利分析报告（第7册）	农业机械	66	9787513017855
9787513017862	产业专利分析报告（第8册）	液体灌装机械	46	9787513017862
9787513017879	产业专利分析报告（第9册）	汽车碰撞安全	46	9787513017879
9787513017886	产业专利分析报告（第10册）	功率半导体器件	46	9787513017886
9787513017893	产业专利分析报告（第11册）	短距离无线通信	54	9787513017893
9787513017909	产业专利分析报告（第12册）	液晶显示	64	9787513017909
9787513017916	产业专利分析报告（第13册）	智能电视	56	9787513017916
9787513017923	产业专利分析报告（第14册）	高性能纤维	60	9787513017923
9787513017930	产业专利分析报告（第15册）	高性能橡胶	46	9787513017930
9787513017947	产业专利分析报告（第16册）	食用油脂	54	9787513017947
9787513026314	产业专利分析报告（第17册）	燃气轮机	80	9787513026314
9787513026321	产业专利分析报告（第18册）	增材制造	54	9787513026321
9787513026338	产业专利分析报告（第19册）	工业机器人	98	9787513026338
9787513026345	产业专利分析报告（第20册）	卫星导航终端	110	9787513026345
9787513026352	产业专利分析报告（第21册）	LED照明	88	9787513026352

书号	书名	产业领域	定价	条码
9787513026369	产业专利分析报告（第22册）	浏览器	64	
9787513026376	产业专利分析报告（第23册）	电池	60	
9787513026383	产业专利分析报告（第24册）	物联网	70	
9787513026390	产业专利分析报告（第25册）	特种光学与电学玻璃	64	
9787513026406	产业专利分析报告（第26册）	氟化工	84	
9787513026413	产业专利分析报告（第27册）	通用名化学药	70	
9787513026420	产业专利分析报告（第28册）	抗体药物	66	
9787513033411	产业专利分析报告（第29册）	绿色建筑材料	120	
9787513033428	产业专利分析报告（第30册）	清洁油品	110	
9787513033435	产业专利分析报告（第31册）	移动互联网	176	
9787513033442	产业专利分析报告（第32册）	新型显示	140	
9787513033459	产业专利分析报告（第33册）	智能识别	186	
9787513033466	产业专利分析报告（第34册）	高端存储	110	
9787513033473	产业专利分析报告（第35册）	关键基础零部件	168	
9787513033480	产业专利分析报告（第36册）	抗肿瘤药物	170	
9787513033497	产业专利分析报告（第37册）	高性能膜材料	98	
9787513033503	产业专利分析报告（第38册）	新能源汽车	158	
9787513043083	产业专利分析报告（第39册）	风力发电机组	70	
9787513043069	产业专利分析报告（第40册）	高端通用芯片	68	
9787513042383	产业专利分析报告（第41册）	糖尿病药物	70	
9787513042871	产业专利分析报告（第42册）	高性能子午线轮胎	66	
9787513043038	产业专利分析报告（第43册）	碳纤维复合材料	60	
9787513042390	产业专利分析报告（第44册）	石墨烯电池	58	

书　号	书　名	产业领域	定价	条　码
9787513042277	产业专利分析报告（第45册）	高性能汽车涂料	70	
9787513042949	产业专利分析报告（第46册）	新型传感器	78	
9787513043045	产业专利分析报告（第47册）	基因测序技术	60	
9787513042864	产业专利分析报告（第48册）	高速动车组和高铁安全监控技术	68	
9787513049382	产业专利分析报告（第49册）	无人机	58	
9787513049535	产业专利分析报告（第50册）	芯片先进制造工艺	68	
9787513049108	产业专利分析报告（第51册）	虚拟现实与增强现实	68	
9787513049023	产业专利分析报告（第52册）	肿瘤免疫疗法	48	
9787513049443	产业专利分析报告（第53册）	现代煤化工	58	
9787513049405	产业专利分析报告（第54册）	海水淡化	56	
9787513049429	产业专利分析报告（第55册）	智能可穿戴设备	62	
9787513049153	产业专利分析报告（第56册）	高端医疗影像设备	60	
9787513049436	产业专利分析报告（第57册）	特种工程塑料	56	
9787513049467	产业专利分析报告（第58册）	自动驾驶	52	
9787513054775	产业专利分析报告（第59册）	食品安全检测	40	
9787513056977	产业专利分析报告（第60册）	关节机器人	60	
9787513054768	产业专利分析报告（第61册）	先进储能材料	60	
9787513056632	产业专利分析报告（第62册）	全息技术	75	
9787513056694	产业专利分析报告（第63册）	智能制造	60	
9787513058261	产业专利分析报告（第64册）	波浪发电	80	
9787513063463	产业专利分析报告（第65册）	新一代人工智能	110	
9787513063272	产业专利分析报告（第66册）	区块链	80	
9787513063302	产业专利分析报告（第67册）	第三代半导体	60	

书 号	书 名	产业领域	定价	条 码
9787513063470	产业专利分析报告（第68册）	人工智能关键技术	110	
9787513063425	产业专利分析报告（第69册）	高技术船舶	110	
9787513062381	产业专利分析报告（第70册）	空间机器人	80	
9787513069816	产业专利分析报告（第71册）	混合增强智能	138	
9787513069427	产业专利分析报告（第72册）	自主式水下滑翔机技术	88	
9787513069182	产业专利分析报告（第73册）	新型抗丙肝药物	98	
9787513069335	产业专利分析报告（第74册）	中药制药装备	60	
9787513069748	产业专利分析报告（第75册）	高性能碳化物先进陶瓷材料	88	
9787513069502	产业专利分析报告（第76册）	体外诊断技术	68	
9787513069229	产业专利分析报告（第77册）	智能网联汽车关键技术	78	
9787513069298	产业专利分析报告（第78册）	低轨卫星通信技术	70	
9787513076210	产业专利分析报告（第79册）	群体智能技术	99	
9787513076074	产业专利分析报告（第80册）	生活垃圾、医疗垃圾处理与利用	80	
9787513075992	产业专利分析报告（第81册）	应用于即时检测关键技术	80	
9787513075961	产业专利分析报告（第82册）	基因治疗药物	70	
9787513075817	产业专利分析报告（第83册）	高性能吸附分离树脂及应用	90	
9787513041539	专利分析可视化		68	
9787513016384	企业专利工作实务手册		68	
9787513057240	化学领域专利分析方法与应用		50	
9787513057493	专利分析数据处理实务手册		60	
9787513048712	专利申请人分析实务手册		68	
9787513072670	专利分析实务手册（第2版）		90